U0364619

国际电气工程先进技术译丛

可再生能源集成——挑战与解决方案

[澳] 贾汗季·侯赛因（Jahangir Hossain）
阿佩尔·马赫穆德（Apel Mahmud） 主编

胡长斌 刘欣博 温春雪 译

机 械 工 业 出 版 社

本书针对可再生能源集成技术提出可再生能源一体化的潜在问题，并给出有效及创新的解决方案，旨在对新能源领域的相关研究工作进行总结，以期推动可再生能源一体化的发展。针对分布式发电装机容量高速增长和规模化接入，微电网成为关联传统电网和分布式发电的桥梁和纽带，并对提高分布式电源供电可靠性和充分消纳起到关键支撑作用。但是如何规划设计以满足微电网的适应性，克服间歇性不可控能源以及柔性负荷对微电网系统的影响，完成系统的先进能效管理策略等关键性技术都亟待解决。本书从可再生能源投资决策、智能电网实际运行问题、可再生能源电力电子系统稳定性分析和控制，以及系统集成方法和保护控制等方面进行了详细的阐述。

本书适合从事电力系统、新能源、微电网等相关领域工作的科技工作者阅读，也可供高等院校电气工程相关专业的教师、研究生以及本科生参考。

图书在版编目（CIP）数据

可再生能源集成：挑战与解决方案/(澳)贾汗季·侯赛因（Jahangir Hossain）等主编；胡长斌，刘欣博，温春雪译. —北京：机械工业出版社，2019.7
（国际电气工程先进技术译丛）
书名原文：Renewable Energy Integration：Challenges and Solutions
ISBN 978-7-111-62543-8

Ⅰ.①可…　Ⅱ.①贾…②胡…③刘…④温…　Ⅲ.①再生能源－研究
Ⅳ.①TK01

中国版本图书馆 CIP 数据核字（2019）第 072556 号

机械工业出版社（北京市百万庄大街 22 号　邮政编码 100037）
策划编辑：江婧婧　责任编辑：江婧婧　翟天睿
责任校对：刘雅娜　封面设计：马精明
责任印制：张　博
北京铭成印刷有限公司印刷
2019 年 6 月第 1 版第 1 次印刷
169mm×239mm · 24.25 印张 · 4 插页 · 478 千字
0 001—2 500 册
标准书号：ISBN 978-7-111-62543-8
定价：139.00 元

电话服务	网络服务
客服电话：010－88361066	机　工　官　网：www.cmpbook.com
010－88379833	机　工　官　博：weibo.com/cmp1952
010－68326294	金　书　网：www.golden－book.com
封底无防伪标均为盗版	机工教育服务网：www.cmpedu.com

译 者 序

针对分布式发电装机容量高速增长和规模化接入，微电网成为关联传统电网和分布式发电的桥梁和纽带，并对提高分布式电源供电可靠性和充分消纳起到关键支撑作用。但是如何规划设计以满足微电网的适应性，克服间歇性不可控能源以及柔性负荷对微电网系统的影响，完成系统的先进能效管理策略等关键性技术都亟待解决。

本书从可再生能源投资决策、智能电网实际运行问题、可再生能源电力电子系统稳定性分析和控制，以及系统集成方法和保护控制等方面进行了详细的阐述。各个章节针对高密度异质分布式电源接入，分别探讨了世界的前沿问题，本书的第 1 章从决策知识的角度讨论绿色能源的重要性；第 2 章讨论并网准则的分类和技术参数等各个方面；第 3 章介绍满足电网规范的故障穿越准则；第 4 章介绍基于蒙特卡洛方法的随机评估方法的电压不平衡灵敏度分析；第 5 章对采用不同最大功率点跟踪技术的并网光伏系统性能评估进行比较和研究；第 6 章重点研究可再生能源最佳规模和位置选择问题；第 7 章对可再生能源的特性和风能转换系统的稳态特性进行研究；第 8 章针对可再生能源渗透率对电力系统的影响，详细分析变速风力发电机对频率调节和振荡阻尼作用；第 9 章讨论中低压配电网的一些电能管理的方法；第 10 章和第 11 章提出针对配电网中插电式混合动力汽车接入的一种新的控制方法；第 12 章和第 13 章分别讨论紧急情况下可再生能源的协调；第 14 章介绍电力系统成本问题在住宅应用方面的研究；第 15 章介绍具有自愈能力的互联智能电网；第 16 章介绍基于智能体模式下智能电网的保护和安全性；在最后，第 17 章和第 18 章从网络攻击和可再生能源集成的角度讨论复杂智能电网的脆弱性分析。

在此诚挚感谢北方工业大学新能源专业的罗珊娜老师的倾情帮助，同时衷心感谢陈凯雨、丁丽、王斐然、毕立松等硕士研究生，以及帮助校稿的德国杜伊斯堡－埃森大学复杂控制系统研究所的博士和硕士同学们，也希望我们这些参与翻译工作的人员能够再接再厉，为分布式能源发电技术的发展贡献更多力量。

限于译者才疏学浅，难免出现翻译欠妥之处，恳请广大读者批评指正，在此表示诚挚的感谢！

译者
2019 年 1 月

原书前言

近年来世界各国对环境保护和可持续发展问题的担忧和关注，导致对清洁能源技术越来越迫切的需要。一些潜在的解决方案已经开始发展并得到验证，通过使用间歇性可再生能源（Renewable Energy Source，RES）可以提高能源效率，从而节约能源，减少化石燃料的使用以及增加环境友好型能源的供应。这些可再生能源就近通过配电网与负荷连接，以减少传输损耗并延迟传输系统的升级。但可再生能源接入引起了一系列的新问题，这些问题是由微源的间歇性和接口设备的动态性造成的。因此，研究可再生能源集成的潜在挑战，并找出有效和创新的解决方案至关重要。本书包括从目前的可再生能源集成趋势到当前智能电网发展的多个不同方面。

本书的第 1 章将讨论绿色能源的重要性，共分为两部分：①描述关于一般决策过程的现有知识，其次是关于如今决策的批判性观点；②对使用实物期权理论、多准则决策分析和多准则成本效益分析的三种增强型方法进行回顾，这些方法结合政策和后泛欧观点，从个人或投资角度应用于可再生能源决策中。

第 2 章将讨论很多方面的问题，如电网规范的分类和技术参数，以及在传统电厂中使用的电网规范与标准之间存在的异常。第 3 章将介绍满足电网规范的故障穿越准则，以及在新西兰电力系统上的测试。

第 4 章将介绍电压不平衡灵敏度分析，根据住宅低压配电网中单相并网屋顶光伏系统的等级和位置介绍基于蒙特卡洛方法的随机评估方法。此外，第 5 章将对采用不同最大功率点跟踪技术的并网光伏系统性能评估进行比较和研究。

可再生能源一体化中最重要的任务之一是确定可再生能源的最佳规模和位置，在第 6 章中将对此进行介绍，其中将风能视为可再生能源。在确定了最佳规模和位置之后，有必要对可再生能源的特性和风能转换系统（Wind Energy Conversion System，WECS）的稳态特性进行研究，第 7 章将介绍该部分内容，可以看出，风能转换系统会影响电力系统的性能。第 8 章将详细介绍变速风力发电机对频率调节和振荡阻尼的影响。电力系统的性能受可再生能源渗透率的影响，第 9 章将讨论中低压配电网的一些电能管理方法。

为实现系统的稳定、可靠运行，需要将可再生能源的负面影响降到最低。紧紧围绕这一点，本书的第 10 章和第 11 章将提出一种新的控制方法，其中包括对配电网中插电式混合动力汽车这一新负荷的研究。在第 12 章和第 13 章将分别讨论紧急情况下可再生能源的协调和融合。由于成本问题是电力系统运行的一个重要问题，因此在第14章将介绍对住宅应用方面的研究。

可再生能源一体化的最新趋势是电力系统以一种更智能的方式运行，第15章将介绍具有自愈能力的互联智能电网，第16章将介绍基于智能体模式下智能电网的保护和安全性。在最后两章（第17章和第18章）中，将从网络攻击和可再生能源集成的角度进行复杂智能电网的脆弱性分析。

目　录

第 1 章　绿色能源及其技术的选择

布莱恩·阿佐帕尔迪（Brian Azzopardi）

摘要：最初的可再生能源系统（Renewable Energy System，RES）投资的决策标准是经济指标。这些标准的制定主要关注可再生能源系统及其附属基础建设的技术优势，例如效率和成本在拥有宽裕的财政扶持条件下是合理的。然而，当财政扶持在能源市场失去效应并且被环境、政治和社会等日趋多样化的因素取代时，保质保量的标准就变得格外重要。技术优势或许难以再合理地用来解决可再生能源系统及其相关的技术问题了。本章内容分为两个部分，第一部分为1.1～1.4 节，对涉及整个决策过程的现有知识的阐述，同时对目前的决策进行评估，第二部分为 1.5～1.7 节，对实物期权理论、多准则决策分析和多准则成本效益分析进行回顾，并将它们应用到个人、投资者、政治层面和整个欧洲对可再生能源系统的决策中。本章最后将探讨由此引发的社会挑战。

关键词：决策；可再生能源系统（RES）；实物期权（Real Option，RO）理论；多准则分析（Multi－Criteria Analysis，MCA）

1.1　引言

能源的选择历来都是取决于经济和当地自然条件的，因此如今的社会需要选择价格低廉的能源。然而，目前能源系统的技术优势或许难以恰当地解决可再生能源系统及其相关技术的问题了。

本章对可再生能源系统的决策虽然没有优先考虑技术优势，但是也进行了大量客观的分析论证。尽管实际的决策方法与期望的方法相差甚远，但是本章能够让读者更好地理解专家和政策制定者们依据未来社会将面临的能源挑战而提出的关于决策方法的各种复杂理论。

本章的许多定义并不局限于兆瓦级的大电源系统，同样也适合于规模越来越大的微能源，这些微能源聚集在一起将发挥可再生能源的巨大潜力。

1.2　决策过程的复杂性

当一个解决方案有多个备选方案时，决策过程就开始了。正如将在本章第二部分中阐述的，即使在两个简单的有用或无用的备选方案之间也会用到实物期权理论来解决决策过程问题。其间，无法通过固定的框架或单独有序的方法来获得最优的决策。

图 1.1 所示为方案选择过程流程图。第一个阶段是提出问题，这个阶段在整个决策产生的过程中是十分重要的。在整个决策产生的过程中，如果没有来自其他部分的反馈，则通常很难甚至不可能完全解决第一个阶段中的问题。第一个阶段将各部分有机且更符合实际地组合起来，该阶段涉及筛选相关数据和具有目标映射属性的备选方案的数据处理。条件描述有助于对其量变到质变的主观反映进行评估。在决策产生的过程中，其中的几个因素可能需要同时考虑，因此对于在一个因素之前有什么样的因素产生并没有特定的或者统一标准的答案。所以，图 1.1 很难确切地描述所有因素之间的内在联系。图 1.1 中也包含了当今世界的一个重要因素，即决策者的个人观点。将信息和数据相结合就可以整体地从政治层面、商业层面或个体消费者层面理解决策者的观点。观点的改变依赖于决策者的地位，以及其在下一个阶段中重要性的体现。通常反馈将促使最优方案形成，形成的最优方案有助于使得不同决策者的观点达到平衡。

决策产生过程的目标是确立问题，客观目标或许是多层面和多影响的，关于这一点可以通过下面的例子加以说明。

1）为了整合全国的可再生能源系统，本章的第二部分将进一步说明使用多标准决策技术的例子。

2）为了使包括政治、经济和终端用户的利益相关者了解关于各种可再生能源，例如光伏发电技术。本章第二部分也将引用一个例子来加以说明。

3）为了评估在生产可再生能源系统或组件时的高产能。

第二个阶段是建模和决策分析。图 1.1 展示了可被利用的多种技术，而结果的重要性因决策者的不同而不同。决策分析方法会与多属性的实用分析建立的仿真模型相结合。关于决策技术有一个广泛使用的经典工作模式[1,2]，例如卡尼曼等人[3]提出的与个人行为观点相关的方面，但此技术已超出了本书所讨论的范围。接下来的部分将对所有指定的技术做简要介绍。

1.2.1 表决

在表决方案中，拥有话语权的利益相关者可以表达意愿并在众多备选方案中民主地选择一个备选方案。然而这个过程有政治干预的可能性，从而并不能获得完全公正的正确选择。表决的形式有很多，例如采用简单投票系统或者优先选择系统。表决方法或许也能促使决策者们构想整体方案蓝图并对决策支持系统进行反馈。

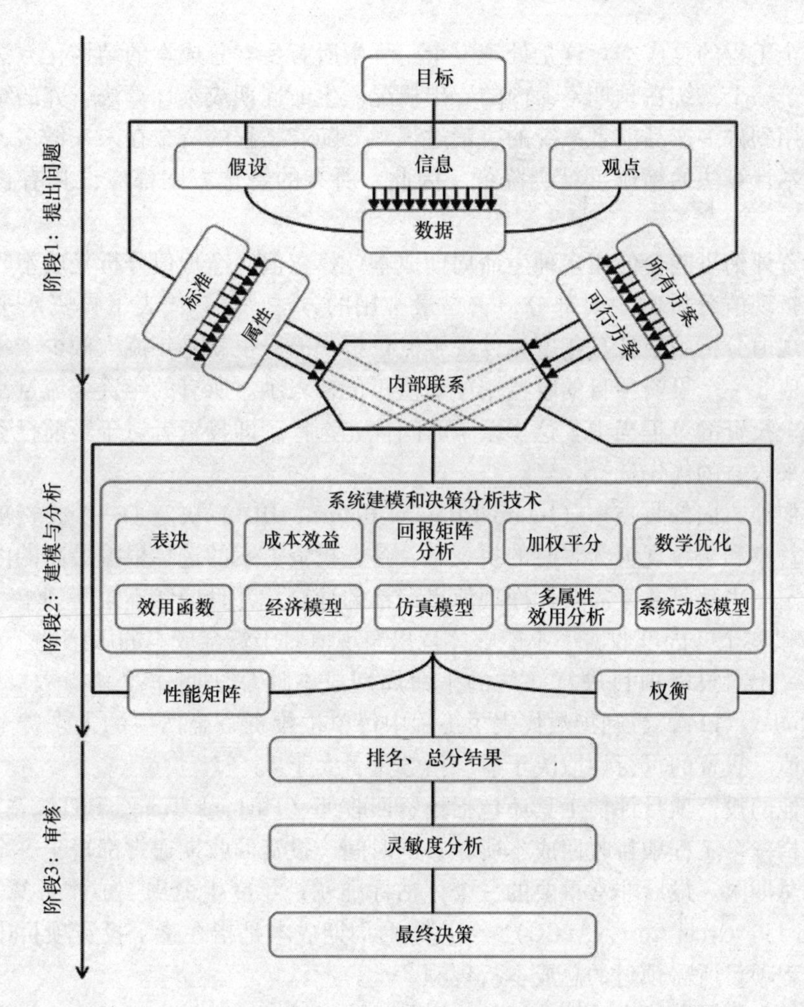

图 1.1　方案选择过程流程图

1.2.2　成本效益

短时间内反映一个工程、决策或者政策的所有效益和成本的货币差值被称作净现值（Net Present Value，NPV），成本收益分析（Cost Benefit Analysis，CBA）是对净现值的计算。成本收益分析被广泛运用在可再生能源系统工程中，用于评估投资方案或比较工程方案的可行性，有时该分析还会与其他经济理论，例如后面第二部分将要介绍的实物期权理论配合使用。

比较常用的相关方法还有成本效益分析、成本效用分析、经济效应分析、财政效应分析和社会回报投资分析（Social Return On Inverstment，SROI）。当生命周期成本计算法（Life Cycle Costing，LCC）与成本收益分析相结合时，就能够得到整个工程的总成本。这是处理整个工程中所有要素总成本的结构化方法，因此形成了一个系统在预期寿命内的支出概况。生命周期成本计算法研究的结果能够被应用到许多产品或者系统的决策过程中。随着工程的资金在未来增多，生命周期成本计算法的精确度就会降低。因此，所有的备选方案都应该具有长远的计划。

投资评估可能会使用多种生命周期成本计算权值。净现值分析是成本收益分析或者折现值分析的主要部分，它是最常用的方法[4,5]，代表了投资水平的高低。净现值分析用于计算年度累计现金流量折现值，也就是年流入额少于年流出额的差值。一个投资项目的收益用净现值正值来表示。所有的年资金流量都会折现在整个投资的过程当中。这掺杂了时间优先选择，即投资者对于当前投资的资金和将来收益的优先选择。

类似地，内部收益率（Internal Rate of Return，IRR）决定了一个投资项目产生的收益率和当净现值为零时的折现率。备选投资方案的选择根据最高的内部收益率来定。内部收益率需要比净现值更严格的计算，并且通常不会得到单一的结果[5]。事实上，内部收益率不能够体现出净现值对于资金成本的敏感性。

另一个对投资项目进行评估的生命周期成本计算法叫作盈利指数（Profitability Index，PI)，盈利指数代表了工程中每单位投资资金产生的未来资金流动的折现值。投资的可行性取决于盈利指数是否大于1。

其他的投资项目评估工具还包括投资回收期（Payback Time，PBT)，投资回收期是指一个工程项目收回成本所花费的时间。投资回收期通常都短于一个工程项目的总期限。最后非常重要的一个评估标准就是年度生命周期成本计算（Annualised Life Cycle Cost，ALCC)，年度生命周期成本是指在整个投资项目中平均每个工程项目所需预付的总成本折现额[5]。

基于生命周期成本计算分析的成本收益分析最近被大量应用于对光伏发电系统的成本[6]、影响和财政负担能力的评估，例如在英国光伏发电有电网回购下的财政负担能力[7]。

1.2.3 回报矩阵分析

回报矩阵分析源自于博弈论，它将一个选择的优缺点制成一个表格。这个表格包括了对一个可能结果的不确定性，然而在决策者的控制下，这种方法会受限于一系列的备选方案和结果。回报矩阵分析被广泛地应用在能源领域，例如在能源市场中的应用[8]。

1.2.4 加权评分

一个不太依赖于政治因素但是又具有权威性和灵活性的工具就是加权评分方

法。这种方法是对各备选方案按照属性进行比较，然后按优先顺序排列，摒弃了以往固定的“必然”（有高重要性）和“不必然”（有低重要性）的标准。在日常购物时，从商品留给我们的客观印象到我们主观地做出购买决定的过程中，通常就使用了这样的方法。按最终分数对备选方案进行排名，例如，对于一个公开招投标的可再生能源系统项目，投标人通过对风险评估和设计对竞标人的产品进行选择。

1.2.5　数学优化

数学优化也叫作数学规划，它的功能是在许多相等和不相等的约束条件下选择一个目标函数的最佳有效变量。目标函数也被称为成本函数和最小化间接实用函数，最大化间接实用函数和其他领域应用中的能量函数，它表示了决策者追求的目标，例如效益最大化或者环境影响最小化。在一个有相互矛盾的目标的复杂方案中，多目标函数优化成为一种可行的解决办法。优化也能与模型和仿真一同使用，特别是在一些大型的复杂问题中，这些问题通常具有不确定性，这样的不确定性就需要分析系统的一些动态因素，这种优化被称为动态优化。优化技术已经被广泛应用到了最近的一些学术研究中[9]，特别是在电力系统的调度中非常有用。这种方法对于智能电网的实时优化也很实用。然而由于优化问题通常是迭代的，并且需要计算机来完成，所以为了达到快速响应的解决方法，应用中必须不断改进数学分析方法。

1.2.6　效用函数

效用函数分析就是构建一个逻辑框架的过程，在告知决策者和其他利益相关者的条件下，所构建的框架包含所有决策方法和技术的使用。这种分析方法中的图示法，例如影响分析图和决策分析树形图通常被应用在决策分析中，其不确定性也许与概率分布类似，其目标是“效用”的功能最大化，所以该分析方法被称为效用函数分析。

1.2.7　经济模型

这种复杂模型是基于“自由市场”方法得到的，该方法基本上包含了价格指令选择，经济在该模型下能够被模拟为一个系统。由这种假设可知，如果价格有任何的变化，则一种普遍均衡现象就会出现，并且自由市场经济中的利己个体就会共同为社会创造效益。然而对这些模型进行进一步的探讨，可以发现这些假设太过于极端，并不具备真实性。因此经济学家认为这些模型不具有稳定性。本章的后面部分会进一步探讨相关理论知识来加深对这些模型的认识。

1.2.8 仿真模型

这种技术通常是建立一个时间连续的历史数据模型来评估基于软件模型的物理模型的实际运行。仿真模型是用于估计工程系统运行情况的一种价格低廉的技术，例如包含一定可再生能源的电网控制或者次日可再生能源发电量的简单仿真。在仿真的过程中，通过大量案例仿真可以找出一些不确定性问题并加以解决。

1.2.9 多属性效用分析

多属性效用分析也称为多准则分析（Multi - Criteria Analysis，MCA），它是效用函数分析法的扩展，在这种分析法中，多准则和一系列备选方案允许用已有的数学解决方法进行递阶决策，从而进行评估。类似的一系列方法近年来已在能源领域逐渐得到关注。典型的方法，例如 SMART、PROMETHEE 和 ELECTRE，从决策者的喜好出发，从最好的备选方案到较差的备选方案进行排名，选出最优的方案。在本章的第二个部分将介绍 ELECTRE III 在光伏发电技术中的应用。

1.2.10 系统动态模型

这种技术模拟的是复杂系统，在这个系统中将反馈回路和时滞合并考虑，并影响整体性能。该技术尽管可以用于描述一个简易系统，但是用这些数学公式来描述系统的动态特性可能会导致计算时间和处理能力过于复杂。

决策过程的第三个也是最后一个阶段是审载。这里的结果将是绘图、列表等，这些结果经过敏感度分析测试并分析框架的稳定性后，就得到了最终的决策。

最后，备选方案的选择权在于使用者。上面介绍的这些常用技术在 20 世纪中期就已经形成。为解决这些技术缺点，近年来所进行的研究将在本章的第二部分进行介绍。

1.3 如何做出决定

不幸的是尽管用于分析最合适、最优或者最可行的解决方法和技术有多种多样，但是这些复杂的技术真正被应用还处于初级阶段。以我们每个人为例，我们每天都会做很多决定，这些决定需要我们花费时间和金钱去恰当地分析评估，尽管这里讨论的一些技术是十分简单的，但是这些技术还是不可能被实际应用到每个人的日常生活中。

在政治层面上，政客们希望自己连任。在欧盟的机构中，许多情况下使用监管机构可以平衡这些政治干预，有时监管部门本身已经超越了政客们的政治意愿。

但是从另一个角度说，决策分析对于商业和规划是十分重要的。然而由于政治干预的影响，这些标准尺度仍然具有风险，尤其是在新兴市场条件下。一个典型的例子就是过去几十年里欧盟的 FIT 扶持计划，虽然早期通过加大可再生能源系统的部署达到了税收增加的目的，但是在当下，这些方案已不再适用。许多企业在新兴技术例如光伏发电技术的研究和发展上有所投资，它们中的一部分甚至绝大多是由政府的资金扶持的，由于这些企业在成熟的技术占据市场的同时，仍然利用偏重于成本和效率的传统工程决策分析技术，最终导致了这些企业被迫申请破产。这样的情况阻碍了创新步伐的加快。

1.4　工程决策分析

工程决策分析包括图 1.1 和第 1.2 节中说明的部分，以及最后一个重要的阶段，即第四阶段的事后审计。结果的事后审计是一个验证阶段，在这个验证阶段中，做出的决定必须要有一个正确的行为方向，并且这个阶段能够按需修改。这个验证阶段在某些情况下需在规定的时间间隔内进行，例如在可再生能源相关产品的制造过程中，甚至是电网实时监控过程中都需要进行。

工程决策分析总是关注技术优势，例如成本和效率。因此，使用例如净现值、内部收益率和投资回收期等标准的经济决策分析方法在工业领域应用已有几十年。

然而大型实体企业所承担的社会责任和环保标准对社会有一定的影响，这就促使在决策框架内，环境标准得以生根发芽。此外，大多难以量化的定性标准也是一个不能忽视的问题。所有这些复杂的决策分析问题将在 1.5 节中做更多介绍。

1.5　决策支持系统

本节将对选定的三种方法进行简要的介绍，这三种方法可以应用于 1.2 节中阐述的技术融合，并且进一步发展到更强大的决策支持系统，以便于在众多绿色能源或者技术解决方案中进行选择。

第一种方法是使用近年来在光伏发电技术和系统的投资决策研究中运用的实物期权理论的强化经济理论[10]。尽管 FIT 在英国尚未与内部收益率相融合，但这个方法的框架还是在一定程度上让人们理解了不确定性，因此这种方法能够应用于全球的许多方案中，也能够应用于许多不同的技术和能源系统中。在能源系统的学术研究领域，对实物期权理论的认可度近年来逐渐增加。马丁内斯·切塞纳已经给出了对这种方法的综合论证[11]。

第二种方法使用的是系统规划中的权衡方法，即输电系统运营部门（EN-TSO－E）中的成本/效益方法，这是欧洲的输电系统运营部门提出的一种新型方法[12]。这种方法应用于十年的电网发展项目（Ten Year Network Development Project，TYNDP）中，其包含了在整个欧洲为实现统一的能源系统成本效率分析而建立的电网工程和市场模型。

第三种方法是一个复杂的决策支持系统，这个系统将技术、经济和环境的质和量的标准相结合，有助于得到一个多元化的技术决策。通过仿真和建模，一些量化标准能够提前计算得到。这种方法也同时涵盖了政客、投资商和终端消费者作为决策者所持的不同观点。

1.5.1　实物期权理论方法

正如之前探讨的，流动资金折现（Discounted Cash Flow，DCF）方法[13]在经济模型应用中的不足和失败，以及布莱克－斯科尔斯公式[14]的提出为实物期权理论的创立提供了条件。事实上实物期权理论的作用就在于使得流动资金折现法能更好地运用到不确定性问题中，以便更好地解决诸如在技术发展领域做出决策的问题。

可再生能源系统工程项目及其从制造到现场安装的相关投资项目一旦被确定并实施，就可能增加投资价值[15]。这些实际的选择项目被视为决策者能够适应不确定性变更的工程调整，例如延迟或者紧急投资，以及额外的基础设施建设等工程问题的调整[16]。

今天，实物期权理论被广泛应用到可再生能源系统中，并且关于它的比较全面的文献资料也已经形成[11]。该应用也与评估投资时间[17]、检测投资无差性[18]和解决可再生能源系统中由于市场贸易导致的全生命周期成本的不确定性[19]有所区别。

在这项研究中，当只考虑延迟的因素时，实物期权理论是基于无差性、成本和效率的关于多元化光伏发电技术投资的预测[20]。

对于现有的实物期权理论模型来说，这种无差性是基于对像光伏发电技术这种特殊技术的一种假设，在这种假设中，光伏模块的价格不会上涨，同时效率也不会下降。然而，一旦光伏模块的价格上涨，我们就希望效率的增值与价格达到无差。图1.2a所示为单晶硅光伏模块的成本降低和效率提高这个过程的标准结果。

同时这个技术的预测功能是基于有针对性的参数值，而所有这些关于成本的参数值是以对光伏组件的预测[21]和经验曲线为依据的。图1.2b所示为以对可用

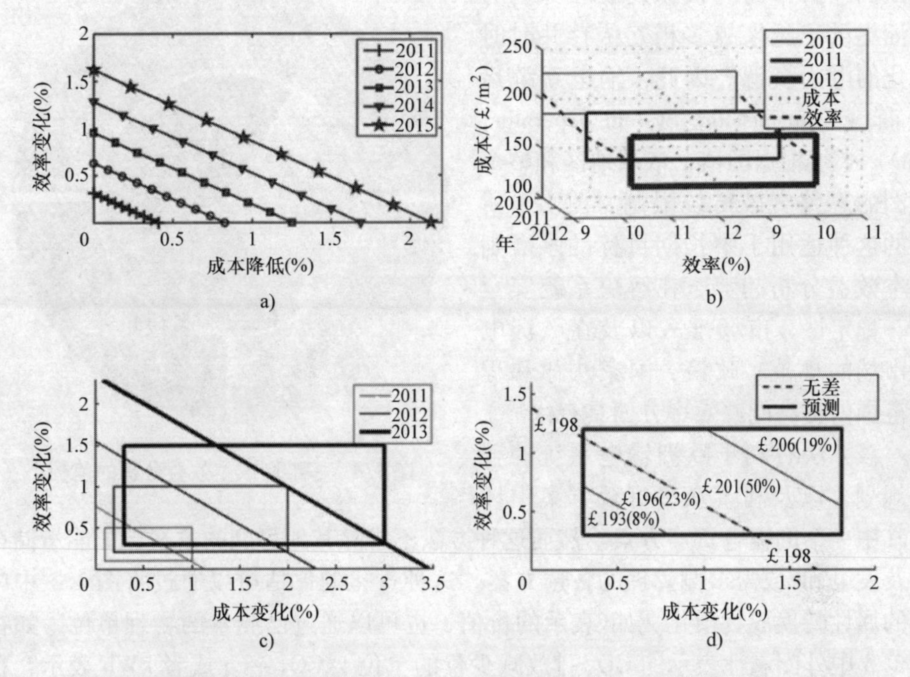

图1.2　a）单晶硅光伏模块曲线　b）硒化镉光伏电池系统效率和成本预测
c）a－Si光伏电池系统预测　d）CIGS光伏系统滞后预测评估

效率的预测和15%～22%变化率为基础的硒化镉模块成本的预测。

这种无差性和预测曲线被它们当前的平均值和以图1.2c所示a－Si光伏系统和图1.2d所示CIGS光伏系统滞后评估为例的相互对比所标准化。进一步来说就是意味着更高效率的改进和成本的降低，而无差异曲线以上的区域代表的是简单滞后，以下的区域则正好相反。

总之这种方法简化了滞后项目，例如在国内光伏并网发电系统中，对光伏发电技术投资评估的简化。人们已经意识到滞后项目投资的选择主要受资金的时间价值、贷款和预测技术类型的影响。非常有趣的现象是，滞后项目有可能成为凸显技术不足的新兴技术而非成熟技术的驱动器，从而使得新兴技术渗入市场。

1.5.2　系统规划方法中的权衡

为了对整个欧洲共同关注的能源系统项目达成统一的成本效益分析标准，欧盟条规347/2013需要欧洲输电系统运营机构确立一个方法，包括电网和市场的模型建立[12]。已经形成的框架是对常见的泛欧洲的备选项目以及属于十年电网发展规划范围之内的项目的多准则成本效益分析。

欧洲电力市场已经走向与大规模多元化发电相结合的道路，可再生能源系统和欧洲电力市场的快速发展和部署为欧洲提供了越来越多相互依存并时时变化的电力资源。因此，输电系统运营商（Transmission System Operator，TSO）必须根据国情，依照地区和整个欧洲的思路突破传统限制。图 1.3 所示的这种适用于中长期目标的多准则成本效益分析趋势，在解决系统安全性、稳定性、市场准入以及在欧洲电力市场的规范、政策、国家法律和程序范围内提高能源效率方面具有优势。

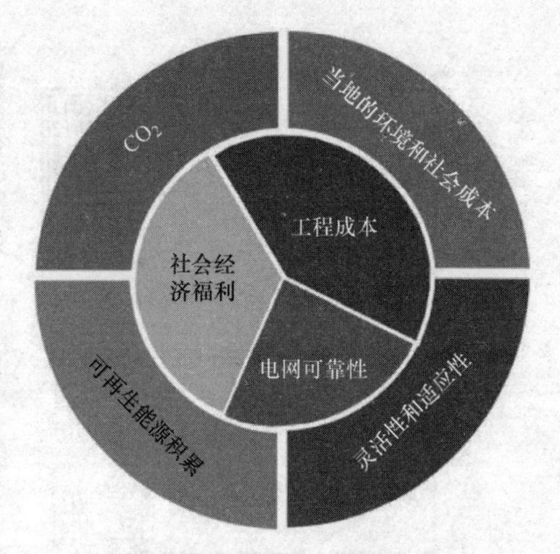

图 1.3 多准则成本效益分析的范围

该方法有利于欧洲输电系统的普遍规划，以及利于众多可行方案中评估其中一个的输电资产方案。然而这种方法不排除其他可能的方案，如能量储存以及发电和/或需求侧管理的备选方案。这种量化的评估可以通过将图 1.3 中内圈的属性转换成货币化，如€表示的价值，也可以通过已测量的物理单位，如在图 1.3 中外圈属性表示的 CO_2 排放减少量的单位 $kgCO_2-eq$ 或者 kWh 表示，在给予足够的碳价格下这种评估可以节约发电成本。将碳排放作为单独的属性考虑和考虑足够的碳价格或许会导致重复计算。类似地，可再生能源的整合将会节约发电成本，从而产生利润；另一方面，地方和环境成本的提高会造成基础设施建设成本的提高。正如环境影响评估（85/337/EEC）[22]中的阐述，人类的影响、当地动植物的影响、物质资产的影响和文化的影响等都将会导致成本的提高。

这套欧洲范围内共同的标准会形成一个完整和固定的基本原则，既是为了十年电网发展项目下的项目评估，也是为了实现共同利益。起初，规划过程包含了方案的定义，该方案是对未知前景的一个连贯、全面和内部关联的描述。该方案分析的目的在于描述生产和需求双方在未来系统发展过程中的不确定性。为了将这些不确定性纳入规划过程，在考虑未来需求预测、当地地理位置、调度、发电单元的位置、功率交换模式以及预计的输电资产的基础上，建立了许多的规划案例。

1.5.3 多准则分析法

在过去的几十年里，使用多准则分析模型和技术的决策支持系统已经被广泛应用到了政治和国家层面的能源系统和制造工艺方案中。多准则分析技术中的效用理论、层级处理、加权以及其他方法都可以在文献中查阅[23,24]。

在这种方法中选择了高级别的 ELECTRE Ⅲ方法，因为这种方法利用了多种概念，并且在高级别关系中并不保持结构性能。此外，ELECTRE Ⅲ具有其他技术的部分优越性能，即具有对问题的非补偿处理和来自于其他高级别方法，例如 SMART 和 PROMETHEE 的不精确数据的比例处理，这或许将是一项艰巨的任务[25-27]。

这项研究的目的是为了在光伏发电系统的投资方案中阐述和展示第一个多准则决策支持工具[28]。目前最大的光伏市场，即光伏微型发电市场已经被主要的五大技术占据，分别是单晶硅（单硅）、多晶硅（多硅）、非晶硅（a-Si）、铜铟镓二硒（CIGS）和碲化镉（CdTe）。此外，新兴的以有机高分子为基础的光伏（Organic-based PV，OPV）技术具有进入光伏市场的潜力[6]。

在未来，光伏发电技术的应用将不得不变得多元化以确保稳定的光伏能源市场，这意味着光伏发电技术的总体评估和选择必须考虑几个因素，以解决大量相关的光伏发电特殊技术、环境和经济因素问题[29]。

多准则分析的应用能够将不同的观点整合为一个标准的评估程序。图 1.4 所示为考虑所有的技术、环境和经济的定量和定性标准后的一个最终排名，这些考虑的因素，如光伏发电技术对当地负荷的贡献率、模块设计、CO_2 影响，以及审美性、净现值和技术成熟度等。非常有趣的是，在这个排名中出现了不可比性的排名，即基于技术备选（A1 和 A2）的晶体硅和薄膜技术（a-Si A3，CIGS A4 和 CdTe A5）的排名。

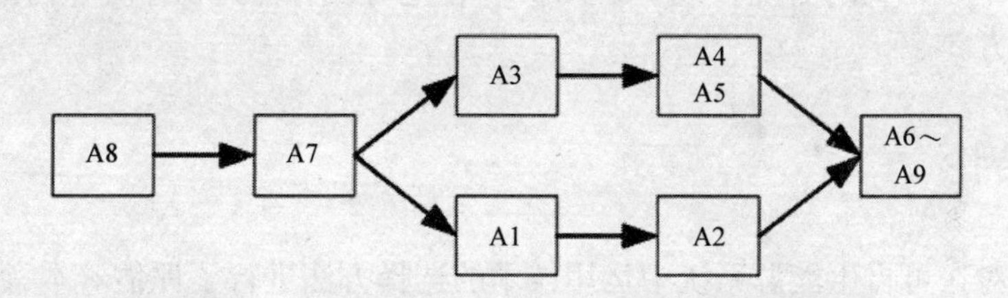

图 1.4　在 0.8 的性能比下三种观点决定的排名图

A1—单晶硅　A2—多晶硅　A3—a-Si　A4—CIGS㊀　A5—CdTe　A6~A9—对以有机高分子为基础的光伏发电技术在效率、寿命和价格上固定的、相关的、乐观的和悲观的技术发展

综上所述的研究表明，降低成本的同时提高技术发展是最优的方案。今天的薄膜（TF）技术和晶体（晶体硅）技术处于相互竞争的状态，而这项研究表明了某些劣势。在目前来看，晶体硅技术更加昂贵。然而，由于这项技术的高效率水平使得该技术比起新兴技术能够提供更好的 CO_2 效益。多准则分析可以被证明其能够作为在技术、环境和经济决定的竞争性市场下任何一种光伏技术的最优决策工具。

㊀　此处原书为 CIS，有误。——译者注

1.6　社会挑战

一些国际合作项目框架、协议和首脑会议已经开始关注并致力于解决全球人口增长、温室气体排放和气候变化问题。这些框架协议，例如关于气候变化的公约（Framework Covention on Climate Change，FCCC）以及由联合国制定的京都议定书等，都是在原先单纯关注效率和成本的传统工程决策基础上迈出的第一步，同时这些框架协议也为提高将来地球资源的可持续性和改善目前的人口状况这些可实现的目标创造了条件。

能源的争论虽然已公开，但其决策仍集中在少数寡头那里。因此，通过用户更好地进入能源市场会使其功能更加完善也更加稳定，并且也可以使能源的供给和使用信息更为透明。这包括废止对化石燃料的长期固定的补贴以及扭曲市场对新能源的巨额补贴。

另一方面就是能源匮乏的问题需要得到关注和改善，以实现获得可靠的、负担得起的、在经济上可行的、能够被社会包容以及对环境无害的能源服务和资源。在本章中我们已经看到不是所有标准都是定量的，其中有一些标准是定性的，这些定性的标准带来了对它们的属性如何进行衡量的问题。决策技术的使用同时也有助于提供更多的决策知识，并且能够为解决一些综合问题，例如NIMBY（不是在我的后院）或BANANA（在绝对没有任何物体毗邻的地方建设）提供解决方案。

1.7　结论

本章对在可再生能源系统中运用技术的选择方法进行了评估。本章所定义的大规模可再生能源发电并不局限于大容量（如兆瓦），也考虑到大量分布的微能源，这些微能源聚集在一起或许将发挥可再生能源的巨大能量潜力。因此本章考虑的是在可再生能源系统中，对于其产品和零部件在大规模生产、能源网络运作决策、投资决策和政策指导下的关键技术决策。

正如本章所述，效益和成本的技术优势不能够很好地描述绿色能源和技术的所有方案举措，因此我们需要推动传统的工程决策向前发展。不尽如人意的是，在传统工业中的实际决策，例如效用问题上，大多数仍然以保守的旧思维模式来处理。此外对于一些类似技术的发展问题，传统的决策技术也已经失去了效应。

一个典型的例子就是净需求计划的不恰当使用，这个例子也被视为在需求曲线内的所有分布式能源和间歇式能源，在效用基础上的调度只考虑了企业监管下保守的需求计划。此外在宽裕的财政扶持的可再生能源，甚至是在某种程度上利用补贴支持化石燃料存在着矛盾的背景下，已经占主导地位的成熟技术占据了更多市场，而新兴技术最终即便得到投资也难以得到大力发展。

因此本章介绍了三种主要的改进方法：

1）实物期权理论　利用该理论在可再生能源系统中将技术发展和方案变更视为一个投资决策的考虑目标，以便投资者做出一个明智和符合理论的决策。

2）系统规划中的权衡　多准则成本效益分析法是在应用于输电系统规划时由输电系统运营部门提出的。

3）多准则决策分析　该方法中多种标准和一些备选方案在许多不同的技术下能够结合使用，甚至在某些情况下，将定量和定性模型结合以便帮助决策者得到备选方案。

除了考虑经济成本、绿色能源效益和技术支持问题，当从备选方案中做出实际决策时还有其他需要考虑的问题。在这里我们强调一些在技术、环境、经济和社会中任何一方面可行的标准，但这些标准并不是固定的。

所有的能源系统及其相关技术在技术、环境、经济和社会的影响下既具有优势也具有劣势，这些能源成为“绿色能源”还是“污染能源”都由这四个方面来决定。对于工程师、政治家以及普通大众来说，当我们步入到一个可持续的能源未来时，所面临的任务是权衡所有相关标准并选择出较为透彻和有建设性的正确方法。

参考文献

1. Raiffa H (1968) Decision analysis: introductory lectures on choices under uncertainty. McGraw-Hill, New York
2. Keeney RL (1992) Value-focused Thinking: a path to creative decisionmaking. Harvard University Press, Cambridge, Massachusetts
3. Kahneman D, Slovic P, Tversky A (1982) Judgment under uncertainty: heuristics and biases. Cambridge University Press, Cambridge
4. Lumby S (1988) Investment appraisal and financing decisions. International Thomson Business Press, London
5. McLaney E (2009) Business finance: theory and practice. Pearson Education, Essex
6. Azzopardi B, Emmott CJM, Urbina A, Krebs FC, Mutale J, Nelson J (2011) Economic assessment of solar electricity production from organic-based photovoltaic modules in a domestic environment. Energ Environ Sci 4(10):3741
7. Candelise C (2009) Technical and regulatory developments needed to foster gridconnected photovoltaic (PV) within the UK electrcity sector. Imperial College London, London
8. Ferrero RW, Shahidehpour SM, Ramesh VC (1997) Transaction analysis in deregulated power systems using game theory. IEEE Trans Power Syst 12(3):1340–1347
9. Azzopardi B, Mutale J (2009) Optimal integration of grid connected PV systems using emerging technologies. In: 24th European photovoltaic solar energy conference. Hamburg, pp 3161–3166
10. Martinez-Cesena EA, Azzopardi B, Mutale J (2013) Assessment of domestic photovoltaic systems based on real options theory. Prog Photovoltaics Res Appl 21(2):250–262
11. Martinez-Cesena EA (2012) Real options theory applied to renewable energy generation projects planning. University of Manchester

12. ENTSO-E (2013) ENTSO-E guideline for cost benefit analysis of grid development projects, European Network of Transmission System Operators for Electricity (ENTSO-E), Belgium
13. Hastie KL (1974) One businessman's view of capital budgeting. Financ Manag 3(4):36–44
14. Black F, Scholes M (1973) The pricing of options and corporate liabilities. J Polit Econ 81(3):637–654
15. Dixit RK, Pindyck RS (2012) Investment under uncertainty. Princeton University Press, Princeton, New Jersey
16. Trigeorgis L (1996) Real options: managerial flexibility and strategy in resource allocation. MIT Press, Cambridge, Massachusetts
17. Hoff TE, Margolis R, Herig C (2003) A simple method for consumers to address uncertainty when purchasing photovoltaics, S Consulting, cleanpower.com
18. Clean Power Estimator®—Clean Power Research. Available http://www.cleanpower.com/products/clean-power-estimator/. Accessed 08 Aug 2013
19. Sarkis J, Tamarkin M (2008) Real options analysis for renewable energy technologies in a GHG emissions trading environment. In: Antes R, Hansjürgens B, Letmathe P (eds) Emissions trading. Springer, New York, pp 103–119
20. Frankl P, Nowak S, Gutschner M, Gnos S, Rinke T (2010) Technology roadmap: solar photovoltaic energy. France, International Energy Agency (IEA)
21. Hoffman SW, Pietruszko W, Viaud M (2004) Towards an effective european industrial policy for PV solar electricity. In: Presented at the 19th European photovoltaic science and engineering conference and exhibition, Paris
22. Home—THINK—European University Institute (2013) Available http://www.eui.eu/Projects/THINK/Home.aspx. Accessed 08 Aug 2013
23. Bana e Costa CA (1990) Readings in multiple criteria decision aid. Springer, Heidelberg
24. Bragge J, Korhonen P, Wallenius H, Wallenius J (2010) Bibliometric analysis of multiple criteria decision making/multiattribute utility theory. In: Ehrgott M, Naujoks B, Stewart TJ, Wallenius J (eds) Multiple criteria decision making for sustainable energy and transportation systems, vol 634. Springer, Berlin, pp 259–268
25. Bouyssou D (1996) Outranking relations: do they have special properties? J Multi-Criteria Decis Anal 5(2):99–111
26. Simpson L (1996) Do decision makers know what they prefer?: MAVT and ELECTRE II. J Oper Res Soc 47(7):919–929
27. Salminen P, Hokkanen J, Lahdelma R (1998) Comparing multicriteria methods in the context of environmental problems. Eur J Oper Res 104(3):485–496
28. Azzopardi B, Martínez-Ceseña E-A, Mutale J (2013) Decision support systems for ranking photovoltaic technologies. IET Renew Power Gener 7(6):669–679. doi:10.1049/iet-rpg.2012.0174
29. Azzopardi B (2010) Integration of hybrid organic-based solar cells for micro-generation. PhD, The University of Manchester, Manchester

第 2 章　并网准则：目标与挑战

普拉迪普·库马尔（Pradeep Kumar）和阿希什·K·辛格（Asheesh K. Singh）

摘要：电力一直是人类生活进步的驱动力之一，电能是最常用的能源形式。能源资源的分散分布和电力需求的持续增长促进了横跨整个大陆地区的大型电力传输网络的发展。保护系统、监控系统、操作过程等很多方面以同步和有效的方式工作来保证系统的有效运转，否则系统将会受到危害。在现有电力系统中开发和整合可再生能源会增强网络的复杂性，将复杂的电网高效运行对我们来说很困难。因此，为了简化规划、操作等任务，发展了并网技术。并网准则是政府为利益相关者制定的规则，即用户和发电站间相互联系操作的标准。这些并网准则是为了电网及其相关设备（如现在和未来的发电厂）的平稳运行。本章将概述电网的并网准则和电网的各个组成部分，以及考虑将可再生能源并入电网后的发展情况。对并网的分类与特点、并网的发展和标准在传统发电站的应用中存在的异常现象等许多方面进行讨论。

关键词：并网、可再生能源、火电厂、核电厂

2.1　引言

电网是世界上最大的人造系统，该系统由很多部分组成，如同步发电机、传输线、开关、继电器、有功/无功功率补偿器和控制器等，这些都是系统的主要组成部分[1]。由于系统性质复杂，所以适当的规划和设计是电力系统运行的关键。传统上，由单一的授权机构设计和规划新发电站的类型、位置、容量和对电网的连接需要。

最近可再生能源的发展极大地增加了电网的复杂程度。由于它们具有随机性和不确定性，导致人们越来越关注发电量的准确预测和潮流控制。此外，电力部门的宽松管制（私有化和自由化）吸引了很多生产商和供应商，以满足日益增长的电力需求。新方案以及大量竞争者的出现，给当前和未来电力系统的规划和运行带来了以下新的挑战：

1）复杂程度的提高；

2）电力传输能力的随机特性；

3）输电系统的双向电流。

这些可再生能源和敏感负荷的安全性、稳定性、可靠性和效率等在尺寸、设置、连接和操作[5]等方面有很严格的标准。准则和规定是为了保护电力系统。这些准则作为允许或禁止将发电厂和负荷连接到电网的标准程序和要求，应适用于所有新旧发电厂和用户，并网还应确保向消费者供应电能的质量。

并网准则，也被称为“互联指南”，是指规定发电厂和参与电力生产、传输和使用的各方不同的技术和操作特性要求的说明。换句话说，并网是将新发电厂与当地系统连接起来的技术要求[3,6,7]。随着 20 世纪 90 年代初美国的宽松管制的实行，这些准则开始出现在美国和其他国家[7]。这些准则是在很早的时候由传输操作和控制方面的专家们所制定的。作为在发电和配电之间的输电部分，并网处理零散电力的能力是最重要的。发展这些准则的主要目的是使先前的公用事业组织所使用的标准正式化，以明确发电设备的细节以及与输电系统连接的要求。此外，它试图建立符合新一代工厂公认的行业标准，除了需要严格标准的某些场所[7]。这些准则的形成受当地监管机构控制，在不同的法律环境和技术条件下，文件中提到的要求和具体情况可能不同。并网准则变化的原因可能是由于不同国家的系统类型或电网特性不同[3]。

借助图 2. 1 可以很容易地解释任何电力系统中并网的重要性，它是在电力系统中各部分相互作用的标准文件。系统操作员的责任是检查每一个级别的准则是否被遵守。下一级是输电运营商，他们对输电系统有直接的控制权。提高对准则

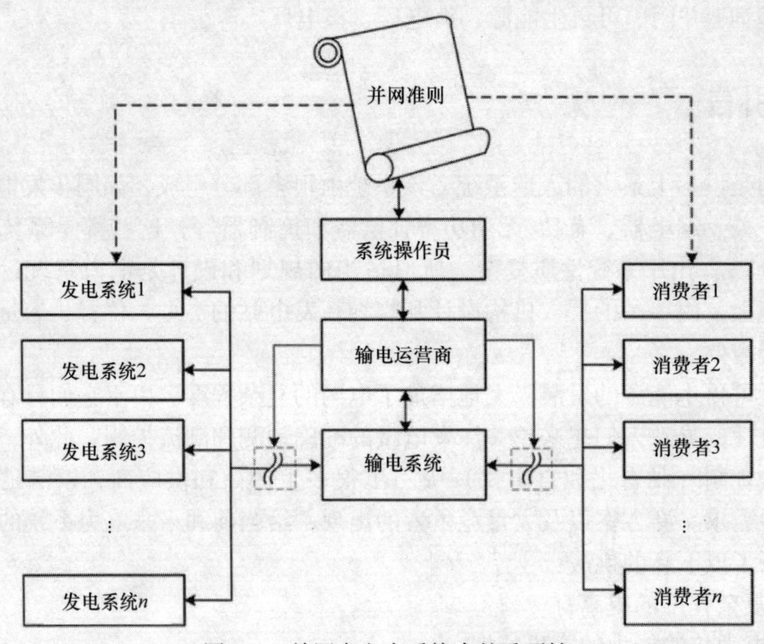

图 2. 1　并网在电力系统中的重要性

的认识以及对不遵守准则的活动采取必要措施是输电运营商的职责。根据运营商提供的报告，发电站或消费者可以与输电系统建立连接。“产消者”这一词在智能电网的背景下被提到，因为在智能电网中，消费者很可能在消耗电能的同时生产电能。

虽然并网准则可能看起来只是一个简单的文档，但它们可以解决所有涉及电网的重要隐患。本章将尝试讨论并网准则涵盖的主要领域。2.2 节将详细讨论电网的分类和它的组成部分，解决有关频率响应、无功功率能力、电网安全性、安全性和效率的相关问题。2.3 节将讨论合并可再生能源资源遇到的挑战；2.4 节将介绍现有的并网准则，以及可再生能源特别是风力发电及其集成等并网准则和认证程序的发展趋势；2.5 节将讨论传统发电和并网相结合的问题。本章所做的讨论是基于以下的并网准则：

1）美国：风能互联[10]；

2）印度：印度电力并网准则[11]；

3）英国：并网准则[6]。

然而，总的来说，基于本章参考文献［6］中得出的推论，它是一个最新的并能明确表示要求和分类的并网准则。

2.2　并网准则的规范

并网准则是描述电厂技术和运行特性要求的说明。这些是任何用户在装配新的发电厂、改造发电厂或将现有发电厂的各组件接到电网上需要遵循的准则。这些指令包括处理并网的各种组件，如图 2.2 所示，这种分类降低了新的并网准则实施和开发的要求。

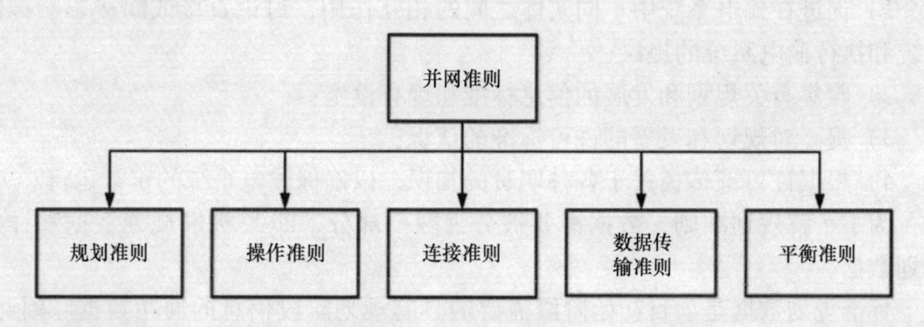

图 2.2　并网准则的分类

规划准则（Planning Codes，PC）决定连接用户和发电厂之间输电系统各组成部分的尺寸、大小和发展等问题。连接准则（Connecting Code，CC）讨论的是连接要求和保持电网连接的环境。在电力系统中各种设备的操作要求由操作准则（Operating Codes，OC）处理。数据传输准则（Data Communication Codes，DCC）决定数据存储要求和要存储数据的存储量。平衡准则（Balancing Codes，BC）讨论当局采取的措施，以保持负荷和发电之间的功率平衡。下面的小节将详细分析这些不同类别的并网准则。

2.2.1 规划准则

规划准则是并网的重要组成部分。这些准则在电厂的规划或修改阶段实施，它可能涉及变电站、连接点、传输线或连接到传输网络剩余部分的其他设施。它分析了系统规划的技术规范和程序。在项目的初始阶段，输电运营商检查用户对PC的遵守情况，根据其对并网准则标准的满足程度，来决定是接受还是拒绝该项目。在大多数情况下，这些准则是按照既定标准或以双边协议的形式制定的。根据并网准则[6]，详细信息（通常在初始阶段需要）如下：

1）对发电或安装改造的设备的描述；

2）标准规划数据；

3）所提出的发展计划的完成日期；

4）并网容量和传输能力。

在初始阶段，所有的信息以数据形式存在。利用这一点，数据可以在输电运营商和发电厂之间传递。然而，为了清晰的理解和统一，数据应该按照标准的格式，只有这样，发电厂和运营商之间才可能达成双边协议。报价在固定的一段时间内，可能会根据许可证标准而有所不同（因国家而异）。开发时间可能因输电系统项目的规模、复杂性、性质和位置而异。

规划准则的目标可以概括如下：

1）促进在输电系统中不同实体之间的相互作用，讨论直接或间接影响传输系统和执行输电系统的提议；

2）收集有关规划和发展的信息标准和现有设施；

3）提高对规划和发展的许可标准的认识；

4）根据许可证传播关于各种职责的知识，以确保输电系统的正常运行。

为了了解规划准则，数据需要被分为两个部分，即[6]标准规划数据和详细规划数据。

标准规划数据是项目初始阶段需要的具有规划阶段信息的通用数据。因此，一方面，一些数据由于实施问题可能会略有变化；另一方面，详细的规划数据是确切数据，满足规划准则的要求。在正常时间尺度的高级阶段需要这种类型的数据，以实现传输操作。图2.3所示为这两种形式的数据更进一步的分类。

（1）初始项目规划数据　在项目的初始阶段需要的数据，包括数量、电厂

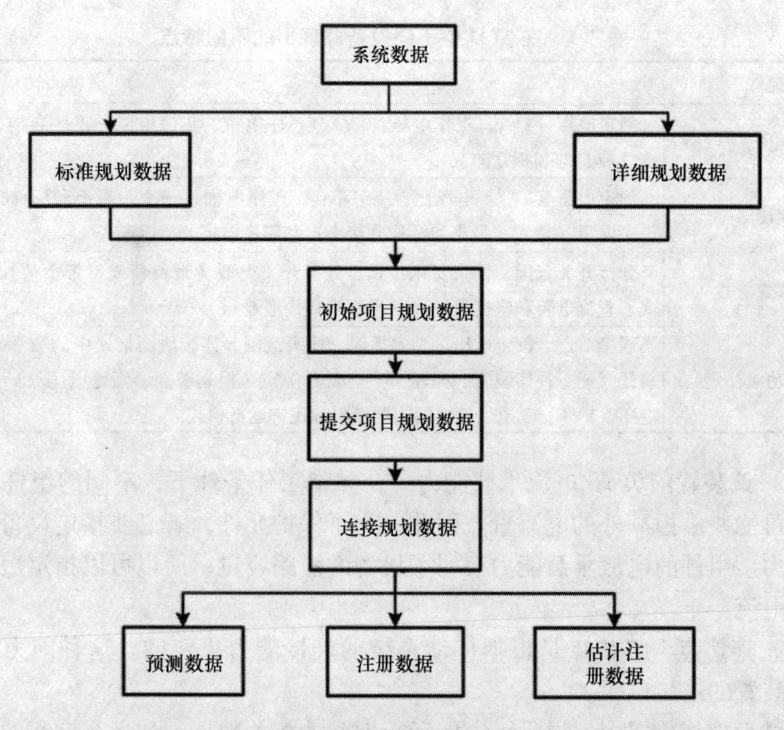

图 2.3　规划数据的分类

名称、详细信息、评级等，由于是初始阶段的要求，它被称为初始数据。

（2）提交项目规划数据　在规划阶段后，所需的数据被称为提交项目规划数据。一般而言，它涉及项目初始化后获得的新数据。

（3）连接规划数据　项目初始化后，网络运营商经过合理的实践后，根据实际值更新规划目的估值。

连接规划的数据被进一步分为以下三种类型：

1）预测数据：标准规划数据和详细规划数据将始终作为预测数据；

2）注册数据：标准规划数据和详细规划数据之间存在的联系被称为注册数据；

3）估计注册数据：数据的一个特定的项被称为估计注册数据。

从数据库中确定数据是必要的。标准的规划数据，在项目初始阶段，主要包括单线图（Single Line Diagram，SLD）、该装置的电流承载能力和连接点。

（1）单线图　一个 SLD 应该清晰地描绘传动系统的某一部分电路。SLD 应明确规范一般信息，如变电站名称、断路器、相序排列、额定电压（kV）、工作电压（kV）等。然而，各种类别所需要的数据可能因国而异。其他各种规格的输电系统在表 2.1[6] 中有准确的总结。

表 2.1 在 SLD 中不同设备表现出的不同特点

组件	特　点
输电电路	额定电压（kV）、工作电压（kV）、正序电抗、正序电阻、正序导纳、零序阻抗（自身的和相互的）
变压器	额定电压（kV）、电压比、绕组布置、正序电抗（最大、最小和标称分接头）、正序电阻（最大、最小和标称分接头）和零序电抗
互联变压器	分接开关范围、抽头变化步长、分接开关类型（带负荷或不带负荷）、接地方式、直流电阻和电抗阻抗（如果不是直接接地）
无功功率补偿	连接节点、额定电压、功率损耗、抽头范围、连接块图格式中的数学表达式控制任意动态补偿装置、高压节点、低压节点、控制节点、额定电压（kV）、目标电压（kV）、电压依赖性的问题极限和正常运行模式

（2）该装置的负荷/电流承载能力　在异常工作条件下，不同的组件连接到传输线可能要承担额外的电流量。因此，为了保护元件，有必要指定设备的电流承载能力。组件的电流承载能力表明了设备的短路容量，所以可以指定短路容量或额定电流。

（3）连接点　连接点是根据传动系统的连接能力决定的。这种能力也决定了发电装置的连接位置。

在详细规划数据中，提供了电网运行期间的相关数据，如运行期间的可用容量、连接设备的运行范围等。其他不同的组件通常在详细规划数据下指定，见表 2.2。

表 2.2 接线图中不同组件节点的具体情况

类别	描　述
短路贡献率	连接类型（直接或间接）和母线布置
发电机	注册量、输出可用、系统容量限制和最小的发电量
发电性能图	见具体的表格
额定参数数据	对不同组件连接的评价
所有发电机组	额定 MVA，额定 MW
同步发电机组	短路容量、直轴电抗、惯性常数（MWs/MVA）
变压器装置	升压变压器、额定容量、正序电抗（在最大、最小和标称抽头）
预测数据	在每个用户的用户系统高峰日、日最大（日期和时间）、日最小（日期和时间）
单元控制	最大下降（%）、正常下降（%）、最低下降（%）、最高频率死区（±Hz）、最低频率死区（±Hz）、最大输出值（±Hz）、正常输出值（±MW）、最小输出死区（±MW）
频率单位下降控制器的设置	最大频率、正常频率、最小频率

2.2.2 连接准则

按规划准则完成并不保证电厂/用户可以有效地通过电网连接。要连接到电网，电厂主管部门必须根据连接准则（Connecting Codes，CC）获得许可。这些准则规定了电厂在开始运行前应遵守并连接到连接点/接口点的最低技术、设计和操作要求。这些要求应由系统操作员监督下的输电运营商编制和检查。连接准则的目标是确保系统规范符合其法定传输许可义务。

这些准则适用于发电机、发电站、网络运营商、不同换流站（作为发电系统和输电系统之间的接口）和其他外部连接的运营商。为了测试其与电网连接的合规性，可以检查某些参数以确保输电系统的正确运行。根据标准或双边协议规定的允许连接电网前的条件，只有那些符合这些规范的用户/发电厂才允许连接到电网，下面介绍需考虑的参数。

1. 电网频率的变化

网格中的不同组件同步连接，即以相同的频率连接。频率的任何变化都会导致这种连接的中断和不同组件的分离。因此，将频率维持在规定的范围内至关重要。在并网过程中，频率频带的标准可能会随地区改变，例如，一个50Hz的输电系统的工作频段为49.5~50.5Hz，特殊情况下可允许从52Hz延伸至47Hz[6]。特殊情况下的频率范围会进一步分成较小的频带见表2.3。

表2.3 在特殊情况下允许的频率变化

频率范围/Hz	要 求
51.5~52	每次频率高于51.5Hz时，需要运行至少15min
51~51.5	每次频率高于51Hz时，需要运行至少90min
49.0~51	必须连续操作
47.5~49.0	每次频率低于49.0Hz时，需要运行至少90min
47~47.5	每次频率低于47.5Hz时，需要运行至少20s

2. 电网电压的变化

为了电气设备的高效运行，必须保持电压水平。允许的电压等级根据协议而变化，然而，允许电压变化随电压等级而变化。在较高的电压等级下，电压不允许在更低的等级变化。例如，在更高的电压下，如400kV时，除非出现异常情况，否则只允许±5%的电压变化；在异常情况下，允许有±10%的电压变化，但允许电压从±5变化到±10%仅约15min。对于较低的电压，例如连接点的电压为275kV或132kV时，除非出现异常情况，否则允许±10%的电压标称值变化。在故障条件下，电压可能在故障点瞬间崩溃至零，直到故障清除。表2.4列出了不同电压等级的电压允许变化[6]。

表 2.4　允许在不同电压等级的电压带

额定电压/kV	正常工作范围
400	400kV ± 5%
275	275kV ± 10%
132	132kV ± 10%

3. 电压波形质量

电力系统中的大部分组件都是非线性的。然而有些设备，特别是仪表和保护装置是为线性设备而设计的。在波形失真的影响下，连接到输电系统的发电机、发电站设备和负荷可能会错误工作。因此，对连接点处的波形失真进行限制变得至关重要。最常见的几种失真情况讨论如下。

（1）谐波含量　在电网中，与系统相连的元件和非线性负荷的切换会在系统中产生谐波。受谐波影响容易造成发电、输电和配电设备误操作。为了使输电系统正常工作，谐波失真的电磁兼容性水平应在规定的范围内。这些限制是基于IEEE/IEC 标准或在双边协议明确描述的。为了遵守这些规定，限制特定连接点处的谐波含量至关重要。因此，在考虑系统中的谐波限值时，最重要的是考虑以下三点：

1）新的连接位置；

2）现有的连接位置；

3）在节点的连接数。

（2）三相不平衡　相位不平衡是电网中的一个常见问题。由于输电系统的固有结构和负荷特性，几乎不可能消除。它会严重影响组件连接输电系统，特别是对于异步电机[12]。因此，为了将不平衡控制在允许的范围内，需要对发电厂和用户施加一定的限制。例如，在英国和威尔士，不平衡的上限是1%，在苏格兰，低于2%，除非出现异常情况。对于离岸连接，一般会在双边协议中规定三相不平衡限制。

（3）电压波动　电压波动是电压幅度的变化。这主要是由重负荷和直接连接到公共耦合点的不同部件的切换造成的。为了保护设备并限制电压波动，双边协议规定了限制。输电系统和发电机组之间的连接，以及网络运营商的用户系统等设计应符合许可标准。例如，在英格兰和威尔士的岸上输电系统，重复阶跃变化不应超过电压等级的1%。在异常情况下，可以允许电压偏移达到3%的水平，但它应该是安全的输电系统。

对于海上输电系统，在协议中设置了限制。关于连接点、电厂和设备必须符合双边协议中规定的要求。

4. 保护系统

保护系统是电网运行中的一个重要组成部分。因为输电系统是复杂的，所以保护装置应该能够实现协调控制。按照双边协议，协调控制应以最短的故障清除时间为准。在较高的电压系统中，故障清除时间最短，可能随着电压水平的降低而增加。例如，在 400kV 时，允许的极限值为 80ms；而在 132kV 时，则为 120ms。对于换流站，业主需要按照双边协议根据变频器情况安装电路。在保护系统中要考虑以下重要保护部分：

1）失磁；

2）磁极打滑保护；

3）费率计量信号；

4）保护设备工作；

5）继电器设置。

5. 电厂性能要求

无论是热能还是可再生能源，都需要遵守电厂的性能标准，以保持与输电系统的连接。电厂应按照协议的要求保持在频率、电压和功率水平方面的性能。

对于陆上同步发电机组，这些设备必须能够在发电机终端连续运行，功率因数的限制范围在 0.85 ~0.95 之间。在额定值以外的运行条件下，设备必须提供发电机性能曲线图中所示的足够的无功功率。此外，所连接的发电机应具有高于额定值的接入容量，在此期间：

1）无功功率能力必须保证功率因数至少为 0.9；

2）所有的有功功率输出电平超过额定值或按照双边协议的规定值。

对于视在额定功率小于 1600MVA 的发电机，短路比不应小于 0.5，而在大于 1600MVA 时，短路比不应小于 0.4。

对于所有发电机组，在低压侧的海上电网入口点，有功功率输出水平应保持无功功率为 0。离岸输电系统的无功功率传输稳态容差不应大于额定值的 5%，或按照双边协议规定的无功功率容量。

此外，不同的发电机单元、换流站等必须能够保持用于系统频率变化的恒定有功功率输出。

6. 励磁和电压控制性能要求

连接到输电系统的发电机应保证终端电压根据协议规定的电网电压而变化。为了实现这一点，需要使用连续作用的自励磁控制系统。这为发生器提供必要的控制，以保持恒定的终端电压，而不会在整个工作范围内造成不稳定。

按照协议的规定，连续作用控制系统应能够提供无功功率控制或备用的无功功能。

7. 稳态负荷不准确

为了调节频率变化，重要的是要有无误差的负荷特性。负荷数据的主要应用是预测负荷。在本章参考文献［6］中，在稳定状态下，30min 内负荷标准偏差的上限固定在发电容量的2.5%。

8. 负序负荷

由于故障和不平衡负荷等原因，负序电流流入发电机，这会影响同步发电机的运行。因此，对于发电机来说，承受负序电压/电流而不会使断路器跳闸是很重要的。

9. 通信设备

在某种情况下，运营商和电厂之间的通信非常重要。为了实现这一点，两者之间需要建立一个通信链路。系统应按照呼叫方和接收方表示优先级。

2.2.3 操作准则

在获得当局的规划和连接准则许可后，电厂的运营阶段开始。操作是电力系统的重要组成部分，任何不正确的操作事件都会导致设备的故障和连接系统的损坏。因此，为了保持系统的正常工作，同时在没有任何意外的情况下保证供电质量，电厂操作员必须遵守操作规程。操作是并网的一部分，用于处理连接到输电系统的设备。操作进一步可以分为以下几个部分：

1）需求预测；

2）操作计划和数据准备；

3）检测与监控；

4）需求控制；

5）操作联络；

6）安全协调；

7）应急计划；

8）事件信息供应；

9）高电压设备的编号和命名；

10）系统测试。

由于大多数操作涉及时间、设备规格和其他相关要求，而这些要求会随着地方政府的变化而变化，因此在此不讨论细节。这是一个广义的讨论，而不是提出明确的解释。欲了解更多详情，读者可以参考相关国家的规定。

1. 需求预测

需求预测对于运营而言是一个重要方面。它是对固定持续时间内的未来的需求进行预测，具体由并网准则规定。这些信息可以被用来安排调度发电，以维持发电量和电力需求量之间的平衡。它通常是针对有功功率进行的，但也可能需要对无功功率需求进行预测。预测结果也可以被不同的网络运营商和电力供应商用于规划。

在电厂的规划阶段也需要预测信息，但是，需求预测和规划预测所需的时间是不同的。在需求预测的情况下，持续时间以小时为单位，而为了规划目的，规划预测要在几年内才能完成[6]。当电网供应点的布置预计将在不同的部分进行时，每个部分都需要单独的预测。

1）半小时的峰值输电系统需求；

2）发电站；

3）需求控制下的需求预测。

一般而言，该数据提供的时间分辨率以半小时为基础，有以下信息：

1）提出的日期、时间和需求管理的持续时间；

2）建议利用需求管理减少需求；

3）建议每天的开关时间。

美国国家电网电力传输（National Grid Electricity Transmission，NGET）在编程阶段和控制阶段，考虑了日常需求预测[6]的以下因素：

1）历史性需求数据，包括传输损失；

2）天气预报与当前和历史气候条件；

3）在事情发生前提前告知 NGET；

4）预期的互联电流的外部连接；

5）提出控制需求，一致于或优于需求控制的通知级别，由网络运营商实施，根据提供给 NGET 的信息；

6）客户需求管理，一致于或优于该客户需求管理的通知级别，由供应商实施，根据提供给 NGET 的信息；

7）用户提供的其他信息；

8）预期抽水蓄能机组需求；

9）需求对预期市场价格的敏感度；

10）车站变压器的需求。

2. 操作规划和数据准备

电厂的操作需要数据的传输，即在不同级别的信息传输。它包括有关电厂的建设、维护、修理和剩余发电量等方面的信息。每台发电机和连接运营商必须定期提供这些数据。这个时间尺度可能会根据并网准则而有所不同。执行电厂的操作计划以维护紧急情况下的储备发电量非常重要，例如停电、工厂维护计划和财务计划等紧急情况。

3. 检测与监控

发电厂和输电系统的组成部分需要持续检测和测试。检测对于观察所连接设备的运行至关重要。电厂的输入和输出应根据指定的电压、频率和数量进行测试，以检查不同组件之间的输入和输出限制的兼容性，并获取动态参数。如果通过获取的这项参数，预计组件会出现任何一种故障，则会采取必要措施以保持系统正常运行。双边协议中描述了需要遵守的程序和必须进行测试的时间。

4. 需求控制

需求控制是用来在主动发电不足或紧急情况下以满足需求的，主要处理以下情况[6]：

1）用户电压下降；

2）用户需求减少、断开；

3）需求减少；

4）自动低频断开；

5）应急手动断开。

需求控制对发电站的运行至关重要，它能够使发电站保持在适当的起动和关闭状态。协议中描述了政府授权进行需求控制以及采取的措施。因为预测数据需要半小时甚至不到半小时的分辨率，所以动作/实现也会在相同的时间间隔内执行。

5. 操作联络

操作联络是关于运行或事件中信息交换的要求，对输电系统、发电机或与系统相连的用户产生作用。监控终端电压、频率及其超出法定限制的违规情况对于检查系统状态非常重要。基于监测和分析，向所连接的工厂和系统用户发布关于短缺问题或需求减少的警报。另外，数据中所述的持续时间允许用户处于准备就绪状态，以便正常做出反应。

6. 安全协调

无论是在线还是离线，安全协调都是电厂的主要关注点，即有关电厂的设备和工作人员的安全问题。它规定了应遵循的步骤或程序，无视这些说明可能会导致取消/暂停许可证的有效期或特定期限。

因此，电厂必须保存一份日志来记录过去发生的安全违规行为，以防止未来再次发生。

2.2.4　数据通信准则

从电厂的规划到电厂的运行，电厂之间以数据形式交换信息非常重要。来自一端的数据被传送到其他电厂以及系统运营商。数据交流包括发电机、网络运营商、变频器站运营商、供应商和用户。

保持规定的格式和数据的安全性非常重要。

2.2.5　平衡准则

为了将电压和频率变化保持在限定范围内，控制无功潮流和维持发电量需求平衡非常重要。平衡准则规定了在正常和紧急情况下维持终端电压和频率的要求。

对于传统的发电厂，例如火电和水电，它以阀门和闸门的开启和关闭来控制涡轮机的旋转。此外，它还规定了机械设备响应系统中变化所需的时间。对于电压控制，根据预测数据，对所需的无功潮流量和机械设备的时间常数有所描述。此外，它还规定了输电系统的功率传输允许的变化/速率。

对于风能或太阳能等可再生能源系统，系统输入无法控制。因此，它描述了控制要求，例如发电率、控制功率流量所需的操作以及控制器的规格等。

2.3　并网挑战

关于并网的具体情况，在 13.2 节中有所讨论，其解决了火力发电与水力发电等常规的发电方案。对于热电厂和水力发电厂来说，电厂的投入，即蒸汽和水是可控制的。但是，在可再生能源发电计划的情况下，投入是无法控制的。例如，对于风能的产生，不能控制风的流动，对于太阳能，不能控制太阳的存在/不存在。因此，这样一个系统的并网应包含以下信息：

1）可再生能源的可用性预测；

2）定时要求的决策和采取必要的行动；

3）保持在不同输入条件下的电压等级；

4）随后的频带；

5）转换器的特性、功率等级和操作要求；

6）这些可变操作条件的保护系统；

7）控制有功和无功功率的控制器的细节和特点。

2.4　可再生能源的集成和并网运行

目前，在总发电功率中加入可再生能源发电，这种情况变得日益突显。由于是间歇发电，因此改善发电厂是很重要的[13]。本节中的讨论将主要基于风力发电。

有时，利用可再生能源发电可能十分昂贵。因此，政府提供激励机制来促进其发展。这对发电系统的组成，特别是与控制器开发有关技术的发展，以产生特定的电压和频率[14]。此外，它有助于工作人员的培训。

风力发电机的运行是否符合并网准则是电厂所有者最关心的问题，因其与同步发电机不同的物理特性，使得分析风力发电机的技术要求变得至关重要。

并网准则的组成部分如 13.2 节所示，风能系统的主要问题可以描述为[5,15]低电压穿越能力、无功功率控制、电能质量等。

- 低电压穿越能力
- 无功功率控制
- 电能质量

（1）低电压穿越能力　对于任何公用设施来说，将风能系统连接到输电线路是最主要的问题。风力发电技术对输电系统的电压和功率水平的变化很敏感。由于每个输电供应商都设计了自己的低电压穿越要求，这会影响风力发电机的设计和运行成本，所以应特别关注突然停机对系统的可靠性以及连接到输电系统的风力发电机的影响。因此，风力发电机和大多数输电管理部门都会规定具有持续时间的低电压限制，或者换句话说，风电场应该具有连接到输电系统的特性。满足这些特性的风力发电机是允许连接到传输线的。与同步发电机相比，这些特性对风能系统更为重要。同步发电机连接到自动电压调节器，以保持恒定的电压，但风电系统没有任何这样的过程。风电系统的特点可以用美国并网准则[5]的例子来描述，如图 2.4 所示。

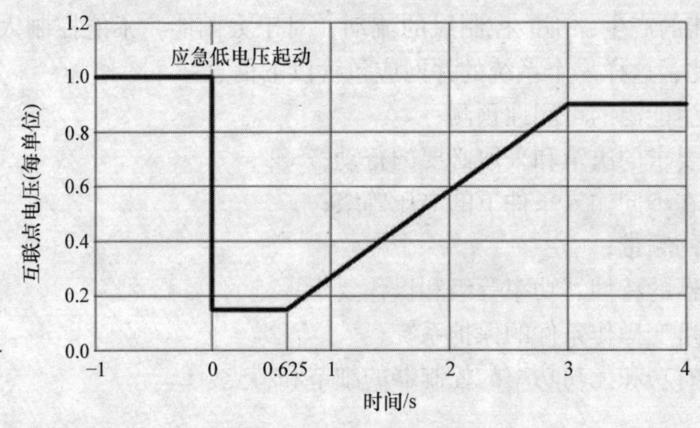

图 2.4　美国的低电压穿越并网准则的特点

图2.4 所示为互联点电压（每单位）的持续时间（以 s 为单位）。该特性表明，在 0 ~ 0.625s 发生电压骤降，然后 3s 后达到实际值的 90%。连接到输电系统的风能系统应该在 0 ~ 0.625s 之间运行，而当系统开始恢复电压时，允许风能系统与系统断开连接。

（2）无功功率控制　对于小型风能系统，由于对无功功率的需求很小，电力企业并不太在意无功功率控制。然而，对于大型风力发电机，必须保持无功功率平衡。这些电厂必须提供动态电压支持，以实现与输电系统的互联。此外，风能服务提供商将功率因数保持在 0.95 电容性的值至 0.95 电感性的值这一范围内是非常重要的。为了提高无功功率处理能力，服务提供商可以在输电运营商的同意下使用固定/开关电容器。

（3）电能质量　在各种电能质量问题中，电压骤降是风电系统的主要问题。

但是，输电系统运营商要求这些信号源具有低电压穿越能力，因此，需要用巨大的投资来开发设备，以支持电压骤降时的风电系统。

双馈风力发电机（Doubly – Fed Iduction Generator，DFIG）是风力发电系统中最普遍的技术之一，其中转子和定子通过转换器连接到输电系统。变速箱侧的电压骤降会在转子和转子侧变流器中产生大量电流。如果所需的电压超过该转换器的最大电压，则电流控制就会变得困难[16]。为避免损坏变流器开关，双馈风力发电机配备了保安电路。当转子电流变大时，它通过保安电路接入旁路。发电机作为感应电机，具有较高的转子电阻，因此，它可以在电压骤降期间支撑电网[16,17]。在电力系统短路的情况下，需要较大的无功功率来恢复气隙磁通。如果不能提供，则感应发电机可能会变得不稳定，从而导致其与输电系统断开[18,19]。

处理电压骤降的其他实际解决方案如下：

1）静止无功功率补偿器（Static Var Compensator，SVC）；

2）静止同步补偿器（Static Compensator，STATCOM）；

3）动态电压恢复器（Dynamic Voltage Restorer，DVR）；

4）电能质量调节器（Unified Power – Quality Conditioner，UPQC）。

对于风能系统当局来说，选择能够并网的技术很重要。这些技术的实用性必须在系统实施之前得到验证。图 2.5 所示为用于验证风电系统在电压骤降期间未断开的一般验证过程。

一般验证分两步进行，即现场测试和模拟测试。如果这些测试的报告符合并网准则，则风电场的建设和运行将获得批准。

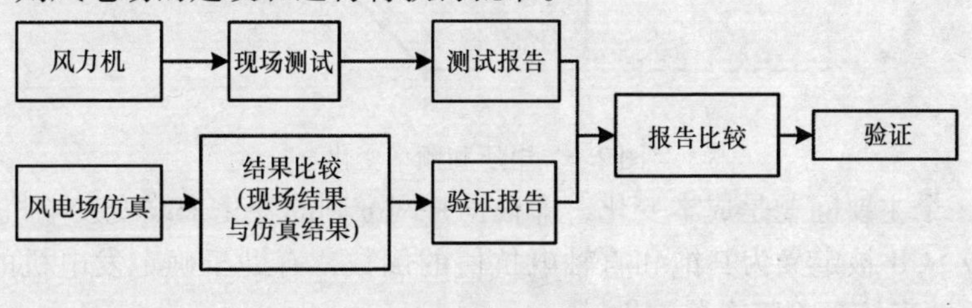

图 2.5　一般验证过程

2.5　并网准则与传统发电方案

并网的主要问题是输电系统的电压和频率变化，输电系统运营商要求可靠的兼容性。同步发电机是电力系统中最重要的组成部分，对它们来说，遵守并网准则规定的要求至关重要。然而，在许多情况下，并网不符合国际标准，如 IEC 和 ANSI。

并网没有提及相关的发电机或涡轮机的行业标准。IEC 60034—3[21]阐述了涡轮机和同步发电机的设计要求。对于连接同步发电机系统的涡轮机系统，电压和频率变化如图 2.6 所示，其中阴影部分表示连续运行时的电压 - 频率特性，非阴影部分表示不可操作区域。按行业规范，同步发电机端电压可以在其标称值的 95% ~105% 之间变化。然而，最重要的问题是频率，而不是电压。允许的频率变化是标称值的 5%，但发电机标准将其限制在 98% ~102% 之间。在观察同步发电机系统的并网准则和行业规范时，可以清楚地看到其他几个差异[3]。

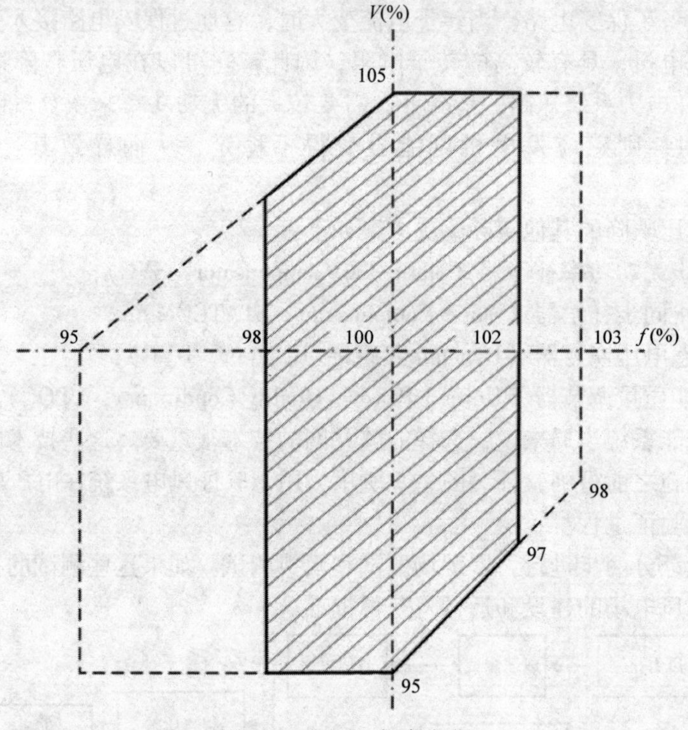

图 2.6 电压和频率变化

另一个主要问题是成本变化，即根据并网准则的变化来改变发电机的性能。短路比或 SCR 被定义为其饱和直轴电抗值的倒数，有助于确定发电机的主要无功容量，并直接影响静态稳定性[7]。

对于相同的视在功率，较高的 SCR 值表示励磁绕组有更多的匝数。但是，操作还受温度限制。0.1% 的 SCR 变化会使整个机器的体积增加 5% ~10%，这增加了系统的成本。因此，任何小的并网准则的变化，都可能会导致设计的变化，并增加整个系统的成本。

2.6 并网准则和核能发电

安全是核电站的一个主要问题。这些发电设备的冷却是必要的，因此需要可靠的电力供应来达到冷却的目的，否则，可能出现如日本福岛这样的灾难性事件。福岛事件表明了维护核电站辅助电力安全的重要性。核电站的电力供应分为两部分，即市电或正常（未分类，常规岛）和紧急情况（安全分类，位于核岛）供电系统。在正常情况下，正常的供应是用来冷却核电站，而在紧急情况下，需要应急供应系统来冷却核电站。因此，对核电站的持续供电很重要。

另外，在停电的情况下，由于电力供应不足，核电站无法自行起动，它总是需要一个小电源起动。因此，从安全角度考虑，电力的可靠性和可用性是重要的。柴油应急发电厂的发电量有限并且不可靠，为了解决这个问题，核电站采用双电源供电，相互独立并由电网供电[20]。备用连接提供旋转备用，以供操作安全负荷供冷。

供电质量是电厂关心的主要问题。电压变化是核电站连接组件操作的重要因素。通常情况下，电厂的设计是为了处理电压的缓慢变化。为了处理快速变化，电厂必须专门设计。因此，无论是普通发电厂还是应急发电厂，将电压水平保持在限制条件内都很重要。频率变化是电能质量的另一重要因素，这是一个难以补偿的部分。对于核电站来说，频率变化是最重要的，因为电厂中的大多数电机都直接连接到电网，所以频率的任何变化都可能影响电机的速度，这间接关系到电厂的安全[20]。因此，考虑到这些因素，核电厂的并网准则应具有：

1）电压变化的严格准则；

2）频率变化的严格准则；

3）有效的保护体系，维持对电厂的供应。

这些要求应同时适用于普通发电厂和应急发电厂。

2.7　结论

在这一章中讨论了并网的相关问题。首先介绍了并网的主要分类，将其划分为规划准则、连接准则、操作准则、数据通信准则和平衡准则，从而可以清楚地了解并网准则，它标志着电厂发展的各个阶段及其要求。由于大部分规范都是基于传统发电方案设计的，因此提出了发展可再生能源的并网准则的需求。此外，还讨论了可再生能源电站的重要组成部分。它表明电能质量、低电压穿越能力等是在并网中需要解决的重要问题。最后，介绍了常规发电方案和并网准则。它表明，由于电厂遵循的标准不同，所以可能会产生冲突。还介绍了核电站和并网准则的要求程序，讨论了对电压和频率变化的严格规定，以及保护系统的要求。总之，本章对并网与现状进行了深入的研究，考虑了并网与传统发电计划之间的关系，并且对发展可再生能源和核电站进行了深入的分析。

参考文献

1. Valle Y, Venayagamoorthy GK, Mohaghegi S, Hernandez JC, Harley RG (2008) Particle swarm optimization: basic concepts, variants and applications in power systems. IEEE Trans Evol Comput 12(2):171–195
2. Bae Y, Vu TK, Kim RY (2013) Implemental control strategy for grid stabilization of grid-connected PV system based on German grid code in symmetrical low-to-medium voltage network. IEEE Trans Energy Convers 28(3):619–631
3. Stephan CE, Baba Z (2001) Specifying a turbogeneraor's electrical parameters guided by standards and grid codes. IEEE international conference on electric machines and drives, pp 63–68
4. Katiraei F, Iravani R, Hatziargyriou N, Dimeas A (2008) Microgrids management. IEEE Power Energ Mag 6(3):54–65
5. Comech MP, Gracia MG, Susana MA, Guillen MAM (2011) Wind farms and grid codes. Turbines to wind farms, ISBN 978-953-307-237-1
6. The Grid Code (April 2013) Issue 5, Revision 3
7. Nelson RJ (2001) Conflicting requirements for turbogenerators from grid codes and relevant generator standards. IEEE international conference on electric machines and drives conference, pp 57–62
8. Larsen GKH, Foreest ND, Scherpen JMA (2013) Distributed control of the power supply-demand balance. IEEE Trans Smart Grid 4(2):828–836
9. Joseph DM, Haigh P, McCullagh J (2012) Ensuring grid code harmonic compliance of wind farms. 10th IET international conference AC and DC transmission, pp 1–6
10. USA FERC (2005) Interconnection for wind energy. 18 CFR Part 35 (Docket No. RM05-4-001; Order No. 661-A)
11. Indian Electricity Grid Code (IEGC) (2010)
12. Lee CY (1999) Effects of unbalanced voltage on the operation performance of a three-phase induction motor. IEEE Trans Energy Convers 14(2):202–208
13. Erlich I, Bachmann U (2005) Grid code requirements concerning connection and operation of wind turbines in Germany. IEEE power engineering society general meeting, pp 1253–1257
14. Zavadil RM, Smith JC (2005) Status of wind-related US national and regional grid code activities. Power engineering society general meeting, pp 1258–1261
15. Armenakis A (2012) Grid code compliance test for small wind farms connected to the distribution grid in Cyprus. 8th Mediterranean conference on power generation, transmission, distribution and energy conversion, pp 1–6
16. Morren J, de Haan SWH (2007) Short-circuit current of wind turbines with doubly fed induction generator. IEEE Trans Energy convers 22(1):174–180
17. Lopez J, Gubía E, Olea E, Ruiz J, Marroyo LL (2009) Ride through of wind turbines with doubly fed induction generator under symmetrical voltage dips. IEEE Trans Industr Electron 56(10):4246–4254
18. Muyeen SM, Takahashi R, Murata T, Tamura J, Ali MH, Matsumura Y, Kuwayama A, Matsumoto T (2009) Low voltage ride through capability enhancement of wind turbine generator system during network disturbance. IET Renew Power Gener 3(1):65–74
19. Muyeen SM, Takahashi R (2010) A variable speed wind turbine control strategy to meet wind farm grid code requirements. IEEE Trans Power Syst 25(1):331–340
20. Sobott O (2012) White paper: grid code and nuclear safety. IEEE power and energy society general meeting, pp 1–3
21. IEC 60034-3. Rotating electrical machines—part 3: specific requirements for synchronous generators driven by steam turbines or combustion gas turbines

第 3 章　故障穿越标准的发展

尼尔马尔·库马尔·C·奈尔（Nirmal - Kumar C. Nair）和瓦卡尔·A·库雷希（Waqar A. Qureshi）

摘要：通过建立与电网相关的鲁棒控制，加快了风能接入输电系统的发展速度。故障穿越（Fault Ride Through，FRT）标准就是其中之一，它要求在特定的工作电压范围内保持与传输系统的连接。标准的制定是一项重要的任务，它将考虑到现有电网特性、电网历史以及对电压和频率干扰的发电响应。本章包含权变分析、静态和动态场景的系统评估分析，概述一套用于实现 FRT 标准的详细方法。本章的独特之处在于为可再生能源中具有较高比例并具有 HVDC 连接的岛基输电网提供案例研究。由于 HVDC 链路分离的每个岛屿子系统在发电机组和负荷中心分布不均匀的情况下处于主导地位，因此，我们发现了两种不同的对该电力系统网络有效的 FRT 标准，目前主流的标准中没有引入类似方法。新西兰的电力系统具有类似的特点，并已用于此案例的研究。FRT 标准的制定一直在实践中，但目前的背景并未在文章或书籍中发表，因此也是本章的写作目的。

关键词：风力发电机；低电压穿越

3.1　引言

风力发电的增加及其在输电系统上的集成促进了更严格的并网准则的发展，以维持供电安全。连接到传输系统的大型风力发电机有很多隐患，因为其在扰动期间无法对系统正常供电。一个大型风电场在电压扰动过程中的响应可能会影响系统的稳定性[1,4]。其中一个主要的技术要求是故障穿越（FRT）。FRT 细分为低电压穿越（Low Voltage Ride Through，LVRT）和高电压穿越（High Voltage Ride Through，HVRT）。低电压穿越能力意味着发电机能在任何故障情况下都与电网正常连接。在一些国家，并网准则要求所有新安装的风力机都具有 FRT 或 LVRT 能力[5-7]。通常大多数传统发电机能够满足这些要求，而风力发电机的能力因技术而异。接下来的几节将讨论风力发电机的功能和用于 LVRT 标准的不同技术。典型的 FRT 标准或电压持续时间曲线如图 3.1 所示。

所有发电机都需要保持连接以满足系统安全。如果电压进入线路以下的区域，则可能会断开。这些电压曲线或 LVRT 要求是传输系统运营商建立的并网准

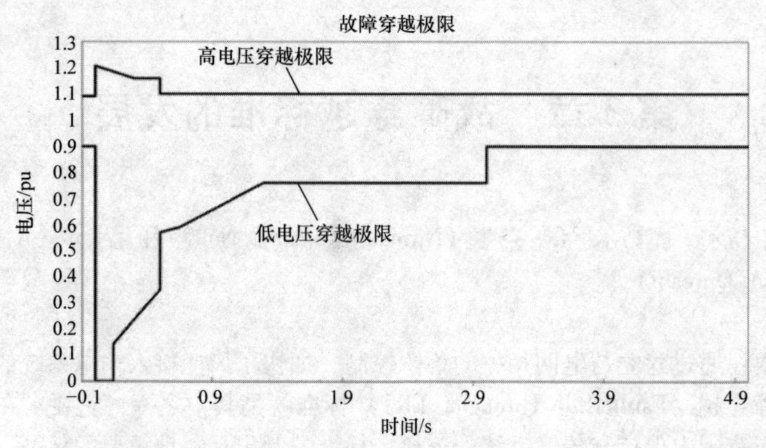

图 3.1 典型的低电压穿越要求的极限曲线

则或电网连接指南的一部分。根据并网准则要求，制造商为不同的风力发电机（如定速感应发电机（Fixed Speed Induction Generator，FSIG）、双馈感应发电机（Doubly Fed Induction Generator，DFIG）和全变换器同步发电机（Full Convertor Synchronous Generator，FCSG）设计了各种解决方案，以满足电压穿越需求。

本章参考文献［8－10］讨论了故障期间以无功功率注入来支持和提高电压穿越能力。本章参考文献［9］中提供了具有静态无功功率补偿（Static VAR Compensation，SVC）的风力发电机组与具有 FSIG 单元的无补偿大型风电场的性能比较。无功功率补偿显然是 FSIG 通过公共耦合点（Point of Common Coupling，PCC）故障的唯一技术难点。然而，可以对 DFIG 使用变换器和控制器等各种技术。

本章参考文献［11］提出了一种应用于电网侧变换器的技术，用于在故障期间保持 DFIG 与系统的连接。本章参考文献［12］提出串联电压源变换器来提高 FRT 的能力。撬棒（Crowbar）电阻器是连接到转子端的旁路电阻器组，在参考文献［13－17］所列的出版物中被提出，这种技术也被用来提高 DFIG 的 FRT 的能力[13-17]。Crowbar 提高了 FRT 的能力，同时保护了转子免受损坏，但它将 DFIG 转换成传统的感应发电机，从而降低了 DFIG 的性能[18,19]。然而，在本章参考文献［17］中，如果选择适当的撬棒电阻值，则可以提高 DFIG 的性能。本章参考文献［20］提出，在故障期间，电网侧和转子侧的变换器都会向电网注入无功功率，同时改进撬棒电阻器的时序算法，从而更进一步提高 FRT 的能力。

FCSG 的安排与上述两种技术完全不同。FCSG 是大型风电场接入传输系统的一种相对较新的做法，结果表明该系统具有更好的 FRT 能力和故障时电网支持能力。已经有足够的文件和并网准则说明各国的 LVRT 标准[21]。然而，从传输网络的角度来看，仍然没有关于 FRT 发展的重要文献。

3.2 新西兰的 FRT 标准制定

由于越来越多的风力发电量被提议连接到新西兰的输电系统，这就需要更严格的并网准则以维持发电机的供电安全。大型风电场的技术变化可用于风力发电机技术，引起人们对其在系统事件期间支持电网的能力的关注。新西兰的大多数传统同步发电机都有能力满足这些要求，而风力发电机的能力因采用的风力发电机（Wind Turbine Generator，WTG）技术而异。第 3.3.2 节将讨论风力发电机组的类型及其功能，以及用于满足 FRT 标准的不同技术。对足够的文献和并网准则进行研究后，引用了各个国家的 FRT 标准[21]。然而，在网络上没有发现详细讨论 FRT 标准的重要出版物。

目前新西兰风力发电场的总装机容量占总发电量的 5%。预计这一比例还会上升，因为有待进行的项目尚未投入使用[22]。新西兰有大约 15 个小型和大型风力发电场，包括不同制造商和各种规模的涡轮机，总运行能力超过 600MW，其中有五个连接在高电压或中等电压水平。当大型风力发电场以高电压传输级别连接时，需要关注供电安全这个问题，而且应确保很少或没有人口分隔，因此需要更严格的并网准则。传统发电机或设备的响应是众所周知的，但具有不同技术的风力发电场的响应可能不同，并且可能影响传输系统操作员以安全方式管理和操作电网的能力。

新西兰电力管理局（Electricity Authority，EA）针对大型风力发电场景进行了各种调查，包括对市场的影响、暂态稳定性、小信号稳定性、电能质量以及风电场在干扰期间的动态响应[23]。为了确保新西兰的供电安全，FRT 的能力是所有发电类型的主要关注点之一，特别是大型风电场。新西兰的风力发电机技术及其 FRT 能力将在 3.3.2 节进行讨论。

根据定义，FRT 要求发电机在允许的电压限值之间运行，并保持与同一电压范围内的电网连接，以维持供电安全。通常，这些 FRT 会成为传输系统运营商（Transmission System Operator，TSO）制定的并网准则的一部分。电网运营商定义了“穿越”配置文件，以避免发电机在电网故障期间断开的情况。一些电网运营商不仅要求发电机在故障期间工作，而且还要求在电压稳定和系统恢复后的故障后期继续工作[24]。

本章将以 TSO 的角度概述 FRT 标准的设计过程。下一节将讨论用于制定 FRT 标准的方法及其所遵循的基本考虑因素。3.5 节将讨论 FRT 研究的假设，这些假设已被纳入分析考虑范围，和新西兰电网案例研究。本章还将简要讨论风力发电机组（WTG）的分类和新西兰输电系统中一些集成的大型风电场。随后将给出符合 FRT 标准电压包络线的研制过程，然后将该标准与现有的 Transpower

和国际标准进行比较。最后，将介绍有关未来发展和展望的建议。

3.3 基本考虑思路

3.3.1 系统特点

制定 FRT 标准首先要了解传输网络的特性。例如，如果考虑新西兰网络，那么有一个双岛网络，即目前通过 2 极 HVDC 链路互连的北岛（North Island，NI）和南岛（South Island，SI）网络。

整个网络由 173 个变电站和 1200 多个电力变压器组成。HVDC 链路的传输容量为 1040MW，并在极 1 上连接两根电缆；另一极正在处理过程中，以增加两个岛屿之间的传输能力。在两个网络中的传输电压分别是 220kV 和 110kV，在 SI 中具有一些 66kV 的传输。NI 的资源分散，包括水电、火电、燃气联合循环发电、热电联产、地热和风能。然而，SI 中主要是水力发电作为基本负荷，在正常系统条件下，能源通过 HVDC 链路从 SI 转换到 NI，以满足 NI 等主要负荷中心（如奥克兰市）的需求。

由于新西兰电力系统的独立性，这意味着它容易遭受频繁的电压和频率干扰。为了避免级联故障，发电系统保持正常工作至关重要，并且系统可能需要一个特定的故障穿越标准[25,26]。根据现在新西兰的要求，发电机方承担的责任很少，具体要求如下：

1）在稳态条件下保持一定水平的无功功率输出；

2）电厂必须以电压和频率稳定的模式持续运行。

FRT 是对发电机电压能力的后一种要求的一部分，并且是协助系统运营商管理系统以避免停电的关键因素。

3.3.1.1 故障类型

为了使标准更完善，还应考虑可能直接影响系统稳定性的故障历史。电网之间的故障类型各不相同，但已经有成熟的分类标准。新西兰的电网规划指南指出，电力系统应在发电损失，三相、单相和双相故障，传输故障等故障下保持稳定[25]。

电力系统中最常见的故障是短路故障。三相平衡短路或三相平衡接地短路称为对称故障，它们的故障电流最大，但在系统中发生的不多。机器短路等额定值是基于平衡或对称故障电流计算的。在任何系统中，最常见的短路是不平衡或不对称。这些故障可以是单线接地、双线接地或线对线故障。接地不平衡故障的影响因素有故障电阻、土壤电阻率、故障位置、接地技术等，还需要考虑不平衡或非对称故障。其他类型的故障可能包括发电机组或其他部分造成的严重的电压跌落而引起系统崩溃。除了短路之外，这些故障也发生在紧急情况下。

3.3.1.2　保护及故障清除时间

电压包络受到电网或部分电网故障清除时间的影响。传输线路受标准距离或差分保护方案保护。与相邻子传输电路相比，母线和其他 DC/AC 回路的传输保护协调起着更重要的作用。高压输电线路保护通常具有非常短的清除时间，以保持系统安全并避免系统的灾难性故障。在新西兰，传输保护方案针对电网关键部分的清除时间是 120ms，以避免停电。在没有补偿信号的情况下，110kV 的传输部分需要延长清除时间。保护性能和清除时间直接参与了电网 FRT 标准的制定。FRT 的拟保护性能将在 3.4.5 节的第二部分讨论。新西兰的电力系统电压等级为 110kV，子传输的目标是实现 10 ~ 12 个周期，而传输保护方案的清除目标是5 ~ 7 个周期。

除了标准保护方案外，FRT 还可为特定突发事件设计一些特殊保护方案，通常是回流或过负荷方案，并在故障排除后的电压恢复期间运行。在新西兰的 FRT 研究中有一些特殊的保护方案，但在本分析中没有考虑。

3.3.2　保护问题

由于系统内的其他保护问题，清除时间也可能更长，并且在 FRT 分析过程中也需要考虑这个因素。这些问题是针对特定电网的，可以从数据库的故障事件历史中发现，其中一些问题可能是由高电阻故障、馈电弱、反馈少、系统配置变化、接地问题、断路器故障、传输保护信号丢失和无功功率补偿丢失等造成的。新西兰没有很多此类案例，因此分析中没有包含其他可能出现的问题。

3.3.3　技术

现代风力发电场有很多不同类型的风力发电机，这些风力发电机有五种主要类型。在案例研究中，新西兰有五个不同的风力发电机技术电厂[22]。

3.3.3.1　1 型和 2 型（固定和可变速度感应发电机）

1 型和 2 型使用传统的感应发电机，如图 3.2 和图 3.3 所示。它们基本上是恒速发电机，在负荷变化时速度波动很小。1 型有一只笼型感应发电机（Squirrel Cage Induction Generator，SCIG）；2 型的绕线转子感应发电机通过接入转子绕组以便控制速度。为了避免对系统性能和电压的不利影响，这些发电机使用软起动器进行并网，它们可以吸收系统的无功功率，以维持转子和定子绕组之间气隙中的旋转磁场。当然，它们没有太多的通行能力，因为在电压不稳定的情况下无法提供无功功率。早期这些分布式设计在没有任何约束的情况下连接到电网，因此在其附近故障的发生率总是很高。为了提高 FRT 能力，风力机制造商提供符合并网准则要求的 FRT 封装，SVC 或 STATCOM 支持用于提高这些类型的 FRT 能力。Te Apiti（TAP）风电场是新西兰首先并网的风电场之一，该风电场的容量约为90MW，所有55台风力机都是定速感应发电机（FSIG），是1型风力机。新西兰也有2型风能技术，但规模并不大。

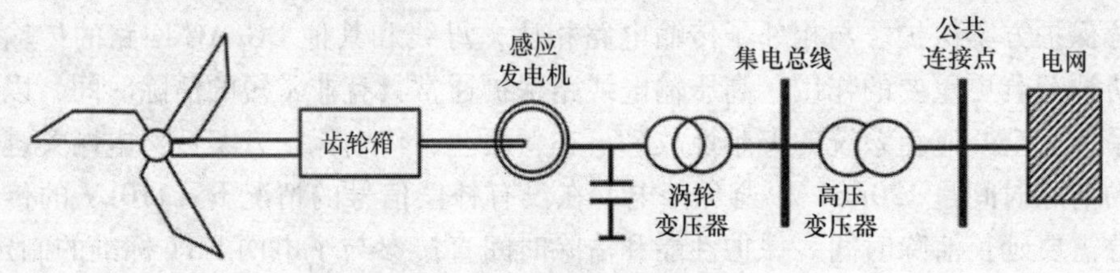

图 3.2　笼型感应发电机的风力机（1型）

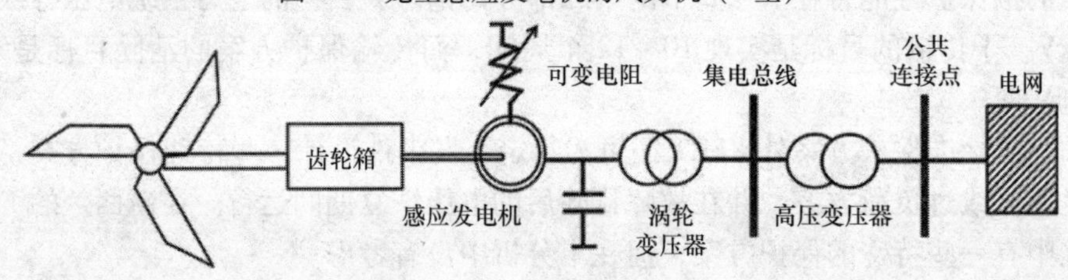

图 3.3　绕线转子异步发电机的风力机（2型）

3.3.3.2　3型（双馈感应发电机）

3型是使用最广泛的变速风力发电机之一，该风力发电机组的结构如图3.4所示。这是绕制的转子电机，通过转子侧的串联式背靠背变频器供电，其额定值为最大定子额定功率的30%，总功率为定子和转子功率的算术总和。DFIG可以以超同步模式、同步模式或次同步模式运行。当DFIG以超同步转速运行时，电力从转子通过变换器注入系统。当DFIG以次同步转速运行时，实际功率由转子从系统通过变换器吸收。由于转子的电压基本上是直流，所以在同步转速下没有实现通过转子的功率交换。

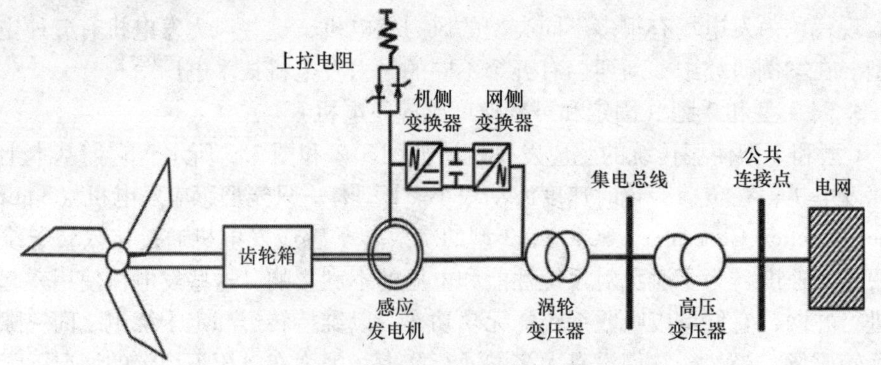

图 3.4　双馈感应发电机（DFIG）风力机（3型）

在大多数情况下，无功功率通过转子上的d轴激励控制提供给系统。即使在涡轮发电机不运行时，该变换器也可以用作STATCOM进行动态无功功率补偿。在早期的设计中，3型对干扰更加敏感，并且与传统发电机相比，与网络断开的时间更短，主要原因是DC变换器较安全。现在DFIG比SFIG有更多的控制环节。

针对上述问题的第一个解决方案是所谓的撬棒保护。这种技术是将带有或不带有附加电阻的转子侧变换器短路，在干扰或故障期间将DFIG作为标准感应发电机，并且在预设时间后使变换器恢复。这项技术不再被像德国这样的某些国家所接受，因此，涡轮机生产商正以更先进的控制装置来保护转子，同时提供P和Q控制。其中一项技术是称为Vestas Ltd. 的高级电网选项（Advanced Grid Option，AGO），这是一种附加控制，仅在穿越的情况下才会被使用。

2004年以后，新西兰的大部分风电场都采用双馈技术。Tararua－3于2005年投入使用，其发电容量为93MW，这是通过串联电压源变换器供电的绕制转子电机。

3.3.3.3　4型（满量程频率变换器）

在4型中，风力发电机通过完整的背靠背变换器进行解耦，这些发电机可以是传统的发电机、直流场或永磁发电机。发电机直接耦合到涡轮机并使其旋转，发电机端的频率可能不是50Hz，但通过背靠背变换器会转换为所需的电网频率，因此，由于采用全频率变换器，发电机的速度范围很宽。4型的结构如图3.5所示，电网侧变换器能够独立控制有功功率和无功功率，以改善发电机FRT的能力，调节电压和无功功率。

图3.5　全规模的变频器（分级）永磁同步发电机（Permanent Magnet Synchronous Generator，PMSG）的风力机（4型）

在新西兰，西风电场于2009年首次通电，并采用4型风电机组。这个风力发电场总容量约为140MW。另一个大型风力发电场Te Uku采用相同的技术，但该风力发电场的输电级别为33kV。

3.3.3.4　5型（同步发电机技术）

新西兰Te Rere Hau风力发电场采用5型风力发电机。5型风力发电机由新西兰当地的公司开发和调试[27]。它基于变速箱技术，将变速风速转换为同步发电机的固定轴速，如图3.6所示。然后同步发电机以电网频率为标准产生电力。目前，这些风力发电机体积较小，并未得到广泛应用，但在并网的过程中具有更好的优势。这种类型的FRT与传统发电机性能一样好。

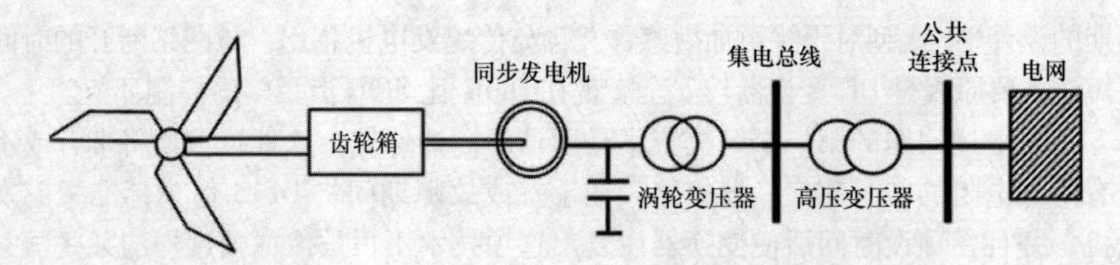

图 3.6　5 型风力发电机

3.3.4　频率穿越

除了电压穿越要求外，像新西兰和爱尔兰这样使用小型电网的国家也关注现代风电场的频率穿越问题。在新西兰北岛（NI），频率下限为 47Hz，频率上限为 52Hz。然而，在南岛（SI）由于大部分水电站的存在以及从 SI 到 NI 的实际功率流向为正，因此频率限值略有扩大。SI 的频率下限为 45Hz，上限为 55Hz。通常，现代风电场可以设置 47 ~ 52Hz 的任意频率。这种配置可能适合 NI 风电场的低频率保护操作，但它们在 SI 中的适用性是个难题[28]。

3.3.5　国际惯例

参考现有的标准可以更好地制定新标准。FRT 的标准已经建立，在制定新西兰制度标准的同时，也考虑了国际经验，并将在 3.5 节中作为参照，如图 3.7 所示[21]。

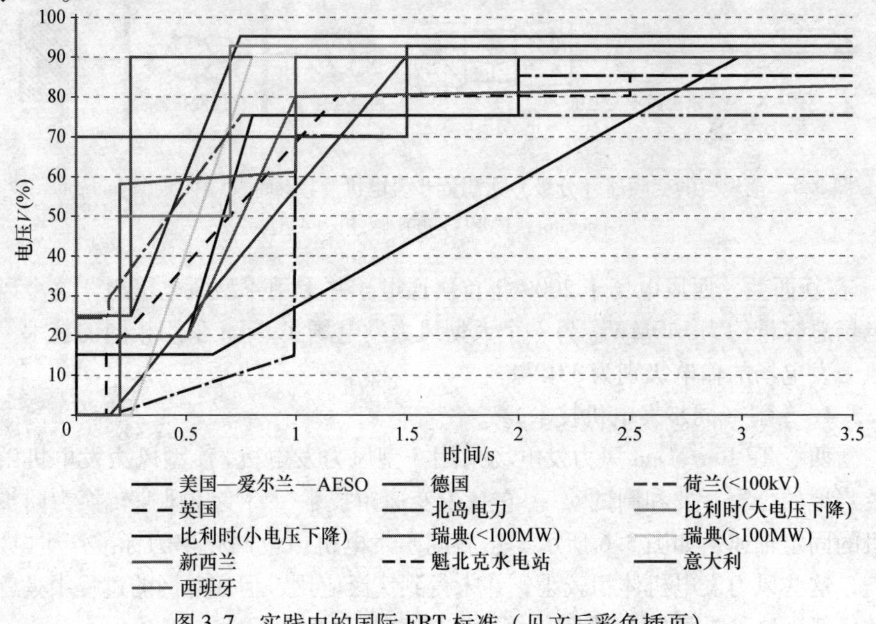

图 3.7　实践中的国际 FRT 标准（见文后彩色插页）

3.4 方法和假设

拟发展方法可以总结为如图 3.8 所示。

图 3.8 所示为制定 FRT 标准的六个步骤。有关电网、故障、保护方案和其他网络相关信息的数据收集是制定标准的第一步。根据现有数据，可得到突发事件的发生历史清单。通常，网络模型可被传输系统运营商（TSO）所使用，否则就需要开发新的模型并经过验证的。电力负荷本质上可以是静态或动态的，因此可以对其进行基本的负荷建模。

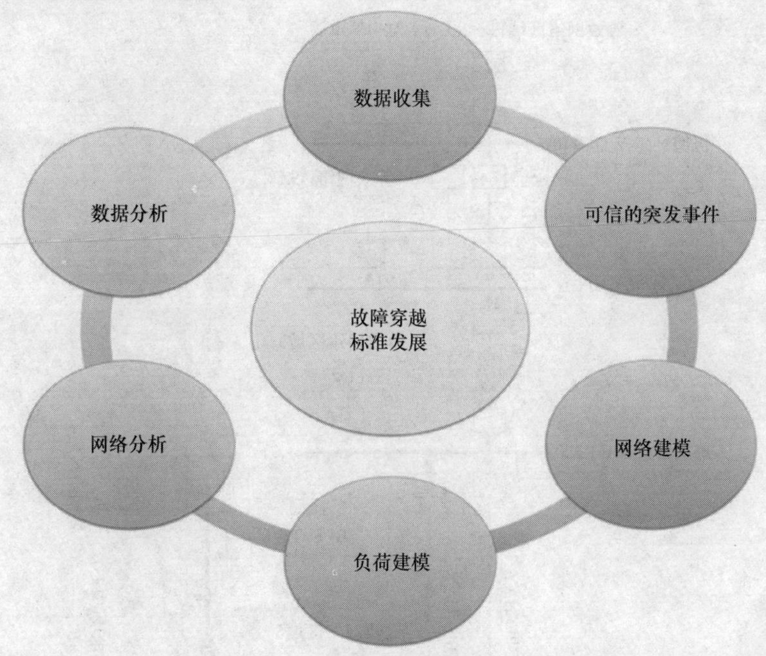

图 3.8　给出了 FRT 标准开发的方法

对静态和动态网络进行分析，以确定不同总线的短路强度，不同母线的电压分布。通过对最弱节点的统计分析，可以获得大多数受影响母线的最终电压分布。

本研究的目的是制定通用的 FRT 标准，并通过动态研究实现与新西兰电力系统的连接。这项研究的结果是确定新西兰电力系统的 FRT 标准。该标准正在批准的过程中，并计划在并网中实施，以协助系统运营商（SO）对系统安全进行管理，它将为制造商的型号测试和调试测试提供标准[26,29]。

Transpower 针对高压直流输电升级项目已经有了 FRT 标准进行参考，本研究还考虑了这些标准并将其与其他国际标准进行了比较，如图 3.7 所示[25,26,29]。

系统运营商现有的高压直流输电设计要求已被用作制定传输系统 FRT 的标准。

新西兰的输电系统分散到各自的电力区域。用 3.4.1 ~ 3.4.5 节所讨论的内容，并记录总线电压，以确定在 $N-1$ 情况下的最差系统响应或性能。然后分析性能和现有标准，从而制定合适的标准。

3.4.1 负荷建模的假设

对于新西兰的案例研究，基于类似研究建立了复合负荷模型，以确定电网的无功功率储备要求，如图 3.9 所示。对于动态研究，在网格存在点（Grid Exid Point，GXP）建设负荷模型[26,29]。

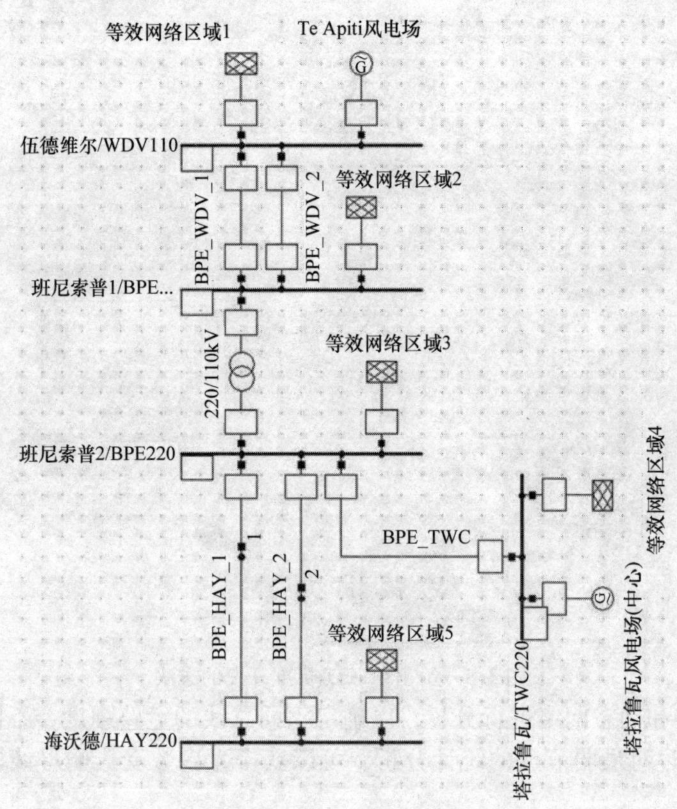

图 3.9　新西兰测试案例研究

复合负荷模型包括电机负荷等动态负荷，如电机负荷、静态负荷和配电系统模型等动态模型。电机负荷模型有三个不同的保护组（Ⅰ组、Ⅱ组和Ⅲ组），这些保护组是根据保护类型和电机控制方式确定的，每个保护组根据电机大小进一步细分[30]。本研究采用中间接地方法，假定25%的电机负荷能在低电压条件下跳闸，而在高电压条件下可能跳闸的电机负荷会高达50%。系统根据预测的夏季或冬季 MW 级的负荷水平，将配电系统建模为8% ~10%阻抗变压器[26,29]。

每个 GXP 的负荷类型的比例是通过系统中不同区域的调查数据得出的[30-32]。对负荷调查是在冬季高峰期和极端夏季期进行的。

3.4.2 附加控制器

该研究假设瞬态时间在分路连接无功设备和分接开关控制器的运行时间内。因此，该设备假定在动态研究期间固定在预备状态。有一个例外是受快速作用无功功率控制器（Reactive Power Controller，RPC）控制的 HVDC 滤波器[26,33]。

3.4.3 负荷和发电场景

一个基本假设是所有现有的风电场都不可用。这种假设是基于这样一个事实，即现有的风电场可能不会在断层上保持紧密连接，但北岛的 4 型风电场除外，能考虑到的最坏情况是不可用。

负荷和发电场景的建立是基于 SCADA 收集的历史数据。假设 LVRT 的高季节性负荷与北岛研究中的高电压北转移相对应，南岛和北岛下区域与低南北转移相对应。由于 HVDC 传输的水平抵消了同步发电机的调度，因此通过可用发电机的最小数量来假定最低的短路能力。为了减少所需的研究数量，测试了季节性峰值负荷对各种系统故障的最坏情况响应，即具有更多电机负荷的高夏季负荷，或具有更高静态负荷百分比的冬季负荷。夏季负荷状况也是一个限制因素[26]。

3.4.4 可信的突发事件

考虑 $N-1$（单一电力系统部分的损失）的应急水平，所有突发事件都是基于它们对区域和分区域传输级别的影响来选择的。低电压（Low Voltage，LV）级别的故障没有被建模，因为这些故障仅被视为单一发电站的本地问题。考虑以下的突发事件[26]：

1）单传输的损失；

2）单个发电机组的损失；

3）单台动态反应装置的损失；

4）高压直流输电线路的损失。

附录表 A.1 和表 A.2 分别列出了完整的发生南岛和北岛的可信的突发事件。

3.4.5 保护性能

所有研究都以导致单个部分损失的三相零阻抗故障为例。假定的时间间隔是实际的运行时间，如果此信息不可用，则使用标准操作时间。通过保护信号，故障在电路两端几乎同时被清除。在信号命令不可用的情况下，对 1 区和 2 区的区域保护时间进行假设。对于某些 HVRT 突发事件，在传输级别没有任何故障的情况下，假定设备与系统断开连接。新西兰传输系统中各级保护的目标保护时间如下：

1）220kV（传输）线路的主要保护：120ms（6周期）；

2）110kV（传输）线路的主要保护：200ms（10周期）；

3）主保护66kV（分传输）线路：200ms（10周期）；

4）断路器故障时间：350ms（17.5周期）；

5）自动重合闸时间：1.5s（75次）。

3.4.5.1 间隙时间对电压-时间剖面的影响

在电压-时间曲线（LVRT）中，电压的大小由系统特性和网络配置决定。但是，有针对性地保护清除时间是实现电压-时间曲线持续时间的简单方法，实际的保护清除时间决定了故障期间这些标准的执行情况。这种穿越研究的是在大规模风力一体化背景下对风力发电机组保护性能进行调查的简单延伸。为了达到更接近现实电网的结果，所研究的电网使用了与表3.1所示相似的保护通关时间。

表3.1 研究场景

突发事件类型	保护方法
1 伍德维尔110母线附近BPE_ WDV_ 2线的三相局部故障	区域保护（区域：1：200ms，区域：2：600ms）
2 班尼索普110母线附近BPE_ WDV_ 1的三相局部故障	区域保护（区域：1：200ms，区域：2：600ms）
3 班尼索普220母线附近BPE_ WDV_ 2的三相局部故障	信号主保护（主要：120ms，支持：2：600ms）

3.5 分析及结果

3.5.1 测试案例研究

根据所讨论的方法，在新西兰北岛电力系统（North Island Power System，NIPS）的基础上进行了简要的基于实验室的应急分析，见附录B。南岛电力系统网络的系统图也将在附录B中介绍。

本节将分析两种不同电压水平（110kV和220kV）的突发事件。伍德维尔（WDV110）、班尼索普（BPE110，BPE220）和海沃德（HAY220）是本测试案例研究的母线。WDV110、BPE110和BPE220是非常靠近新西兰大部分风力发电现场装机区域，包括Te Apiti风电场、塔拉鲁瓦风电场等。该研究包括三种不同的突发事件，每种突发事件见表3.1。表3.1还列出了每条母线的目标及保护清除时间。这些保护清除时间实际上接近于Transpower的实际目标。

为了评估每个风电场的穿越能力，需要收集在最坏的故障条件下相邻母线的电压曲线。这些母线的电压曲线，即伍德维尔110、班尼索普110、班尼索普220和海沃德220是适用于所有三种情况的。

3.5.1.1　方案1

BPE_WDV_2（110kV）传输线上的三相故障与伍德维尔变电站相距10%。该线路使用了区域保护方案，清除时间见表3.1，母线电压响应如图3.10所示。

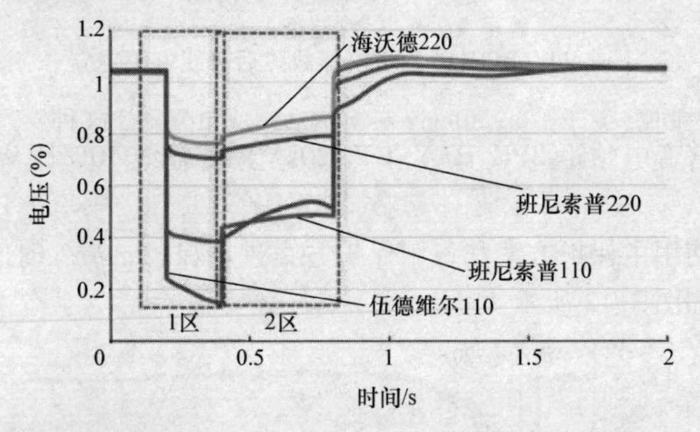

图3.10　WDV110附近三相故障后母线电压响应

在200ms之后，1区保护运行之前，WDV110上的电压是最不稳定的。电压下降到标称电压的15%。其次，受影响的第二条母线是BPE110，在线路的另一端，其电压下降到标称值的40%。1区保护工作后，WDV110和BPE110的电压恢复到标称值的45%～47%。2区保护运行直到故障被完全清除，电压在1.6s内迅速恢复到标称值。

3.5.1.2　方案2

在班尼索普变电站距离BPE_WDV_1（110kV）传输线10%距离的点上发生一个三相故障。该线路使用区域保护方案，清除时间大约为200ms。母线的电压响应时间如图3.11所示。

在1区保护操作之前，在WDV110上也观察到2区中最不稳定的电压。这表明，这部分电网非常不稳定，从附近任何一条母线上得到的电压补偿都不充足。FSIG风电场连接到这个母线，并且不能对这条母线提供大量的电压支持。电压下降到标称电压的10%。其次受影响的母线是BPE110，因为该母线距离故障最近，其电压下降为标称值的15%。1区保护动作后，BPE110的电压恢复到标称值的75%，WDV110的电压可恢复到标称值的40%。2区保护措施结束且故障完全被清除后，电压迅速恢复并在1.75s内达到标称值。

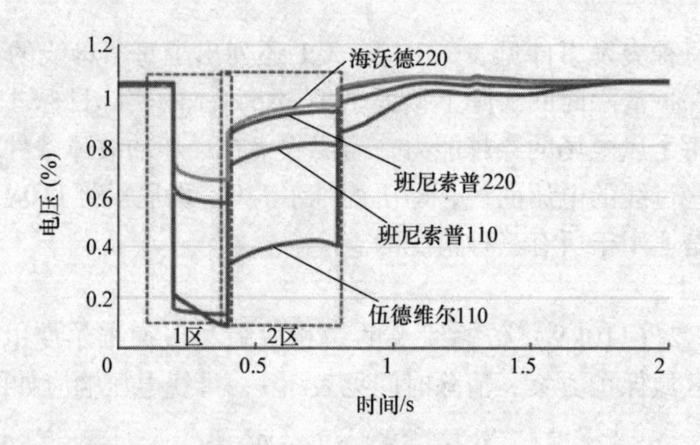

图 3.11 BPE110 附近三相故障后母线电压响应

3.5.1.3 方案 3

在班尼索普变电站距 BPE_HAY_1（220kV）传输线 10% 距离的点上发生一个三相故障。

这条线路使用主保护方案和备用保护方案进行保护，清除时间见表 3.1。母线的电压响应如图 3.12 所示。

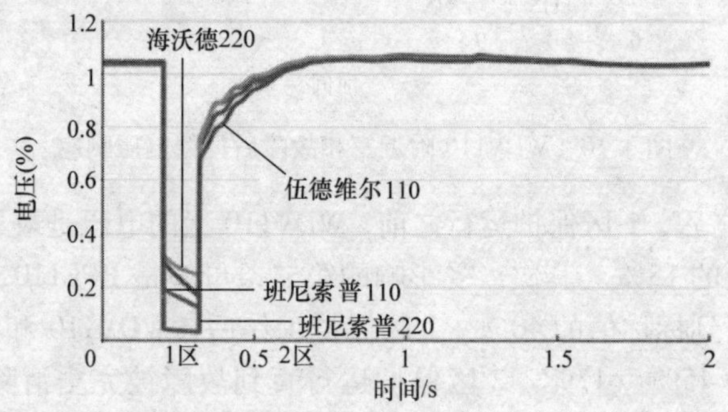

图 3.12 BPE220 附近三相故障后母线电压响应

情景 3 中 BPE220 上的电压在故障期间最不稳定。电压下降到标称值的 5%。在主保护动作后，母线上的所有电压恢复到标称值的 70%，并在 500ms 的时间内逐渐达到标称值。

这里提出了三种方案，并选择了四种不同母线，采用了两种不同等级的输电技术和保护方案。图 3.10 ~ 图 3.12 给出了不同的电压响应，它们可以组合在一起进行研究，以获得某个电网络的单个电压持续时间曲线。累加 LVRT 电压时间曲线如图 3.13 所示。

对 Transpower 进行详细的分析以得到新西兰电力系统的电压曲线。作者在 Transpower 花了几个月的时间观察并参与了这个过程。

第 3.5.2 节将描述与 Transpower 合作研究的分析和最终的结果。这些穿越标准是根据如上述的考虑和假设，依据类似的方法制定的。

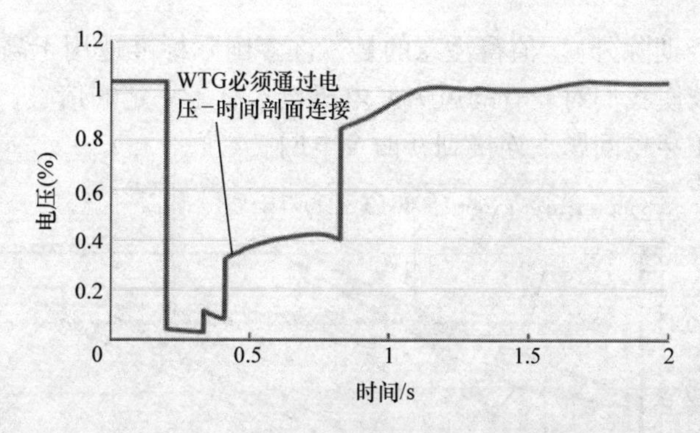

图 3.13　低电压穿越标准网络下的研究

3.5.2　新西兰 LVRT 的总结和比较

根据该方法，由于该地区的负荷组成和突发事件不同，北岛的系统响应与南岛的系统响应也不同，因此需要为每个岛屿单独制定 LVRT 标准。

最坏的 10 个总线结果被记录下来，在此基础上记录 LVRT 系统的性能并分析其平均值，还应考虑安全裕度，以便减少电机负荷跳闸的情况。这些结果将在下一节讨论。

分析发现，北岛系统的 LVRT 性能比南岛差。将北岛的结果与现有的系统运营商 HVDC 和国际 LVRT 标准进行比较，如图 3.14 和图 3.15 所示。

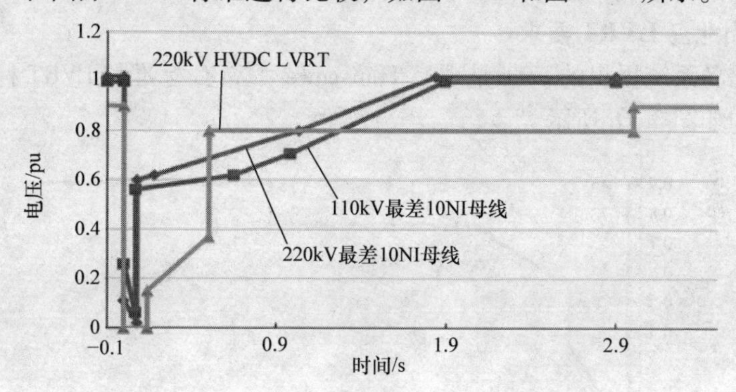

图 3.14　220/110kV LVRT 性能与 HVDC 标准对比

如图 3.15 所示，在电压恢复超过 0.8pu 电压需求时，北岛性能在 500ms 后违反了系统操作员 HVDC 标准。HVDC 标准被用作这些研究的基准，因为它考虑了在故障条件下对距离保护的限制，LVRT 不应该延长，以使 3 区和 4 区距离继电器不会产生误操作[25,33]。

从图 3.15 可以看出，LVRT 性能和系统运营商高压直流输电标准处于许多国际 FRT 标准的界限之内。还可以看出，LVRT 曲线在 AGO2 风力发电机标准范围内（零电压周期除外）。值得注意的是，许多国际标准适用于高度互连的传输系统。这种比较使我们对现有的风力发电机技术有了一定的信心，可以在不存在任何重大的电压穿越问题下连接到新西兰电网。

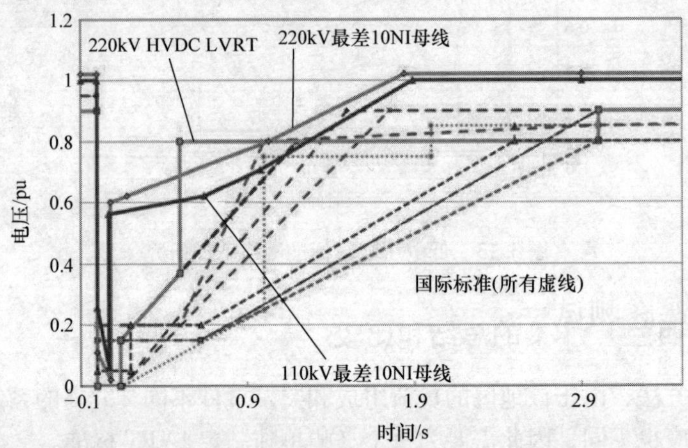

图 3.15 Transpower LVRT 标准与国际标准对比

3.5.3 最终提出了 FRT 极限

基于上述考虑、方法的讨论、结果和分析，由于 LVRT 系统性能的差异，可以为北岛和南岛开发单独的 FRT 标准或包络曲线[26]。

1. 提出北岛 LVRT 要求

针对北岛系统提出的 FRT 是现有 Transpower HVDC 标准与 LVRT 标准系统的组合，结构如图 3.16 所示[26]。

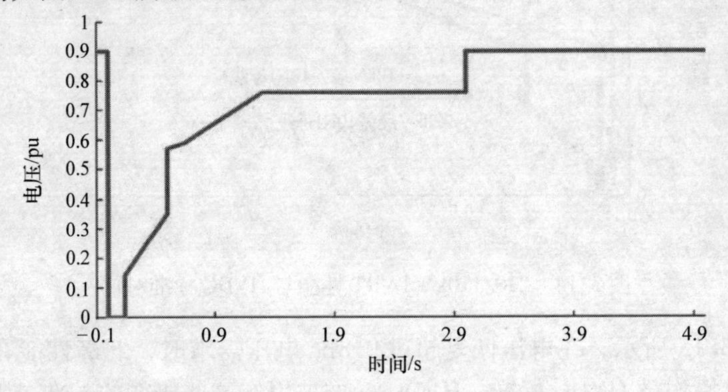

图 3.16 北岛 LVRT 包络曲线

2. 提出南岛 LVRT 要求

南岛系统提出的带有边缘的现有 Transpower HVDC 标准与 LVRT 标准曲线如图 3.17 所示[26]。

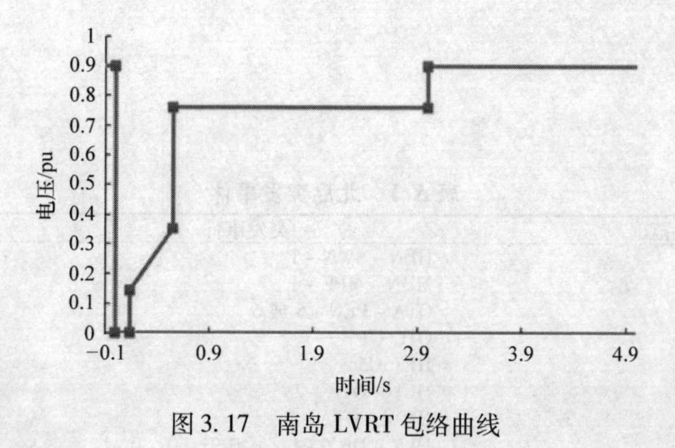

图 3.17　南岛 LVRT 包络曲线

3.6　合规性测试

现有的风电场和发电机需要根据所拟定的符合性标准进行测试，因此建议发电商资产所有者使用曲线进行动态模拟并观察发电机的模拟响应，以及使用 HV 模拟母线故障，对实际发电机或涡轮机在故障条件下进行实验室测试。还建议在发电机现场安装进行必要和适当的数据记录，以使系统操作员能够查看发电机性能，以确定系统干扰情况，并方便系统操作员为大型风力发电场的调试和测试起草过程文件。

3.7　建议和未来方向

今后可能会提出国家级别的标准，但现阶段只建议提出基于岛屿的 FRT 包络的标准。此外，还建议在调试无功设备后对 FRT 封套进行审查，预计可以实施这两个岛屿的共同 FRT 标准。

3.8　结论

本章从风能整合的角度对新西兰电力系统进行了全面的回顾，需要 FRT 标准才能为新西兰电力网络制定风能整合方案。制定这些标准需要考虑到特殊分析、数据集和其他网络相关方面。本章从 FRT 和系统方面讨论了可用的风力发电机技术，针对电网已经提出并采用一种方法来开发电网的电压包络曲线。本章介绍了一个完整的新西兰电网示例，该示例展示了 FRT 电网部分标准的发展情况。此外，还提出了穿越新西兰北岛和南岛电网的方法。这项工作是与 Transpower 传输系统运营商合作完成的。这项工作的动机是探索风力一体化的保护方面，其中 FRT 标准的发展在清除时间和协调管理方面发挥了重要作用。本章还进行了合规性测试，并提出了未来的改进方向和建议。

附录 A

表 A.1 北岛突发事件

范围	突发事件	条件
北部地区	HEN - SWN - 1	TUV
	MDN - MPE - 1	TUV
奥克兰	OTA - PEN - 5 或 6	TUV
北岛北区	OTC G1	TUV
	HLY G5	TUV
	HLY - OTA - 2	TUV
	OHW - OTA - 1	TUV
	HLY - DRY - 1（承诺升级）	TUV
	WKM - BRH（承诺升级）	TUV
怀卡托	HAM - WKM - 1	TUV
	ARI - HAM - 1 或 2	TUV
	BOB - HAM - 1 或 2	TUV
	HAM - WHU - 1 或 2	TUV
	HLY - TWH - 1	TOV
BOP	OHK - WRK - 1	TUV
	ARI - KINI 或 2	TUV
霍克斯湾	RDF - WHI - 1	TUV
	FHL - RDF - 1 或 2	TUV
塔拉纳基	SPL G1	TOV
	BRK - SFD - 3	TUV
	HWA - WVY - 1	TUV
中央北岛（班尼索普）	BPE - MTR - OKN - ONG	TUV
	TKU - WKM - 1 或 2	TUV
	BPE - WDV	TUV
	MGM - WDV - 1	TUV
	SFD - TMN - 1	TUV
	BPE - TKU - 1 或 2	TUV
惠灵顿	BPE - TWC - LTN - 1	TUV
	Pole 2	TOV
	HAY - TKR - 1 或 2	TUV
	HAY - UHT - 1 或 2	TUV

表 A.2 南岛突发事件

范围	突发事件	条件
尼尔森/马尔堡	ISL - KIK - 2 或 3	TUV
	BLN - KIK - 1	TUV
	KIK 静止同步补偿器（承诺升级）	TOV
西海岸	IGH - RFN - ATU	TUV
	HOR - ISL - 1 或 2	TUV
	COL - OTI - 2	TUV
南岛北区	ASB - TIM - TWZ - 1 或 2	TUV
	ISL - TKB	TUV
奥塔哥/南部地区	CYD - CML - TWZ - 1 或 2	TUV
	CYD - CML - TWZ - 1 或 2 - CB 失败事件	TUV
	极 2	TOV
	TWI 电解电池列	TOV
	INV - ROX	TUV
	GOR - ROX - 1	TUV
	BAL - BWK - HWB - 1	TUV

附录 B

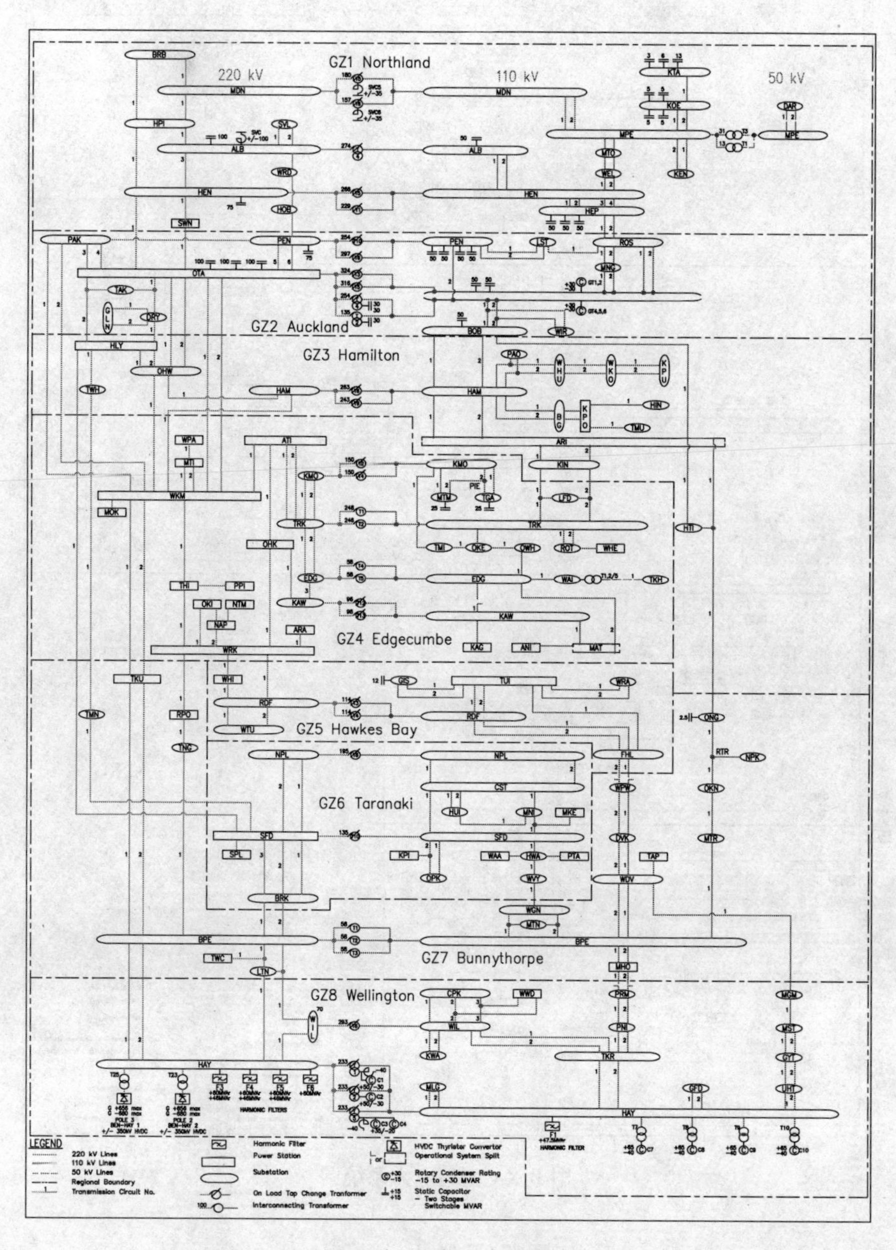

图 B.1　北岛电力系统图

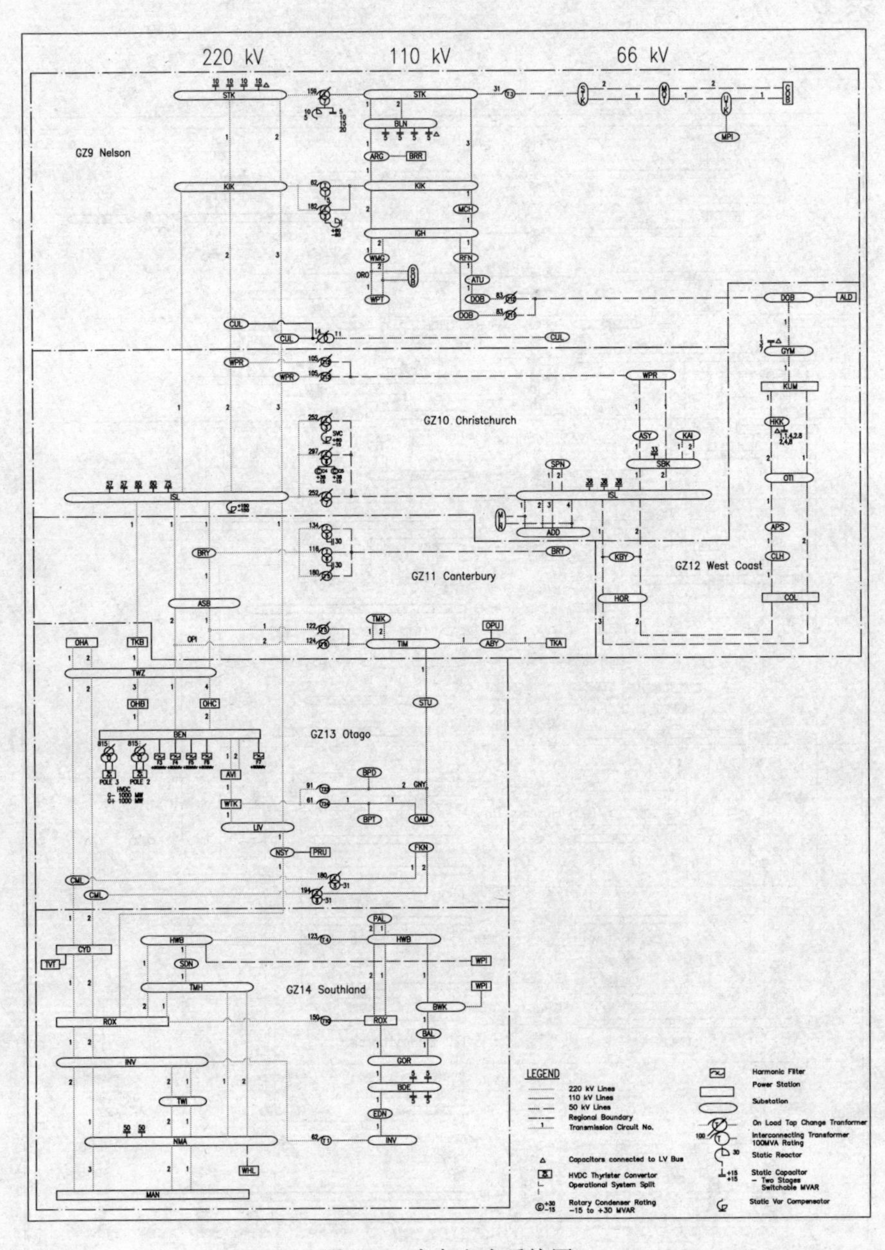
220 kV
110 kV
66 kV
GZ9 Nelson
GZ10 Christchurch
GZ11 Canterbury
GZ12 West Coast
GZ13 Otago
GZ14 Southland
STK
KIK
ISL
BEN
TWZ
LIV
ROX
INV
NMA
MAN
LEGEND
220 kV Lines
110 kV Lines
50 kV Lines
Regional Boundary
Transmission Circuit No.
Capacitors connected to LV Bus
HVDC Thyrister Convertor
Operational System Split
Rotary Condenser Rating
-15 to +30 MVAR
Harmonic Filter
Power Station
Substation
On Load Tap Change Tranformer
Interconnecting Transformer
100MVA Rating
Static Reactor
Static Capacitor
- Two Stages
Switchable MVAR
Static Var Compensator

图 B.2 南岛电力系统图

参考文献

1. Ackermann T (2006) Wind power in power systems. Wind Eng 30(5):447–449
2. Jauch C et al (2007) Simulation of the impact of wind power on the transient fault behavior of the Nordic power system. Electr Power Syst Res 77(2):135–144
3. Sørensen P et al (2003) Simulation and verification of transient events in large wind power installations. Denmark, Risø National Laboratory
4. Thiringer T, Petersson A, Petru T (2003) Grid disturbance response of wind turbines equipped with induction generator and doubly-fed induction generator. In: Proceddings of the IEEE power engineering society general meeting
5. Eltra (2000) Specification for connecting wind farms to the transmission network, In: Proceedings of the Eltra doc. no. 74174, Eltra, Denmark
6. Grid code regulations for high and extra high voltage Report ENENARHS (2006) E.ON. Netz Gmbh Germany. p 46
7. Erlich I, Bachmann U (2005) Grid code requirements concerning connection and operation of wind turbines in Germany. In: Proceedings of the IEEE power engineering society general meeting
8. Kalsi SS et al (2009). Enhancement of wind farm electrical system with a superconducting dynamic synchronous condenser. In: Proceedings of the european wind energy conference (EWEC)
9. Huan-ping L, Jin-ming Y (2009) The performance research of large scale wind farm connected to external power grid. In: Proceedings of the 3rd international conference on power electronics systems and applications
10. Chompoo-inwai C et al (2005) Reactive compensation techniques to improve the ride-through capability of wind turbine during disturbance. IEEE Trans Ind Appl 41(3):666–672
11. Rathi MR, Mohan N (2005) A novel robust low voltage and fault ride through for wind turbine application operating in weak grids. In: Proceedings of the 31st annual conference of IEEE industrial electronics society
12. Zhan C, Barker CD (2006) Fault ride-through capability investigation of a doubly-fed induction generator with an additional series-connected voltage source converter. In: Proceedings of the 8th IEE international conference on AC and DC power transmission
13. Bing X, Fox B, Flynn D (2004) Study of fault ride-through for DFIG based wind turbines. In: Proceedings of the 2004 IEEE international conference on electric utility deregulation, restructuring and power technologies
14. Morren J, de Haan SWH (2005) Ridethrough of wind turbines with doubly-fed induction generator during a voltage dip. IEEE Trans Energy Convers 20(2):435–441
15. Jayanti NG et al (2006) Optimising the rating of the UPQC for applying to the fault ride through enhancement of wind generation. In: Proceedings of the 41st international universities power engineering conference
16. Seman S, Niiranen J, Arkkio A (2006) Ride-through analysis of doubly fed induction wind-power generator under unsymmetrical network disturbance. IEEE Trans Power Syst 21(4):1782–1789
17. Hansen AD, Michalke G (2007) Fault ride-through capability of DFIG wind turbines. Renewable Energy 32(9):1594–1610
18. Dittrich A, Stoev A (2005) Comparison of fault ride-through strategies for wind turbines with DFIM generators. In: Proceedings of the european conference on power electronics and applications
19. Erlich I,Winter W, Dittrich A (2006) Advanced grid requirements for the integration of wind turbines into the German transmission system. In: Proceedings of the IEEE power engineering society general meeting
20. Kasem AH et al (2008) An improved fault ride-through strategy for doubly fed induction generator-based wind turbines. IET Renew Power Gener 2(4):201–214

21. Tsili M, Papathanassiou S (2009) A review of grid code technical requirements for wind farms. IET Renew Power Gener 3(3):308–332
22. Wind Farms in New Zealand (2012) Available from http://www.windenergy.org.nz/. Accessed 30 Oct 2012
23. Electricity Authority New Zealand (2012) Available from http://www.ea.govt.nz. Accessed 1 Nov 2012
24. Bublat T (2008) Comparison of high technical demands on grid connected wind turbines defined in international grid codes. In: Proceedings of the european wind energy conference, Brussels, Belgium
25. Generator Fault Ride Through (FRT) Investigation—Stage 1: Literature Review (2009) Feburary 2009, System Operator, Transpower NZ Ltd
26. Demler GL (2009) Generator Fault Ride Through (FRT) Investigation—Stage 2. May 2009, System Operator, Transpower New Zealand Ltd
27. Wind Turbine Manufacturer Wind Flow (2013) Available from http://www.windflow.co.nz/. Accesssed 26 Jan 2013
28. Nutt S (2010) Wind generation compliance with South Island frequency limits In: Proceedings of the New Zealand wind energy conference, Palmerston North, New Zealand
29. Upper South Island Voltage Stability Study—Information Collation (2008) April 2008, Sinclair Knight Mertz
30. Transmission Code-TP.DG 25.01, Section 6.7 (2009) Transpower NZ Ltd, December 2009
31. Auckland Voltage Stability Study—Information Collation (2005) March 2005, Sinclair Knight Mertz
32. Wellington Voltage Stability Study—Information Collation (2008) October 2008, Sinclair Knight Mertz
33. New Zealand Inter Island HVDC Pole 3-Project Contract Document (2009) Transpower NZ Ltd, October 2009. Vol 2(Chapter 5): p Clauses 6.1.4 and 8.3.1.4

第4章　低压配电网中屋顶光伏发电高渗透率问题：电压的不平衡及其改进

法尔哈德·沙尼亚（Farhad Shahnia），阿林达姆·戈什（Arindam Ghosh）

摘要：在上网电价上涨和环境问题的推动下，国内屋顶光伏电池的安装量正逐渐增多。尽管这种光伏电池的安装率增长缓慢，但是其具有安装位置和功率随机的特点。因此，由居民用户用电造成的单相双向功率流动对三相配电网的电压不平衡性有不利影响。本章将主要介绍在住宅低压配电网中单相并网屋顶光伏电池的额定功率和安装位置对电压不平衡灵敏度的分析和随机评估。基于蒙特卡洛方法的随机评估预测出光伏电池中存在的一种非标准电压不平衡性的失效指标。随后，本章将对这种情况下的串并联用户的光伏电力设备进行研究，以改善线路中的电压不平衡性。基于这种情况，本章首先分析接有屋顶光伏系统设备对线路电压不平衡减少的影响。这种影响是通过光伏电池的安装位置和安装率来分析的。然后，利用基于随机分析的蒙特卡洛方法来研究不同负荷和不同光伏电池位置、安装率下电力设备的运行效果，同时也将论证电网中这些设备运行时的动态特性和稳定性。

关键词：配电网；单相屋顶光伏电池；电压不平衡性；灵敏度分析；随机评估；配电网静止同步功率补偿器；动态电压恢复器

4.1　引言

电流和电压的不平衡性是低压配电网中电能质量的主要问题之一[1]。由于单相负荷的不平衡性，电压不平衡在居民负荷中更为常见，特别是在大功率单相负荷使用情况下[2]。尽管在供电侧电压易于平衡，但是由于系统阻抗的不相等，以及单相负荷或者单相变压器的分布不平衡，同样会造成用户端的电压不平衡[2]。通常，电力部门致力于平衡分配三相输电线路中的用户负荷，以改善电压的不平衡性。

电压不平衡的加剧会导致像异步电动机之类的负荷过热和降额运行[4]。电压不平衡也会产生很多电网问题，例如继电器保护和电压调节装置的误动作，以及电力电子负荷的非特征谐波的产生[3]。

近几年，由于新能源的发展和一些国家政策的激励，在居民住宅屋顶安装单相并网的光伏电池已逐渐引起关注[5]。这些光伏设备最大的特点是注入电网的功率是随机的，这取决于来自太阳光照的瞬时功率。关于这些光伏系统的几个技术问题，例如谐波、电压分配和功率损耗等已经处于研究阶段[6-8]。

目前的居民住宅屋顶光伏电池在接入配电系统时是随机安装的，这就会加剧电网不平衡[9]，从而导致三相负荷，如水泵和电梯的驱动电动机出现更多的问题。因此，有必要对电网中的电压不平衡进行灵敏度分析的研究。

由于光伏电池安装的随机性和其间歇性的发电特点，确定性分析法是不合适的。为了研究电力潮流、电压骤降、故障以及可靠性等电网中的不确定性问题，蒙特卡洛法已经大量被应用[10]。因此，本章将通过蒙特卡洛随机分析法来研究和预测屋顶光伏系统安装率和安装位置不同引起的电网电压不平衡[11]。

一些电压不平衡问题的改善方法已经在某些文献中被提出并得到论证[12-14]。但是，串联和并联的用户电力设备变换器也可以使电能质量得到提高[1,15]。本章将证明用户电力设备的应用，特别是配电网静止无功功率补偿器和动态电压恢复器的应用对改善电压不平衡和恢复电压都有效果。此外，这些设备的最佳安装位置、运行效果和安装容量也都将在本章进行探讨。然而，由于负荷需求、光伏设备发电量以及光伏设备安装位置和安装率的不确定性，将用蒙特卡洛随机分析法对这些用户电力设备进行分析以明确它们对不确定性问题的效果。最后，目前提出的改善方法在系统中的动态可行性将被验证。

4.2 低压配电网中的电压不平衡

低压配电网电压值通常是110V（美国和加拿大）或者是220~240V。国际标准规定额定电压必须具有很小的误差范围，澳大利亚标准电压条例60038—2000中规定，澳大利亚低压配电网中电压的额定值是230V，误差范围是-6%~+10%[16]。

三相电路中的电压不平衡表现为三相电压的幅值不同或者相互之间的相位不满足通常规定的120°。电气和电子工程师协会（IEEE）中有关电能质量监测的推荐规程将电压不平衡定义为[17]

$$VUF\% = \frac{|V_-|}{|V_+|} \times 100\% \tag{4.1}$$

式中，V_-和V_+分别是所测的负序电压和正序电压。

本章将会用到这个电压不平衡百分比。根据本章参考文献［17］，在低压配电网中，电压不平衡百分比的最大允许值是2%。英国的工程推荐规程不仅限制了电压不平衡百分比的最大允许值为2%，而且还规定在负荷端电压不平衡百分比的最大允许值为1.3%[18]。本章假设标准的限定值为2%。

电力部门依靠平衡分配三相电路中每一相的负荷来实现将电网中的电压不平衡百分比最小化。通过概率研究了解到居民负荷和小型商业负荷造成的电网电压不平衡百分比较大的现象是很少见的。在英国[19]、巴西[20]和伊朗[21]等地的低压配电网测量发现电压不平衡百分比超过3%的概率大约为2%~5%。然而，这种结果是在运用工程判断来选择适当尺寸的导体和电缆线以及变压器的容量，或者是通过后期的观察和测量对三相电路中的负荷进行分配的校正条件下得到的。如果电网的设计不合理或者电网中存在非标准的电压降落，那么电网中就很有可能出现较高的电压不平衡。

正如前面所述，目前安装的屋顶光伏系统取决于用户对这项技术的认可度和他们的经济状况。因此，电网线路中光伏系统的随机安装是一定会存在的。例如，可能一相线路上有80%的用户安装了光伏系统，但是其他两相线路上可能安装光伏系统的用户仅有50%和10%。在这样的情形下，即使在不安装光伏系统时电网电压的不平衡百分比处于标准限定值内，也不能保证电压不平衡百分比能一直保持在标准限定值内。因此，必须要对光伏发电设备的可能安装数量和容量进行研究，从而将电压不平衡百分比限定在标准范围内。

4.2.1 电网结构

本节电压不平衡研究的对象是一个城市住宅辐射型低压配电网。图4.1所示为线路中一个简化的等效单线路图。由图4.1可知，光伏电池并网运行，其剩余的电能输送到电网。根据IEEE对光伏系统的并网接口建议规程[22]，假设所有的光伏发电系统都工作在单位功率因数的情况下，同时也假设中性线为不平衡电流的流通路径，并且此次分析是在考虑三相线路的相互作用下进行的。

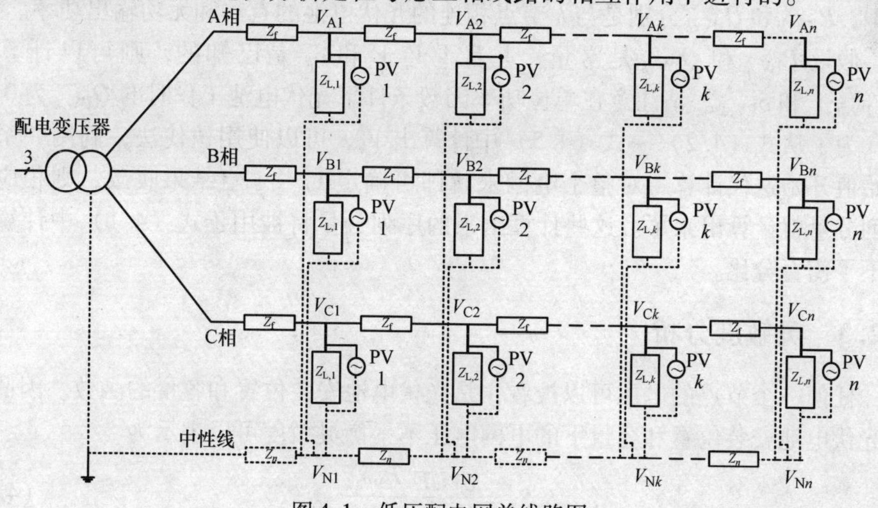

图4.1 低压配电网单线路图

4.2.2 功率分析

为了计算电压不平衡百分比，对电网进行分析，以及计算所需节点的电压是很有必要的。由基尔霍夫电流定律（KCL），考虑图4.1中k节点A相得到

$$\frac{\beta(V_{A,PV,k}-V_{A,k})}{X_{A,PV,k}}+\frac{V_{A,k-1}-V_{A,k}}{Z_f}+\frac{V_{A,k+1}-V_{A,k}}{Z_f}+\frac{V_{N,k}-V_{A,k}}{Z_{A,L,k}}=0 \tag{4.2}$$

式中，Z_f是同相线路中两个相邻节点间的线路阻抗；$V_{A,k}$（$k=1$，…，n）是A相中第i个节点的单相电压；$Z_{A,L,k}$和$V_{N,k}$分别是A相中与k节点相连的负荷阻抗和与k节点相连的中性线电压；$V_{A,PV,k}$和$X_{A,PV,k}$分别是A相中与k节点相连的光伏电池的电压值和阻抗值。

对B相和C相式（4.2）同样成立。在式（4.2）中，当只有一个光伏电池板和k节点相连时控制常数β为1，否则为0。

根据KCL，中性线上每个节点满足

$$\frac{V_{N,k-1}-V_{N,k}}{Z_n}+\frac{V_{N,k+1}-V_{N,k}}{Z_n}+\frac{V_{N,k}-V_{A,k}}{Z_{A,L,k}}+\frac{V_{N,k}-V_{B,k}}{Z_{B,L,k}}+\frac{V_{N,k}-V_{C,k}}{Z_{C,L,k}}=0 \tag{4.3}$$

式中，Z_n是中性线中两个相邻节点间的线路阻抗。

图4.2所示为光伏电池并网的简化图。由图4.2可以得到

$$P_{PV,k}=\frac{|V_{PV,k}||V_k|}{X_{PV,k}}\sin(\delta_{PV,k}-\delta_k) \tag{4.4}$$

$$Q_{PV,k}=\frac{|V_k|}{X_{PV,k}}(|V_{PV,k}|\cos(\delta_{PV,k}-\delta_k)-|V_k|) \tag{4.5}$$

式中，$P_{PV,k}$和$Q_{PV,k}$分别是与k节点相连的光伏电池的有功和无功输出功率。

假设$P_{PV,k}$和$Q_{PV,k}$是常量，并且$|V_k|$和δ_k是已知的，则可以计算出$|V_{PV,k}|$和$\delta_{PV,k}$。请注意在单位功率因数条件下光伏电池工作时的$Q_{PV,k}$为0。

为了从式（4.2）~式（4.5）中计算出V_k，可以使用迭代法，利用一系列初始值开始迭代计算，对整个电网求解即可确定V_k。一旦结果收敛，则相应的序列分量就计算出来了。这些计算出来的序列分量将被用于式（4.1）中计算电压不平衡百分比。

4.2.3 灵敏度分析

任何一个节点的电压可以被看作是光伏电池安装位置和容量的函数。因此一个光伏电池安装位置和容量下的电网电压不平衡灵敏度可以表示为

$$S_k=\frac{\delta VUF}{\delta P_{PV,k}}\frac{P_{PV,k}}{VUF} \tag{4.6}$$

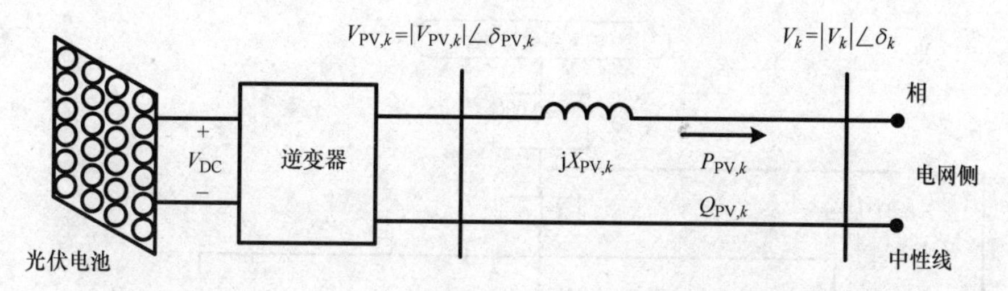

图4.2　光伏电池并网简化图

因为每个节点的电压是迭代计算出来的，所以一旦计算结果收敛则灵敏度就可以计算出来了，如下：

$$S_k = \frac{VUF(\gamma+1) - VUF(\gamma)}{P_{PV,k}(\gamma+1) - P_{PV,k}(\gamma)} \tag{4.7}$$

式中，γ 是不同的光伏容量（0，1，2，3，4，5kW），其范围为 $0 \leqslant \gamma \leqslant 4$。

4.2.4　随机评估

蒙特卡洛仿真对基于随机输入变量的随机评估来说是一个功能很强大的数学分析方法[17]。

低压配电网的固有属性包括居民电力负荷需求和光伏电池在不同时间发电量的随机变化。这种变化是以从夏天到冬天每天光照12h为参照的。除此以外，光伏发电系统的安装位置和额定功率的随机性增加了电网的随机性。

为了研究在各相线路中光伏发电安装位置和容量随机的条件下电网电压的不平衡性，本节将分析基于蒙特卡洛方法的随机评估。在这个随机评估中，随机评估的三个输入量分别是安装屋顶光伏电池的用户数，以及在不同相和线路中光伏系统的安装位置和容量。图4.3所示为蒙特卡洛法的流程图。在图4.3中，输入量是电网（负荷、线路和变压器）数据。该蒙特卡洛法中随机数的生成和其他参数的筛选将在4.3.2节中说明。每一组数据都可以计算出相应的电力潮流和相应的电压不平衡百分比。

在 $1 \leqslant k \leqslant N$ 的条件下，计算出节点 $\overline{VUF_j}$ 的期望电压不平衡百分比为

$$\overline{VUF_j} = \frac{1}{N}\sum_{k=1}^{N} VUF_k \tag{4.8}$$

计算出节点（在线路的起点或终点）的电压不平衡无偏差样本方差为

$$Var(VUF_j) = \frac{1}{N-1}\sum_{k=1}^{N}(VUF_k - \overline{VUF_j})^2 \tag{4.9}$$

在蒙特卡洛法中，当 $\overline{VUF_j}$ 和 Var（VUF）达到一个可行的收敛值时整个过程就停止了。在这项研究中，为得到一个可接受的收敛值，蒙特卡洛法的试验次数定为 $N=10000$。详细的解释见附录A。

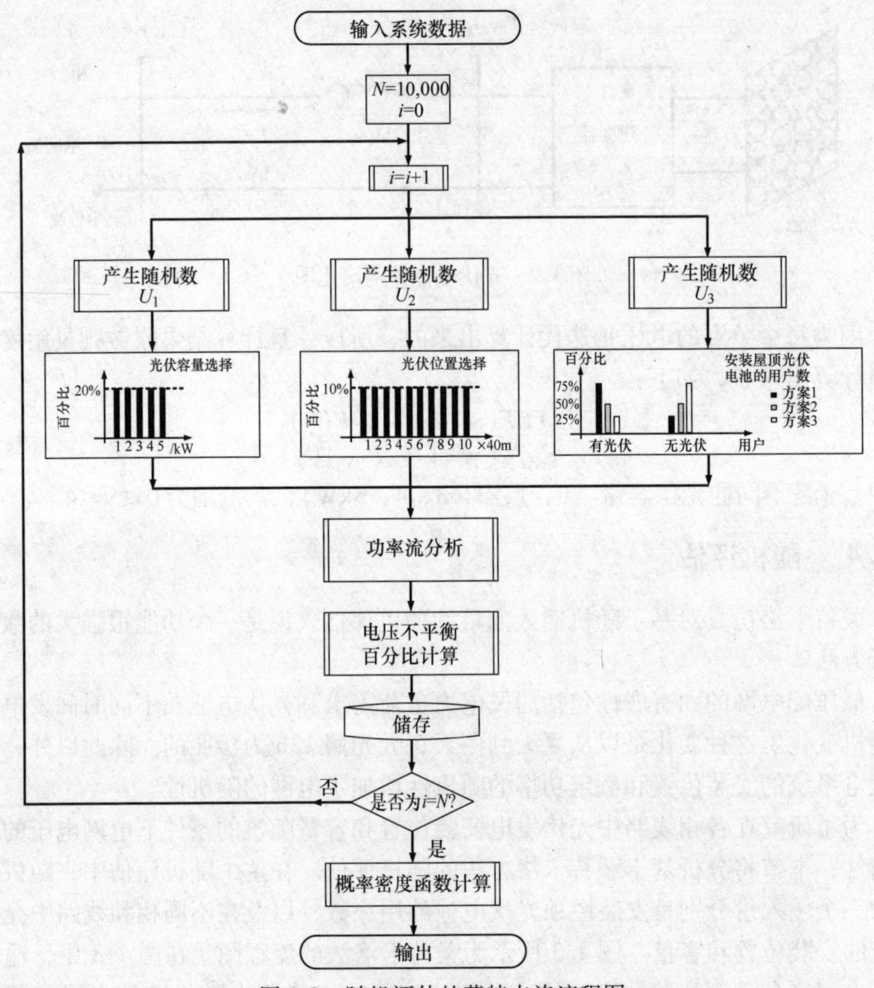

图 4.3　随机评估的蒙特卡洛流程图

电压不平衡作为蒙特卡洛仿真输出的结果，被用于计算所有电压不平衡百分比 λ 的概率密度函数和平均值。

4.3　灵敏度和随机分析结果

电压不平衡研究的对象是一个城市住宅辐射型低压（415V）配电网。这样的配电网应该是一个既为居民住宅也为小型商业用户供电的电网。它有三条线路，每条线路都有相同长度（400m）和相同用户数量的三相四线制系统。每个极点之间的距离几乎都为 40m，每个极点的每一相中都给两所住宅供电，线路和其尺寸也依据功率的大小和电压范围进行合理地设计。电网的相关参数见附录 B。

假设电网的总电力需求量是 1MVA，其中包括低压电网总供应电量 360kW，同时分别假设 A、B、C 三相的负荷为 60kW、120kW、180kW，电网的其余负荷（不包含在这项研究中的）视为一个集中负荷。安装在住宅屋顶的光伏发电系统单位功率因数情况下的输出功率范围是 1 ~5kW。本章参考文献［11］给出了几项相关的研究，这些研究结果将在下面进行探讨。

电力部门通常在线路的起点（如配电变压器的二次侧）监测和监控电压不平衡。如前所述，测量结果的概率研究表明在线路的起点，电压不平衡百分比超过 2% 的概率很低。假设三相的线路长度和用户数量一样，由于负荷的功率消耗不同，每条线路的电压降落也将不同，这就导致了不同线路中会产生不同的电压幅值和相位。这种现象会导致较高的电压不平衡，特别是在线路的末端。为了保证所有线路的电压降落在限定值内，电力部门会安装单相极点电容或者增大线路的线径，然而，线路末端的电压不平衡仍然会高于线路始端，这或许会导致远离线路始端的一些三相异步电动机或者电力电子设备出现故障。图 4. 4a 和图 4. 4b 所示为线路中不同位置处的电压波形和电压不平衡的波形。从图 4. 4a 和图 4. 4b 中可以看到在线路的始端，A、B、C 三相的电压标幺值分别为 0. 98、0. 96、0. 95。在线路末端该值分别减少到了 0. 96、0. 93、0. 90，因此线路始端的电压不平衡度最终从 0. 85% 增加到了 1. 84%。

根据居民电力负荷和光伏发电系统输出功率的时变性特点，在一个特定的时间段内对电压不平衡的变化进行了研究。假设光伏电池的功率输出曲线如图 4. 5a所示，居民负荷曲线如图 4. 5b 所示[23,24]，线路始端和末端的电压不平衡随时间变化的曲线如图 4. 5c 所示。电压不平衡具有时变性，并且它可能随着光伏发电量的变化而增加。

4. 3. 1　单一光伏发电系统在电压不平衡情况下的灵敏度分析

由固定容量光伏发电系统的安装位置不同所引起的电压不平衡度变化取决于安装有光伏发电系统的那一相的总负荷。通常屋顶光伏发电系统能够为城市住宅用户提供的最大额定功率为 5kW。确定测量电压不平衡的点也同样重要。

我们期望装有光伏发电系统的那一相线路的电压状况有所改善。因此，可以考虑将容量为 1kW 或者 5kW 的光伏发电系统安装在线路的始端、中点和末端。图 4. 6 所示为 A 相的电压波形图。正如所期望的那样，当光伏发电系统的容量较大或者将其安装在线路末端时，电压幅值有所增加。

光伏发电系统安装在低功率负荷相（本例中的 A 相）会导致电压差的增加，从而导致线路末端的电压不平衡程度增加，而在线路的始端却影响较小。如果光伏发电系统安装在线路的末端或者安装的容量较高，则电压不平衡程度就会更高。图 4. 7a 所示为电压不平衡的灵敏度分析（在线路末端进行计算的）与屋顶光伏发电系统在低负荷相（A 相）中的安装位置和容量的关系曲线。

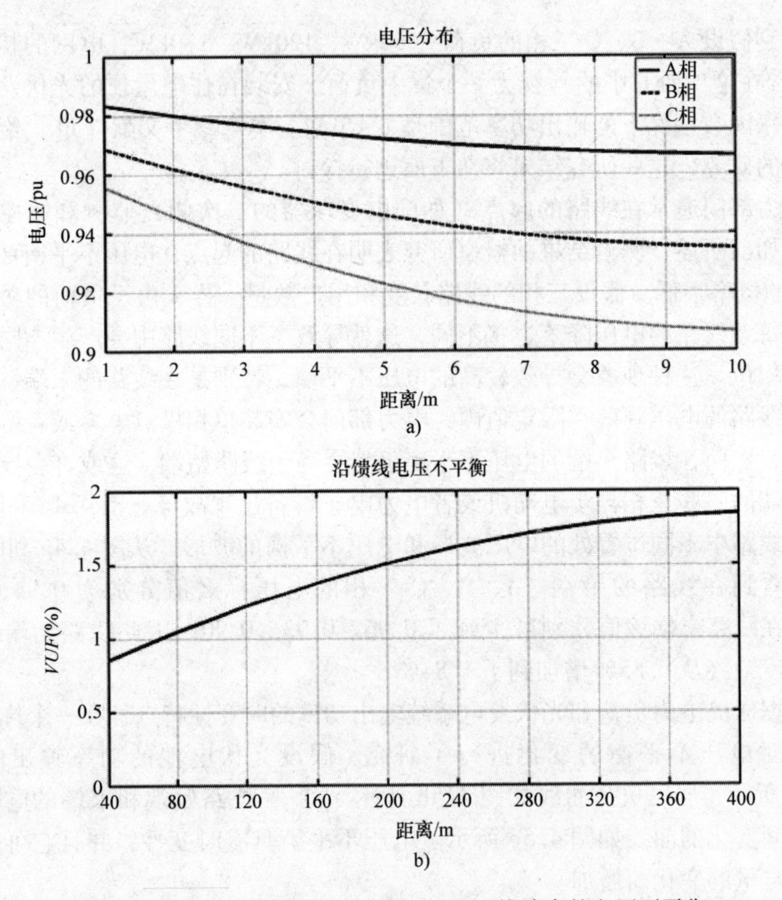

图 4.4　a）线路中的电网电压波形　b）线路中的电压不平衡

如果光伏发电系统安装在较高负荷相（如 C 相），则两相之间的电压偏差就会减小。这种减小在线路的末端更为明显。如果光伏发电系统安装在线路的末端或者容量较高的话，则线路末端的电压偏差会更小。图 4.7b 所示为电压不平衡的灵敏度分析（在线路末端进行计算的）与光伏发电系统安装在较高负荷相（C 相）的安装位置和容量的关系曲线。

以上这些结果证明了在线路供应 1MW 负荷的特定情况下，光伏发电系统（容量小于 5kW）安装在线路始端时会导致电网电压不平衡百分比增加 0.1%，安装在线路末端时会导致电网电压不平衡百分比增加 25%。例如，在最糟糕的情况下，当一个 5kW 的光伏发电系统安装在线路末端时会使电压不平衡百分比从没有安装光伏发电系统的 1.84% 增加到 2.02%（即增长率为 25%）。甚至在这种情况下，此时的电压不平衡百分比仍然不会达到非标准电压百分比，所以在线路末端的电压不平衡百分比不会很严重。然而，当安装了很多的光伏发电系统之后，这种情况就会产生问题了。

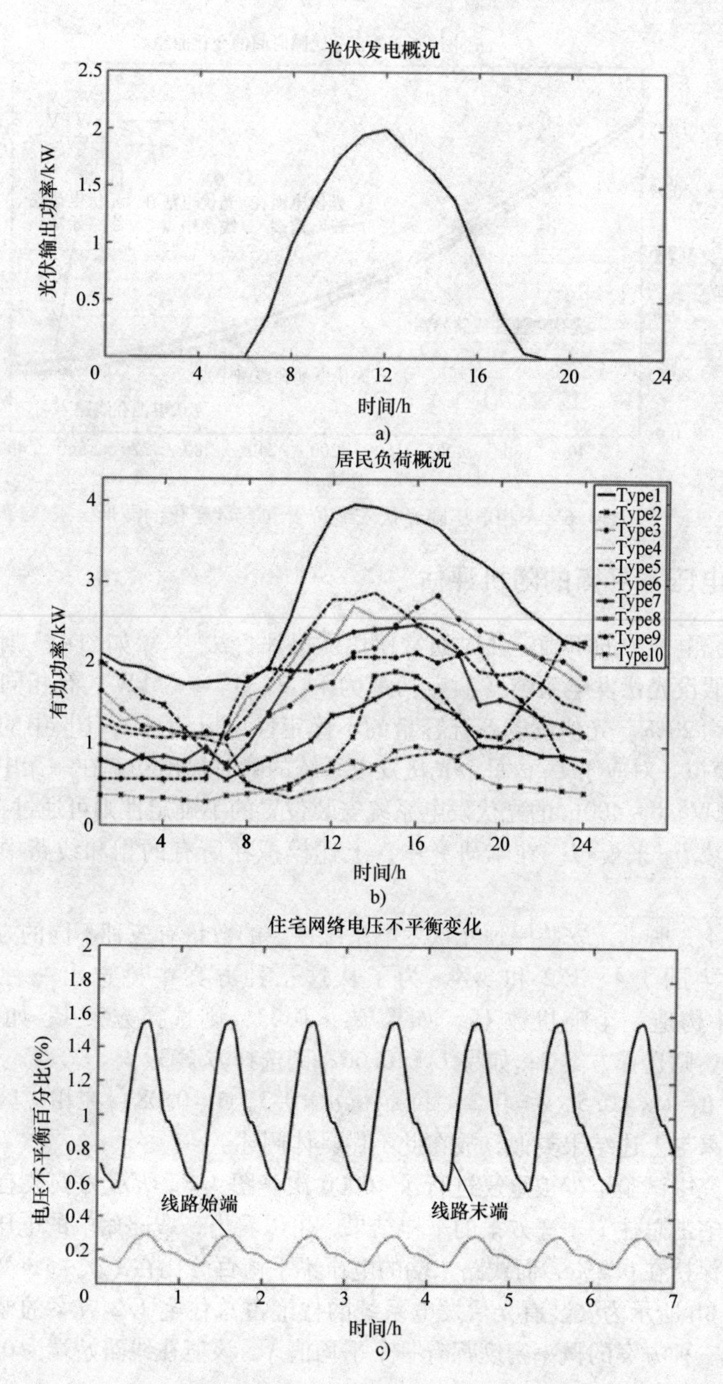

图4.5　a）2kW屋顶光伏发电系统的发电量　b）10种不同类型居民负荷曲线
c）光伏安装位置固定时电压不平衡百分比随时间的变化曲线

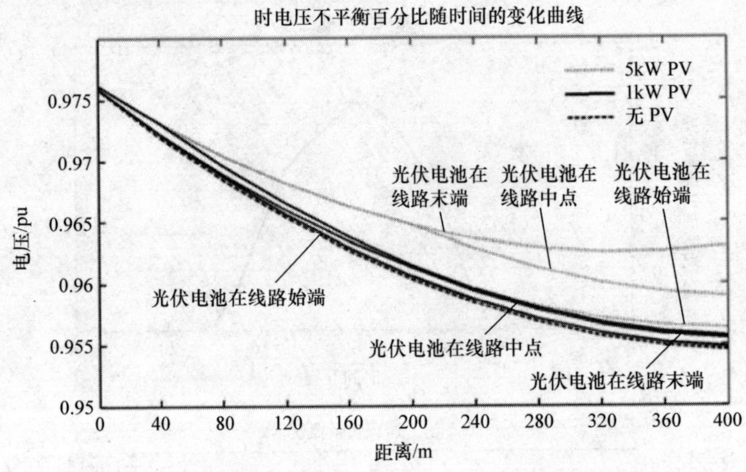

图 4.6　A 相电压随光伏安装位置和容量变化的波形

4.3.2　电压不平衡的随机评估

在研究电网中的不确定性时通常使用随机评价法[11]。如图 4.3 所示，在本研究中，假设光伏发电系统（额定功率为 1、2、3、4、5kW）有相同的安装概率，即均为 20%。光伏发电系统容量的不确定性可以用［0，1］中的一个随机数 U_1 来模拟。对应于 U_1，每个光伏发电系统的瞬时输出功率在一天中的变化范围是0～5kW。0～400m 的光伏发电系统安装位置的不确定性则可通过在［0，1］构造随机数 U_2 来模拟。在本研究中，上述模拟在所有的相和线路中是独立进行的。

如图 4.3 所示，安装屋顶光伏发电系统住宅的数量有三种不同的方案，分别为占总住宅的 1/4、1/2 和 3/4。为了从这三种方案中挑选出一种方案，在［0，1］中构造一个随机数 U_3。如果 $U_3 < 0.33$，则选择方案 1；如果 $0.33 < U_3 < 0.66$，则选择方案 2；如果 $U_3 > 0.66$，则选择方案 3。

由于 U_1（$\mu = 0.5$，$\delta = 0.2$）和 U_2（$\mu = 0.3$，$\delta = 0.08$）在相应区间中分段得到的结果与上述结果类似，故在此不做具体阐述。

本研究中试验至少被重复进行了 10000 次。图 4.8a 所示为安装有光伏发电系统的住宅占总住宅 1/2 方案的采样结果，可以看出，线路始端的电压不平衡百分比总是保持在 0.8%，而线路末端的电压不平衡百分比在 1%～3% 变化。

图 4.8b 所示为安装有光伏发电系统的住宅占总住宅 1/2 方案的概率密度函数图。这三种方案的概率密度都有一个平均值 λ，该值在线路始端为 0.61%，在线路末端为 1.80%。

从图 4.8b 可以看出，线路末端的电压不平衡百分比超过 2% 的最大限定标准值的概率较大。这个概率指的是一个故障因子，它是概率密度函数图中的阴影

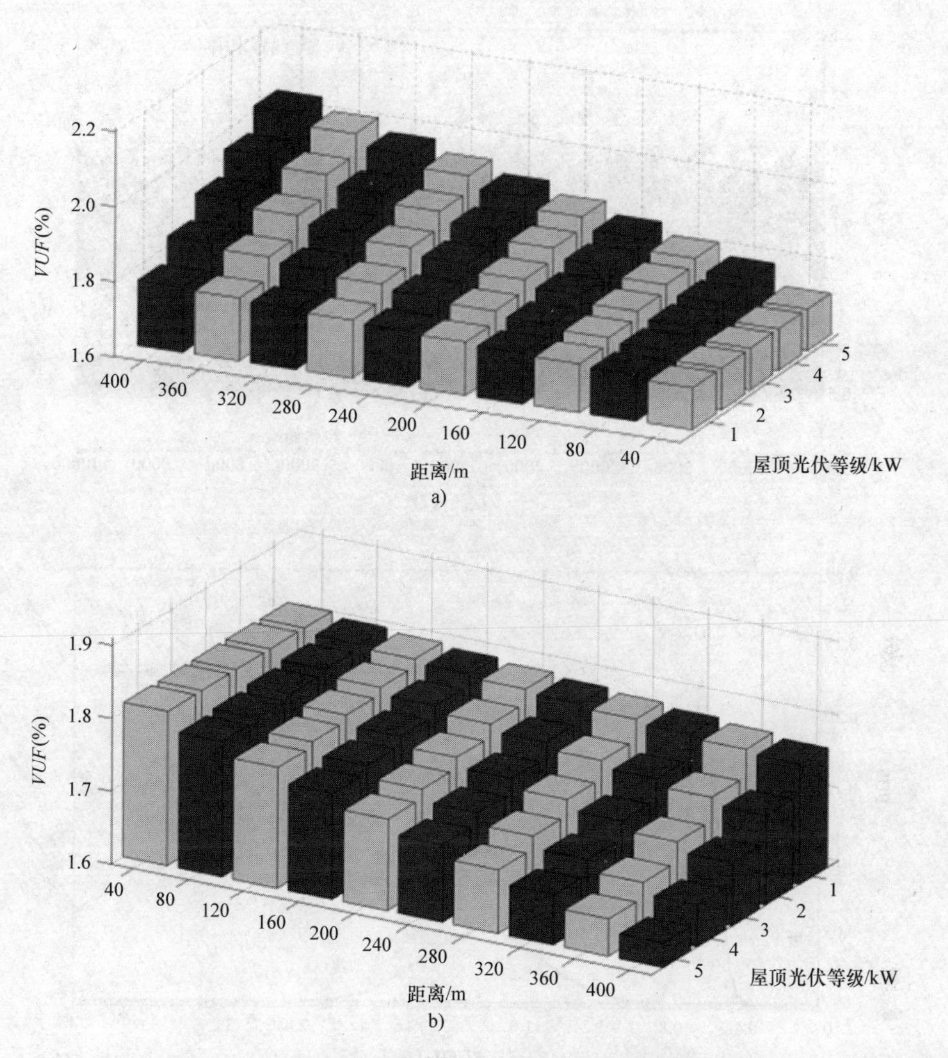

图4.7 a）低负荷相（A相）中电压不平衡灵敏度分析
b）高负荷相（C相）中电压不平衡灵敏度分析

区域，可以计算为

$$F_{\mathrm{I}}\% = \text{阴影区域} \times 100\% \tag{4.10}$$

在线路的始端，电压不平衡百分比的故障因子为0，而在线路的末端该因子为30.19%。

用户负荷的耗能在不同的时间是不同的，因此，居民负荷对电压的不平衡也有影响。这种情况可以包含在蒙特卡洛分析法的第四种不确定性因素内。表4.1给出的是电网在不同时间里不同用户负荷水平下的分析结果，可以看到，当负荷几乎平衡时，λ 和故障因子相应地减少，而当负荷极度不平衡时，这两个参

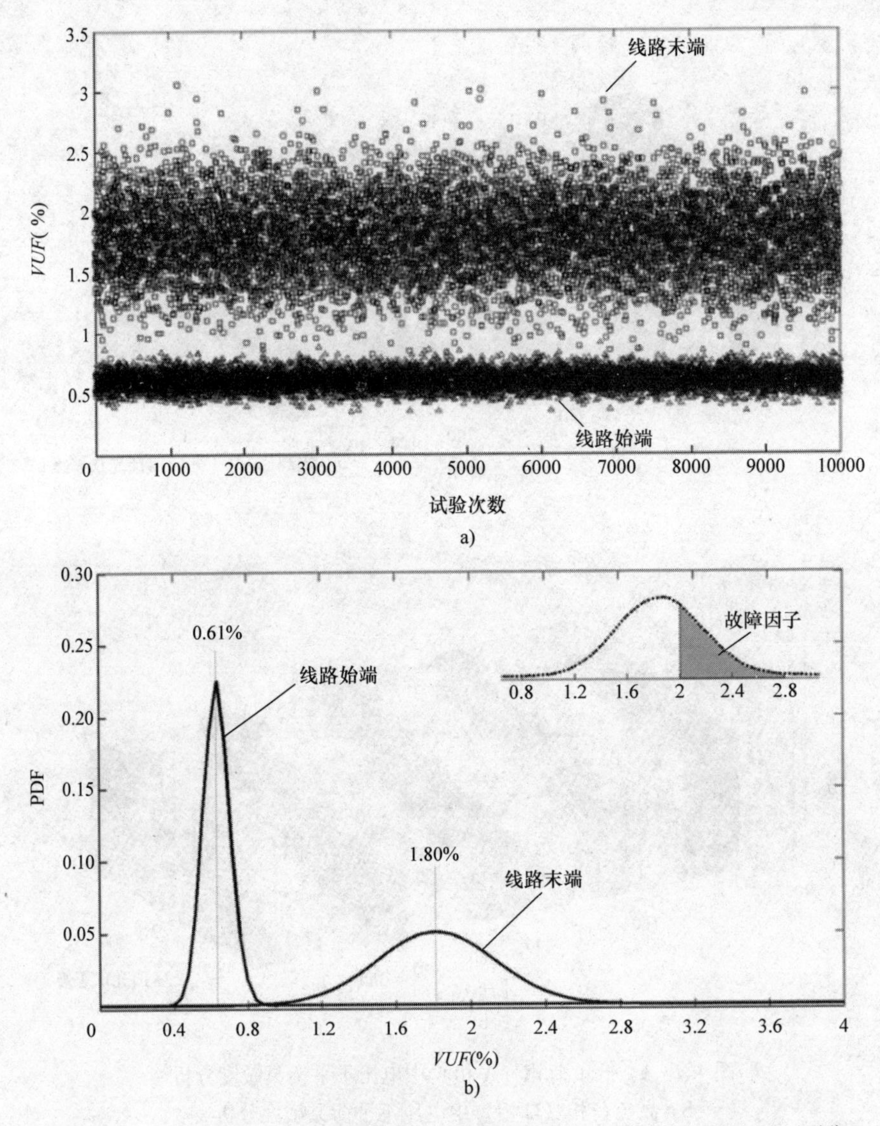

图 4.8　a）光伏发电系统安装位置和容量随机的 10000 次试验下的电压不平衡
b）电压不平衡概率密度

数则相应地增加。

表 4.1　不同负荷水平下的电压不平衡

居民负荷状态	极度不平衡	轻度不平衡	几乎平衡
在线路始端的 λ	0.66	0.58	0.46
在线路末端的 λ	1.92	1.70	1.37
故障因子 F_1（%）	46.0	22.3	6.0

光伏发电系统的安装位置（在线路的始端或末端）对电压不平衡的影响已经在前面进行了探讨。在前述研究中，假设光伏发电系统随机地安装在线路中，而大多数光伏发电系统安装在线路始端和末端的现象更值得去研究，因此，本文运用蒙特卡洛法来对此进行分析。表4.2给出了研究结果，可以看出，通常当大多数光伏发电系统安装在线路的末端时，电网末端的λ和故障因子会相应地增大。

表4.2 光伏发电系统不同安装位置下的电压不平衡

光伏电池安装位置	线路始端	线路中点	线路末端
在线路始端的λ	0.61	0.61	0.62
在线路末端的λ	1.88	1.97	2.06
故障因子F_{I}（%）	16.2	51.8	67.9

4.4 用户电力设备对电压不平衡的改善

在本节中，通过串并联的用户电力设备来使得三相电压的幅值达到期望值，并且相位互差120°，以调节公共连接点（Point of Common Coupling，PCC）的电压。

4.4.1 配电网静止同步补偿器

如图4.9a所示，将一个配电网静止同步补偿器（Distribution Static Compenstor，DSTATCOM）并联在电网中。DSTATCOM通过注入或吸收电网所需的无功功率使得PCC处的电压幅值E_{DSTAT}可以被调节在0.94～1pu。因此DSTATCOM只能和一个直流电容一起使用。

假设一个三相DSTATCOM安装在节点k，节点k是一个电压控制节点（具有恒定的有功功率和电压幅值）。假设DSTATCOM注入的总有功功率为0（$P_{\mathrm{DSTAT},k}=0$），三相的电压幅值均为E_{DSTAT}。

DSTATCOM向电网注入或吸收的无功功率为

$$Q_{\mathrm{DSTAT},k}=-\operatorname{Im}\left\{V_k^*\left[V_k\left(\frac{2}{Z_{\mathrm{f}}}+\frac{1}{Z_{\mathrm{L},k}}\right)+\left(\frac{V_{k-1}+V_{k+1}}{Z_{\mathrm{f}}}+\frac{V_{\mathrm{N},k}}{Z_{\mathrm{L},k}}\right)\right]\right\} \tag{4.11}$$

在计算出$Q_{\mathrm{DSTAT},k}$的基础上，PCC点的电压V_k可以修正为

$$V_k=\frac{1}{\frac{2}{Z_{\mathrm{f}}}+\frac{1}{Z_{\mathrm{L},k}}}\left[\frac{P_{\mathrm{DSTAT},k}-\mathrm{j}Q_{\mathrm{DSTAT},k}}{V_k^*}-\left(\frac{V_{k-1}+V_{k+1}}{Z_{\mathrm{f}}}+\frac{V_{\mathrm{N},k}}{Z_{\mathrm{L},k}}\right)\right] \tag{4.12}$$

式（4.11）和式（4.12）与式（4.2）～式（4.5）一起用于对安装有DSTATCOM节点处的迭代计算分析。

当一个节点安装有DSTATCOM时，它就会通过注入或吸收无功功率来将该

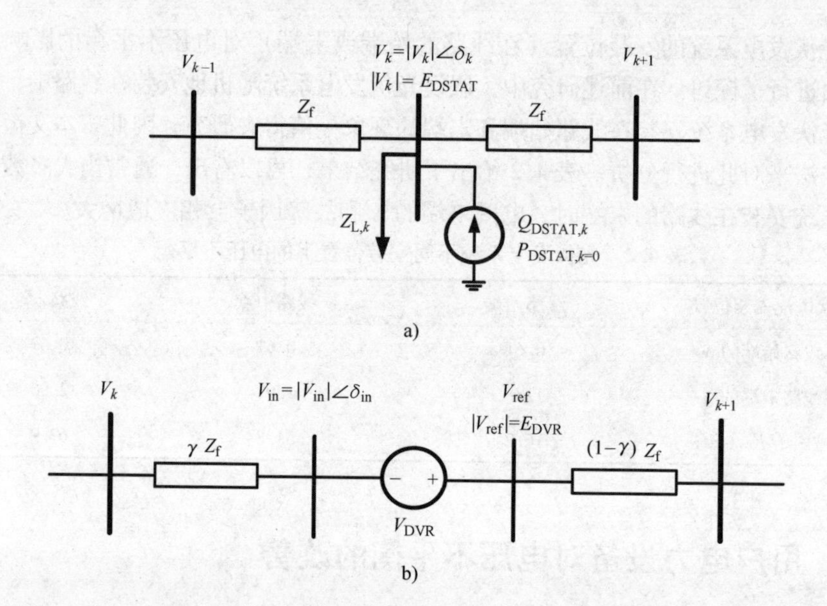

图 4.9　a）DSTATCOM 接线图　b）DVR 接线图

节点的电压调节至期望值。通过改变 PCC 处的电压值，所有节点的电压值都能够被修正。

4.4.2　动态电压恢复器

图 4.9b 所示为一个串联在电网中的动态电压恢复器（Dynamic Voltage Restorer，DVR），其母线电压用 V_{in} 和 V_{ref} 来表示。DVR 通过加上或者减去串联电路中的小电压以使得 V_{ref} 达到期望值 E_{DVR}（0.94～1pu）。如图 4.9b 所示，$0\leqslant\gamma\leqslant1$ 表示 DVR 安装在相邻节点 k 和 $k+1$ 之间。与 DSTATCOM 不同，DVR 需要向电网同时注入或者吸收有功功率和无功功率。然而，正如后面会介绍的，对同一个电网而言，DVR 的额定功率比 DSTATCOM 要小。

需要通过 DVR 加到 A 相的电压为

$$V_{DVR,A}=V_{ref,A}-V_{in,A} \tag{4.13}$$

DVR 输出到所有三相的电压基于相同的期望幅值 E_{DVR}，并且互差 120°。这些参考电压 V_{in} 可以分解为

$$\begin{aligned}V_{ref,A}&=E_{DVR}\angle\delta_{in,A}\\V_{ref,B}&=E_{DVR}\angle(\delta_{in,A}-2\pi/3)\\V_{ref,C}&=E_{DVR}\angle(\delta_{in,A}+2\pi/3)\end{aligned} \tag{4.14}$$

E_{DVR} 的选择取决于 DVR 在线路中的位置，并且它对 DVR 的额定功率有非常重要的影响。为了在满足电压和电压不平衡的条件下优化 DVR 的容量，如果

DVR 安装在靠近线路的始端，则 E_{DVR}的值应大些；如果 DVR 安装在靠近线路的末端，则 E_{DVR}的值应小些。为了进行电网分析，式（4.13）采用式（4.2）~式（4.5）在 DVR 连接点处的迭代方法。与 DSTATCOM 改善所有节点的电压不同，DVR 只改善其之后所有节点的电压。

4.5　CPD 的应用：稳态结果

设定一个 11kV 的架空输电线路与几个 11kV/415V 的配电变压器相连，一个住宅区单回低压（415V）线路所供负荷为 120kW，线路长度为 400m，每个极点间相隔 40m，每个极点的每相线路有两户住宅，线路长度及其线径根据设备的额定功率和电压降来合理设计。电网的技术数据已在附录 B 的表 B.1 中给出。

假设在整个研究过程中，A、B、C 三相的负荷分别是 20kW、40kW 和 60kW。在这个 11kV 的电网中，其他配电变压器和其负荷均可视为一个单独的总负荷。安装在住宅的屋顶光伏发电系统在标准辐照条件下的输出功率范围是 1 ~5kW。已经有相关文献对这方面的研究进行了介绍[25,26]，后面也将会对其中一些研究进行探讨。

4.5.1　标称情况

先假设在电网中没有安装光伏发电系统，此时，线路始端 A、B、C 三相的电压幅值分别为 0.98pu、0.97pu 和 0.97pu，然而在线路的末端，这三个值分别降到了 0.96pu、0.94pu 和 0.92pu。电压的不平衡百分比从线路起始点的 0.32% 增加到了线路末端的 1.31%。

现在来考虑屋顶光伏发电系统安装在线路末端具有极高的电压不平衡的情况。为了实现这一目标，假设 A、B、C 三相的屋顶光伏发电系统的发电量分别为 40kW、5kW 和 1kW。每个光伏发电系统的安装位置和容量见附录 B 中的表 B.1。现在，A 相中的光伏发电系统发电量为 40kW，而负荷为 20kW。这就导致了 A 相中光伏发电系统到变压器的反向有功功率流的出现，所以 A 相的电压从线路的始端到线路的末端一直增加，因此，由于电网中光伏发电系统发电量的不均衡使得电压不平衡百分比在线路末端增加到了 2.56%。

4.5.2　配电网静止同步补偿器的应用

现在，假设一个 DSTATCOM 安装在距离线路始端 280m（线路 2/3 位置）的地方，该补偿器将 PCC 点的电压幅值固定在 0.98pu。DSTATCOM 安装前后三相的电压波形如图 4.10a 所示。在该图 4.10a 中，虚线表示没有安装 DSTATCOM 的电压波形，实线表示安装有 DSTATCOM 的电压波形。从图 4.10a 中可以清楚地看到 DSTATCOM 通过向 B 相、C 相注入无功功率和吸收 A 相的无功功率来使三相的电压幅值均达到 E_{DSTAT}。在这种情况下，DSTATCOM 的额定容量为 80kVA。

为了研究 DSTATCOM 的安装位置对电压不平衡的改善作用，相关文献介绍了另一项研究[26]。在该项研究中，DSTATCOM 安装在线路的不同节点并对相应的不平衡电压进行了比较。图 4.10b 所示为不安装 DSTATCOM 和在四个不同位置，即距离变压器 1/3 的位置、中点位置、线路 2/3 的位置和线路末端安装 DSTATCOM 的电压不平衡波形。比较这几种情况下的电压不平衡的波形，可以发现 DSTATCOM 安装在线路的始端并没有作用，同时，当 DSTATCOM 安装在线路末端时，中间极点周围的节点就会有更高的电压不平衡。而当 DSTATCOM 安

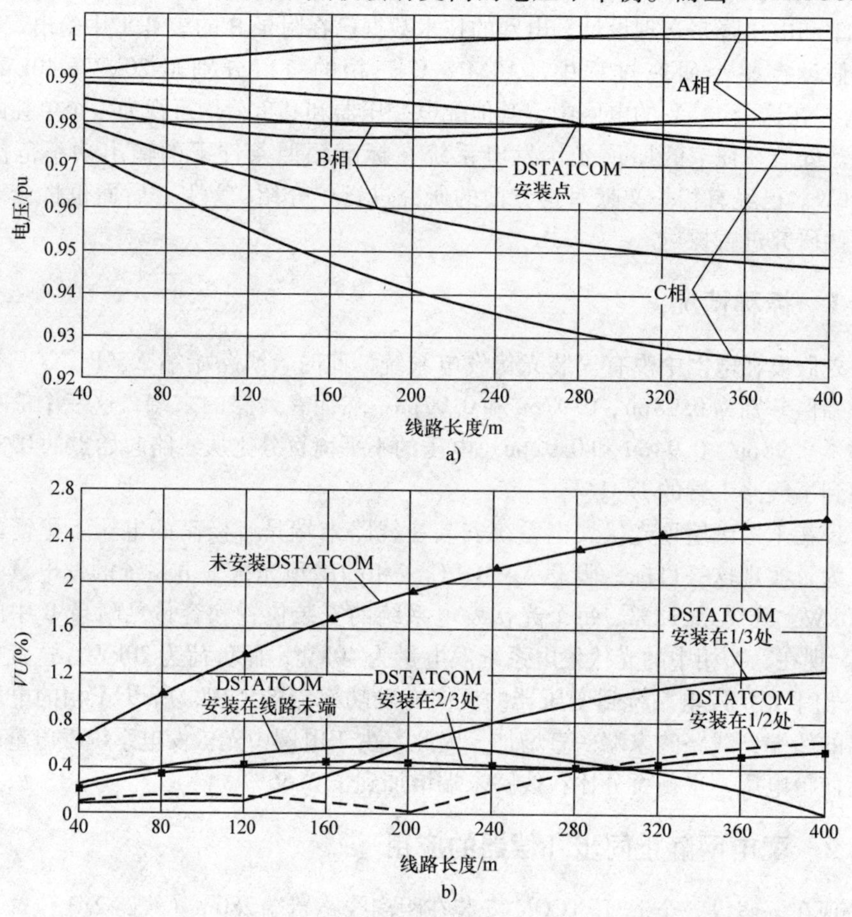

图 4.10　a）未安装和在线路 2/3 位置处安装 DSTATCOM 对电压不平衡的影响

b）四种安装位置下 DSTATCOM 安装位置对电压不平衡的影响

装在线路 2/3 处时，会对整条线路的电压不平衡起到最好的改善作用。从图 4.10b 中还可以得出，DSTATCOM 安装在线路中点和 2/3 位置之间的任何一处时都会得到较好的电压不平衡效果。当 DSTATCOM 安装在线路 2/3 处时，计算得到线路末端的最大电压不平衡百分比为 0.55%。这个值比没有安装光伏发电系统时的最大电压不平衡百分比还要小。这个结果证实了 DSTATCOM 对电压不平衡和电压质量都有改善作用。

4.5.3 动态电压恢复器的应用

除了 DSTATCOM，假设 DVR 串联在距离线路起始点 120m（1/3 位置）的低压电网中，DVR 将其输出电压 V_{ref} 的幅值固定为 0.975pu。对于这种情况，DVR 会对 B 相和 C 相施加正向电压，对 A 相施加反向电压。

为了研究 DVR 的安装及其安装位置对电压不平衡改善的作用，本章参考文献［25］给出了详细分析。在该研究中，DVR 被安装在线路的不同位置，并对相应的电压不平衡进行了比较。如图 4.11 所示为 DVR 串联在线路的起始点、1/3位置、中点和 2/3 位置处的电压不平衡波形。比较这四种情况下的电压不平衡波形，可以看到 DVR 安装在线路的始端和末端时并没有作用，同时，当 DVR 安装在线路的中点时，该点处（DVR 的输入端）会有较高的电压不平衡百分比。然而，当 DVR 安装在距线路起点的 1/3 处时，电压不平衡百分比最小。在线路 1/3 处安装 DVR 后得到的最大电压不平衡百分比为 1.21%。尽管 DVR 的应用减少了线路末端的电压不平衡百分比，但是其效果不如 DSTATCOM。此外，必须注意的是与 DSTATCOM 相比，DVR 的额定容量非常小，仅为 3kVA。

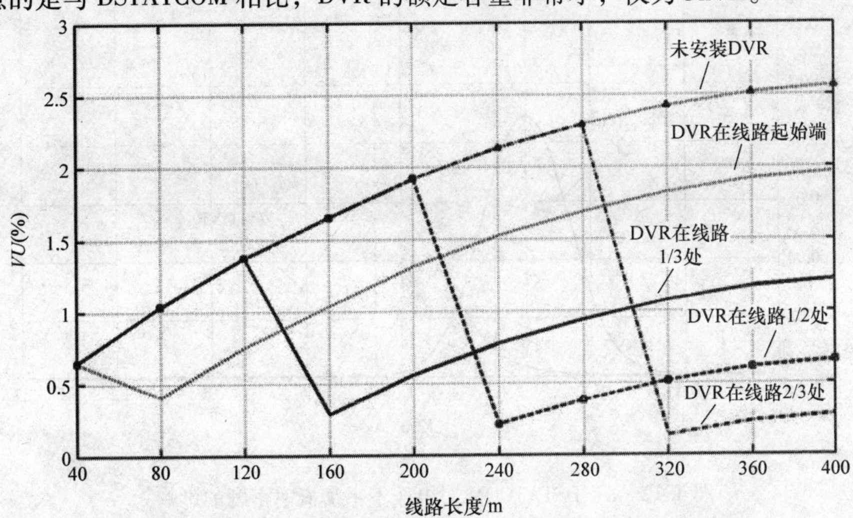

图 4.11 未安装和在四种不同位置安装 DVR 对电压不平衡的影响

4.5.4　随机分析结果

随机分析已经在4.2节中进行了解释。首先，假设在距线路始端的2/3处安装有一个DSTATCOM。由于线路末端具有最大的电压不平衡百分比，所以仅以该处的电压不平衡百分比为参考量。图4.12a所示为线路末端电压不平衡百分比的概率密度函数图。在该图中，虚线表示安装DSTATCOM前的电压不平衡概率

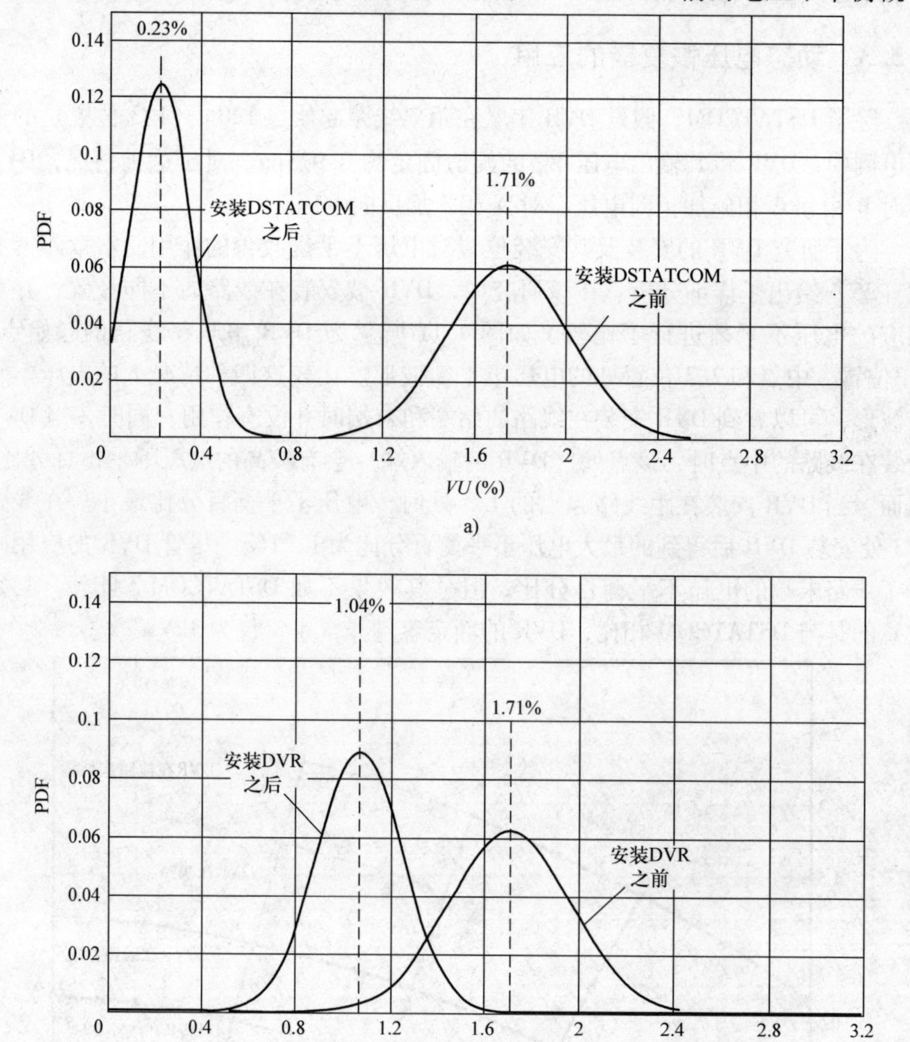

图4.12　a）DSTATCOM对电压不平衡概率密度的影响
b）DVR对电压不平衡概率密度的影响

密度函数图，实线表示安装 DSTATCOM 后的电压不平衡概率密度函数图。安装了 DSTATCOM 后，线路末端的电压不平衡百分比平均值从 1.71% 减少到了 0.23%；另一方面，当安装了 DSTATCOM 后，在线路末端的电压不平衡百分比超过标准限定值 2% 的概率从 33.5% 减少到了 0。

现在，假设使用 DVR 替代 DSTATCOM 安装在距离线路始端 1/3 处来计算线路中的最大电压不平衡百分比。图 4.12b 所示为最大电压不平衡百分比的概率密度函数图。在该图中，虚线表示安装 DVR 前的概率密度函数图，实线表示安装 DVR 后的概率密度函数图。安装了 DVR 后，最大电压不平衡百分比平均值从 1.71% 减少到了 1.04%；另一方面，线路末端的电压不平衡百分比超过标准限定值 2% 的概率在安装了 DVR 后由 33.5% 降到了 0。

4.6　CPD 的应用：动态特性

通过稳态负荷潮流和前述讨论的随机评估可知 CPD 对减少电压不平衡百分比和改善电压波形很有效。尽管电压不平衡和电压调节主要是稳态（或者准稳态）过程，但是本章所提方法的动态特性也有必要对其进行研究，必须保证 CPD 及其控制方法不会造成系统不稳定。此外，CPD 及其控制方法应该能有效和及时地对负荷需求和光伏输出功率的变化做出响应。这一响应过程可以通过 PSCAD 或 EMTDC 仿真软件进行研究，这些分析研究将在后面进行讨论[25]。

假设 A、B、C 三相的屋顶光伏发电系统的总发电量分别为最初规定的 40kW、5kW 和 1kW，对应的负荷分别为 20kW、40kW 和 60kW。

4.6.1　配电网静止同步补偿器的应用

现在，假设 DSTATCOM 安装在线路 2/3 处，而不与线路相连。然后在 $t=1$s 时，将该 DSTATCOM 连接到电网。图 4.13a 和图 4.13b 所示分别为 PCC 处的瞬时电压和有效值，可以看出，在这种情况下，三相电压的波形似乎更加平衡，并且三相电压有效值更接近于期望值 0.98pu。

在系统稳态运行并且连接 DSTATCOM 条件下，A 相和 B 相中的光伏发电系统发电量分别在 $t=0.05$s 增加了 13kW 和 1kW。随后，在 $t=0.35$s 时负荷变化，A 相的负荷减少 4kW，B 相的负荷增加 8kW，C 相的负荷增加 12kW。此外，在 $t=0.55$s 时，另一个光伏发电系统的发电量和负荷出现变化。A 相的光伏输出功率减少 8kW，B 相和 C 相的光伏输出功率分别增加 2kW 和 6kW。同时，A 相的负荷增加 2kW，B 相和 C 相的负荷分别减少 4kW 和 6kW。

图4.13c所示为DSTATCOM在安装前和安装后电压不平衡百分比的变化曲线。通过比较，DSTATCOM的作用得到了证实。从该图可知，DSTATCOM根据电网负荷和功率参数来改变注入电网的无功功率，使得PCC处的电压幅值达到期望值。

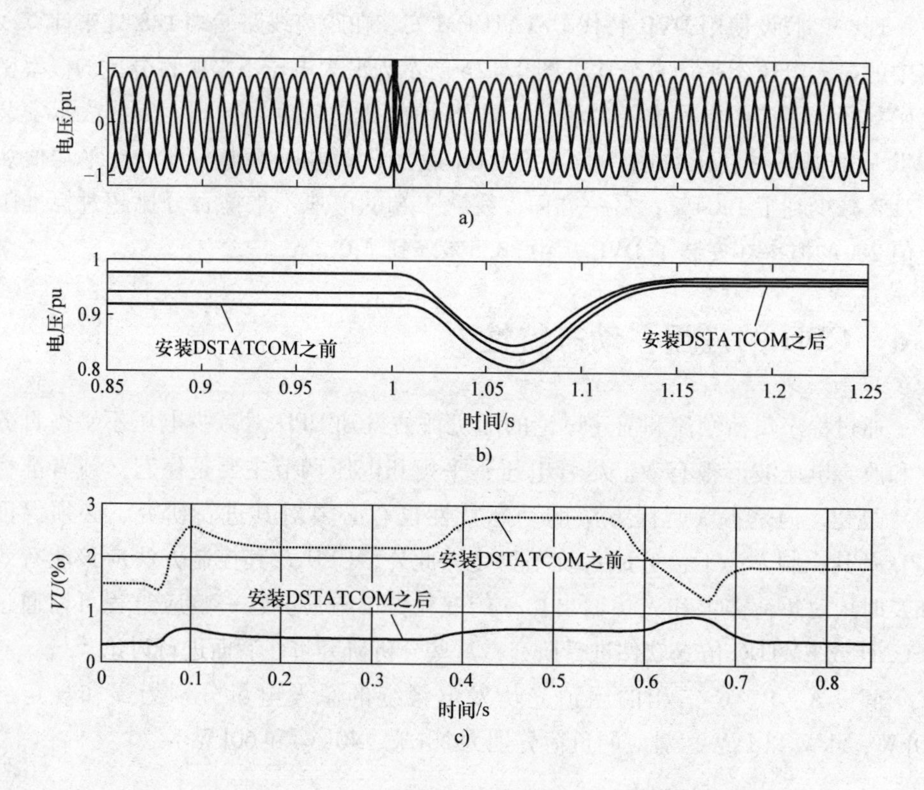

图4.13 a）DSTATCOM对PCC瞬时电压的影响 b）DSTATCOM对PCC电压有效值的影响 c）DSTATCOM对电压不平衡的改善

4.6.2 DVR的应用

本节对DVR的动态特性也进行了类似的研究。假设DVR安装在线路1/3处，图4.14a和4.14b所示分别为DVR连接前和连接后的PCC瞬时电压和有效值的电压波形。从图4.14中可知，在这种情况下，三相电压的波形似乎更加平衡，并且三相的有效值更加接近于期望值0.975pu。

与4.6.1节所述一样，在光伏发电量和负荷变化条件下，DVR安装前后的电网末端的电压不平衡百分比波形如图4.14c所示。

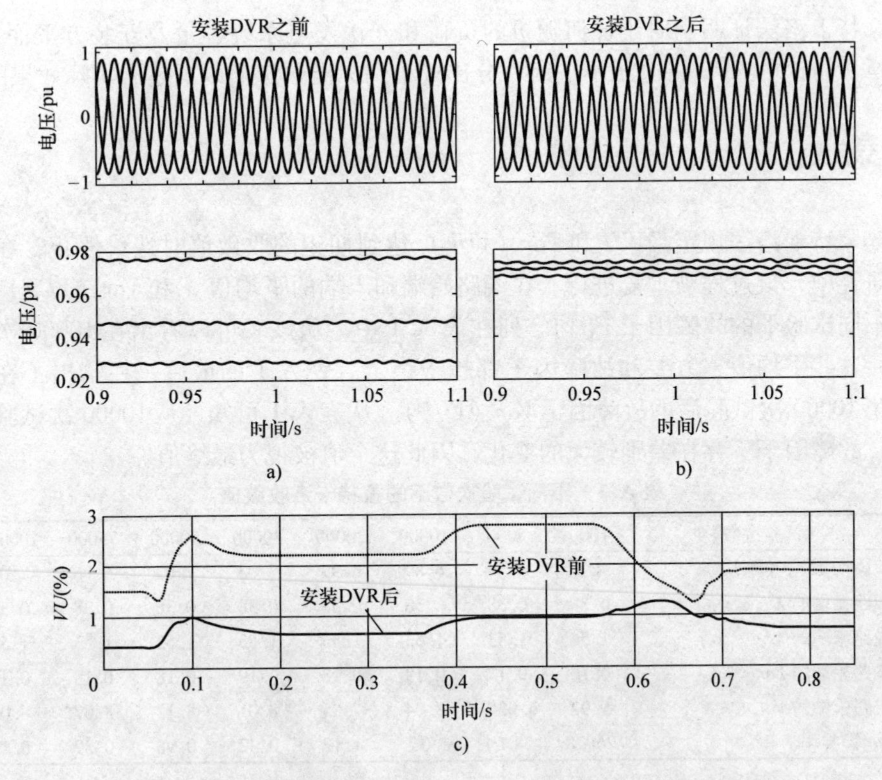

图4.14 a）DVR对PCC瞬时电压的影响 b）DVR对PCC的电压有效值的影响 c）DVR对电压不平衡的改善

4.7 结论

住宅中屋顶光伏电池安装位置和容量的随机性会导致低电压线路中较高的电压不平衡，特别是在较远的节点处尤为严重。为了研究这个问题，本章提出了低压住宅配电网中单相并网屋顶光伏电池安装位置和容量随机条件下的随机评估和电压不平衡灵敏度分析。

研究证明，屋顶光伏电池的安装对根据工程推荐规程设计的低电压线路中的电压不平衡有明显的影响，并且安装位置的不当可能会导致线路末端的电压不平衡百分比超过标准限定值。此外，也通过安装有光伏电池的那一相的负荷证明了电压不平衡百分比的增加和减少取决于光伏电池的安装位置和容量。随机仿真表明非标准电压不平衡百分比的故障因子是很高的（30.19%）。本章后面部分介绍了DSTATCOM和DVR在电压不平衡改善中的应用。通过稳态下的数学分析，DSTATCOM在电压调节和电压不平衡改善方面比DVR效果更好。基于随机分析的蒙特卡洛法证明了对于任何随机的负荷和光伏发电系统容量及安装方案而言，本章所讨论的CPD将电压不平衡百分比减小到标准限定值以下是有实际效果的。

附录A

蒙特卡洛法规定当$\overline{VUF}$和Var（VUF）达到期望的收敛值时迭代停止，在该项研究中，该过程被重复进行。在线路始端和末端的平均值λ和Var（VUF）以及不同试验下的故障因子F_I均已列在表A.1中。从该表可以看出在10000次试验后这些平均值、方差和故障因子都趋于稳定。表A.1的最后一栏给出了在进行第10000次试验后的故障因子Var（VUF）。从表A.1可知，从10000次试验开始，故障因子不存在差别较大的变化，因此这个值被视为最终值。

表A.1　不同试验次数下的蒙特卡洛收敛值

N（试验次数）	1000	5000	10000	20000	30000	50000	75000	100000
故障因子F_I（%）	4.9	4.34	6.89	6.99	7.03	7.07	6.96	7.00
线路始端的λ	0.38	0.38	0.38	0.38	0.38	0.38	0.38	0.38
线路末端的λ	1.54	1.53	1.53	1.53	1.53	1.53	1.53	1.53
线路始端的Var（%）	0.16	0.17	0.19	0.18	0.19	0.18	0.18	0.18
线路末端的Var（%）	5.92	6.0554	8.04	7.95	8.01	8.12	8.07	8.05
Var差异率	26.28	24.71	0	1.12	0.32	0.98	0.39	0.15

附录B

本章所研究电网的相关参数数据见表B.1所示。

表B.1　配电网的相关参数数据

变压器	11kV/415V	250kVA	△/丫接地	$Z_I=4\%$
线路	$3\times70+35\text{mm}^2$ AAC低压架空线路 $3\times50\text{mm}^2$ ACSR，2km架空线路			
屋顶光伏电池	1～5kW，单位功率因数，$L=5\text{mH}$			
负荷	1kW，$\cos\varphi=0.95$，$z=51.9840+\text{j}\times17.0863$ 2kW，$\cos\varphi=0.95$，$z=25.9920+\text{j}\times8.5432$ 3kW，$\cos\varphi=0.95$，$z=17.3280+\text{j}\times5.6954$			
光伏电池安装位置	1kW光伏电池在A相7节点（1个）和C相9节点（1个）； 2kW光伏电池在A相1节点（2个）、6节点（2个）、9节点（2个）、10节点（2个）和B相1节点（1个）； 3kW光伏电池在A相2节点（2个）、3节点（2个）、5节点（2个）、8节点（1个）和B相4节点（1个）			

参考文献

1. Ghosh A, Ledwich G (2002) Power quality enhancement using custom power devices. Kluwer Academic Publishers, Boston
2. Short TA (2004) Electric power distribution handbook. CRC Press, Boca Raton
3. Jouanne AV, Banerjee B (2001) Assessment of voltage imbalance. IEEE Trans Power Delivery 16(4):782–790
4. Gnacinski P (2008) Windings temperature and loss of life of an induction machine under voltage unbalance combined with over—or undervoltages. IEEE Trans Energy Convers 23(2):363–371
5. International Energy Agency (IEA) (2008) PVPS annual report—implementing agreement on photovoltaic power systems,—photovoltaic power systems programme
6. Eltawil MA, Zhao Z (2010) Grid–connected photovoltaic power systems: technical and potential problems—a review. Renew Sustain Energy Rev 14(1):112–129
7. Papathanassiou SA (2007) A technical evaluation framework for the connection of DG to the distribution network. Electr Power Syst Res 77:24–34
8. Lopes JAP, Hatziargyriou N, Mutale J, Djapic P, Jenkins N (2007) Integrating distributed generation into electric power systems: a review of drivers, challenges and opportunities. Electr Power Syst Res 77:1189–1203
9. Shahnia F, Majumder R, Ghosh A, Ledwich G, Zare F (2010) Sensitivity analysis of voltage imbalance in distribution networks with rooftop PVs. IEEE Power Energy Soc Gen Meet 80:1–8
10. Li W (2005) Risk assessment of power systems: models, methods, and applications. Wiley Publishers, New york
11. Shahnia F, Majumder R, Ghosh A, Ledwich G, Zare F (2011) Voltage imbalance analysis in residential low voltage distribution networks with rooftop PVs. Electr Power Syst Res 81(9):1805–1814
12. Mazumder S, Ghosh A, Shahnia F, Zare F, Ledwich G (2012) Excess power circulation in distribution networks containing distributed energy resources. IEEE Power Energy Soc Gen Meet, 1–8
13. Shahnia F, Ghosh A, Ledwich G, Zare F (2012) An approach for current balancing in distribution networks with rooftop PVs. IEEE Power Energy Soc Gen Meet, 1–6
14. Shahnia F, Wolfs P, Ghosh A (2013) Voltage unbalance reduction in low voltage feeders by dynamic switching of residential customers among three phases. IEEE Power Energy Soc Gen Meet, 1–5
15. Ghosh A (2005) Performance study of two different compensating devices in a custom power park. IEE Gener Transm Distrib 152(4):521–528
16. Australian Standard Voltage, AS60038–2000
17. IEEE recommended practice for monitoring electric power quality, IEEE Standard 1159–1995
18. Planning Limits for Voltage Unbalance in the United Kingdom (1990) The Electricity Council, Engineering Recommendation P29
19. Lee K, Venkataramanan G, Jahns T (2006) Source current harmonic analysis of adjustable speed drives under input voltage unbalance and sag conditions. IEEE Trans Power Delivery 21(2):567–576
20. Valois PVS, Tahan CMV, Kagan N, Arango H (2001) Voltage unbalance in low voltage distribution networks. In: Proceeding of 16th International Conference on Electricity Distribution (CIRED)
21. Power quality measurement results in 120 points in Eastern Azarbayjan Electric Power Distribution Co., Technical report, 2008 (in Persian)
22. IEEE Standard 929–2000. IEEE recommended practice for utility interface of photovoltaic (PV) systems
23. Makrides G, Zinsser B, Norton M, Georghiou GE, Schubert M, Werner JH (2010) Potential

of photovoltaic systems in countries with high solar irradiation. Renew Sustain Energy Rev 14:754–762

24. Parker D, Mazzara M, Sherwin J (1996) Monitored energy use patterns in low-income housing in a hot and humid climate. In: Proceeding of 10th symposium on improving building systems in hot humid climates
25. Shahnia F, Ghosh A, Ledwich G, Zare F (2011) Voltage correction in low voltage distribution networks with rooftop PVs using custom power devices. In: 37th Annual Conference on IEEE Industrial Electronics Society (IECON), pp 991–996, Nov 2011
26. Shahnia F, Ghosh A, Ledwich G, Zare F (2010) Voltage unbalance reduction in low voltage distribution networks with rooftop PVs. In: 20th Australasian universities power engineering conference (AUPEC), pp. 1–5, Dec 2010

第 5 章　采用不同 MPPT 控制器的并网太阳能光伏系统的性能评估

R · 辛格（R. Singh）和 B · S · 拉吉普罗伊特（B. S. Rajpurohit）

摘要：可再生能源在发电系统中起着很重要的作用，太阳能就是其中一种。太阳能有无污染、维护成本低、无安装面积限制、不产生运行噪声的优点。然而，初期成本高和转换效率低是其发展的瓶颈。由于光伏电池的电压和电流之间具有非线性关系，所以在特定的环境条件下会有最大功率点（Maximum Power Point，MPP），并且该峰值功率点随太阳辐射量和环境温度的变化而变化。为了实现高效率的太阳能光伏（Solar Photovoltaic，SPV）发电，需要在任何天气条件下使 SPV 源的阻抗和负荷阻抗相匹配，从而使其可以输出最大发电量。跟踪最大功率点的过程称作最大功率点跟踪（Maximum Power Point Tracking，MPPT）控制。最近几年，已经有许多最大功率点跟踪控制技术被提出，其中有一些还是基于智能计算的技术。本章将对基于扰动观察法和电导增量法的 DC - DC 升压变换器的性能进行分析比较。本章工作的第一步是建立三相 SPV 并网系统的数学模型，提出 SPV 系统的参数模型；第二步是讨论开关器件的热模型及其开关损耗，然后对基于扰动观察法和电导增量法的 MPPT 算法在 SPV 阵列的各种运行条件下进行性能评估，并且考虑了 DC - DC 升压变换器注入电网的能量、开关器件的损耗、结温和散热等。对于 SPV 系统 DC - DC 升压变换器的控制，本文提出了基于智能控制器的自适应神经模糊推理系统（Adaptive Neuro Fuzzt Inference System，ANFIS）以取代传统的 PI 控制器，从而使 DC - DC 变换更加快速、准确、有效。

关键词：太阳能光伏发电系统智能计算；最大功率点跟踪；扰动观察；电导增量；开关损耗；热模型

5.1　引言

在 21 世纪，全球对额外能源的需求日益增大，以此来减少对常规能源的依赖，光伏发电可以很好地解决这个问题。通常一个 SPV 系统可以分成三类，即独立运行系统、并网运行系统和混合运行系统。在一些远离传统发电系统的地方，独立发电系统已经成为一个好的替代方式。这些发电系统在农村可以被看作是行之有效的可靠的电力来源，特别是在电力网络没有完全覆盖的地方。太阳能具有无污染、维护成本低、没有安装区域限制、没有运行噪声的优点。然而，其较高的初始成本和较低的转换效率已经影响了它的普及率。因此 SPV 发电发展的首要目标是减少安装成本，增大 SPV 阵列的转换效率和 SPV 系统的电能转换效率。由于光伏电池的电压和电流具有非线性关系，所以在特定的环境条件下可以观察到其有一个确定的最大功率点，并且该峰值功率点会随着太阳辐照强度和环境温度的变化而变化。为了实现高效率的 SPV 发电，需要在任何天气条件下都使得 SPV 源的阻抗和负荷阻抗相匹配，进而得到最大发电量。因此，在一个 SPV 系统中，跟踪 SPV 阵列的最大功率点是关键所在。最大功率提取可以通过 MPPT 方法来获得，许多 MPPT 方法在复杂性、传感器、收敛速度、成本、效率、硬件、普适性及其他方面都各不相同。这些方法涵盖了从简单（但不一定是无效）的到有创新（不一定是最有效）的各种层次。事实上，如此多的方法带来的问题是在现有方法或新提出的方法中很难确定一种方法适合给定的光伏发电系统。鉴于大量的 MPPT 方法，调查研究这些方法对光伏发电系统的研究人员和从业者非常有益[1]。在最近几年，人们提出了很多解决 MPPT 的技术，例如定电压跟踪法、扰动观察法、电导增量法和一些智能计算技术。智能计算技术，如模糊逻辑、人工神经网络和进化计算是最近为了控制系统提出的。总体来说，一个系统的动态特性可以由智能计算技术的智能控制改善。下面给出了各种最大功率跟踪方法：

（1）常规算法

1）曲线拟合；

2）扰动观察法；

3）电导增量法；

4）开路电压比率法；

5）短路电流比率法；

6）波动关联算法；

7）电流扫描法；

8）直流侧电容下垂控制法。

（2）智能计算技术

1）模糊逻辑控制；

2）人工神经网络；

3）遗传算法；

4）混合算法（例如自适应神经模糊推理系统 ANFIS）。

本章将介绍在不同的MPPT算法下并网SPV系统的性能分析，还将比较基于扰动观察法和电导增量法的DC-DC升压变换器的性能。比较分析的第一步是建立并网三相SPV系统详细的数学模型，提出SPV系统的参数模型；第二步是讨论系统的热模型和开关器件的开关损耗，然后针对不同运行条件对光伏发电系统的MPPT进行性能估计，包括DC-DC变换器开关时注入电网的能量、开关损耗、结温与散热温度等。在本章中，SPV系统采用更智能的计算策略控制DC-DC变换器。非线性ANFIS代替了传统的PI制器，使SPV电系统中的DC-DC升压变换器更快速、准确、高效。本章还将描述ANFIS的参数选择和训练的设计过程。最后，在测试系统中仿真比较传统PI和ANFIS的性能。

5.2 三相太阳能光伏发电系统

图5.1所示为太阳能光伏发电系统结构图。在此系统中，太阳光被光伏阵列所吸收。光伏阵列连接到DC-DC变换器来提高电压等级，进而运行在与光伏发电系统最大功率匹配的期望电压和电流。实现MPPT的DC-DC变换器通过DC-AC逆变器并网或者独立运行时直接向负荷供电。因此，并网光伏发电系统由以下部分构成：

1）太阳能光伏阵列；
2）DC-DC升压变换器和控制器；
3）直流电容；
4）DC-AC三相逆变器和控制器；
5）LC滤波器；
6）变压器；
7）电网。

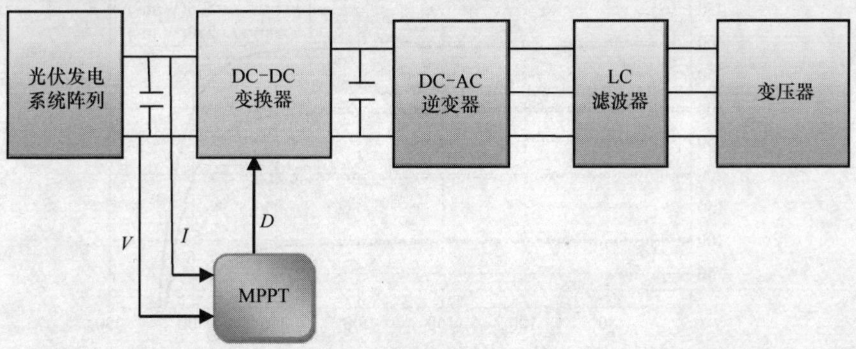

图5.1 太阳能光伏发电系统结构图

5.3　太阳能光伏电池

图 5.2 所示为太阳能光伏电池的等效电路，其中，R_{sh}和 R_{p} 是光伏阵列中的串并联电阻。通常，光伏发电模块包括许多串并联的光伏阵列，其数学模型可以简单地表述为图 5.2 所示结构。式（5.1）为光伏阵列的 $I-V$ 特性方程[2]

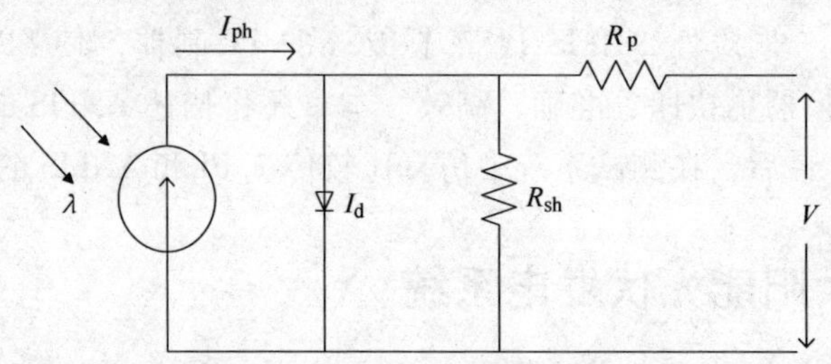

图 5.2　太阳能光伏电池等效电路

$$I=N_{p}I_{ph}-N_{p}I_{rs}\left[\exp\left(K_{0}\frac{V}{N_{s}}\right)-1\right] \tag{5.1}$$

式中，I 是光伏阵列的输出电流；I_{ph}是与太阳辐照成比例的光电流；I_{rs}是取决于温度的反向饱和电流；K_{0} 是常数；N_{s} 和 N_{p} 是光伏阵列的串并联数；V 是光伏阵列的输出电压。式（5.1）中所有的参数可以通过光伏阵列的制造商或者表 5.1 的 $I-V$ 曲线得到。图 5.3 和图 5.4 所示分别为在 25℃下光伏发电模块在不同辐照下的电流－电压（$I-V$）曲线和功率－电压（$P-V$）曲线。作为一种典型案例，阳光电源公司的 SPR－305 阵列可以用来说明和验证这个模型。表 5.1 给出了模型参数，这些参数也可以在阵列数据手册查到[3]。

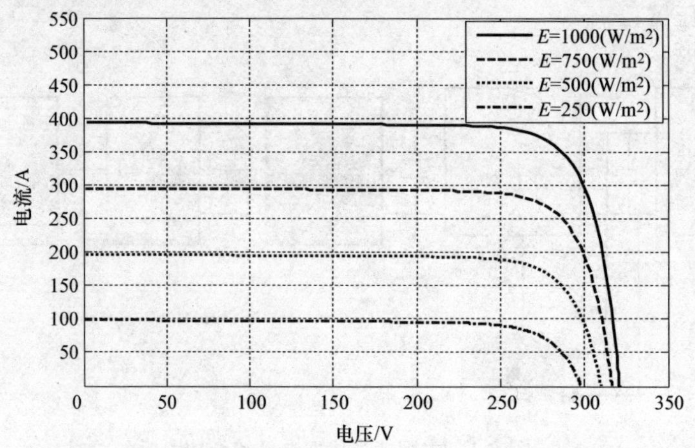

图 5.3　25℃时不同辐照下光伏发电模块的 $I-V$ 曲线

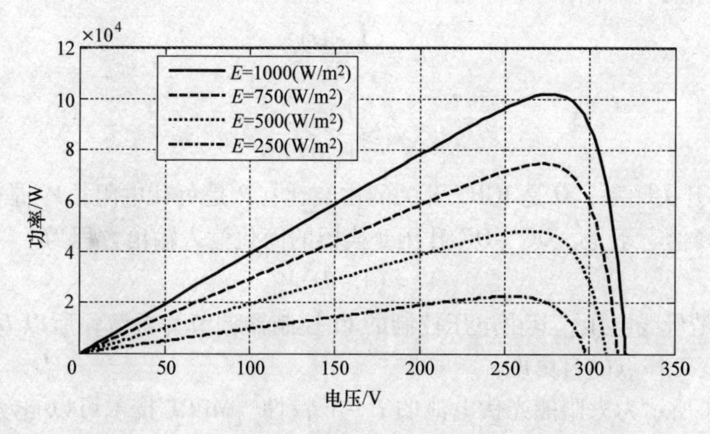

图5.4 25℃时不同辐照下光伏发电模块的 $P-V$ 曲线

表5.1 太阳能光伏发电模块（SPR-305）的参数

无串联连接的电池	96
开路电压 V_{oc}	64.2V
短路电流 I_{sc}	5.96A
最大功率	100.7kW
最大功率点电压 V_{MPP}	54.7V
最大功率点电流 I_{MPP}	5.58A

5.4 DC-DC 升压变换器和 MPPT 算法

为了获得最大功率，需要使光伏发电系统运行在最大功率点。光伏阵列通过DC-DC变换器来提升电压，并且运行在期望的电压和电流以达到最大功率。最简单的DC-DC升压变换器是由单个开关和输入电感构成的。升压拓扑是将输入电压抬升到中间直流环节电压，其限制只是在低电压下会降低效率[4]。图5.5所示为DC-DC升压变换器的等效电路图，根据负荷和电路参数，电感电流可以连续或者不连续。这个电感的电感值是在变换器连续导通的情况下计算的，从而使电感峰值电流在其最大输出功率时不超过开关管的额定值。因此，电感 L 和输出电容 C 的期望峰峰值输出脉动可计算如下：

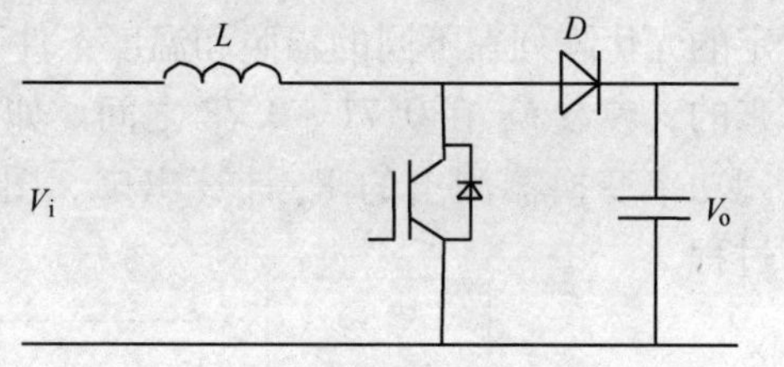

图5.5 DC-DC升压变换器电路图

$$L = \frac{(1-D)^2}{2f} \tag{5.2}$$

$$C \geqslant \frac{DV_o}{V_r R f} \tag{5.3}$$

式中，f 是开关频率；D 是 IGBT 开关的占空比；R 是负荷电阻；V_o 是输出电压；V_r 纹波峰峰值。于是，DC－DC 升压变换器的简化输入输出方程为

$$V_i = (1-D)V_o \tag{5.4}$$

式中，V_o 是母线电压，其由电压控制的 PI 控制器调节为常数；所以 D 是光伏发电系统改变工作点的自由度。

图 5.4 所示为太阳能光伏电池的 $P-V$ 特性。MPPT 技术可以自动找到光伏阵列在给定的温度和辐照下获得最大输出功率时的电压和电流。需要注意的是，在部分阴影遮挡的条件下，会出现多个局部的极大值，但总体上仍然只有一个真正的最大功率点。大部分的 MPPT 技术对辐照和温度的变化都可以响应，而部分技术只有当温度恒定时才有效。大部分 MPPT 技术也可以自动对阵列的老化做出响应，但是有一些是开环，需要定期的微调[1]。由位于不同位置的光伏模块构成的系统有单独的功率调节装置以确保每个模块都可以实现 MPPT。下面将详细介绍不同的 MPPT 算法。

5.4.1　开路电压比例法

在变化的光照和温度下，光伏阵列的开路电压 V_{oc} 与最大功率点电压 V_{MPP} 间近似呈线性关系，其比例关系为

$$V_{MPP} = K_1 V_{oc} \tag{5.5}$$

式中，K_1 是一个比例常数。K_1 取决于使用的光伏阵列的特性，它通常是由用特定的光伏阵列在不同的辐照和温度条件下根据经验确定的 V_{MPP} 和 V_{oc} 事先计算出来的，参数 K_1 在 0.71～0.78 之间。如果已知 K_1，则 V_{MPP} 可以通过定期瞬时关闭功率变换器测出的 V_{oc} 计算出来。图 5.6 所示为 MPPT 开路电压比例法实现过程。

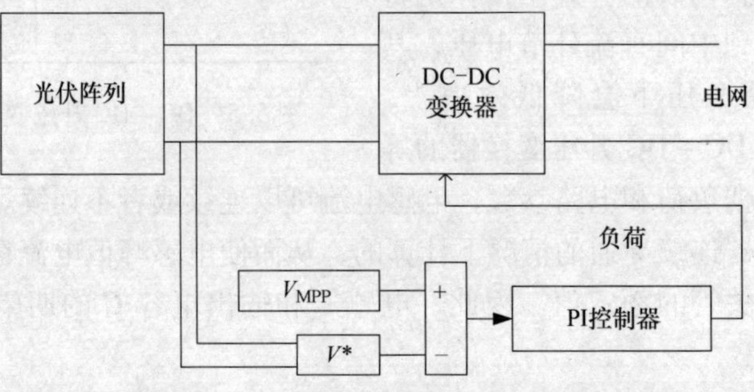

图 5.6　MPPT 开路电压比例法

5.4.2　短路电流比例法

在变化的气象条件下，I_{MPP}也与I_{SC}近似呈线性关系[13-15]。

$$I_{\mathrm{MPP}} \approx K_2 I_{\mathrm{SC}} \tag{5.6}$$

式中，K_2 是一个比例系数。与开路电压比例法一样，K_2 也是由使用的光伏阵列特性决定的。这个常数 K_2 通常在 0.78～0.92 的范围里。图 5.7 所示为 MPPT 短路电流比例法实现过程。

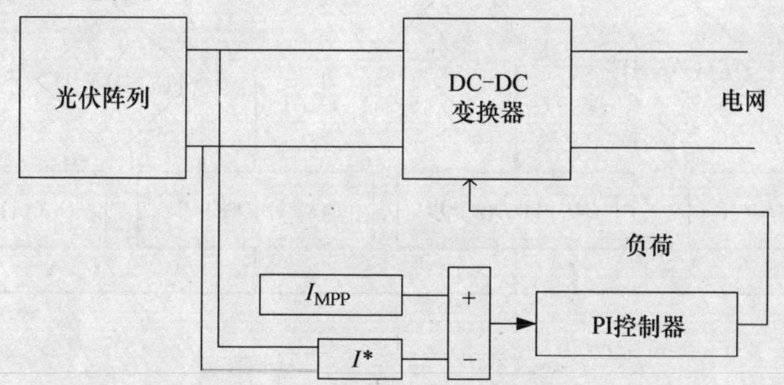

图 5.7　MPPT 短路电流比例法

5.4.3　扰动观察法

扰动观察法主要是对功率变换器的占空比进行扰动，即对光伏阵列的运行电压进行扰动。光伏阵列连接的功率变换器通过扰动功率变换器的占空比来扰动光伏阵列的电流，从而扰动光伏阵列的电压[16-25]。从图 5.3 可以看出，当光伏阵列在最大功率点左侧运行时，电压增量会使其功率增加，在最大功率点右侧运行时则会减少。因此，如果功率出现了增量，则随后的扰动也应该保持，以便达到最大功率点，反之如果功率减少，则扰动就应该反向施加。图 5.8 所示为扰动观察法的基本流程图。

5.4.4　电导增量法

电导增量法实现的条件是光伏阵列功率曲线在最大功率点的斜率为零，而在该点左侧为正，右侧为负。最大功率点可以通过比较瞬时电导（I/V）和电导增量（$\Delta I/\Delta V$）进行跟踪，即

$$\begin{cases} \mathrm{d}P/\mathrm{d}V = 0 \\ \mathrm{d}P/\mathrm{d}V > 0 \\ \mathrm{d}P/\mathrm{d}V < 0 \end{cases} \tag{5.7}$$

图 5.9 所示为电导增量法的流程图。

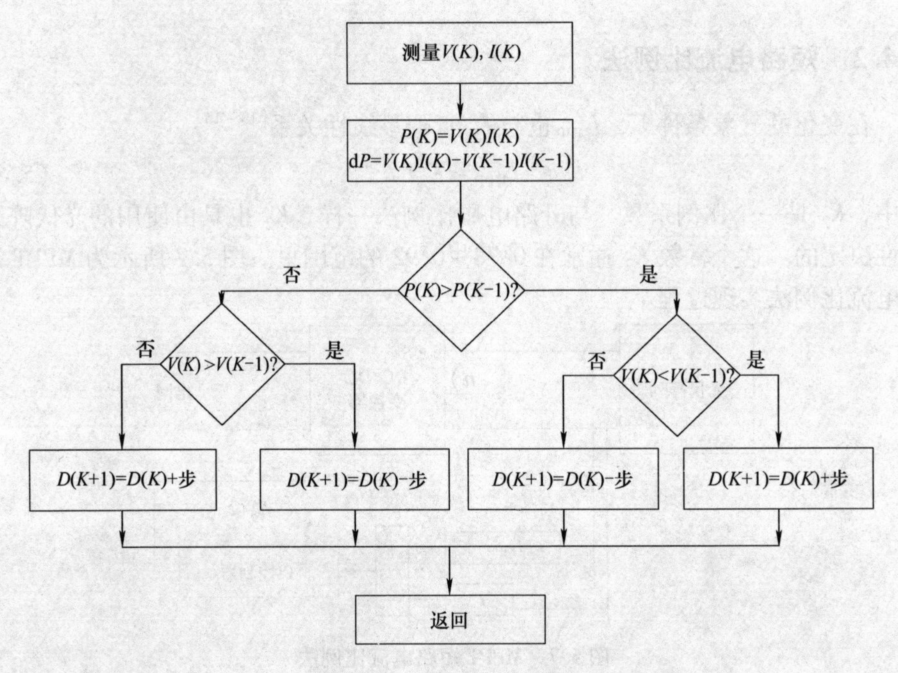

图 5.8　扰动观察法流程图

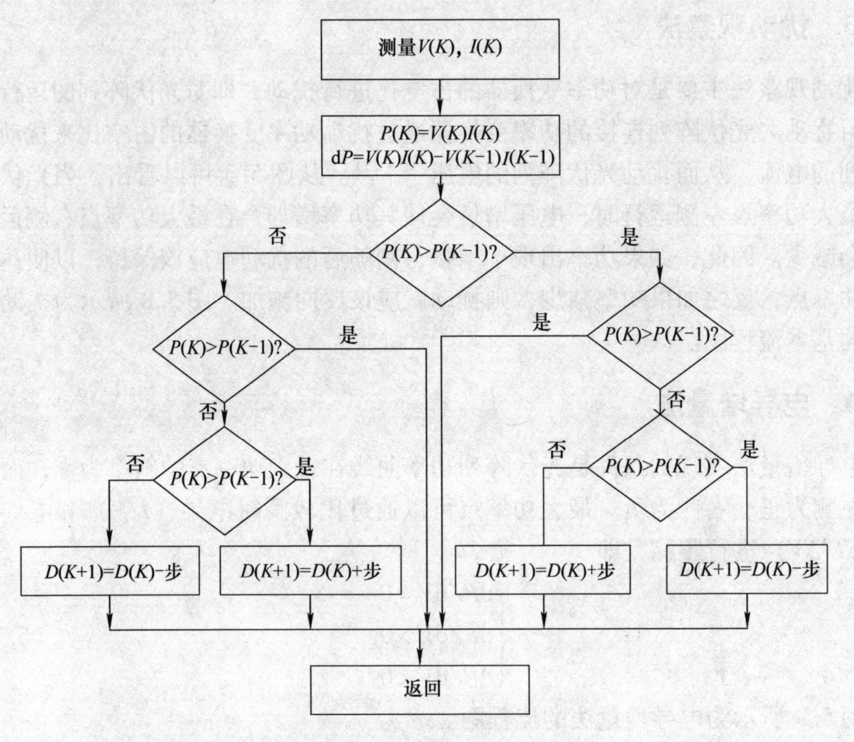

图 5.9　电导增量法流程图

5.4.5　模糊逻辑控制法

模糊逻辑控制器（Fuzzy Logic Controller，FLC）的优势是不需要精确的输入和准确的数学模型，并且可以处理非线性问题。模糊逻辑控制法有三个阶段，即模糊化、规则查找表和去模糊化。在模糊化期间，隶属函数将数值输入变量转换成语言变量。在这种情况下，表 5.2 给出了模糊逻辑控制器的规则。模糊逻辑控制器的输入通常是误差 E 或者误差变量 ΔE，用户可以灵活地选择计算 E 和 ΔE 的方法。$\mathrm{d}P/\mathrm{d}V$ 会消失在最大功率点，计算如下：

$$E(n)=\frac{p(n)-p(n-1)}{V(n)-V(n-1)} \tag{5.8}$$

$$\Delta E(n)=E(n)-E(n-1) \tag{5.9}$$

然后，误差信号可以被计算为

$$E(n)=\frac{I}{V}+\frac{\mathrm{d}I}{\mathrm{d}V}$$

一旦 E 和 ΔE 被计算出并转化为语言变量，模糊逻辑控制器就会输出一个功率变换器占空比的变化量 ΔD，其可以在表 5.2 的规则库里找到。图 5.10 所示为模糊逻辑控制法的流程图。

表 5.2　FLC 规则表

ΔE	NB	NS	ZE	PS	PB
E					
NB	ZE	ZE	NB	NB	NB
NS	ZE	ZE	NS	NS	NS
ZE	NS	ZE	ZE	ZE	ZE
PS	PS	PS	PS	ZE	ZE
PB	PB	PB	PB	ZE	ZE

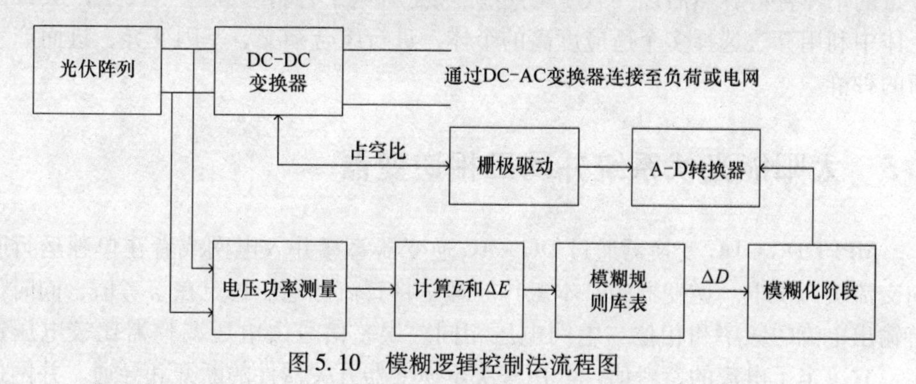

图 5.10　模糊逻辑控制法流程图

5.4.6 人工神经网络

另一个智能方法是人工神经网络。人工神经网络一般有三层，即输入层、隐藏层、输出层。每个层的节点数不同，主要取决于用户。这个输入变量可以是光伏阵列的参数 V_{oc} 和 I_{sc}、气候数据辐照和温度，或者是这些的组合。输出信号通常有一个或者若干个参考型号，例如驱动电源变换器达到或接近最大功率点的工作周期信号。MPPT 中最常用的是前馈神经网络。

由于光伏阵列有不同的特性，所以光伏阵列就必须训练特定的神经元去使用。一个光伏阵列的特性会随着时间的变化而改变，说明神经网络必须定期训练，以保证 MPPT 的准确。图 5.11 所示为 MPPT 的人工神经元网络方法。

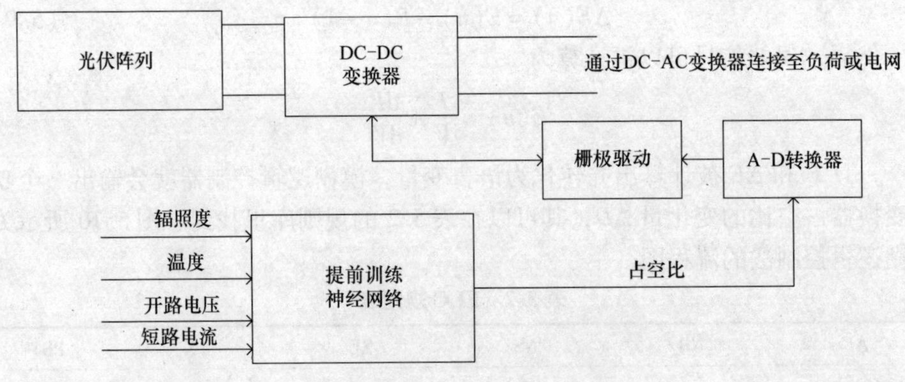

图 5.11　MPPT 的人工神经元网络法

5.4.7 遗传算法

遗传算法是一种模拟进化生物学寻找问题最优解的过程。遗传算法是一种高度简化和程式化的生物模拟方法。该算法开始于由某种概率分布随机产生的一定数量的个体种群，然后以“代”逐步统一更新这个种群。在每一代中，从目前个体中利用算法选择多个适应度高的个体，进行组合杂交、基因变异，进而产生新的种群。

5.5 太阳能光伏系统并网三相逆变器

MPPT DC－DC 变换器通过 DC－AC 逆变器直接并入电网或者在单独运行时向交流负荷供电。逆变器的基本工作原理是将直流侧电压稳定在参考值，同时保持输出电流的频率和相位与电网电压相同。误差信号由电压调整器比较电压产生，它决定了电流的参考值，并用来决定逆变器开关器件的断开和导通。并网逆变器的负荷是电网，并网的功率是由并网电流控制的[43]。图5.12所示为三相并网逆变器的原理图，假设三相电网的电压是对称且稳定的，并且内部电阻为零；三相逆变器的回路电阻 R_s 和 L_s 具有相同数值；其开关损耗和通态压降忽略不计；其分布参数的影响也是可以忽略的；整流器的开关频率足够高。

图5.13所示为SPV系统的整体控制结构。

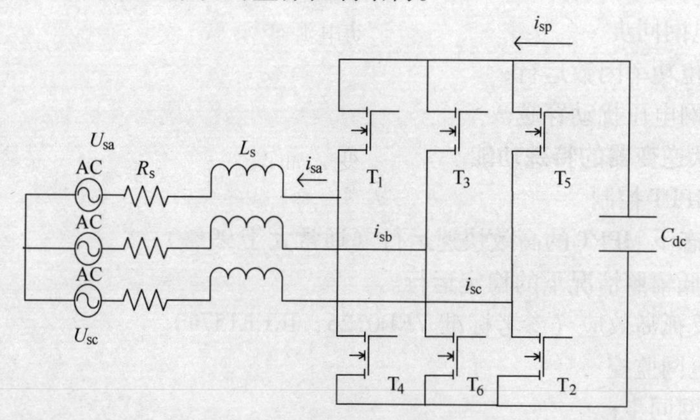

图5.12　三相并网逆变器原理图

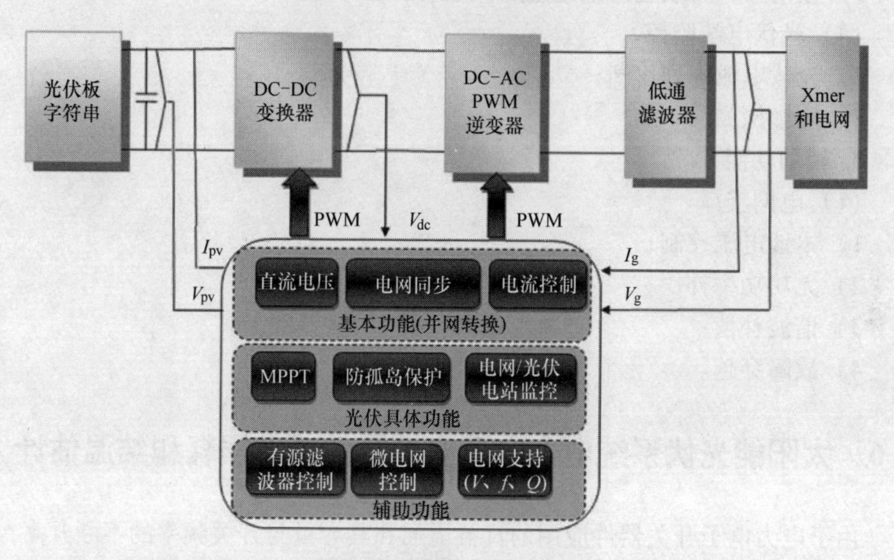

图5.13　SPV系统控制图

以下是光伏发电系统变换器的三种控制功能。

1. 并网逆变器的基本功能

（1）并网电流控制

1）谐波失真限制；

2）大电网阻抗变化下的稳定性；

3）电网电压扰动穿越。

（2）直流电压控制

1）电网电压波动适应控制；

2）电网电压扰动穿越。

（3）电网同步

1）单位功率因数运行；

2）电网电压扰动穿越。

2. 光伏逆变器的特殊功能

（1）MPPT 控制

1）稳态下 MPPT 的高效快速运行（通常大于 99%）；

2）极低辐照情况下的稳定运行。

（2）反孤岛效应（参考标准 VED0126，IEEE1574）

（3）电网监控

1）电网同步；

2）被动反孤岛效应的快速电压/频率检测。

（4）光伏电站监控

1）光伏电池阵列诊断；

2）阴影检测。

3. 辅助功能

（1）电网支撑

1）本地电压控制；

2）无功功率补偿；

3）谐波补偿；

4）故障穿越。

5.6 太阳能光伏系统电力电子变换器的功率损耗和结温估计

由于电力电子开关器件应用的日益增加和其容量与开关频率的不断升高，如何对其功率损耗、结温和热模型进行估计已经成为重要的问题。一种功率损耗的估计方法是根据设备的精确电流和电压波形进行估算，但是，由于电压和电流的变化，很难从模拟的每个脉冲的 PWM 波形得到估算结果。通常，功率损耗在恒定结温下计算，然而，功率损耗取决于结温，不仅与饱和损耗有关，还与开关动作瞬态损耗有关。因此估计功率损耗和结温计算应该结合起来以找到设备的点[43]。每个半导体开关器件（IGBT）的功率损耗分为三个主要部分，如图

5.14 所示。IGBT 的每个脉冲周期的损耗包括导通损耗、关断损耗和饱和损耗。在某些情况下，还包括反并联二极管的损耗。

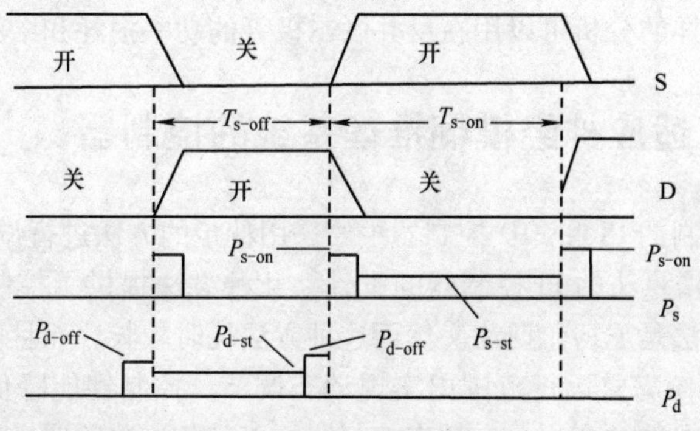

图 5.14　功率损耗估计

假设 IGBT 导通和关断的功率损耗取决于直流母线电压和 IGBT 的集电极电流。从应用中发现，瞬态开关波形会随着结温的增加发生变化式。应该指出的是，导通损耗和关断损耗也可以由结温的函数表示出来（式（5.10），式（5.11），式（5.13），式（5.14））。IGBT 和反并联二极管的饱和电压可以定义为结温和集电极电流的函数，即式（5.12）和式（5.15）

$$P_{s-on} = f_{s-on}(V_d, i, T_j) \tag{5.10}$$

$$P_{s-off} = f_{s-off}(V_d, i, T_j) \tag{5.11}$$

$$V_{s-st} = f_{s-st}(i, T_j) \tag{5.12}$$

$$P_{d-on} = f_{d-on}(V_d, i, T_j) \tag{5.13}$$

$$P_{d-off} = f_{d-off}(V_d, i, T_j) \tag{5.14}$$

$$V_{d-off} = f_{d-on}(V_d, i, T_j) \tag{5.15}$$

式中，P_{s-on} 是 IGBT 导通时的功率损耗；P_{s-off} 是 IGBT 断开时的功率损耗；P_{d-on} 是二极管导通时的功率损耗；P_{d-off} 是二极管反向恢复时的功率损耗。

5.7　热模型

状态空间模块常用于建立由结热电容和结热电阻建模的单元考尔网络模型。下面给出状态空间方程：

$$x' = \left[\frac{-1}{R_{th}C_{th}}\right]x + \left[\frac{1}{R_{th}C_{th}}\ \ \frac{1}{C_{th}}\right]\left[\frac{T_c}{P_1}\right] \tag{5.16}$$

$$\begin{bmatrix} T_j \\ P_c \end{bmatrix} = \begin{bmatrix} 1 \\ \dfrac{1}{R_{th}} \end{bmatrix} x + \begin{bmatrix} 0 & 0 \\ -\dfrac{1}{R_{th}} & 0 \end{bmatrix}\left[\frac{T_c}{P_1}\right] \tag{5.17}$$

式中　T_j是 IGBT 结温；P_l 是 IGBT 的功率损耗；T_c 是 IGBT 的温度；R_{th}是结热电阻；C_{th}是结热电容；P_c 是从结流向基的热能。通过计算结温就能计算出 IGBT 的功率损耗。同样的分析可以用在反并联二极管的功率损耗和结温计算上面。

5.8　基于自适应神经模糊推理系统的控制器

用于传统控制的 PI 和 PID 控制器主要采用特定的方法进行调节。图 5.15 所示为 MPPT 电导增量法的 PI 控制器的设计。几种方法提供了控制器参数的初始值。最常用的方法是尼柯尔斯法。然而这种方法耗时较长，而且固定的控制器不一定能在 SPV 系统完整运行范围内实现动态调节。控制性能降低的主要原因是系统的非线性和参数的变化，自适应控制器可以避免这些问题。另外，还可以采用基于性能指数的最优控制技术，但是这可能会遇到收敛性的相关问题。

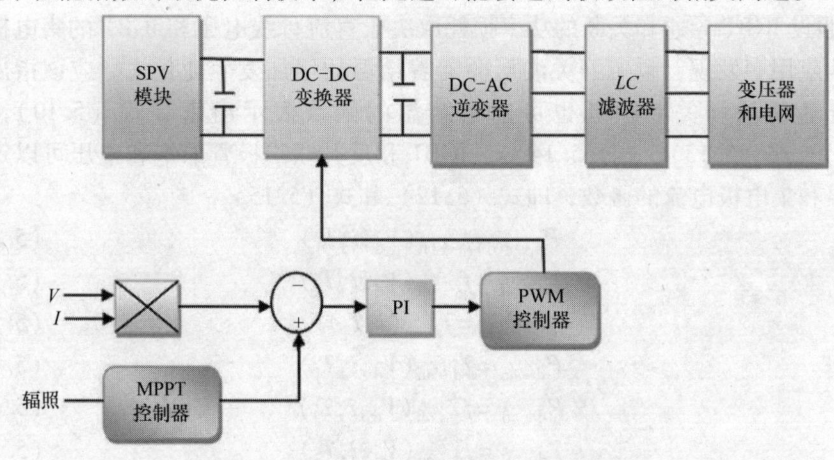

图 5.15　基于 MPPT 电导增量法的 PI 控制器

使用基于计算智能的控制器的目的是减少调节过程以改善系统响应，并且消除传统控制器的缺点。图 5.16 所示为 ANFIS 控制器的设计。从 SPV 系统的经典 PI 控制器的暂态仿真中可以有很多得到训练数据的机会。ANFIS 控制器可以通过宽运行范围下的传统 PI 控制器的暂态模拟输入与输出数据进行训练。ANFIS控制器与常规的 PI 控制器一样，不需要为不同的运行过程反复设计和调节。Matlab 的模糊逻辑工具箱可以被用于测试和设计 ANFIS 控制器[41]。

ANFIS 是整合了模糊逻辑和人工神经元系统优势的混合系统。这项技术已经应用于许多建模和预测问题中。ANFIS 功能开始于用模糊化的输入参数定义的隶属函数和模糊的 IF - THEN 规则设计，然后利用神经网络的学习能力，自动生成模糊规则和自我调整隶属函数[44]。

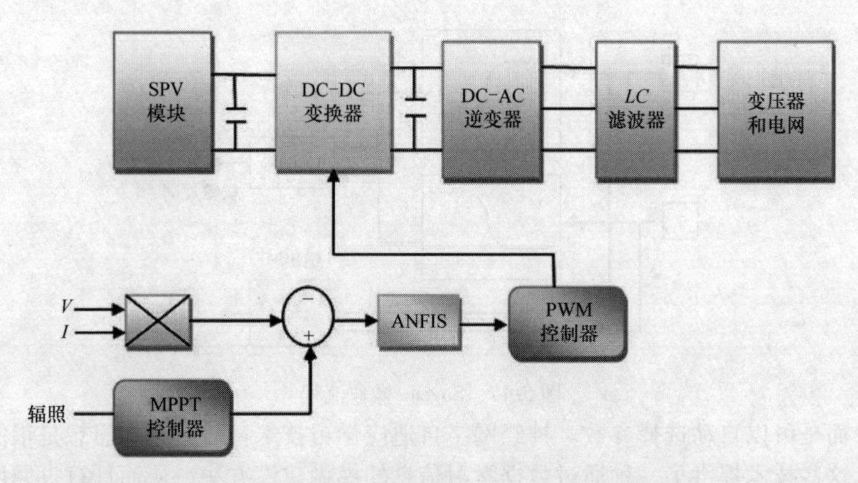

图 5.16　基于 MPPT 电导增量法的 ANFIS 控制器

本章采用了 Sugeno 和 Takagi – kang 的模糊推理法。Sugeno 法在 1985 年被提出[45]。它在某些方面与 Mamdani 法相似。模糊推理过程的前两部分，即模糊输入和应用模糊算子是完全相同的。不同的是，不像 Mamdani 法，Sugeno 法输出的 MFS 是恒定的或与输入呈线性关系。以一个恒定的 MF 为输出，这种方法为零阶 Sugeno 法，而输出如果是线性关系，则被称为一阶 Sugeno 法。

下面是一个典型的 Sugeno 模糊模型的规则：

如果输入 $-1 = x$，输入 $-2 = y$，则最后的输出为 $z = ax + by + c$。

对于零阶 Sugeno 模型，输出 z 是一个常数（$a = b = 0$）。每个规则的输出级别 z_i 由该规则的触发强度 w_i 加权。例如对于一个 AND 规则，输入 $-1 = x$，输入 $-2 = y$，则它的触发强度是

$$w_i = \text{AND}[F_1(x), F_2(y)]$$

式中，F_1（.）和 F_2（.）是 1 和 2 的输入。

该系统的最后的输出是所有规则的输出的加权平均。计算方法是

$$\text{最终输出} = \frac{\sum_{i=1}^{N} w_i z_i}{\sum_{i=1}^{N} w_i} = \sum_{i=1}^{N} g_i z_i,\ g_i = \frac{w_i}{\sum_{i=1}^{N} w_i} \tag{5.18}$$

图 5.17 所示为 Sugeno 的操作流程。

模糊推理系统的基本结构是一个模型，该模型将输入特征映射到输入隶属函数，输入隶属函数映射到规则，规则映射到输出特性，输出特性映射到输出隶属函数，输出隶属函数映射到单值输出或者是与输出相关联的结果。在 Mamdani 和 Sugeno 推理系统中，当数据建模时，隶属函数和规则结构由数据模型变量的特征所决定。

隶属函数的成形取决于参数。ANFIS 隶属函数的参数不需要看选择函数的数

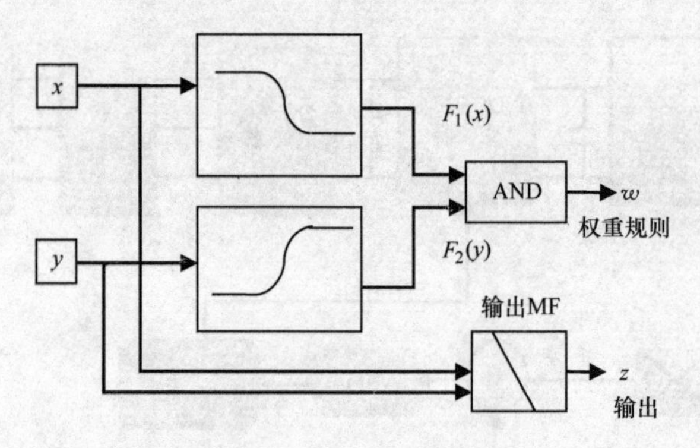

图 5.17　Sugeno 操作流程

据，而是可以自动选择参数。神经网络自适应学习技术背后的基本思想是很简单的，这些技术提供了一种通过数据学习信息的模糊建模方法，从而计算隶属函数参数，使其让相关的模糊推理系统可以最好地跟踪给定的输入/输出数据，这种学习方法和神经网络相似。在自适应神经模糊推理技术中，使用一个给定的输入/输出数据集，建立模糊推理系统，其隶属函数的参数可以使用反向传播算法或者与最小二乘法相结合的方法调节。这使得模糊系统可以从数据中学习。一种网络型的结构就像是一个神经网络，通过输入隶属函数和相关参数来映射输入，然后通过输出隶属函数和相关函数输出，来解释输入/输出映射。

图 5.18 所示为一阶 Sugeno ANFIS 算法的基本结构，下面对图 5.18 中的各层做出解释。

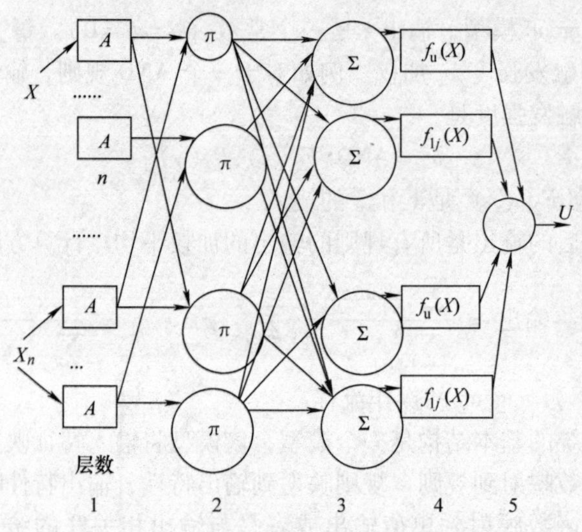

图 5.18　一阶 Sugeno 系统 ANFIS 算法

第一层

这一层中的每一个节点 i 具有如下节点方程描述：

$$Q_i^1 = \mu_{A_i}(x)$$

式中，x 是节点 i 的输入；A_i 是与此节点函数相关联的语言标签（小、大等）。换句话说，Q_i^1 是 A_i 的隶属函数，它适用于满足 A_i 的 x。通常 $\mu_{A_i}(x)$ 等价为一个最大值近似为 1、最小值近似为 0 的钟形方程，如下：

$$\mu_{A_i}(x) = \exp\{-(\frac{x-c_i}{a_i})^2\}$$

式中，$\{a_i, b_i, c_i\}$ 是设置的参数，随着这些参数的值改变，钟形函数也随之改变，从而形成不同的有语言标签 A_i 的隶属函数。事实上，很多的分段可微函数，比如常用的梯形或者三角形的隶属函数，在这一层中也可以作为备选函数。这一层中的参数被称为前提参数。

第二层

在这一层的节点都是圆节点，标记为 Π，它可以放大输入信号，然后输出结果。例如 $w_i = \mu_{A_i} x \mu_{B_i}(y)$，$i=1, 2$。每一个节点输出都代表一个规则的触发强度。事实上，执行广义 AND 的 T 范数算子也可以在这一层的节点方程中使用。

第三层

这一层中的节点是圆节点，标记为 N。通过第 i 个节点计算该节点的规则触发强度与所有规则触发强度的比例。下面给出了公式 $\overline{w_i} = \frac{w_i}{w_1 + w_2}$，$i=1, 2$。这一层的输出称为标准触发强度。

第四层

这一层的节点都是方形节点，节点公式为

$$O_i^4 = \overline{w_i} f_i = \overline{w_i}(p_i x + q_i y + r_i)$$

式中，$\overline{w_i}$ 是第三层的输出；$\{p_i, q_i, r_i\}$ 是设置的参数。这一层的参数可以定义为结果参数。

第五层

这一个单独的节点是圆节点，被标记为 $\sum$，计算的输出为所有信号的总和，即

$$O_i^5 =_i \text{总输出量} = \sum_i \overline{w_i} f = \frac{\sum_i w_i f_i}{\sum_i w_i} \tag{5.19}$$

调整可修改的参数有两步，第一步，信息向前传播到网络的第四层，此时，参数用最小二乘估计法确定；第二步，数据在第二层用梯度下降法修正。用户唯一的信息就是在包括每个输入和输出训练信息中隶属函数的个数。ANFIS 采用反向传播算法研究隶属函数相关参数和最小均方估计确定的结果参数，研究过程中的每一步都包含两个部分。传播输入模式通过迭代最小均方方程选择最优结果参

数，前提参数在训练集的当前循环中假定是不变的。在这次迭代中，这样的模式反复进行，反向传播用于修改前提参数，此时结果参数保持不变。

隶属函数的相关参数会通过这个学习过程改变。这些参数的计算（或调整）可以通过梯度向量简化，它给如何建立模糊推理系统输入/输出模型提供了一组数据。一旦得到梯度向量，学习过程就会用优化程序去调整参数，以减少误差测量（通常指的是实际和期望输出的二次方差的总和）。

Sugeno 型模糊推理系统的最大优势是避免了使用耗时的模糊化计算，因为它比 Mamdani 系统更紧凑，效率更高，Sugeno 系统的应用技术更适合建立模糊系统。这些自适应技术可以用来建立 MF，从而建立精确的模糊系统的数据模型。Sugeno 型方法还具有计算效率高的优势，它可以很好地应用在线性系统中（如 PID 控制）。

5.9 性能比较

图 5.1 所示为 100.7kW 主系统的示意图。建模和仿真使用 Matlab/Simulink 软件。表 5.3 给出了主要的系统参数。该系统是在零初始条件下模拟的，因此结果是暂态变化稳定后的稳态值。MPPT 算法在 0.4s 时激活，光伏阵列稳态输出电压为 240V，升压变换器在无 MPPT 时把电压抬升到如图 5.19 所示的稳态电压。MPPT 运行后（MPPT 算法在 0.4s 后开始）光伏阵列的工作电压上升，如图 5.20 所示，并网电流为正弦波形，总谐波失真（Total Harmonic Distortion，THD）为 1.66%，符合 IEEE－519 标准。

表 5.3 系统参数

T_{PV}	光伏电池的温度	25℃
G	光伏电池的辐照度	$1kW/m^2$
C_{PV}	升压电容	100μF
C_{DC}	直流母线电容	6mF
L_{LC}	LC 滤波器的电感和电阻	250μH＋2mΩ
F_{req}	逆变器开关频率	1.65kHz
V_{grid}	电网有效电压	25kV

光伏阵列采用 MPPT 电导增量法要比使用扰动观察法输出的功率更多，使用电导增量法时 SPV 系统的效率为 99.11%，高于使用扰动观察法的效率 99.06%。图 5.21 也清楚地显示了采用 MPPT 的优势，在 MPPT 算法激活 0.4s 后，流入电网的能量从 95.6kW 增加到 100.7kW。图 5.22 所示为电导增量法和扰动观察法中 IGBT 和二极管结温的比较，该图清楚地表明 MPPT 不工作时结温比较高，而

电导增量法时 IGBT 和二极管的结温要低于扰动观察法。在图 5.23 中可以看出，DC - DC 升压变换器的开关损耗在 MPPT 不工作时更高，而且在一个暂态过程中，开关损耗呈指数增长，进入稳态后变成常数。当 MPPT 开始工作（如图 5.23 所示，0.4s 以后）时开关损耗开始减少，扰动观察法的开关损耗要高于电导增量法。

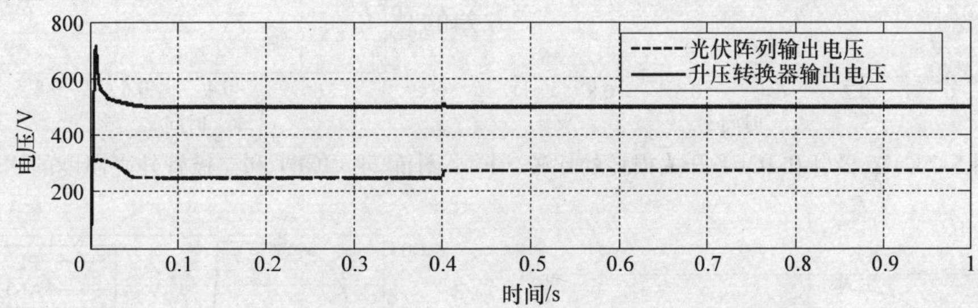

图 5.19　光伏阵列的 DC - DC 升压变换器输出的直流电压

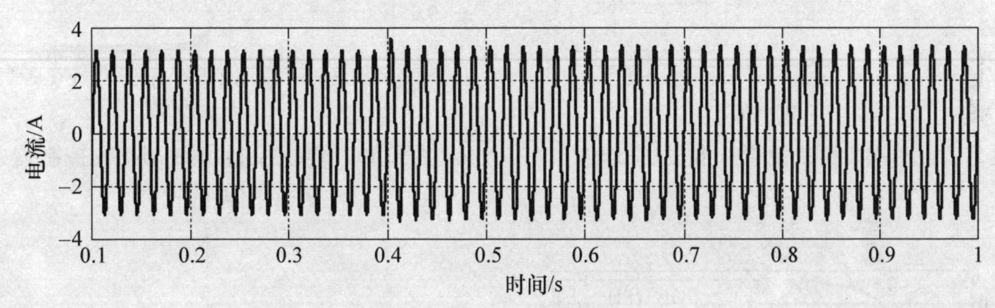

图 5.20　电网电流

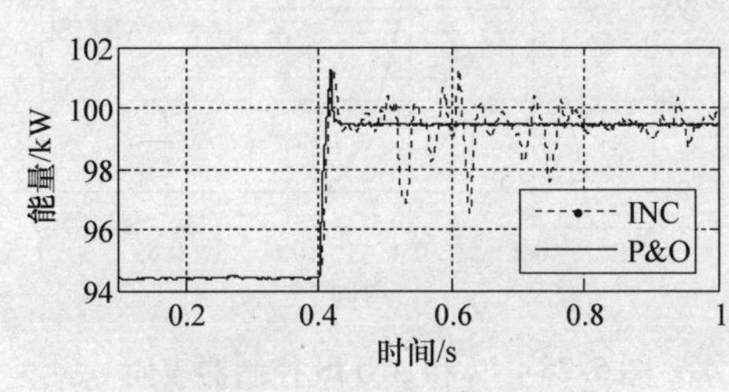

图 5.21　注入电网能量比较

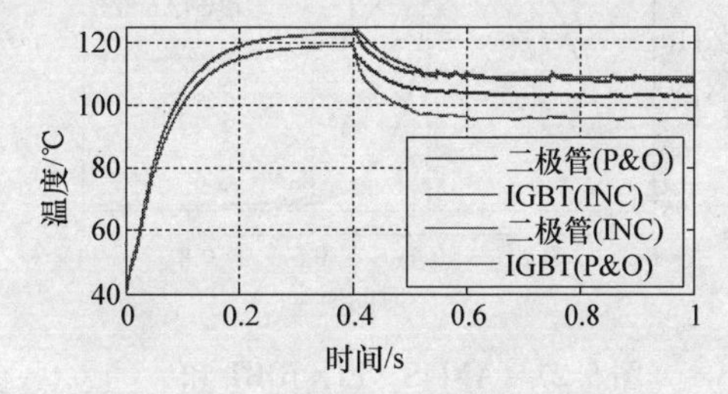

图 5.22　二极管和 IGBT 结温的比较（见文后彩色插页）

图 5.24 和图 5.25 清楚地表明电导增量法下的变换器的壳温和结温要低于扰动观察法。在图 5.26 中，直流升压变换器中 IGBT 的开关损耗在 MPPT 算法工作后（在 0.4s）开始减少。图 5.26 还表明在电导增量法中，采用自适应神经模糊推理控制器的开关损耗要低于 PI 控制器。

IGBT 组件（包括 IGBT 及其反并联二极管）的结温很重要，图 5.27 清楚地表明当 MPPT 开始运行时，IGBT 组件的结温开始降低。ANFIS 控制器中的 IGBT

的结温要低于PI控制器。在图5.28中，ANFIS控制器中的组件壳温要低于PI控制器。图5.29表明ANFIS控制器的结温也要低于PI控制器。

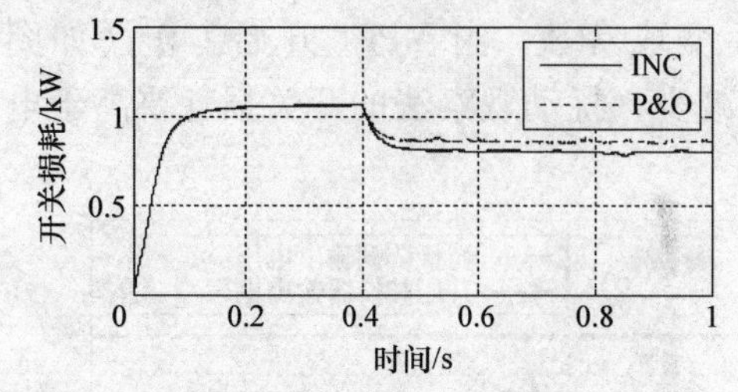

图5.23　二极管和IGBT开关损耗的比较

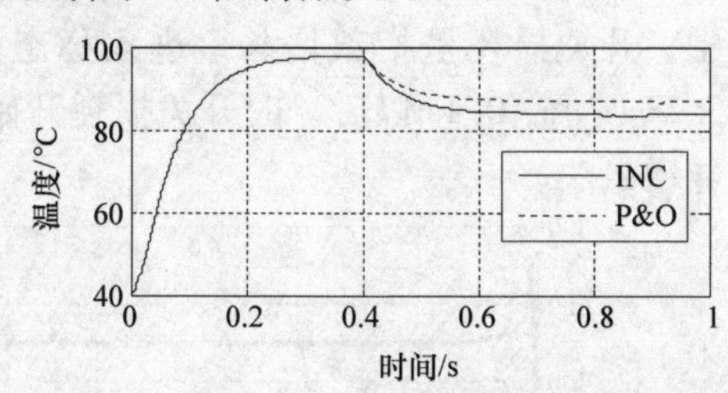

图5.24　IGBT和二极管外壳温度的比较

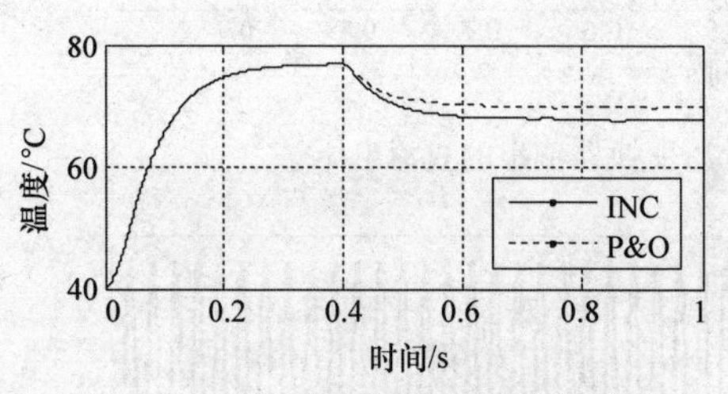

图5.25　IGBT和二极管片温度的比较

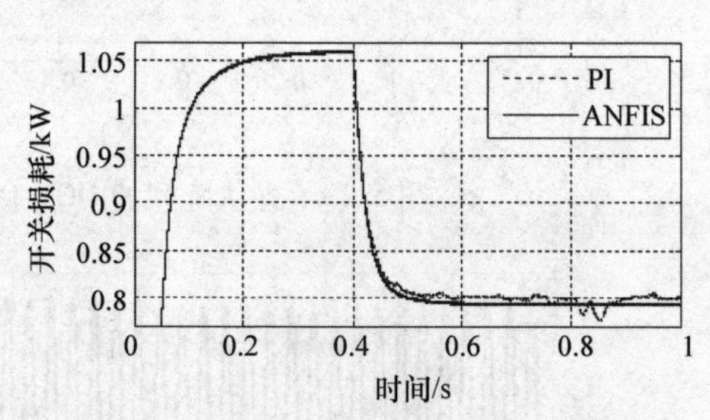

图5.26　传统控制器和ANFIS控制器开关损耗的比较

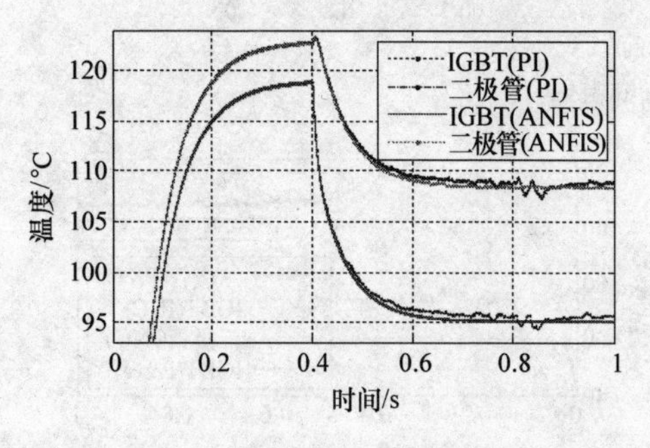

图5.27　ANFIS，PI，IGBT和二极管温度的比较

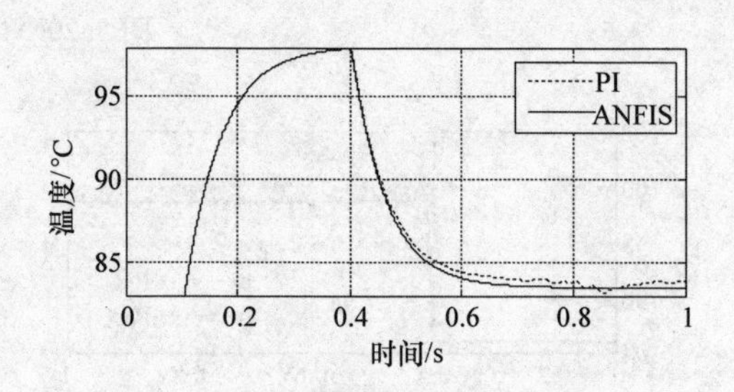

图5.28　PI和ANFIS控制器表面温度的比较

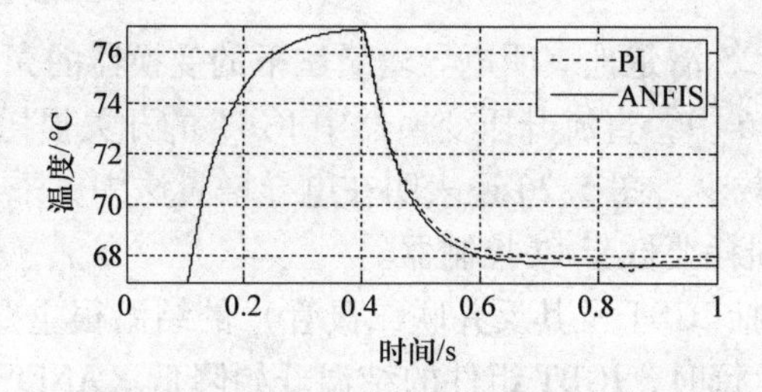

图5.29　PI和ANFIS控制器片温度比较

5.10　结论

本章提出了不同 MPPT 算法下并网 SPV 系统的性能分析，SPV 阵列输出到电网的功率可以通过 MPPT 算法实现最大化，其中包括一个电源接口的光伏输出接口和一个控制单元，从而推导出功率控制器从光伏阵列获取的最大功率。本章对两个不同的 MPPT 算法，即直流升压变换器中的电导增量法和扰动观察法进行了比较。文中首先给出了并网三相 SPV 系统的详细数学模型，还给出了 SPV 电池的参数模型；其次，本章讨论了开关器件的热模型和开关损耗的计算方法，在 SPV 阵列的不同运行条件的 MPPT 算法下，通过 DC - DC 变换器开关过程中注入电网的能量、开关损耗、结温和壳温等参数对扰动观察法和电导增量法进行了性能评估。利用损耗计算方法，IGBT 功率损耗和结温可以评估光伏发电转换系统的性能。它可以用来提高系统的效率和热设计，也可以预测 IGBT 和二极管器件的工作温度，以避免设备故障。仿真结果表明，MPPT 算法增加了 SPV 系统注入电网的能量。本章还对两种不同算法下开关器件的开关损耗和结温进行了比较，结果发现电导增量法的性能要好于扰动观察法。最后，本文提出了非线性 ANFIS 控制 DC - DC 升压变换器以取代传统的 PI 控制器。ANFIS 在不同的工作状态下，对传统控制器的输入和输出数据进行了训练。ANFIS 结合反向传播梯度下降算法选择隶属函数相关参数和最小二乘法结果参数。文中比较了两种控制法（ANFIS 和 PI）的系统性能。仿真结果表明，ANFIS 控制下的系统的性能，包括开关损耗、结温、壳温等均要好于 PI 控制。

应用于电力电子系统控制的智能计算还有很大的潜力可以发掘。混合智能算法，尤其是神经模糊系统具有很大的应用潜力。同样的，很多 MPPT 技术在理论和实践方面都有各自的优势和缺点。这个领域很广，作者的工作对 SPV 系统的重要领域留下了讨论的空间。

参考文献

1. Esram T, Chapman PL (2007) Comparison of photovoltaic array maximum power point tracking techniques. IEEE Trans Energy Convers Summer Meet 22(2):439–449
2. Liu F, Duan S, Liu F, Liu B, Kang Y (2010) A variable step size INC MPPT for PV system. IEEE Trans Ind Electron 55:2622–2628
3. Data Sheet, IGBT Module U-Series 1200/600A, 1MBI600UB-120
4. Dell'Aquila RV, Balboni L (2010) A new approach: modelling simulation, development and implementation of a commercial grid-connected transformerless PV inverter. In: International symposium on power electronics, pp 1422–1429
5. Schoeman JJ, vanWyk JD (1982) A simplified maximal power controller for terrestrial photovoltaic panel arrays. In: 13th Annual IEEE power electronics specialists conference, pp 361–367
6. Buresch M (1983) Photovoltaic energy systems. McGraw Hill, New York

7. Hart GW, Branz HM, Cox CH (1984) Experimental tests of open loop maximum-power-point tracking techniques. Solar Cells 13:185–195
8. Patterson DJ (1990) Electrical system design for a solar powered vehicle. In: Proceedings of 21st annual IEEE power electronics conference, pp 618–622
9. Masoum MAS, Dehbonei H, Fuchs EF (2002) Theoretical and experimental analysis of photovoltaic systems with voltage and current based maximum power point tracking. IEEE Trans Energy Convers 17(4):514–522
10. Noh H-J, Lee D-Y, Hyun D-S (2002) An improved MPPT converter with current compensation method for small scaled PV-applications. In: Annual conference on industrial electronic society, pp 1113–1118
11. Kobayashi K, Matsuo H, Sekine Y (2004) A novel optimum operating point tracker of the solar cell power supply system. In: IEEE power electronics specialists conference, pp 2147–2151
12. Bekker B, Beukes HJ (2004) Finding an optimal PV panel maximum power point tracking method. In: 7th AFRICON conference in Africa, pp 1125–1129
13. Noguchi T, Togashi S, Nakamoto R (2000) Short-current pulse based adaptive maximum-power-point tracking for photovoltaic power generation system. In: IEEE international symposium on industrial electronics, pp 157–162
14. Mutoh N, Matuo T, Okada K, Sakai M (2002) Prediction-data-based maxi mum-power-point-tracking method for photovoltaic power generation systems. In: IEEE power electronics specialists conference, pp 1489–1494
15. Yuvarajan S, Xu S (2003) Photo-voltaic power converter with a simple maximum-power-point-tracker. In: International symposium on circuits and system, pp 399–402
16. Wasynczuk O (1983) Dynamic behaviour of a class of photovoltaic power systems. IEEE Trans Power App Syst 102(9):3031–3037
17. Hua C, Lin JR (1996) DSP-based controller application in battery storage of photovoltaic system. In: IEEE IECON 22nd international conference on industrial electronics, pp 1705–1710
18. Slonim MA, Rahovich LM (1996) Maximum power point regulator for 4 kW solar cell array connected through inverter to the AC grid. In: 31st intersociety energy conversion eng conf, pp 1669–1672
19. Al-Amoudi A, Zhang L (1998) Optimal control of a grid-connected PV system for maximum power point tracking and unity power factor. In: 7th international conference on power electronics and variable speed drives, pp 80–85
20. Kasa N, Iida T, Iwamoto H (2000) Maximum power point tracking with capacitor identifier for photovoltaic power system. In: 8th international conference on power electronics and variable speed drives, pp 130–135
21. Zhang L, Al-Amoudi A, Bai Y (2000) Real-time maximum power point tracking for grid-connected photovoltaic systems. In: 8th international conference on power electronics variable speed drives, pp 124–129
22. Hua C-C, Lin J-R (2001) Fully digital control of distributed photovoltaic power systems. In: IEEE international symposium on industrial electronics, pp 1–6
23. Chiang M-L, Hua C-C, Lin J-R (2002) Direct power control for distributed PV power system. In: Proceedings of power conversion conference, pp 311–315
24. Chomsuwan K, Prisuwanna P, Monyakul V (2002) Photovoltaic grid connected inverter using two-switch buck-boost converter. In: 29th IEEE photovoltaic specialist conference, pp 1527–1530
25. Hsiao Y-T, Chen C-H (2002) Maximum power tracking for photovoltaic power system. In: 37th IAS annual meeting of industry application conference, pp 1035–1040
26. Boehringer AF (1968) Self-adapting dc converter for solar spacecraft power supply. IEEE Trans Aerosp Electron Syst 4(1):102–111
27. Costogue EN, Lindena S (1976) Comparison of candidate solar array maximum power utilization approaches. In: Intersociety energy conversion engineering conference, pp 1449–1456

28. Harada J, Zhao G (1989) Controlled power-interface between solar cells and ac sources. In: IEEE telecommunication power conference, pp 22.1/1–22.1/7
29. Hussein KH, Mota I (1995) Maximum photovoltaic power tracking: An algorithm for rapidly changing atmospheric conditions. In: IEE proceedings on generation, transmission and distribution, pp 59–64
30. Brambilla A, Gambarara M, Garutti A, Ronchi F (1999) New approach to photovoltaic arrays maximum power point tracking. In: 30th annual IEEE power electronics specialist conference, pp 632–637
31. Irisawa K, Saito T, Takano I, Sawada Y (2000) Maximum power point tracking control of photovoltaic generation system under non-uniform isolation by means of monitoring cells. In: 28th IEEE photovoltaic specialist conference, pp 1707–1710
32. Kim T-Y, Ahn H-G, Park SK, Lee Y-K (2001) A novel maximum power point tracking control for photovoltaic power system under rapidly changing solar radiation. In: IEEE international symposium on industrial electronics, pp 1011–1014
33. Kuo Y-C, Liang T-J, Chen J-F (2001) Novel maximum-power-point tracking controller for photovoltaic energy conversion system. IEEE Trans Ind Electron 48(3):594–601
34. Yu GJ, Jung YS, Choi JY, Choy I, Song JH, Kim GS (2002) A novel two-mode MPPT control algorithm based on comparative study of existing algorithms. In: 29th IEEE photovoltaic specialist conference, pp 1531–1534
35. Kobayashi K, Takano I, Sawada Y (2003) A study on a two stage maximum power point tracking control of a photovoltaic system under partially shaded insolation conditions. In: IEEE power engineering society general meeting, pp 2612–2617
36. Wilamowski BM, Li X (2002) Fuzzy system based maximum power point tracking for PV system. In: 28th annual conference on IEEE industrial electronics, pp 3280–3284
37. Veerachary M, Senjyu T, Uezato K (2003) Neural-network-based maximum-power-point tracking of coupled-inductor interleaved-boost converter-supplied PV system using fuzzy controller. IEEE Trans Ind Electron 50(4):749–758
38. Khaehintung N, Pramotung K, Tuvirat B, Sirisuk P (2004) RISC microcontroller built-in fuzzy logic controller of maximum power point tracking for solar-powered light-flasher applications. In: 30th annual conference on IEEE industrial electronics society, pp 2673–2678
39. Ro K, Rahman S (1998) Two-loop controller for maximizing performance of a grid-connected photovoltaic-fuel cell hybrid power plant. IEEE Trans Energy Convers 13(3):276–281
40. Hussein A, Hirasawa K, Hu J, Murata J (2002) The dynamic performance of photovoltaic supplied dc motor fed from DC–DC converter and controlled by neural networks. In: International joint conference on neural network, pp 607–612
41. Sun X, Wu W, Li X, Zhao Q (2002) A research on photovoltaic energy controlling system with maximum power point tracking. In: Power conversion conference, pp 822–826
42. Zhang L, Bai Y, Al-Amoudi A (2002) GA-RBF neural network based maximum power point tracking for grid-connected photovoltaic system. In: International conference on power electronics machines and drives, pp 18–23
43. Xu D, Lu H, Hung Liu L, Azuma SS(2010). Power losses and junction temperature analysis of power semiconductor devices. IEEE Trans Ind Electron 38(5):1426–1431
44. Afgoul H, Krim F (2012) Intelligent energy management in a photovoltaic installation using neuro-fuzzy technique. In: IEEE ENERGYCON conference and exhibition, pp 20–25
45. Sugeno M (1993) Industrial applications of fuzzy control. Elsevier Science Publication, Amsterdam
46. Shing J, Jang R (1993) ANFIS: adaptive-network based fuzzy inference system. IEEE Trans Syst Man 23:665–685

第6章　基于遗传算法和最优潮流的风力发电机最优选址与定容

格耶夫·莫克里亚尼（Geev Mokryani）和皮埃尔路易吉·思亚诺（Pierluigi Siano）

摘要：本章针对风力发电机（Wind Turbine，WT）最优选址和定容问题提出了一种结合遗传算法（Genetic Algorithm，GA）和基于市场机制的最优潮流（Optimal Power Flow，OPF）算法的混合优化方法。该方法在考虑风力发电和负荷需求的不同组合的情况下，能同时最大限度地减少能量损失和提高社会福利。遗传算法用于选择风力发电机的最优容量，基于市场机制的最优潮流算法用于确定每条备选总线上风力发电机的最佳数量。风力发电机通过一个PQ发电机模型建模，这样具有恒定功率因数。负荷需求和风力发电的随机性通过小时单位的时序分析方法建立模型。需求与发电潜力之间的相互关系可以通过联合概率定义一年以上重合时间的数量。对于每一发电级别，每一台风力发电机都使用等效数量的模块建模，而同样的价格取决于风机的大小。该方法适用于配电网运营商（Distribution Network Operator，DNO），以策略性地分配不同潜在组合中的多个风力发电机。该方法的有效性通过一个84总线11.4kV的径向分布系统得以证明。

关键词：风力发电机；社会福利最大化；遗传算法；配电网经营商

6.1　引言

6.1.1　动机和方法

风能是一种很有吸引力的可再生能源的形式，用于电力生产中可实现二氧化碳减排、能源独立和增强基础设施可靠性的目标。因此，许多欧洲国家通过激励措施和金融措施来增加风能的开发利用。与此同时连接到配电网中的风力发电机数量的增加给配电网运营商带来了巨大的挑战，如电压变化、功率损耗、电压的稳定性和可靠性等[1]。其原因是并入配电网的这些新分布式电源及可再生能源的位置与本地网络容量之间不匹配。

配电网运营商的主要任务是在一个可接受的电压和负荷水平供给负荷电能。其在制定合理的经营战略时必须考虑分布式电源的调度、负荷中断和大市场的购电力等因素，以保证系统的安全性。在某些情况下，配电网运营商扮演着零售商的角色，在价格波动时向大市场购买电力并再次以固定的价格出售给小型消费者。配电网运营商和零售商以不同的目的、网络和大小分割了市场主体[2]。在本章介绍的方法中，配电网运营商被定义为收购市场的运营商，其对每小时采集到的有功功率进行价格评估和优化[3]。

假设配电网运营商的目的是实现自身利益最大化，可以考虑下列两种不同的情况：

1）拥有分布式电源所有权的配电网运营商：允许拥有分布式电源并且可以考虑通过利用新的发电单元作为配电系统以带来财务收益。

2）分类定价配电网运营商：禁止其拥有分布式电源的所有权，但能够通过一系列的激励政策使得收益最大化[4, 5]。

欧洲联盟指令 2003/54/EC 介绍了在欧洲电力市场中不同市场主体之间的技术和法律上的限制。特别是它制定了配电网运营商必须从发电利润中分类定价的规则，所以禁止配电网运营商拥有分布式电源的所有权。它将电力分配与零售业供应的电力分配分离，配电公司不负责向客户销售电力。

美国对分布式电源所有权的做法是由配电网的传统结构所驱动的，该结构除了拥有和经营这些线路外，他们还负责为消费者提供来自不同来源的购买力。分布式电源通过延迟发电和配电投资分配给公用事业的财政收益是公认的，同时公用事业允许分布式电源在电网的战略要地选址也是为了降低电力网络升级成本和高峰小时供应成本。

与目标水平相比，拥有分布式电源所有权的配电网运营商和分类定价配电网运营商都会被因减少造损失和增加处罚造成的赔偿所影响。因此应当鼓励配电网运营商进行必要的投资以减少功率损失。分布式电源渗透率减少损失的能力可以激励配电网运营商对并入其所属电网的分布式电源进行约束。

本章将针对风力发电机最优选址和定容问题提出一种包含遗传算法和基于市场机制最优潮流的新方法，该方法提出了最大限度地减少超过一年的能量损失和最大限度地提高一年以上的社会福利。遗传算法用于选择风力发电机的最佳容量，同时用基于市场机制的最优潮流确定风力发电机的最佳数量。该方法是设想通过拥有分布式电源的配电网运营商在不同的潜在组合中找到风力发电机的最佳数量和容量。配电网运营商被定义为收购市场的市场运营商，为每小时收购的有功功率价格进行评估，并且对其进行优化调度。

对风力发电和负荷需求的不确定性通过两者的每小时时间序列模型进行建模。负荷需求和风力发电潜能之间的相互关系通过联合概率定义一年以上重合时间的数量。

该方法可以帮助配电网运营商在考虑降低成本和消费者利益以及减少总能量损失的情况下更好地对风力发电机进行调配。

通过这种方法，可以预计风力发电机将被分配到对它们更有利的总线上，即接近更高的负荷或部分网络中负荷具有最大价值并且消费者利益更高的部分。

6.1.2 文献综述和贡献

针对寻求分布式电源的最优容量和位置问题前期已经开展了大量的相关工作。在文章参考文献［7，8］中，作者提出了一种以遗传算法为基础的方法来确定并联式分布式电源的最佳容量和位置，以尽量减少考虑了电网约束的电网损失。在本章参考文献［9］中，作者提出了一种混合优化方法，该方法通过使每年的系统功率损失最小以找到风力发电机最佳的位置和容量。其结合了遗传算法、基于梯度的约束非线性优化算法和序列蒙特卡洛模拟方法。本章参考文献［10］提出了一种禁忌搜索方法来获得分布式电源的最佳容量和位置。本章参考文献［11］中，作者提出了一种基于成本的模型来分配配电网中的分布式电源以减少分布式电源的投资和网络运行总成本，其目标函数采用蚁群优化（Ant Colony Optimation，ACO）算法。在本章参考文献［12］中，提出了一种为减少配电网中每年的能量损失对风力发电机进行最优放置的方法，该方法基于产生的概率发电－负荷模型，其结合风力发电机所有可能的工况概率及其负荷水平概率，将问题归结为使年度能量损失最小化的混合整数非线性规划的目标函数。本章参考文献［13］中，作者提出了一种通过控制风力发电机的功率因数来减少网络功率损耗的随机优化算法，风力发电机和负荷的随机模型用来考虑其随机变化。在本章参考文献［14］中，对配电系统中分布式电源的优化配置使用了一种新的方法，以此来减少网络损耗以及保证可接受的可靠性水平和电压曲线。在本章参考文献［15，16］中，对主动管理方案的应用进行了研究，例如将包括风力发电机和柴油发电机在内的协调电压调节有负荷分接开关和分布式电源的功率因数控制集成在以最优潮流为目标函数的优化上。

据我们所知，在技术文献中未提到过此类从配电网运营商市场环境的角度采用混合基于市场机制最优潮流和遗传算法的关于分布级别的风电投资方法。

6.1.3 章节组成

其余的章节组织如下：6.2 节介绍模型的特点；6.3 和 6.4 节分别描述遗传算法的实现和配电网运营商市场收购配置；6.5 节介绍 84 总线测试系统；6.6 节给出一些数值结果；6.7 节是讨论和结论。

6.2 模型特性

6.2.1 随时间变化的负荷需求和风力发电的建模

根据它们的联合概率分布，即定义一年的重合小时数，将风能的可用性和负荷需求汇总成一系列的风力/负荷需求的情况。从本章参考文献［17］可以提取负荷需求和风力发电的实际数据。该方法按小时数将时间序列数据简化为一系列负荷需求和风力发电的每小时数据。确定了一系列保留了负荷需求和风力发电潜力共同概率关系的目标年重合小时数[17]。

为了减小整个时间序列分析的计算负担，在联合概率的基础上将风力的可用性和负荷需求汇总成一系列可管理的风力/负荷需求的情况。每种情况的持续时间代表重合的小时数，如图 6.1 所示。其将风力和负荷需求拆解成了一系列的柱状体。为了显示过程，这里使用 10 组负荷需求序列，即［10%，10］，［20%，90］，…，［100%，0］和 11 组风力发电序列，即｛0｝，［10%，10］，［20%，0］，…，［100%，90］。可以看出当负荷需求高于 30% 时，有 74 种非零的情况用于分析。此外在比如 40% 的低负荷需求和 60% ~100% 之间的高风力发电量时，只有非常少的重合小时数。

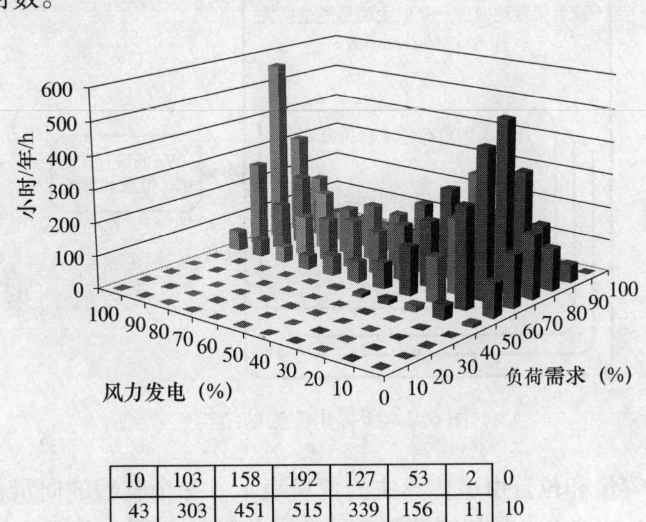

40	50	60	70	80	90	100	发电能力百分比
10	103	158	192	127	53	2	0
43	303	451	515	339	156	11	10
20	136	226	336	175	73	15	20
16	147	201	276	138	45	6	30
11	79	170	212	113	41	4	40
7	63	130	161	84	33	7	50
0	60	147	172	85	41	4	60
1	40	132	143	95	33	4	70
0	48	123	176	90	42	8	80
2	54	144	212	110	48	6	90
0	63	257	559	305	152	16	100

高峰需求百分比 →

图 6.1　负荷需求/风力发电重合小时数（见文后彩色插页）

现在风力发电和负荷需求的不确定性可以通过这些情况来定义。用比如 0 ~ 100% 这 11 个风力发电层级表征每一个负荷需求层级。这里有 7 个负荷需求层和 11 个风力发电层。所以综合负荷需求和风力发电层在这 77 种情况下的结果是得到 7 个负荷需求层，在每层分为两块，其具有不同的大小和相同的价格，11 个风力发电层在每层有四块，所有的块都有相同的大小和相同的价格。

6.2.2 所提出方法的结构

所提出的用混合优化算法进行风力机最优选址和定容的结构如图 6.2 所示。这种方法同时结合了最大限度地减少一年的总能量损失和在上述每种情况下提高社会福利这两种有利情况。

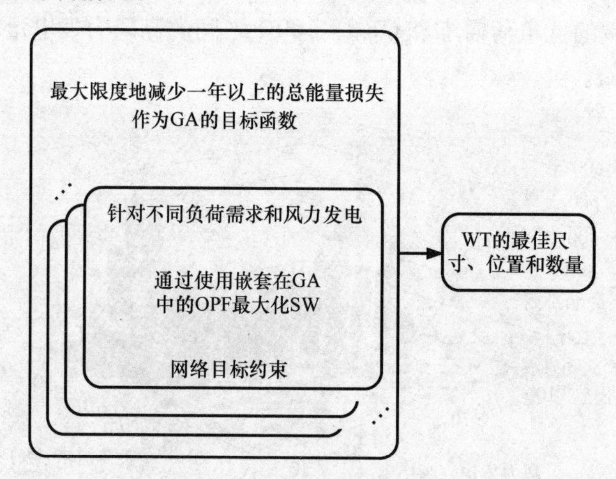

图 6.2 所提出方法的结构

风力机的容量和位置由遗传算法的变量表示：一个整数的向量称为染色体，在区间 [0, $N_{尺寸}$] 上，其长度等于备选总线数 N_c，如图 6.3 所示向量的每个元素关联一条备选总线。这样一来，在风力机选定的位置和容量上，不同的向量代表不同的投资。

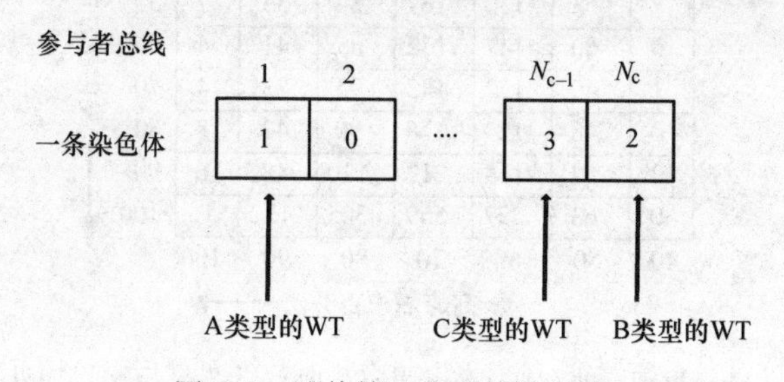

图 6.3 遗传算法染色体的结构

根据风力机的额定功率和功率系数，不同容量的风力机在区间 $[0, N_{尺寸}]$ 内用标签识别。1.2MW、2MW 和 3MW 这三种不同容量的风力机分别由配电网络运营商标识为 A、B 和 C。例如，风力机 A 的容量与向量的第一个元素对应，风力机 B 和 C 的容量与向量的最后两个元素对应。根据这一公式，同样容量的风力机可以分配在同一条备选总线上。

对于每一个染色体，估计在不同情况时每年的能量损失，即能量损失与由社会福利最大化导出的给定情况相一致。

遗传算法能够找到风力机的最佳位置和容量，同时将市场机制最优潮流嵌套在遗传算法中，来确定在选定的位置上给定容量的风力机的最佳数量。特别是风力机的最佳数量就是所有 77 种情况中基于市场机制最优潮流确定的最大风力机数量。

通过解决上述问题，最终确定了分配在备选总线上风力机的最优选址、容量和数量。

6.2.3　仿真程序

所提出的混合优化方法用于确定风力机的最佳位置、容量和数量，步骤如下：

1）拥有分布式电源所有权的配电网运营商确定遗传算法的参数和风力机类型（尺寸和速度 - 功率曲线）；

2）根据风能的可用性设置备选总线；

3）如 6.2.1 节所述，通过每小时时间序列分析模型的不确定性；

4）基于风力机的速度 - 功率曲线计算不同容量风力机的输出功率，并且计算风力机的报价，具体解释见 6.5.1 节；

5）对于每一个染色体，在考虑风力/负荷需求的各种情况下最大限度地提高社会福利，并评估每小时的能量损失；

6）估计年度能量损失；

7）如果达到其中一个停止标准，则跳到第 9）步，否则重复步骤 5）~7）直到达到停止标准；

8）所提出方法的最终结果是风力机的最佳位置、容量和数量；

9）输出运算结果。

6.3　遗传算法实现

遗传算法以一个初始种群开始，其元素称为染色体。染色体编码候选解，并不断向更好的解进化。进化从一组随机产生的染色体开始。每一次迭代称为一代，对种群中每个染色体的目标函数进行评估，根据评估建立新的种群候选解。在下一次迭代中产生的新种群通常优于当前的种群。遗传算法在每个步骤中使用三种类型的规则，即选择、交叉和变异，通过这些规则从当前的种群创建出下一代种群，直到达到某些停止标准为止。当达到最大种群数或者种群出现满意的健康水平时，该算法终止[18]。

遗传算法通过定义一组在［0，3］范围内的向量来生成初始种群，也设置染色体数目和迭代次数，每个染色体都对应一个 N_c，N_c 是备选总线的数量。根据目标函数，在每一次迭代过程中通过选择个体创建一组新的改进过的个体。在选择新的群体后，将遗传算子应用于选择过的个体中。算子会通过简单地交叉和二进制变异处理，这视为一种精英机制。迭代过程一直重复到达到下列标准之一后停止：①最大生成种群数超过 300；②目标函数中在连续五代中没有改进；③在这五代中变量的积累在目标函数中小于 10^{-6}。

要考虑不同值的遗传参数，如停止标准、种群数和遗传算子，并对这些值进行敏感性分析。从这些分析中可以看出，这里所使用的值能保证算法收敛到令人满意的值。

使一年中的能量损失最小表达如下：

$$\text{最小化}\ E_{\text{loss}}(x) = \sum_{k=1}^{8760} E_{\text{loss}}^{k}(x) \tag{6.1}$$

式中，$E_{\text{loss}}(x)$ 是计算期间的能量损失；$E_{\text{loss}}^{k}(x)$ 是 k 小时内的系统总容量损失；x 是遗传算法的决策变量，其是一个在区间［0，$N_{\text{尺寸}}$］上的长度等于备选总线数的整数向量。对于每一个染色体，考虑配电网运营商收购市场配置后从而得到每小时的能量损失，在下面的章节中所描述的此配置考虑了所有情况。

6.4 配电网运营商收购市场配置

通常，配电网运营商在高电压等级下从大市场购买电能，并将电能传输给最终的用户。然而，由于电力行业结构调整和出现诸如风力机这样新的代理商和生产商后，传统的配电网运营商功能被划分为技术性和经营性。这样一种配电网络运营商的能源收购市场模型被提出来，称为配电网运营商收购市场，并带有风力机和柴油机，其依托一种分销市场结构，这种结构基于配电网运营商控制在低电压等级范围内的联营和双边契约。配电网运营商被定义为收购市场的市场运营商，他们决定了收购有功功率时的价格评估和优化过程。柴油机和风力机每小时以分组的形式向配电网运营商收购市场发送有功功率的报价[3]。

配电网运营商的行为整合了分布式能源，使得配电网参与到整个电网市场中，向大电网买卖有功和无功功率，并且优化了本地（可再生）的生产能力。这种模式考虑了能源生产者和消费者所得到的报价。

当配电网运营商从电网购买有功和无功功率时，运营商试图在使需求收益函数最大化的同时最大限度地减少能源成本。当配电网运营商向大电网卖出有功和无功功率时，由于存在过剩的价格低廉的可再生发电能源，因此运营商也试图通过与电网交互功率将收益最大化。

换句话说，互补的业务由配电网运营商收购市场执行：

1）根据市场价格提前一天调度分布式电源和负荷，每个交易日的时段为 24h，而每一个交易时段确定相应的调度计划[17]。

2）实时的日内优化操作则考虑操作和经济的要求，每 15min 更换一次调度。

在假设配电网运营商市场收购的情况下，通过最大限度提高社会福利，同时保持配电网的安全性，市场结算量和价格得以确定。其最大化不仅意味着与能源生产相关的成本最小化，同时也意味着消费者利益函数最大化。优化问题的确定如下所示：

$$\text{最大化}\ SW = \sum_j B_j(d_j) - \sum_i C_i(g_i) \tag{6.2}$$

$$B_j(d_j) = \frac{1}{2}m_{\mathrm{d}}d_j^2 + b_j d_j \tag{6.3}$$

$$C_i(g_i) = \frac{1}{2}m_{\mathrm{g}}g_i^2 + b_i g_i \tag{6.4}$$

式中，$C_i(g_i)$ 和 $B_j(d_j)$ 分别是生产成本和消费者利益；p_i 是第 i 个供应商原意在€/MWh 时提供的价格。

$$p_i = b_i + m_{\mathrm{g}}g_i,\ i = 1,2,\cdots,I \tag{6.5}$$

式中，b_i 是在€/MWh 时的截距（保留价格 $b_i>0$）；m_{g} 是在€/MW^{2}h 时的斜率（$m_{\mathrm{g}}>0$）；g_i 是单位为 MW 的供应量；p_j 是第 j 个消费者愿意在€/MWh 时支付的价格。

$$p_j = b_j + m_{\mathrm{d}}d_j,\ j = 1,2,\cdots,J \tag{6.6}$$

式中，b_j 是在€/MWh 时的截距（保留价格 $b_j>0$）；m_{d} 是在€/MW^{2}h 时的斜率（$m_{\mathrm{d}}>0$）；d_j 是单位为 MW 的需求。

市场机制最优潮流的优化变量包括向量 $L=[Vi,\ \theta i, P_{\mathrm{g}}, P_{\mathrm{d}}]$，其中 Vi 和 θi 分别为在总线上的电压幅值和电压相位；P_{g} 为风力机发出的有功功率；P_{d} 为柴油机吸收的有功功率。

6.4.1　约束条件

（1）外部网络互连的有功和无功功率约束（松弛总线）

$$P_{\mathrm{b}}^{\min} \leqslant P_{\mathrm{b}} \leqslant P_{\mathrm{b}}^{\max},\ Q_{\mathrm{b}}^{\min} \leqslant Q_{\mathrm{b}} \leqslant Q_{\mathrm{b}}^{\max} \tag{6.7}$$

式中，P_{b} 和 Q_{b} 分别是松弛总线上的有功和无功功率。

（2）在总线上的电压水平的约束

$$V_i^{\min} \leqslant V_i \leqslant V_i^{\max} \tag{6.8}$$

式中，$V_i^{\min}$ 和 $V_i^{\max}$ 分别是总线电压的上下限。

（3）线路与节点连接的热限制

$S_k^{\max}$ 为电网的最大热容量，其也限制了视在功率的传输

$$S - S_k^{\max} \leqslant 0 \tag{6.9}$$

（4）风力机有功功率的约束

$$0 \leqslant P_{\mathrm{g}} \leqslant P_{\mathrm{g}}^{\max} \tag{6.10}$$

假设风力机运行在恒功率因数下

$$\cos\varphi = \frac{P_{\mathrm{g}}}{\sqrt{P_{\mathrm{g}}^2 + Q_{\mathrm{g}}^2}} = \text{常数} \tag{6.11}$$

式中，P_{g} 和 Q_{g} 分别是风电机组发出的有功和无功功率。

（5）柴油机功率约束

$$P_{\mathrm{d}}^{\min} \leqslant P_{\mathrm{d}} \leqslant 0 \tag{6.12}$$

假设柴油机运行在恒功率因数下

$$\cos\varphi = \frac{P_{\mathrm{d}}}{\sqrt{P_{\mathrm{d}}^2 + Q_{\mathrm{d}}^2}} = \text{常数} \tag{6.13}$$

式中，P_{d} 和 Q_{d} 分别是柴油机组的有功和无功功率。

6.4.2 可调度负荷的建模

一种可以对价格敏感或者柴油机组建模的方法是，把它们看作是有着相关负性负荷的负性发电机，这是通过指定一个发电机的负输出范围，从一个最小注入等于负的最大可能的负荷到最大注入为零[19]。在这里，假定柴油机有一个恒定的功率因数。此外，一个额外的为了对任何“负性发电机”执行恒功率因数的平等约束被整合到了柴油机模型上。要注意的是因为把柴油机组看作负性发电，所以如果负性负荷对应于消费权益，那么减少发电损耗等效于最大化社会福利。

6.4.3 约束成本变量公式

标准的最优潮流公式无法解决非平滑的分段线性成本函数问题，其源于离散报价和投标结果，当这样的成本函数为凸函数时，可以通过约束成本变量（Constrained Cost Variable，CCV）方法建模[19-21]。分段线性成本函数 $c(x)$ 被辅助变量 y 和线性约束取代，形成一个凸的“域”，其需将成本变量 y 带入函数 $c(x)$ 中。图 6.4 所示为一个 n 段的分段线性成本凸函数。

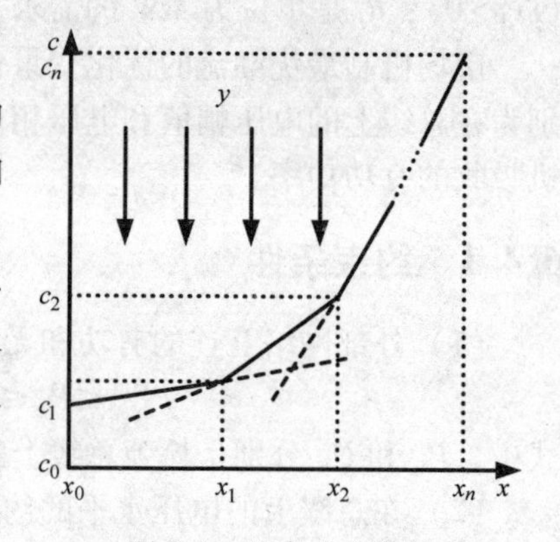

图 6.4　约束成本变量

$$c(x)=\begin{cases} m_1(x-x_1)+c_1, & x\leqslant x_1 \\ m_2(x-x_2)+c_2, & x_1<x\leqslant x_2 \\ \vdots & \\ m_n(x-x_n)+c_n, & x_{n-1}<x \end{cases} \tag{6.14}$$

一系列的点(x_j, c_j), $j=0\cdots n$ 定义出一个 n 段的分段线性成本凸函数，式中 m_j 表示第 j 段的斜率。

$$m_j=\frac{c_j-c_{j-1}}{x_j-x_{j-1}},\ j=1,\cdots,n \tag{6.15}$$

以及 $x_0<x_1<\cdots<x_n$ 和 $m_1\leqslant m_2\leqslant\cdots<m_n$。

“域”对应的成本函数由式（6.16）中辅助变量 y 上的 n 个约束表示

$$y\geqslant m_j(x-x_j)+c_j,\ j=1,\cdots,n \tag{6.16}$$

成本项变量 y 加入目标函数中取代 $c(x)$。CCV 方法可以将任何有功或无功功率的分段线性成本转化为合适的辅助变量和相关的约束条件。

通过 CCV 方法，在目标函数中的每一个分段函数都由一个辅助变量取代。该变量包含一系列不等式约束，这些不等式约束用于每个分段函数中。CCV 方法是一种构建在新的线性约束变量条件上的分段线性成本函数的方式。

在本章中，使用到了风力机组和柴油机组的报价，并将这些报价分别看成边际成本和边际效益函数，然后通过整合边际成本和边际效益将报价转换成等效的总成本和总收益函数，并将函数插入矩阵中组成分段线性成本。CCV 方法通过将优化问题扩展到一个更高的维度，并依赖良好的约束优化方法解决了转化的光滑优化问题，从而克服了分解拉格朗日导数的困难。

6.4.4　步进控制的原始 - 对偶内点法

原始 - 对偶内点法（Primal Dual Interior Point Method，PDIPM）和它的许多变化已成为近年来解决最优潮流的选择算法。

即使原始 - 对偶内点法正确适用于使用光滑多项式成本函数的经典最优潮流，但该方法依然不能够解决含有不可微分段成本函数的基于市场的最优潮流问题。当考虑分段成本时，每一次迭代的斜率和 Hessian 算子变量的变化都相当明显，此外，没有使牛顿法步骤得到减少。本章中使用的步进控制的原始 - 对偶内点法[20, 21]克服了上述这些问题，其方法是通过追踪最优潮流计算期间拉格朗日二次近似的准确性，并且如果任何意料不到的导数变化导致不准确的近似值，则会减小牛顿步长。在常规的原始 - 对偶内点法不能够改善斜率条件的情况下，该方法是有效的。通过调整步骤，步进控制的原始 - 对偶内点法能够同时减少系统成本和斜率。

6.5 测试系统描述

本节将对用于测试所提出方法的分布式系统进行描述。以下的分析中已给出过的数据基于 84 总线的 11.4kV 径向分布系统[4]。11 条馈线由两个 20 MVA，33/11.4kV 的变压器供电，配电系统的线路图如图 6.5 所示。测试系统中的备选总线包含在集合{6，9，14，28，30，38，40，45，47，54，56，62，64，81，84}中，风力机组运行在 0.95 滞后功率因数下，电压限制为标幺值的 ±6%，即 V_{max} = 1.06pu 和 V_{min} = 0.94pu，并且在表 6.1 中给出了馈线的热限值，其在 90 ~ 480A 之间变化。可调度负荷与固定负荷运行在恒功率因数 0.95 下，由电网和风力机组供电，最大固定负荷为 5.4MW。

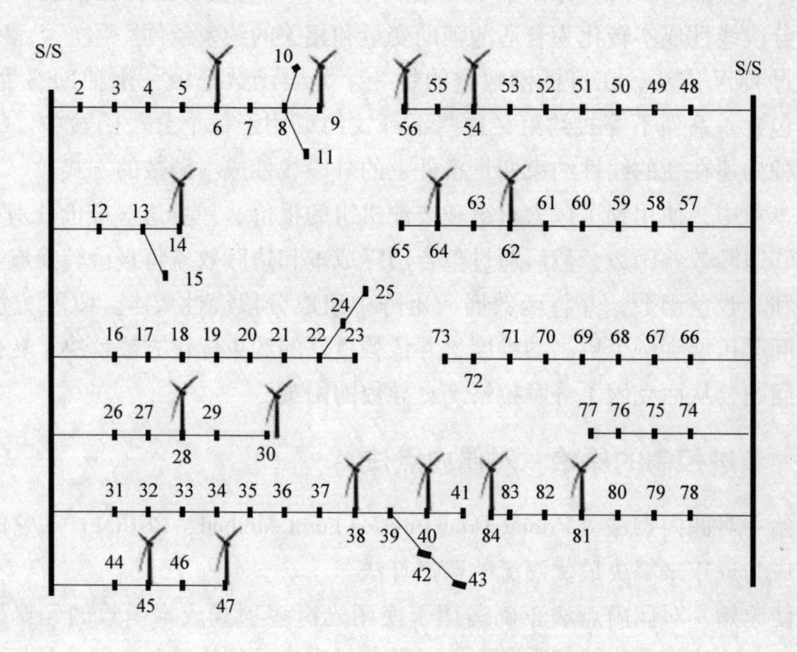

图 6.5 有风力机参与的 84 总线示意图

配电网运营商分别考虑三种不同容量的风力机，即 1.2MW、2MW 和 3MW。假设每个备选总线上每种容量的风力机最多可容纳四台，这一数量要求是由用于建设风力机时获得的土地面积来调节的。因此，每个发电等级都由四个相同容量和相同价格的模块组成，其等于所选配风力机组的额定功率，价格为 60€/MWh。下面的小节将介绍评估风力机组报价的方法。

表6.1　联络线

联络线	A
1-2，2-3，3-4，4-5，5-6，6-7，8-11，1-12，12-13，1-16，18-19，1-26，26-27，1-31，31-32，1-44，44-45，1-48，48-49，1-57，57-58，1-66，66-67，1-74，74-75，1-78，78-79，80-81	480
7-8，13-15，16-17，17-18，27-28，32-33，33-34，34-35，35-36，36-37，37-38，38-39，44-45，49-50，50-51，51-52，52-53，58-59，59-60，60-61，61-62，67-68，68-69，70-71，79-80，80-81	330
19-20，20-21，21-22，22-23，22-24，24-25，28-29，39-42，42-43，53-54，54-55，55-56，62-63，69-70，71-72，72-73，75-76，76-77	180
8-9，8-10，13-14，29-30，39-40，40-41，45-46，46-47，63-64，64-65，81-82，82-83，83-84	90

在给定的总线上分配的风电组机的最大数量由等效于风电机组报价的模块数表示。将配电网络连接到传输网络的总线可假定报价为80€/MWh，DL的报价见表6.2，每个需求出价有两个模块，其容量不同，并且所有模块的价格都是140€/MWh。

表6.2　不匹配负荷

负荷数	总线数	分段1/MW	分段2/MW	负荷数	总线数	分段1/MW	分段2/MW
1	6	0.84	0.84	16	44	2.10	1.05
2	9	0.84	0.84	17	46	2.10	1.05
3	14	0.84	0.84	18	51	2.10	1.05
4	28	0.84	0.84	19	53	2.10	4.20
5	30	0.84	0.84	20	55	2.10	4.20
6	38	0.84	0.84	21	59	4.20	2.10
7	40	0.84	0.84	22	63	4.20	2.10
8	45	0.84	0.84	23	67	2.10	0.84
9	47	2.10	1.05	24	69	2.10	0.84
10	54	2.10	1.05	25	73	2.10	2.10
11	56	2.10	1.05	26	75	4.20	2.10
12	62	2.10	1.05	27	77	0.84	0.84
13	64	2.10	1.05	28	79	4.20	2.10
14	81	2.10	2.10	29	82	0.84	0.84
15	84	1.05	1.05				

6.5.1 从配电网运营商的角度计算风电机组的报价

为了计算风电机组的报价和财务数据，包括风力发电机组的寿命、安装成本、折旧费用、利率等，总结于表6.3中[25,26]。风力机的年成本计算如下[26]：

$$每年折旧费用=\frac{r(1+r)^n}{(1+r)^n-1}\times 安装成本 \tag{6.17}$$

式中，r是利率；n是一年中的折旧期。根据风力发电数据和风力机组的能力曲线估计风力机的容量因数。例如，一个1.2MW风力机的容量因数约为40%，即3504MWh/MW。因此，通过将每年折旧费用除以等效的小时数，即3504h可知，在没有补贴的情况下，风力机组的报价约为56€/MWh。故假设1.2MW风力机组没有补贴时报价为60€/MWh。同样的方法也可以应用在不同尺寸和容量系数的风力机上。为了简化分析，所有尺寸的风力机都视为有相同的报价。

表6.3 估计1.2MW的报价的财务数据

寿命/年	20
安装成本/(€/kW)	1200
折旧时间/年	10
利率（%）	10
当量小时数/h	3504
容量因素（%）	40
年费用/(€/kW-年)	195.27

6.6 案例研究与仿真结果

该方法适用于上述配电网络。根据灵敏度分析，迭代数和种群数分别取300和20。该方法已在硬件条件为i7内核，1.6GHz处理器和4GB RAM的笔记本上通过Matlab软件实现，该软件结合了Matpower套件和Matlab遗传算法工具箱的特点。

全年的最小能量损失约为7532MWh，通过所提出的方法得到每个备选总线上风力机组最佳的尺寸和数量见表6.4。从中可以明显看出，在62、54和81总线上的安装容量最大（即8MW），而14总线上的安装容量最小（即2.4MW）。实际中，风力机的装机容量受电压和温度，以及每一个总线上的出价值限制。例如，14总线装机容量被限制为2.4MW（尺寸为A的两台风力机），相比于其他线路和总线，这主要是由连接总线13-14（即90A）线路的热限制和DL投标价的最低值决定的。

表 6.4　用所提出的方法得到的 WTS 的最佳尺寸、数量和容量

总线数	尺寸	数量	容量/MW
6	—	—	—
9	C	1	3
14	A	2	2.4
28	—	—	—
30	C	1	3
38	A	4	4.8
40	—	—	—
45	A	4	4.8
47	—	—	—
54	B	4	8
56	B	2	4
62	B	4	8
64	—	—	—
81	B	4	8
84	—	—	—
总容量			46

在 38 和 45 总线上的装机容量为 4.8MW（尺寸为 A 的 4 台风力机）。相比于之前的案例，这些总线有相同的投标值，连接风力机的 37－38 和 44－45 线路有较高的热极限值（即 330A）。

在 62 和 81 总线上 DL 的出价较高，并且比较前面的情况，61－62 和 80－81 的线路具有相同的热极限值，因此，在这些总线上安装的风力机容量最大（尺寸为 B 的 4 台风力机）。

为了评估和比较实验结果，蚁群优化算法的蚁群数和迭代次数与遗传算法的种群数和迭代次数取值相同，分别为 20 和 300。从表 6.5 可以观察到，与蚁群优化算法相比，利用遗传算法获得的总能量损失更低。

表 6.5　ACO 结果对比

方法	总能量损耗/MWh
ACO	7651
GA	7532

至于社会福利方面，如图 6.6 所示，负荷需求和风力发电量呈比例增加。值

得一提的是，在所有情况下，如果在电网中忽略风力机的话，则社会福利会更高。

在最小负荷（即40%）和最大的风力发电水平（即100%）情况下，社会福利约为2500€/h；而在最大负荷和最小风力发电水平时社会福利约为3000€/h。相反，在最大风力发电水平和最大负荷需求时，社会福利为5000€/h左右。

从图6.7可以看出，随着发电量的增加，有功功率损耗减少。在所有的情况下，相比于没有风力机的网络，电网中总的有功功率损耗更低。

相比电网中没有风力机的情况，总有功功率损失在最大风力发电能力和最小负荷需求时减少了大约50%。由此可见，总有功功率损耗与风力机发电量成反比，而与负荷需求成正比。

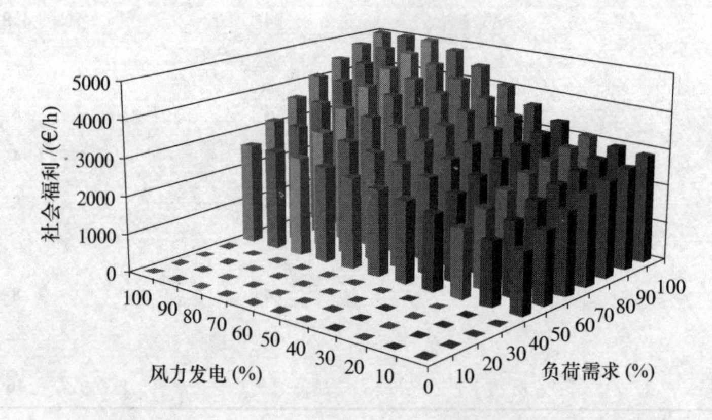

图6.6　社会福利（见文后彩色插页）

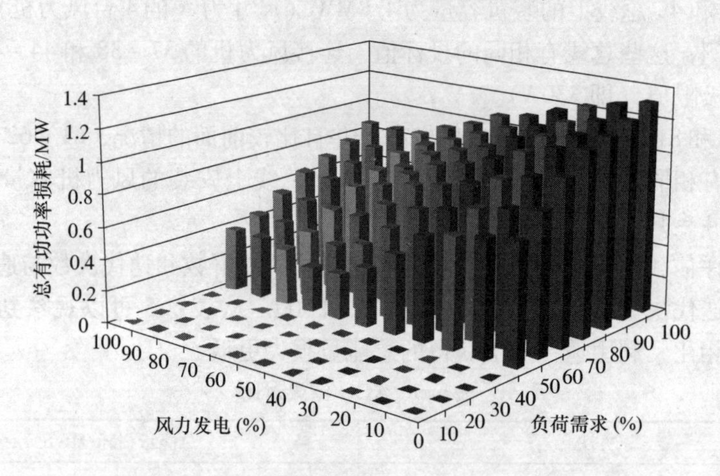

图6.7　总有功功率损耗（见文后彩色插页）

图6.8所示为在风电和负荷需求不同的情况下，风力机发出的总有功功率。

显而易见，所发出的有功功率与负荷需求及风电成正比。

从图6.9中可以看出，由于电网约束条件中对限制负荷增加具有约束力，所以供应的负荷与风力发电成正比，而与负荷需求成反比。

该实例考虑了备选总线上不同的风能潜力，其通过考虑每个位置的不同容量因数，并且计算风力机组的出价来加以解决，如6.5节所述。

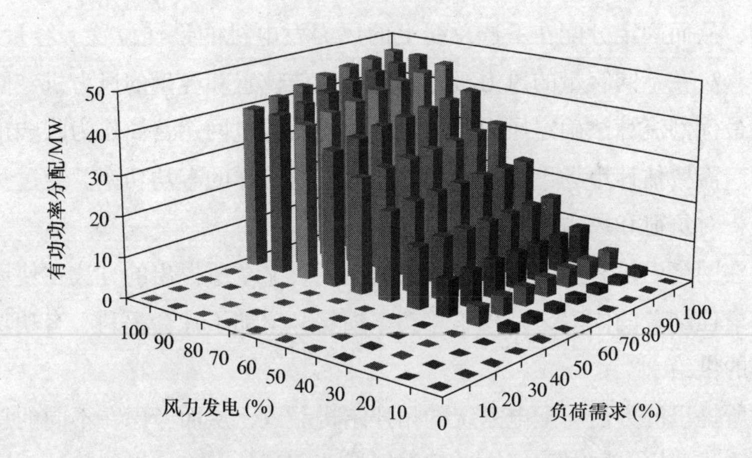

图6.8　有功功率分配（见文后彩色插页）

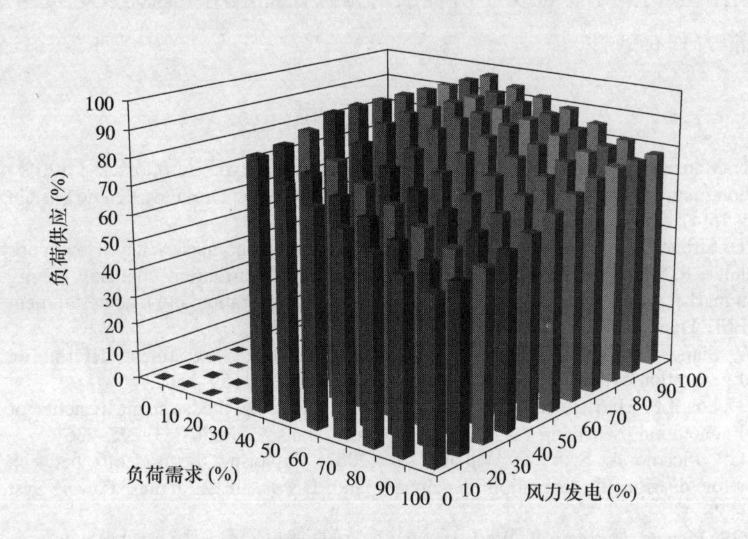

图6.9　需求负荷百分比（见文后彩色插页）

6.7 结论

在本章中提出了一种融合了遗传算法和基于市场机制的最优潮流算法的混合优化算法，对配电网运营商所拥有的风力发电机进行最优选址和定容。该方法从最大限度地减少年度能量损失和提高社会福利两方面考虑风力发电和负荷需求的不同组合，从而确定分配在备选总线上的风力发电机的最佳位置、容量和数量。使用遗传算法在不同容量的风力机之间选择最佳位置和容量的风力机，同时使用市场机制最优潮流算法确定风力机的最优数量。配电网运营商作为收购市场的市场运营商，需要估计市场出清电价和优化每小时采样的有功功率。通过每小时时间序列分析对负荷和风力的随机性质进行建模。

相比在网络中没有风力发电机组的情况下，文章所提出的方法在使风力发电机组得到最佳配置的同时，减少了总功率损耗，增加了社会福利、有功功率的调度和负荷的供给。

本章所提出的方法与配电系统的拓扑结构一致，从而考虑在不同的总线上能源需求的购买意愿，同时可以协助配电网运营商评估网络的性能和计划风电机组如何并入电网。仿真结果证实了所提出的方法在配电网中风力发电机组最优选址和定容的能力和有效性。

参考文献

1. Banosa R, Manzano-Agugliaro F, Montoya FG, Gila C, Alcayde A, Gómez J (2011) Optimization methods applied to renewable and sustainable energy: a review. Renew Sustain Energ Rev 15(4):1753–1766
2. Kirschen D, Strbac G (2004) Fundamentals of power system economics. Wiley, New York
3. Palma-Behnke R, Cerda JLA, Vargas L, Jofre A (2005) A distribution company energy acquisition market model with the integration of distribution generation and load curtailment options. IEEE Trans Power Syst 20(4):1718–1727
4. Piccolo A, Siano P (2009) Evaluating the impact of network investment deferral on distributed generation expansion. IEEE Trans Power Syst 24(3):1559–1567
5. Siano P, Ochoa LF, Harrison GP, Piccolo A (2009) Assessing the strategic benefits of distributed generation ownership for DNOs. IET Gener Transm Distrib 3(3):225–236
6. Harrison GP, Piccolo A, Siano P, Wallace AR (2007) Exploring the tradeoffs between incentives for distributed generation developers and DNOs. IEEE Trans Power Syst 22(2):821–828
7. Harrison GP, Piccolo A, Siano P, Wallace AR (2008) Hybrid GA and OPF evaluation of network capacity for distributed generation connections. Elect Power Syst Res 78(3):392–398
8. Harrison GP, Piccolo A, Siano P, Wallace AR (2007) Distributed generation capacity evaluation using combined genetic algorithm and OPF. Int J Emerg Electr Power Syst 8(2):1–13

9. Chen P, Siano P, Chen Z, Bak-Jensen B (2010) Optimal allocation of power-electronic interfaced wind turbines using a genetic algorithm-Monte Carlo hybrid optimization method, wind power systems. Springer, Berlin, pp 1–23
10. Nara K, Hayashi Y, Ikeda Y, Ashizawa K (2007) Optimal allocation of distributed generation and reactive sources considering tap positions of voltage regulators as control variables. Eur Trans Electr Power 17(3):219–239
11. Falaghi H, Haghifam MR (2007) ACO based algorithm for distributed generation sources allocation and sizing in distribution systems. In: IEEE Power Technologies, pp 555–560
12. Atwa YM, El-Saadany EF (2011) Probabilistic approach for optimal allocation of wind-based distributed generation in distribution systems. IET Renew Power Gener 5(1):79–88
13. Chen P, Siano P, Bak-Jensen B, Chen Z (2010) Stochastic optimization of wind turbine power factor using stochastic model of wind power. IEEE Trans. Sustain Energ 1(1):19–29
14. Borges CLT, Falcao DM (2006) Optimal distributed generation allocation for reliability, losses, and voltage improvement. Electr Power Energ Syst 28(6):413–420
15. Siano P, Chen P, Chen Z, Piccolo A (2010) Evaluating maximum wind energy exploitation in active distribution networks. IET Gener Transm Distrib 4(5):598–608
16. Cecati C, Citro C, Piccolo A, Siano P (2011) Smart operation of wind turbines and diesel generators according to economic criteria. IEEE Trans Ind Electron 58(10):4514–4525
17. Cecati C, Citro C, Siano P (2011) Combined operations of renewable energy systems and responsive demand in a smart grid. IEEE Trans Sustain Energ 2(4):468–476
18. Srinivas M, Patnaik LM (1994) Adaptive probabilities of crossover and mutation in genetic algorithms. IEEE Trans Syst Man Cybernet 24(4):656–667
19. Zimmerman RD (2011) Manual MATPOWER http://www.pserc.cornell.edu/matpower/manual.pdf
20. Zimmerman RD, Murillo-Sánchez CE, Thomas RJ (2011) MATPOWER: steady-state operations, planning, and analysis tools for power systems research and education. IEEE Trans Power Syst 26(1):12–19
21. Wang H, Murillo-Sánchez CE, Zimmerman RD, Thomas RJ (2007) On computational issues of market-based optimal power flow. IEEE Trans Power Syst 22(3):1185–1193
22. Castronuovo ED, Campagnolo JM, Salgado R (2001) On the application of high performance computation techniques to nonlinear interior point methods. IEEE Trans Power Syst 16(3):325–331
23. Jabr RA, Coonick AH, Cory BJ (2001) A primal-dual interior point method for optimal power flow dispatching. IEEE Trans Power Syst 17(3):654–662
24. Qiu W, Flueck AJ, Tu F (2005) A new parallel algorithm for security constrained optimal power flow with a nonlinear interior point method. IEEE PES general meeting, pp 2422–2428
25. MICROGRIDS-Large scale integration of micro-generation to low voltage grids (2002) EU Contract ENK5-CT-2002-00610, Technical Annex. Available http://microgrids.power.ece.ntua.gr
26. Tsikalakis AG, Hatziargyriou ND (2008) Centralized control for optimizing microgrids operation. IEEE Trans Energ Convers 23(1):241–248
27. MathWorks (2004) Genetic algorithms and direct search toolbox: user guide

第7章　风力发电系统的潮流分析和无功功率补偿

J·拉维申卡（J. Ravishankar）

摘要：潮流分析是分析电力系统稳态的基础工具，同时它也提供了观察系统动态性能必要的初始条件。本章将讨论风力发电系统的潮流分析，风力发电系统不像传统的能源系统，其潮流分析是非常复杂的，由于风力发电系统依靠不可预测变化的瞬时风速向电网注入能量，并且大部分的风力发电系统运用异步发电机，所以，设备的运行需要确定运行的转差。设备在使风力机机械功率等于异步发电机电功率的转差率下运行。本章概括潮流顺序法以及风能并网系统潮流分析的同步法这两大方法。两种潮流方法都在样本系统中测试，并且提出结果。这一章同时研究使用笼型异步发电机的风力发电系统在稳态性能下，并联、串联、串并联对无功功率补偿的影响。提出一种作用在公共连接点（PCC）和其他电网之间，用来加强电网的划算方法。本章也将分析可用于提高风力发电系统注入容量的补偿影响。

关键词：风能；异步发电机；公共耦合点；潮流分析；无功功率补偿

7.1　引言

在印度等发展中国家，风能开发的关键是风场中电网的传输容量问题。风场集中在传输电网非常薄弱的郊区。此外，风场在一些地区以相对很短的时间发展起来，这些地区电能传输系统尚未加强，已远落后于风能的高速发展地区[1]。

高度依赖于输入风速是风力发电的一个难题。风速不能被预测，但是能够通过威布尔概率分布或瑞利概率分布预测特定风速的发生概率。一旦风速可知，便可以通过平均风力机功率曲线计算注入电网的风能。所以，估算风力发电系统的电网稳态性能不像传统发电那样简单，只能估计概率点。

大多数风力发电系统使用异步发电机，早期的系统运用定速型笼型异步发电机，电流系统通过运用双馈型异步发电机产生变速操作。为了系统动态分析，系统需要正确的初始化，否则将浪费时间寻找稳态操作点作为初始条件[2]。大多数器件的参数初始化是简单直接的过程，但是，异步电机参数初始化需要间接迭代[3]，因此，异步电机系统能量潮流分析需要附加迭代程序。

观察风场异步电机的稳态响应曾通过多次尝试[4-9]，这些尝试都包含一种用来计算风力机状态变量的顺序法。这些顺序迭代方法很有吸引力，因为它直接实施在已存在的潮流程序中，但在没有二次收敛时会运行警告[10]，并且风力发电机状态变量的值的获取必须通过一组额外的非线性方程解决[11,12]。

本章将通过两种能量潮流方法，即顺序法和同步法对风力发电放射系统潮流进行仿真。风力发电系统的模型采用笼型异步发电机，在母线9放射系统进行仿真，显示两种潮流方法的对比结果。另外，能量潮流分析的同步法展示了更好的收敛特性。

从潮流结果中可以明显看出联网异步发电机对电网发出较强的无功功率，结果导致了功率因数降低，并降低了风力发电系统的终端电压值。因此，为了调节电压和提高低电压驱动能力，必须在风能并网系统终端给予无功功率支持。当风速连续变化时，在公共耦合点处的电压会随之波动，改善此状况的可行方法是加入无功功率补偿。仿真结果显示，使用串联和并联联合补偿后，在公共耦合点可以获得非常好的电压波形，但同时，由于通过线间无功功率流动的减少，导致传输线电流下降不可忽视，这也允许更多的风力机连接至PCC。

7.2　异步发电机稳态模型

通过潮流分析，异步发电机可以替换为普遍的等效电路，如图7.1所示。

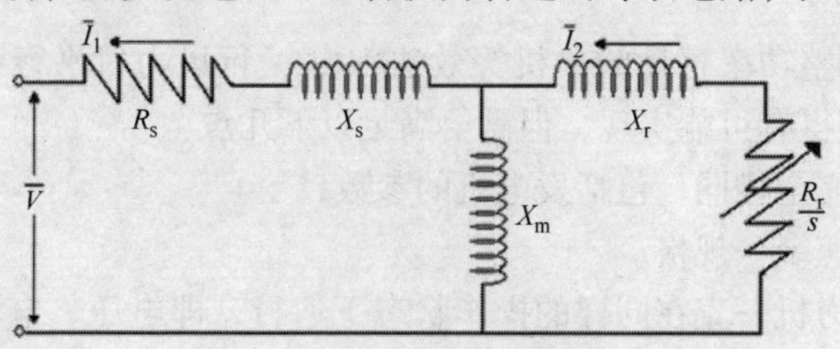

图7.1　异步发电机稳态等效电路

图7.1中，R_s为定子电阻；R_r为转子电阻；X_s为定子漏抗；X_r为转子漏抗；X_m为励磁电抗；$\overline{I}_1$为定子电流；$\overline{I}_2$为转子电流；$\overline{V}$为终端电压；s为通过$(\omega_s - \omega_r)/\omega_s$计算得出的转差率。

根据图7.1，电流$\overline{I}_1$如下：

$$\overline{I}_1 = \frac{\overline{V}}{(R_s + R_e) + j(X_s + X_e)} \tag{7.1}$$

其中

$$R_e + jX_e = \frac{jX_m\left(\frac{R_r}{s} + jX_r\right)}{\frac{R_r}{s} + j(X_m + X_r)} \tag{7.2}$$

通过气隙从转子传输到定子的单位有功功率 P_g 被称为气息功率，可以很容易地从等效电路中计算出来。

$$P_g = I_2^2 \frac{R_r}{s} \tag{7.3}$$

转子电磁功率 P_e 的推导如下：

$$P_e = I_2^2 \frac{R_r}{s}(1 - s) \tag{7.4}$$

当转差率 s 为负数时，电磁转矩推导如下：

$$\tau_e(V,s) = \frac{V^2 X_m^2 \frac{R_r}{s}}{\left[\left(R_x + \frac{R_r}{s}\right)^2 + (X_x + X_r)^2\right]\left[R_s^2 + (X_s + X_m)^2\right]} \tag{7.5}$$

其中

$$R_x + jX_x = \frac{jX_m(R_s + jX_r)}{R_s + j(X_s + X_m)} \tag{7.6}$$

7.3 风力机连接

通过重新调整功率容量的单机等效法，由 N 行风力机平行组成的风场中设备之间的连接变得有可能实现，但需要满足以下几点：

1）风力机完全相同，包括发电机的参数；

2）风场风速统一规格；

3）每台风力机一直在同样的操作状态下运行，即电压、电流和每台风力机的功率是完全一样的；

4）通过聚合连接过程，使整个风场中的风力机等效成为单台风力机的扩大化，即在风场中基础功率变成单台风力机 N 倍的基础功率；

5）同样，等效发电机阻抗变成了 $1/N$ 倍单台风力机的发电机阻抗。

本章将应用单个设备的等效计算，使得计算时间减少。

7.4 潮流分析

稳态下，异步发电机模型基于以下两方面[13]：

1）如果其参数和静差率已知，则设备在稳态下可以通过仿真计算阻抗；

2）如果其功率因数曲线和风速已知，则可以计算设备静差率。

当配备同步发电机的风场包含潮流分析时，通常使用 PQ 和 RX 母线。双馈异步发电机设备可以用 PV 母线来做模型，然而这并不容易操作，尤其当多倍或不同类型混合加入时[16]。当用传统 PQ 母线作为模型时，有功和无功功率是一个常数，虽然这些数值可以根据电压和频率来等效负荷进行修改[17]。

7.4.1　潮流分析顺序法

在顺序法中，给出风速和转子速度，可以通过功率因数曲线计算出从风能发电系统中流出的功率。对于相同的转子转速，可以用潮流分析的结果计算异步发电机发出的功率。这两种功率通过收敛相互比较。因此，这种方法的潮流分析在每个静差率计算值中实施，分析一直持续直到获得运行转差率。

下面给出给定风速的顺序求解算法步骤：

1）首先，转差率 $s = s_{\text{rated}}$，通过数值 s 计算异步发电机阻抗 Z。

2）在导纳矩阵中，通过这些值将风场模拟为包括发电机的阻抗。

3）运行潮流并获得结果，由这些结果，通过式（7.4）计算得出发电机的功率。

4）通过在步骤 1）中的假设值 s，分别运用式（7.7）、式（7.8）和式（7.10）计算出尖速比、C_p和风力提取的功率。

尖速比通过式（7.7）给出

$$\lambda = \frac{\omega R}{v} \tag{7.7}$$

计算功率因数通过式（7.8）给出

$$C_p(\lambda, \theta) = C_1\left(C_2\frac{1}{\Lambda} - C_3\theta - C_4\theta^x - C_5\right)e^{\left(-C_6\frac{1}{\Lambda}\right)} \tag{7.8}$$

其中

$$\frac{1}{\Lambda} = \frac{1}{\lambda + 0.008\theta} - \frac{0.035}{1 - \theta^3} \tag{7.9}$$

$C_1 \sim C_6$ 和 x 是常数。风力机发出的功率为

$$P_t = C_p \cdot \frac{1}{2}\rho A v^3 \tag{7.10}$$

式中，ρ 是干空气的密度；v 是风速，单位为 m/s；A 是扇叶扫过区域，单位为 m^2。

5）计算 $\Delta P_m = P_t - P_e$。如果 $|\Delta P_m|$ 大于指定公差值 ε，则通过 $s_{\text{new}} = s + \Delta s$ 更新转差率并返回步骤 2），否则停止程序。

$\Delta s = -J^{-1} \cdot \Delta P_m$，下面公式由雅可比矩阵 J 给出：

$$J = \frac{\partial[P_t(s) - P_m(s)]}{\partial s} \tag{7.11}$$

7.4.2 潮流分析同步法

这种方法同时决定了相应节点的电压幅值、相角以及异步发电机转差率的状态变量[18]。在这个方法中，风力发电系统被模拟成可变的 PQ 母线。如果初始条件充足，则这个方法保持了牛顿二次收敛性。这个方法的 N－R 潮流算法被重新阐述，其中包括不匹配方程 ΔP_{m}。统一的潮流公式如下：

$$\begin{bmatrix}[\Delta P]\\ [\Delta Q]\\ [\Delta P_{\mathrm{m}}]\end{bmatrix}=\begin{bmatrix}\left[\dfrac{\partial P}{\partial\theta}\right] & \left[|V|\dfrac{\partial P}{\partial|V|}\right] & \left[\dfrac{\partial P}{\partial s}\right]\\ \left[\dfrac{\partial Q}{\partial\theta}\right] & \left[|V|\dfrac{\partial Q}{\partial|V|}\right] & \left[\dfrac{\partial Q}{\partial s}\right]\\ \left[-\dfrac{\partial\Delta P_{\mathrm{m}}}{\partial\theta}\right] & \left[-|V|\dfrac{\partial\Delta P_{\mathrm{m}}}{\partial|V|}\right] & \left[-\dfrac{\partial\Delta P_{\mathrm{m}}}{\partial s}\right]\end{bmatrix}\times\begin{bmatrix}[\Delta\theta]\\ [\Delta|V|/|V|]\\ [\Delta s]\end{bmatrix} \tag{7.12}$$

$\left[\dfrac{\partial\Delta P_{\mathrm{m}}}{\partial s}\right]$是一个对角矩阵，它的秩等于电网中的风场数量。给出如下基本元素：

$$\frac{\partial\Delta P_{\mathrm{m}}}{\partial s}=\frac{1}{2}\rho av^{3}[C_{2}-EC_{1}]C_{1}\mathrm{e}^{C_{6}\Lambda}\frac{\omega r/v}{D}+\frac{A}{sC^{2}}(B-C) \tag{7.13}$$

给出 $A\sim E$ 的数值如下：

$$A=\frac{V^{2}X_{\mathrm{m}}^{2}R_{\mathrm{r}}/s}{R_{\mathrm{s}}^{2}+(X_{\mathrm{s}}+X_{\mathrm{m}})^{2}} \tag{7.14}$$

$$B=\frac{2R_{\mathrm{r}}}{s}\left(R_{\mathrm{x}}+\frac{R_{\mathrm{r}}}{s}\right) \tag{7.15}$$

$$C=\left(R_{\mathrm{x}}+\frac{R_{\mathrm{r}}}{s}\right)^{2}+(X_{\mathrm{x}}+X_{\mathrm{r}})^{2} \tag{7.16}$$

$$D=(\lambda+0.08\theta)^{2} \tag{7.17}$$

$$E=C_{2}\Lambda-C_{3}\theta-C_{5} \tag{7.18}$$

这里 ΔP_{m}是风力机发出功率和设备电磁功率的差值，Δs 是异步发电机转差率的改变增量向量。注意当异步发电机转差率可变时，它产生的电磁功率也是可变的。这种循环影响不匹配向量 ΔP_{m}，因此，Δs 在潮流结果中会产生很大的影响。

在上述统一潮流的式（7.12）中，电力系统中雅可比矩阵的维度具有发电机母线 N_{g}、负荷母线 N_{l}和风场母线 N_{w}。异步发电机为$(N_{\mathrm{g}}+2N_{\mathrm{l}}+3N_{\mathrm{w}}-1)$ $(N_{\mathrm{g}}+2N_{\mathrm{l}}+3N_{\mathrm{w}}-1)$。

7.4.3 潮流分析同步法和顺序法的收敛特性

两种方法在母线9放射系统中进行潮流测试，如图7.2所示[19]。相同数据在附录A中提供。

在风速范围是5~25m/s，以2m/s递进下模拟，并且一台风力机连接到母线9。应当注意的是，风力发电系统的理想地址通过母线9确定，通过在母线2、7、8、9运行风力发电系统潮流仿真。所有母线的电压幅值和电力系统每条线损耗相比较，可以发现连接在母线9上的风力发电系统会产生最好的电压幅值和最小的损耗。风力发电系统终端（母线9）的电压变化及风力发电系统运用潮流同步和顺序方法的有功功率产生的无功功率消耗见表7.1。经过对系统的考虑，同步法下的雅可比矩阵是一个（17×17）矩阵。雅可比矩阵的元素在附录B给出。

分析显示两种方法的结果具有可比性，也可以看出顺序法的迭代次数是20次（5次潮流×4次迭代），而同步法只有6次，因此同步法的收敛性更好。

在表7.1中，P是风力发电系统终端发出的功率；Q是风力发电系统消耗的无功功率；V和d分别是母线9中的电压幅值和相角。

表7.1 母线9辐射潮流结果

风速	顺序法				同步法			
/(m/s)	V(pu)	δ (°)	P/kW	Q/kvar	V(pu)	δ (°)	P/kW	Q/kvar
5	0.9787	0.9278	82.9141	214.6557	0.9780	0.9047	82.8858	213.6035
7	0.9843	1.9068	211.1735	221.9829	0.9838	1.8937	211.1126	223.4978
9	0.9895	3.4596	367.4732	241.6829	0.9890	3.1213	367.5418	242.8460
11	0.9918	4.6453	517.8517	263.7065	0.9922	4.3267	517.4311	264.0342
13	0.9927	5.3267	636.3004	289.5034	0.9933	5.3135	636.7911	291.5365
15	0.9927	5.9654	715.0093	309.2507	0.9934	5.9736	714.7080	310.7337
17	0.9928	6.2827	750.0036	325.7328	0.9932	6.2816	750.0001	325.8205
19	0.9928	6.2826	749.2659	318.9891	0.9932	6.2749	749.6892	318.5931
21	0.9928	6.2839	720.8318	310.4878	0.9933	6.2748	720.6771	310.3805
23	0.9928	5.7648	672.8567	301.7757	0.9934	5.6124	672.2771	302.4401
25	0.9925	5.2987	612.9106	289.0685	0.9932	5.1093	612.3689	289.6878

7.5 强化电网

风力机的在线数量取决于输电系统的负荷，因此，其影响了风力发电系统的终端电压。为了说明这种现象，仿真通过单台风力机连接到母线 9 进行初始运行，风力机无法被补偿。在母线 9 上，通过增加的风力机数量来进行重复运行。在仿真中，连接在母线 9 的异步发电机的阻抗通过 Z/N 计算，N 为风力机数。通过风速范围在 5 ~ 25m/s 变化，得到风力发电系统终端的点电压、发出的有功功率和消耗的无功功率，分别如图 7.3 ~ 图 7.5 所示。显而易见的是，当风力机数增加时，无功消耗增加并且导致电压下降，现象反映在图 7.5 和图 7.3 中。

当更多的风力机接入时，发电功率增加如图 7.4 所示。但是当风力机数连接超过两台时，风力机的气动功率超过了异步发电机发出的功率，此时风力机进入失控状态。

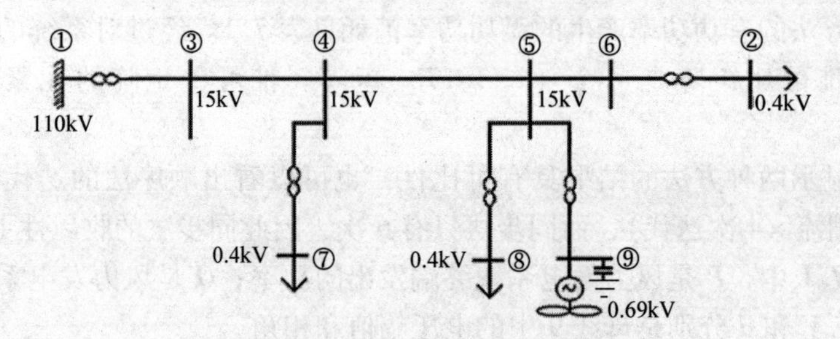

图 7.2 母线 9 辐射系统单线图

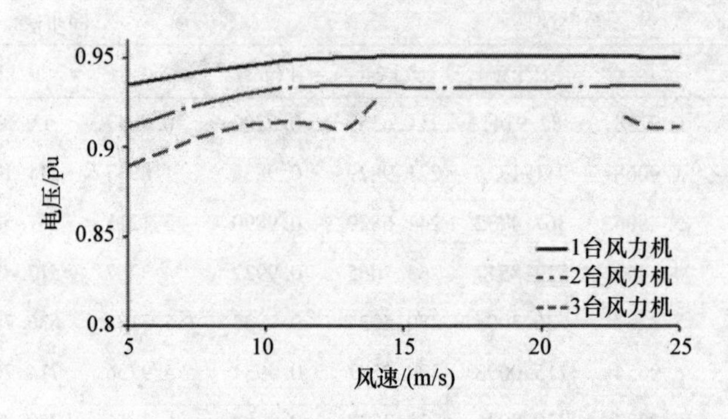

图 7.3 风力发电系统增加风力机对系统电压的影响

这反映了在运行风速区域潮流的不收敛性，如图 7.3 ~ 图 7.5 虚线所示。

间断的曲线（虚线）可以解释如下：异步发电机在气动功率与电气功率相等的静差条件下运行。当连接到 PCC 端的风力机数量增加到 3 台时，气动功率增加到 3 倍。

相应地，当 3 台异步发电机并联时，电气功率也应该提高。同时，由于异步电动机的自然状况，风力发电系统损耗的无功功率也会增加，导致 PCC 端电压下降。环流使得输出功率减小，导致了气动功率比电气功率大很多。因此，显而易见，认为母线 9 放射系统不能容纳超过两台风力机。

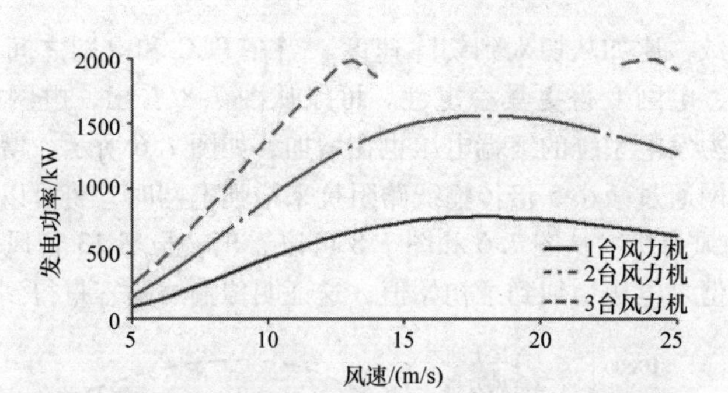

图 7.4　风力发电系统增加风力机对系统有功功率的影响

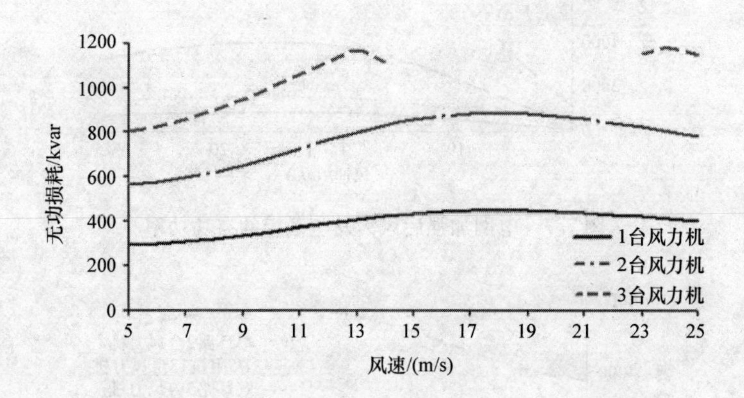

图 7.5　风力发电系统的增加风力机对系统无功功率的影响

为了迎合风产能增加的需求，要求更多的风力机接入风场中。因此，需要加强电网来适应更多风力机。图 7.6 ~ 图 7.8 所示分别为加强 PCC（图 7.2 中的母线 5）与母线 3 输电线之后，风力发电系统终端的电压、有功功率产生和无功功耗消耗状况。可以看出当运用双路时，可以连接 5 台未补偿风力机。潮流在全部

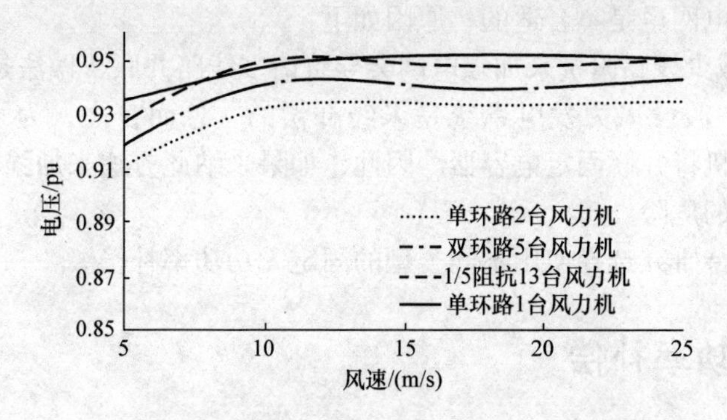

图 7.6　电网加强后风力发电系统终端电压

风速范围内收敛，比如从切入到切除速度。当在 PCC 和电网之间有效线性阻抗被减少一半时，电网变得更具稳定性。可以从图 7.8 看出，电网的无功功率增加，但同时风力发电系统的终端电压也在增加，如图 7.6 所示。增加电压导致电网加强，当电网通过减小 5 倍传输线路阻抗来增强电网时，将可以在母线 9 连接 13 台未补偿的风力机。从图 7.6 和图 7.8 可以看出，虽然 13 台风力机的无功功率消耗很高，但是电压增加到了初始值，这证明传输线路容量得到了提高。

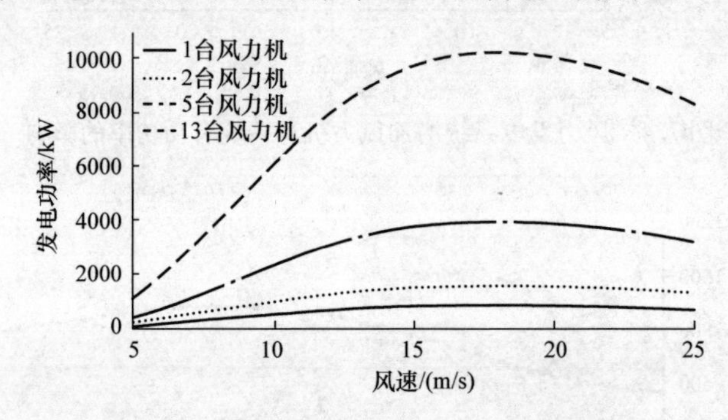

图 7.7　电网加强后风力发电系统的有功功率

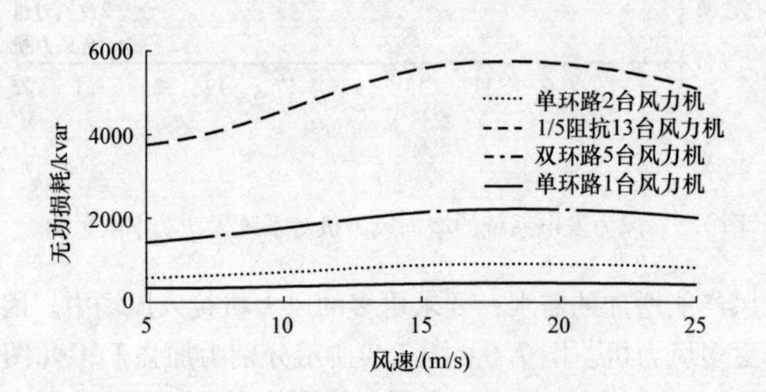

图 7.8　电网加强后风力发电系统的无功功率

过度加强电网也是不合适的，原因如下：

1）通过减少线路阻抗来加强电网会导致诸多线路并联，做法是不经济的。

2）分析中假设风力发电系统是未经补偿的。总而言之，为了补偿无功功率，异步发电机将并联固定电容器。因此，如果采纳此方法来加强电网，那么将面临过度补偿的危险。

因此，有待研究选择使用不同类型的固定无功功率补偿。

7.6　无功功率补偿

风力发电系统的传统无功功率补偿由电容器组完成，它是一个既经济又较简单的解决办法。为了避免过电压的问题，尤其在孤岛状态，通常采用无负荷补偿。无负荷补偿是当风力发电系统操作在切入速度下，设计补偿来抵消平衡无负荷情况下无功功率的消耗。

7.6.1 并联补偿

并联补偿是风力发电系统用来提高每个风力机的功率因数的通用方法。一些风力发电系统在它们的终端运用超过一个电容器组来补偿不同风速情况下的无功功率。在一个固定并联电容器中，电容器无功功率的输出用来平衡电压的二次方。异步发电机所需的无功功率通过运行转差变化。因此通过固定并联电容器，电压通过异步发电机的转差和在线风力机数变化。

潮流分析测试不同并联电容补偿的 kvar 比，并且随着电网运用连接 PCC 和电网双路线加强。总数为 5 的风力机假定连接在了母线 9，仿真结果如图 7.9 ~ 图 7.12 所示，未补偿系统被用来作为基线。当系统未补偿时，图 7.9 所示为终端电压下降到 92%。

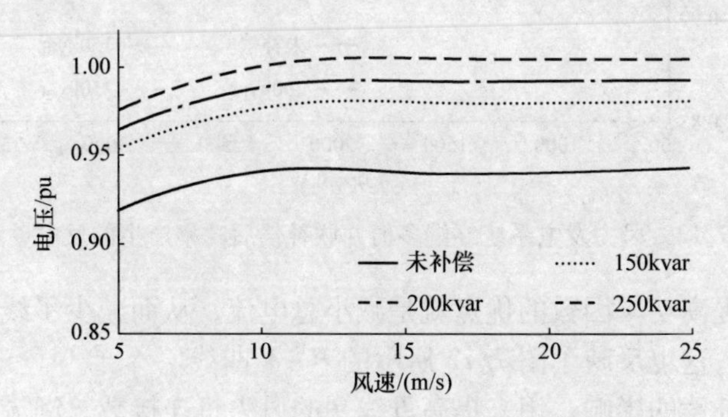

图 7.9 风力发电系统终端多值并联补偿后的电压

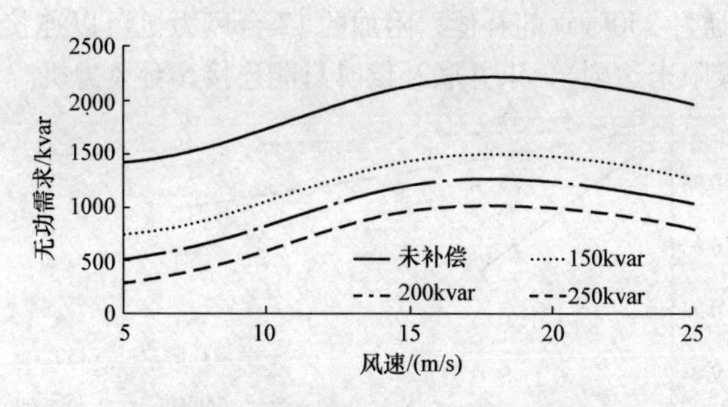

图 7.10 多值并联补偿后的无功需求

加入补偿后，从风力发电系统终端电压可以看出限制在 ±5% 比例值以内。图 7.10 所示为无功功率需求大幅减少；图 7.11 所示为在补偿下的线电流减少。

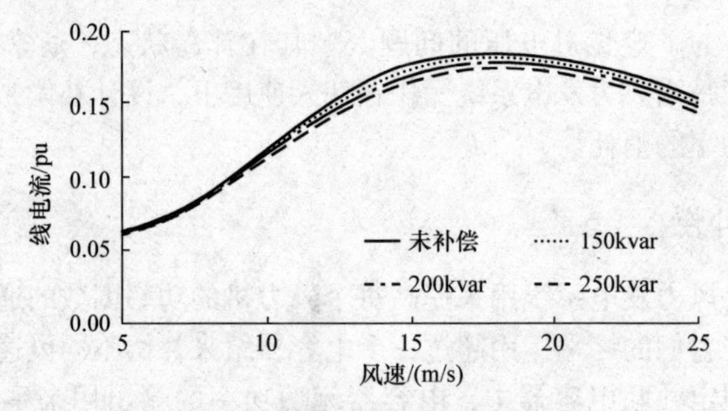

图 7.11　多值并联补偿后的线电流

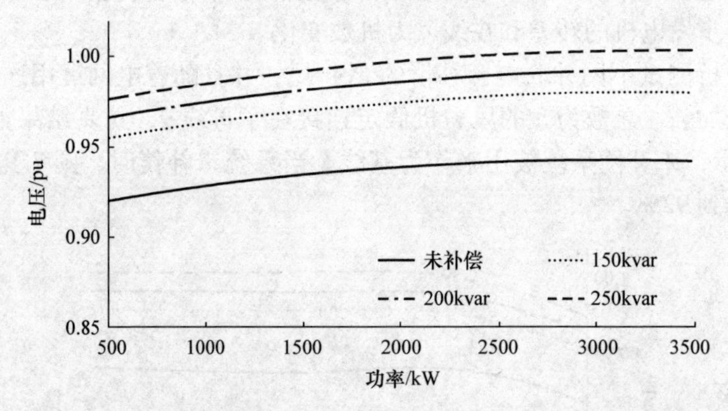

图 7.12　风力发电系统终端多值并联补偿后功率产生的反电动势

这证实了一个提高功率因数的优点就是减小总电流，从而减少了线路损耗并提升了电压稳定性，这也反映了图 7.12 所示的 $P-V$ 曲线。

为了研究补偿的影响，用来提高母线 9 的风力机连接数，潮流分析进行了对切入速度和并联电容补偿器的不同比例的分析，结果如图 7.13 和图 7.14 所示。图 7.13 所示为通过 250kvar 的补偿，附加的 12 台风力机可以连接到统一输送线路中（假设热极限未达到），未并联补偿时只能连接 5 台风力机。

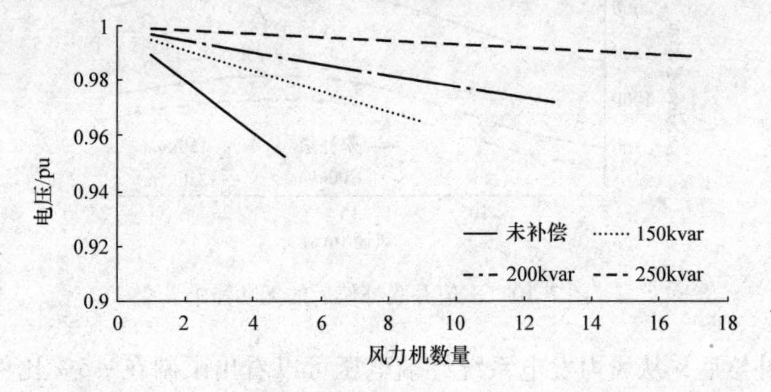

图 7.13　风力发电系统终端多值并联补偿后增加风力机数量的电压值

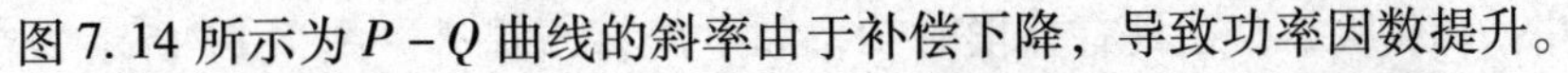

图 7.14 所示为 $P-Q$ 曲线的斜率由于补偿下降，导致功率因数提升。

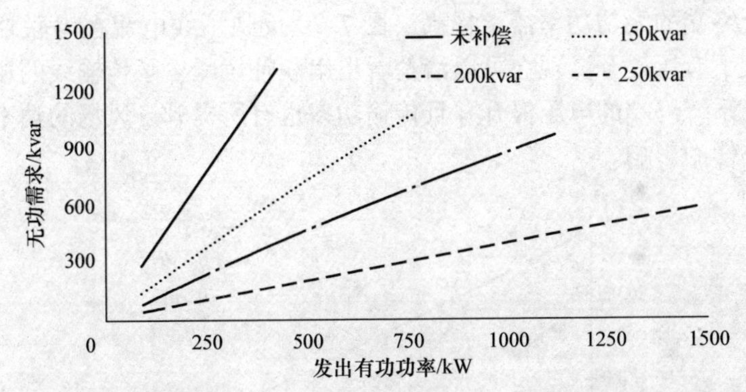

图 7.14　风力发电系统多值并联补偿后增加风力机数量的 P、V_s、Q 值

7.6.2　串联补偿

如图 7.2 所示系统，串联电容在传输线上连接在大容量母线和 PCC 上，也就是在母线 4 和 5 上。通过串联电容器，电压有 180°移相，并因总线路电抗而产生压降。因此，穿过串联电容器的电压将被用于抵消穿过线性阻抗的压降。串联电容器经常用于提升能量传输线的容量。

为了研究串联补偿的影响，潮流分析进行了切入速度分析、衡量输出线路电抗的分析以及不同串联电容电抗值的分析。选用串联电容电抗等于线路电抗的 25%、50%、75% 进行测试，因为 100% 线路电抗补偿实际是无法得到的。补偿的最大值由次同步谐振和串联电容短路过电流保护的需求决定，一般约为 80% [21]，得到的结果如图 7.15 和图 7.16 所示。图 7.15 所示为串联电容电抗等于 75% 的线路电抗，22 台风力机可以连接到同一条双路线路。通过并联补偿，只可以连接 17 台风力机；通过 50% 的串联补偿，就可以安装 18 台风力机。因此串联补偿成了一个有效的、可替代的线路加强方法。图 7.16 所示为 $P-Q$ 曲线斜率，在串联补偿下没有很大的变化。实际上，在补偿后斜率只有很小的提升，这证实了串联补偿并没有提高功率因数，但是却为适应更多风力机提供了帮助。通过图 7.15 和图 7.16 可以清楚看出 25% 串联补偿没有很大的影响。

为了观察串联补偿对提高稳态性能的效果，在全部风速范围内运用 50% 及 75% 串联补偿 10 台风力机在线进行仿真。尽管通过串联补偿可以连接超过 20 台风力机，但是仿真只选取了 10 台风力机，因为从图 7.15 可以看出，限制范围在 10 台风力机时电压才是合理值，结果如图 7.17 ~图 7.20 所示。可以从图中看出通过串联补偿，10 台风力机在线运行完全达到目标，从切入到切出速度在风速范围内完全收敛。在没有补偿时，潮流不能在所有风速范围内完全收敛。如图

7.17 和图 7.18 所示，在具有补偿时功率和电压有所提升。图 7.19 所示为在风力发电系统终端的无功功率需求提高。图 7.20 反映了线电流在串联补偿与无补偿系统比较下有所提升。现在可以清楚看出串联补偿减少了传输线的压降，因此在风力发电系统终端的电压提升并且传输功率也有所提升。风场的功率因数不会受到串联补偿的影响。

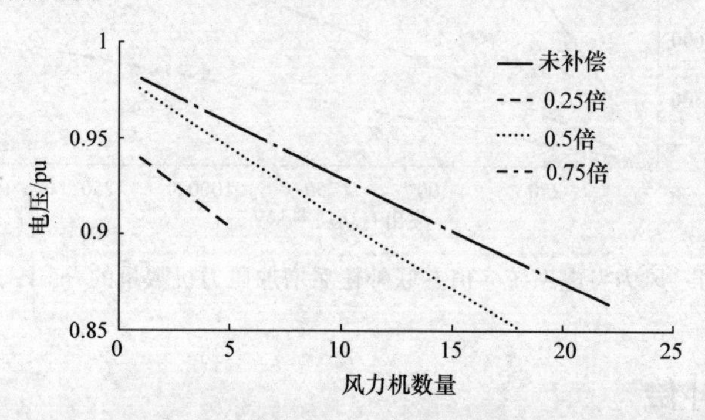

图 7.15　风力发电系统终端多值串联补偿后增加风力机数量的电压值

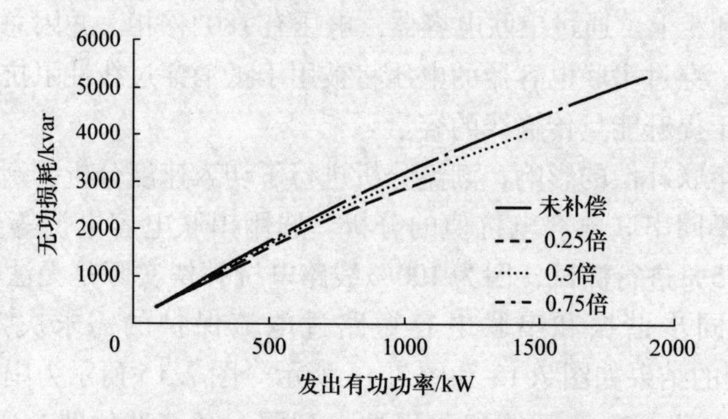

图 7.16　风力发电系统终端多值串联补偿后增加风力机数量的 P、V_s、Q 值

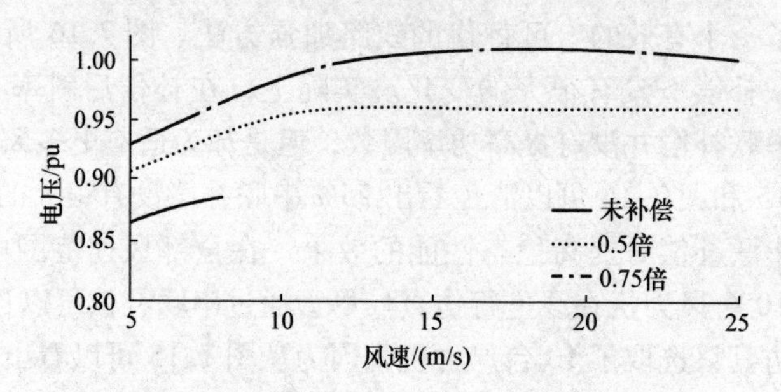

图 7.17　风力发电系统终端多值串联补偿后的电压

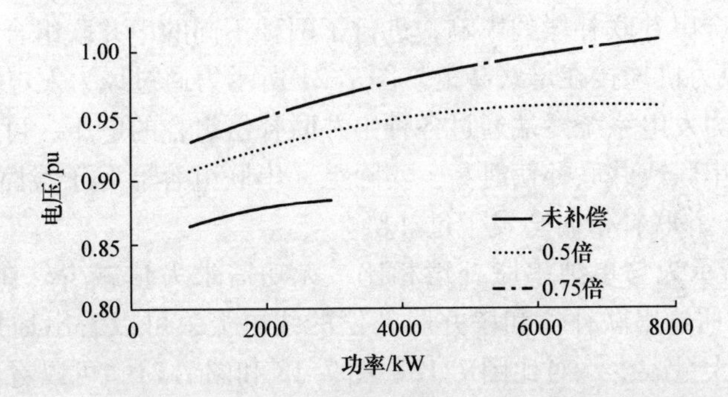

图 7.18　风力发电系统终端多值并联补偿后功率产生的反电动势

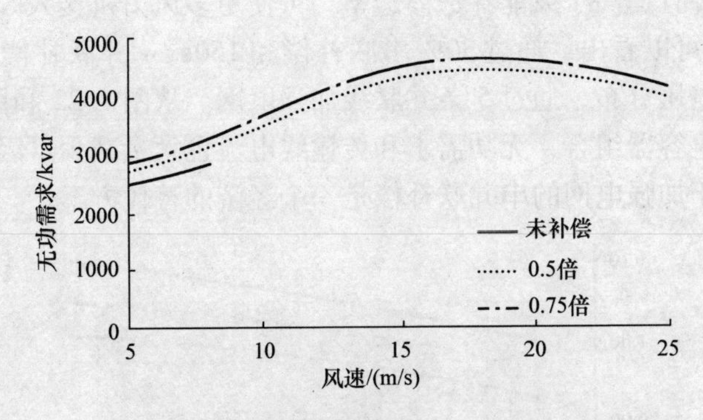

图 7.19　多值并联补偿后的无功需求

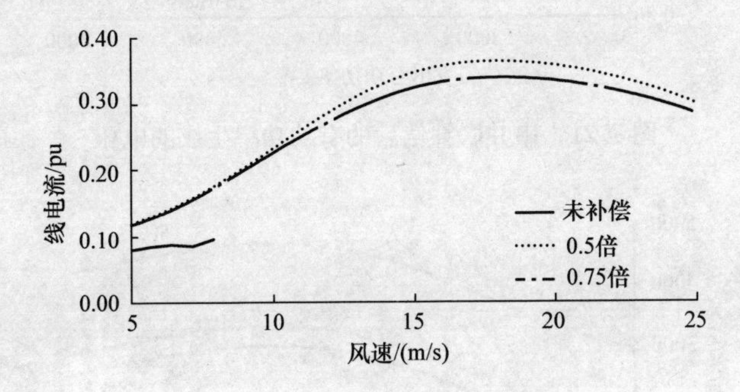

图 7.20　多值并联补偿后的线电流

7.6.3　串并联补偿

从上述分析中很明显可以看出，交流电容器的串联和并联补偿的优点可以同时作用。在并联补偿中，电容器被用来补偿独立的异步发电机；在串联补偿中，电容器被用来补偿线路阻抗。总结果将在输送线路上改善电压并且减少功率损耗。

为了解结合串并联补偿的影响，进行了两种不同的串并联组合的仿真，即将相同的 10 台风力机连接在母线 9 上。图 7.21 所示为通过风力发电系统产生的实际功率对抗风力发电系统终端通过各种串并联补偿组合的电压，可以看出电压图像比单独使用串联或并联补偿时高。实际上，串联电容器等于线路电抗的 75%，并且在 200kvar 并联补偿时会发生过补偿。

图 7.22 所示为与单独串联补偿相比，无功需求大量减少。在图 7.20 和图 7.23 中，比较通过串联补偿和串并联补偿的线电流，可以看出通过串并联补偿的传输线电流大量减少。对比图 7.12、图 7.18 和图 7.21，可以看出功率通过不同类型的补偿后电压的变化，证实了串并联补偿提供了非常好的风力发电系统终端电压分布，并且提高了风能穿透渗透率，可使更多风力机接入。

从图 7.24 可以看出，通过 50% 串联补偿和 150kvar 并联补偿的串并联补偿会得到更好的电压分布，通过 5 条并联线加强电网。从图 7.22 和图 7.23 可以看出，通过这种电容器组合，无功需求和传输线电流也大量减少。因此可以得到一个结论，即用于加强电网的串并联补偿是一个经济的替代方案。

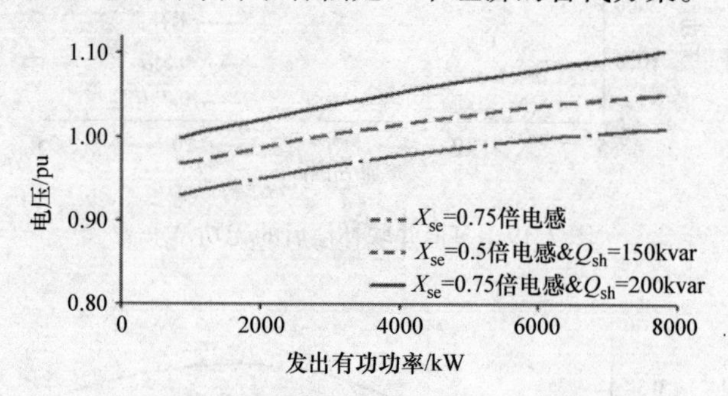

图 7.21 串并联补偿后的有功功率生成的电压

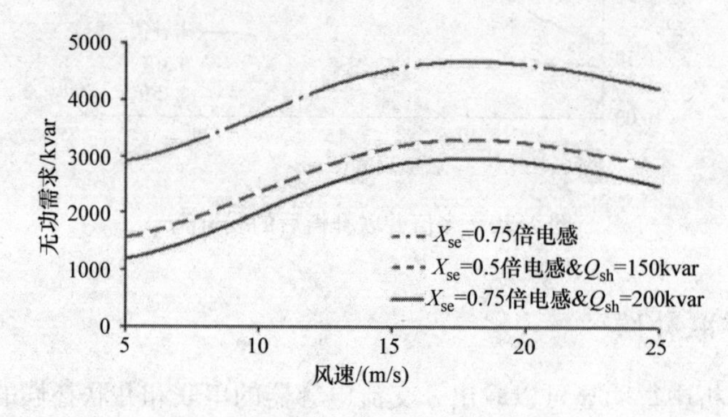

图 7.22 串并联补偿后的无功需求

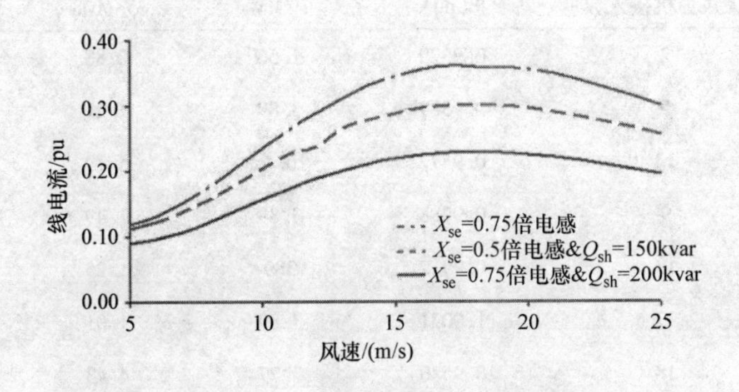

图 7.23　串并联补偿后的线电流

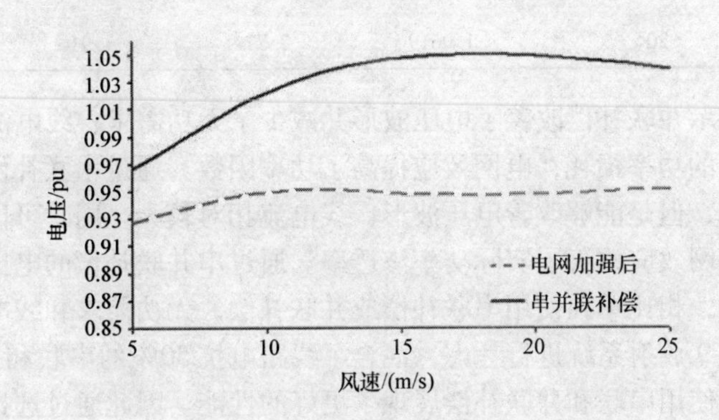

图 7.24　串并联补偿电网加强前后比较

7.7　结论

对比新开发的潮流同步法的收敛特性和已存在的潮流分析顺序法，可以发现同步法有更少的迭代数。

为了详细地为风力发电系统建模，表 7.2 中总结了通过加入或不加入补偿来提高风力机连接数量的影响因素。通过表 7.2 可以看出，当 PCC 与电网之间的传输线加强时（通过 5 条并联线），可以连接 13 台风力机并且有更多的功率可以送入电网。虽然从电网发出无功功率非常大，但是风力发电系统的电压波形得到了改善。然而，这种强化的性价比不高，相当于使用 5 条并联线。所以，两种不同补偿类型的影响仍是值得研究的。

表7.2 结果摘要

	最大风力机接入数量	V(pu)	P/MW	Q/Mvar	I(pu)
A_1	2	0.9329	1.56	0.88	0.0735
A_2	5	0.9389	3.89	2.21	0.1833
A_3	13	0.9472	10.12	5.79	0.4325
B_1	9	0.9788	3.89	1.49	0.1807
B_2	13	0.9912	389	1.25	0.1771
B_3	17	1.0031	3.89	1.01	0.1729
C_1	18	0.9580	7.77	4.43	0.3604
C_2	22	1.0090	7.77	4.68	0.3443
D_1	13	1.0014	7.77	2.27	0.1782
D_2	20	1.0619	7.77	1.91	0.1253

表7.2显示并联补偿改善了电压波形并减少了无功需求；线电流减小，从而减小了连接线的功率损耗；电网效应提高了功率因数。通过串联补偿虽然会增加无功功率需求，但是能够改善电压波形，线电流相对较大，同时可以连接更多风力机在线。电网效应改善了实际功率渗透率。通过串并联补偿的电压波形有极大的提升，同时，相比单独使用串联补偿或并联补偿，无功需求和线电流图同时减小。对于母线9放射系统进行考虑，混合了线路电抗50%的串联和150kvar的并联补偿比单独使用串联和并联补偿展现了更好的性能。因此通过选择正确的电容器型号，串并联混合补偿可以提升整个系统的性能。

在表7.2中，V为风力发电系统终端在额定转速的电压；P为额定转速产生的实际功率；Q为额定转速的无功需求；I为额定转速下的线电流；A为无补偿系统（1—无线路增强，2—用双线路，3—用5条并联线路）；B为并联补偿（1—150kvar，2—200kvar，3—250kvar），V，P，Q和I为5台在线风力机的数值；C为串联补偿（1—0.5线路电抗，2—0.75线路电抗），V，P，Q和I为10台在线风力机的数值；D为串并联补偿（1—0.5线路电抗且$Q_{sh}=150$kvar，2—0.75线路电抗且$Q_{sh}=200$kvar），V，P，Q和I为10台在线风力机数值。

总结如下：

1）加强电网来疏散风场的最大输出功率，与安装的额定容量相匹配，这是为了确保在多风季节获得风能。

2）整定并网异步发电机的串并联电容器补偿合适的值。

附录 A

母线 9 放射系统数据

1. 传输线数据（所有线路）

电阻	0.24Ω/km
电抗	0.48Ω/km
电纳	2.80μS/km
长度	20.0km

表 A.1　变压器数据

参数	负荷变压器数据（全部）	升压变压器数据（在风车上）	馈电变压器数据
额定视在功率	0.63MVA	1.0MVA	25MVA
额定高压侧	15kV	15kV	110kV
额定低压侧	0.4kV	0.69kV	15kV
额定短路电压	6%	6%	11%
额定铜损功率	6kW	13.58kW	110kW

2. 负荷数据（所有负荷）

$$0.150 + j0.147\text{MVA}$$

3. $C_p - \lambda$ 曲线参数

C_1	0.5
C_2	67.56
C_3	0.4
C_4	0
C_5	1.517
C_6	16.286
齿轮箱比	67.5

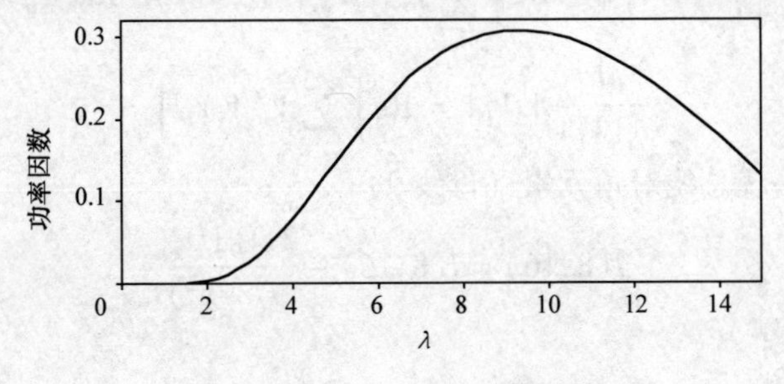

图 A.1　$C_p - \lambda$ 考虑风机的参数

异步发电机数据（△联结）

定子阻抗	0.0034Ω
转子阻抗	0.003Ω
定子漏抗	0.055Ω
转子漏抗	0.042Ω
励磁电感	1.6Ω

附录 B

母线 9 系统雅可比矩阵

通过考虑系统，雅可比是一个（17×17）矩阵，矩阵中的数字代表了元素的行和列，这些元素的解析式部分在后边给出。

$$\begin{bmatrix} (1,1) & \cdots & (1,8) & (1,9) & \cdots & (1,16) & (1,17) \\ \vdots & \cdots J_1 \cdots & \vdots & \vdots & \cdots J_2 \cdots & \vdots & \cdots J_5 \cdots \\ (8,1) & \cdots & (8,8) & (8,9) & \cdots & (8,16) & (8,17) \\ (9,1) & & (9,8) & (9,9) & & (9,16) & (9,17) \\ \vdots & \cdots J_3 \cdots & \vdots & \vdots & \cdots J_4 \cdots & \vdots & \cdots J_6 \cdots \\ (16,1) & & (16,8) & (16,9) & & (16,16) & (16,17) \\ (17,1) & \cdots J_7 \cdots & (17,8) & (17,9) & \cdots J_8 \cdots & (17,16) & (17,17) J_9 \end{bmatrix}$$

1. J_1 的元素

$$\frac{\partial P_i}{\partial \theta_i} = \mathrm{Im}\left[\sum_{j \neq i} V_i^* V_j Y_{ij}\right]$$

$$\frac{\partial P_i}{\partial \theta_j} = -\mathrm{Im}\left[\sum V_i^* V_j Y_{ij}\right]$$

2. J_2 的元素

$$\frac{\partial P_i}{\partial |V_i|}|V_i| = \mathrm{Re}\left[\sum_{j \neq i} V_i^* V_j Y_{ij}\right] + 2|V_i|^2 \mathrm{Re}(Y_{ij})$$

$$\frac{\partial P_i}{\partial |V_j|}|V_j| = \mathrm{Re}\left[\sum V_i^* V_j Y_{ij}\right]$$

风力发电系统总线对角元素（母线 9）

$$J(8,16) = J(8,16) - \frac{2|V_9|^2 r_e}{(r_e^2 + x_e^2)}$$

3. J_3 的元素

$$\frac{\partial Q_i}{\partial \theta_i} = \mathrm{Re}\left[\sum_{j\neq i} V_i^* V_j Y_{ij}\right]$$

$$\frac{\partial Q_i}{\partial \theta_j} = -\mathrm{Re}\left[\sum V_i^* V_j Y_{ij}\right]$$

4. J_4 的元素

$$\frac{\partial Q_i}{\partial |V_i|}|V_i| = -\mathrm{Im}\left[\sum_{j\neq i} V_i^* V_j Y_{ij}\right] - 2|V_i|^2 \mathrm{Re}(Y_{ij})$$

$$\frac{\partial Q_i}{\partial |V_j|}|V_j| = -\mathrm{Im}\left[\sum V_i^* V_j Y_{ij}\right]$$

风力发电系统总线对角元素（母线9），

$$J(16,16) = J(16,16) - \frac{2|V_9|^2 x_e}{(r_e^2 + x_e^2)}$$

其中，$Z_e = Z_s + Z_m \parallel Z_r$

5. J_5 的元素

$$J(8,17) = \frac{\partial}{\partial s}\left[\frac{V^2 r_e}{(r_e^2 + x_e^2)}\right] = \frac{|V_9|^2}{(r_e^2 + x_e^2)^2}\left[(x_e^2 - r_e^2)\frac{\partial r_e}{\partial s} - 2 r_e x_e \frac{\partial x_e}{\partial s}\right]$$

6. J_6 的元素

$$J(16,17) = \frac{\partial}{\partial s}\left[\frac{-V^2 r_e}{(r_e^2 + x_e^2)}\right] = \frac{-|V_9|^2}{(r_e^2 + x_e^2)^2}\left[(r_e^2 - x_e^2)\frac{\partial x_e}{\partial s} - 2 r_e x_e \frac{\partial r_e}{\partial s}\right]$$

7. J_7 的元素：0

8. J_8 的元素

$$J(17,16) = \frac{2|V_9| x_m^2 R_r / s}{\left[\left(R_1 + \frac{R_r}{s}\right)^2 + (x_1 + x_r)^2\right]\left[R_s^2 + (x_s + x_m)^2\right]}$$

其中，$Z_1 = Z_s \parallel Z_m$

9. J_9 的元素

$$J(17,17) = \frac{\partial \Delta P_m}{\partial s}$$

由式（7.13）~式（7.18）给出。

参考文献

1. Liangzhong Y, Phill C, Laurent S, Xiao-Ping Z (2005) Congestion management of transmission systems using FACTS. In: IEEE/PES transmission and distribution conference and exhibition, Asia and Pacific, Dalian, China, pp 1–5
2. Slootweg J, Polinder H, Kling W (2001) Initialization of wind turbine models in power system dynamics simulations. In: IEEE Porto power tech proceedings, p 7

3. Molzahn DK, Lesieutre BC (2013) Initializing dynamic power system simulations using eigenvalue formulations of the induction machine and power flow models. IEEE Trans Circuits Syst 60(3):690–702
4. Hatziargyriou D, Karakatsanis TS, Papadopoulos M (1993) Probablistic load flow in distribution systems containing wind power generation. IEEE Trans Power Syst 8(1):159–165
5. Persaud S, Fox B, Flynn D (2000) Impact of remotely connected wind turbines on steady state operation of radial distribution networks. IEE Proc Gener Transm Distrib 147(3):157–163
6. Meliopoulos APS (2001) Distributed energy sources: needs for analysis and design tools. In: IEEE power engineering society summer meeting, pp 548–550
7. Boulaxis NG, Papathanassiou SA, Papadopoulos MP (2002) Wind turbine effect on the voltage profile of distribution networks. Renewable Energy 25:401–415
8. Muljadi E, Wan Y, Butterfield CP, Parsons B (2002) Study of a wind farm power system. NREL report
9. Divya KC, Nagendra Rao PS (2005) Models for wind turbine generating systems and their application in load flow studies. Electr Power Syst Res 76:844–856
10. Fuerte-Esquivel CR, Acha E (1997) A Newton-type algorithm for the control of power flow in electrical power networks. IEEE Trans Power Syst 12:1474–1480
11. Liu Y, Wang W, Xu1 L, Ni P, Wang L (2008) Research on power flow algorithm for power system including wind farm. In: IEEE International Conference on Electrical Machines and Systems ICEMS, pp 2551–3255
12. Feijóo AE (2009). On PQ models for asynchronous wind turbines. IEEE Trans Power Syst 24(4):1890–1891
13. Feijoo AE, Cidras J (2000) Modeling of wind farms in the load flow analysis. IEEE Trans Power Syst 15(1):110–115
14. Pecas JA, Maciel FP, Cidras J (1991) Simulation of MV distribution networks with asynchronous local generation sources. In: Proceedings of IEEE Melecom
15. Cidras J, Martinez JA, Pecas JA, Maciel FP (1992) Modelling of nonlinear nodal admittances in load flow analysis. In: Proceedings IFAC
16. Salem E, Mohammed B, Joydeep M (2012) Power flow analysis of distribution systems with embedded induction generators. In: 44th North American power symposium, Sept 9–11, Illinois
17. EI-Sadek MZ, Dessauky MM, Mahmaud GA, Rashed WI (1997) Load representation for steady-state voltage stability studies. Electr Power Syst Res 43:187–195
18. Jayashri R, Kumudini Devi RP (2006) Analysis of the impact of interconnecting wind turbine generators to the utility grid. Wind Eng 30:303–315
19. Lubosny Z (2003) Wind turbine operation in electric power systems advanced modelling. Springer, Berlin
20. Chompoo-inwai C, Lee Wei-Jen, Fuangfoo Pradit, Williams Mitch, Liao James R (2005) System impact study for the interconnection of wind generation and utility system. IEEE Trans Ind Appl 41(1):163–168
21. Laughton MA, Warne DJ (2003) Electrical engineer's reference book, 16th edn. Elsevier, Oxford

第8章 可变速风力发电机对美国东部互联网络频率调节和振荡阻尼的贡献

刘勇（Yong Liu），J·R·格雷西亚（J. R. Gracia），
T·J·金（T. J. King）和刘易路（Yilu Liu）

摘要：由于风力发电在大电网中的运用越来越多，美国东部互联网络（Eastern Interconnection，EI）已经发生了很大的改变，这些改变包括频率响应的增大和区域间的振荡增强。然而，电子设备的快速响应使得变速风力发电机中存储的动能和/或风力储备（如果存在的话）能够快速被注入电网中。如果采用合适的控制策略，则快速注入有功功率可以促进对于EI频率和振荡阻尼的调节。在本章中，PSSE内置了一个用户定义的带有快速有功功率控制器的风电控制模型，然后基于有16000总线的EI系统动态模型，分别评估变速风力发电机对EI的频率调节和振荡阻尼的潜在贡献。仿真结果表明，现在以及未来的高渗透率风力发电可以在EI中提供频率调节和振荡阻尼调节。

关键字：美国东部互联网络（EI）；快速有功功率控制；频率调节；区域间振荡阻尼；可变速风力发电

8.1 引言

当今社会，新一代混合风力发电在世界上大多数电网中的应用正在增加，这会对电网的稳定性和其他问题造成影响。尽管一些问题的整体测试和相应的技术已经商业化，如电压和无功功率控制、电能质量要求和故障切除能力，但是仍然存在一些其他问题等待解决，例如，现在传统同步发电机对系统频率支持起着关键的作用，到目前为止，由于对风力发电机同步转矩的缺乏，较高的风电渗透率会逐渐导致整个系统惯性的下降和频率调节能力的下降[1-5]。

另外一个严重的问题是区域间振荡。许多研究表明，用双馈感应发电机（Double Fed Induction Generator，DFIG）代替传统发电机的发电场可能会对互联系统振荡阻尼产生负面影响[6-9]。对于EI，在不久的将来主要的风力发电会远离东北部的负荷中心而置于西北地区，因此还会引入新的问题影响现有区域内的阻尼模式。

然而，由于现代电力电子技术的发展，这些问题的答案可能在于风力发电本

身。虽然输送到电网的风能的稳定性完全取决于从风力发电机转化来的机械能，但现代电子变换器可以有效且快速地控制变速风力发电机的出力。因此，变速风力发电具有相当大的能力来进行频率和振荡阻尼调节，特别是在风能渗透率较高时。本章将讨论变速风力发电机的快速有功功率控制技术，并论述该控制在 EI 频率调节和振荡阻尼中的应用。本章结构如下：8.2 节将对有助于频率调节和振荡阻尼的可变速风力发电机的快速有功功率控制技术进行总结；8.3 节将对在本章仿真中应用到的风力发电机和功率系统模型进行介绍；8.4 和 8.5 节将对可变速风力发电机分别对频率调节和振荡阻尼的贡献分别进行研究。

8.2 可变速风力发电机的快速有功功率控制技术

变速风力发电机主要指 DFIG 和永磁同步发电机（Permanent Magnet Synchronous Generator，PMSG）。一台 PMSG 包含一个多极永磁转子和一个连接到定子的背对背 AC/DC/AC 变换器。变换器将能量从定子传输到电网，因此，发电机与电网完全解耦。对于 DFIG，转子提供交流励磁电流，并通过变换器连接到电网，而定子直接连接到电网。在正常情况下，电力电子变换器使变速风力发电机能够在最大范围内（最大功率点跟踪，MPPT）捕获风能，提高电能质量并调节有功功率和无功功率。

在瞬态条件下，可以在变速风力发电机的变频器或桨距控制器上安装附加控制器，以便快速控制有功功率，实现频率调节和振荡阻尼[10-17]。在一些研究中，可变速风力发电机可以通过基于动能的有功控制技术暂时支持系统频率，例如“隐藏”惯性模拟、快速功率存储模拟、惯性下垂控制等，使风力发电机表现出与传统发电机相似的“人造”惯性响应[17]。这种类型的控制利用储存在风力机叶片中的动能，在数秒内将更多的有功功率注入电网。风力发电机输出的有功功率仅在短时间内增加，因此额定工作点保持不变。实际上，通用电气公司（GE）有一个被大家熟知的商业惯性下垂产品“Wind INTERIA”[18]。除了惯性响应外，还可以模拟传统系统中电力系统稳定器（Power System Stabilizer，PSS）的功能[19-26]。在这种情况下，变速发电机也对系统的稳定性有重要贡献。但持续的动能损失会导致风力机转速降低，而且如果转速过低，则风力机会失速。因此，应采取措施以避免损耗过多的动能。

正如上面提到的，因为风能环保而且成本比较低，所以风力发电为了最大限度地捕获风能，通常工作在 MPPT 曲线上。但是，如果风力机不工作在 MPPT 曲线上，则会通过转速控制（从 MPPT 值提高转速，通常被称为超速）或者桨距控制，节省一些功率作为备用功率，通过实施特定的控制技术使风力发电机模拟传统同步发电机的频率下垂特性（调节器响应）。由于桨距控制的时间常数相对较大，桨距叶片的频繁调整会大幅降低它们的寿命，因此这一章不考虑桨距控制。相反，由电力电子变换器提供转速控制，从而有可能利用超速节省的动力储备来平衡瞬时功率消耗，并为长期频率调节提供支持[10]。此外，虽然目前还没有研究涉及这个问题，但是如果储备存在的话，则风力发电还可以像传统发电一样有效地从运营商那里采取自动发电控制（Automatic Generation Control，AGC）调节命令。

总之，通过实施快速有功功率控制技术，变速风力发电机可以模拟传统发电机的惯性和调速器响应来提供频率支撑。此外，为了实现系统小信号稳定，PSS功能也可以应用于变速风力发电机。

8.3 电力系统和变速风力发电机模型

本章将展示可变速风力发电机对EI中频率调节和振荡阻尼的潜在能力。PSSE具有处理大规模电力系统动态仿真和风力发电机建模的能力，因此被用作本章的仿真工具。所使用的风力发电机模型和EI动态模拟场景将在本节介绍。

8.3.1 风力发电机模型

由于DFIG是目前主流的风力发电机类型，所以本文中变速风力发电机用DFIG来建模。在PSSE中开发了WT3风模型，以模拟基于双馈风力发电机的基本有功功率控制的性能[27]。DFIG模型中有四个基本组件（通常称为WT3模型，其结构如图8.1所示），即

1）WT3G：发电机/变换器模型；

2）WT3E：电气控制模型；

3）WT3T：机械控制（风力发电机）模型；

4）WT3P：桨距控制模型。

采用PSSE的GE 1.5MW风力发电机的典型参数进行仿真。为了在PSSE中为当前DFIG模型增加快速有功功率控制功能，作者开发了一个用户定义的电气控制模型，控制结构如图8.2所示。请注意，由于在本研究中未考虑桨距控制和无功功率控制，因此忽略WT3P部分，并在所有仿真中选择恒定的无功功率控制模式。

8.3.2 电力系统模型

EI是北美两大电网之一。它从加拿大中部向东到大西洋沿岸（不包括魁北克），向南到佛罗里达州，并且向西回到洛矶山的山脚（不包括得克萨斯州的大部分地区）。本研究选择了其16000总线动态模型作为基础案例。该模型的总发

电量约为5.9×10^8kW，其中包括大约3000台发电机（该模型受田纳西流域管理局的保密协议保护，因此不允许公布详细信息）。但是，原始模型中没有风力发电模型，因此作者需要模拟具有实际风能渗透率的场景。

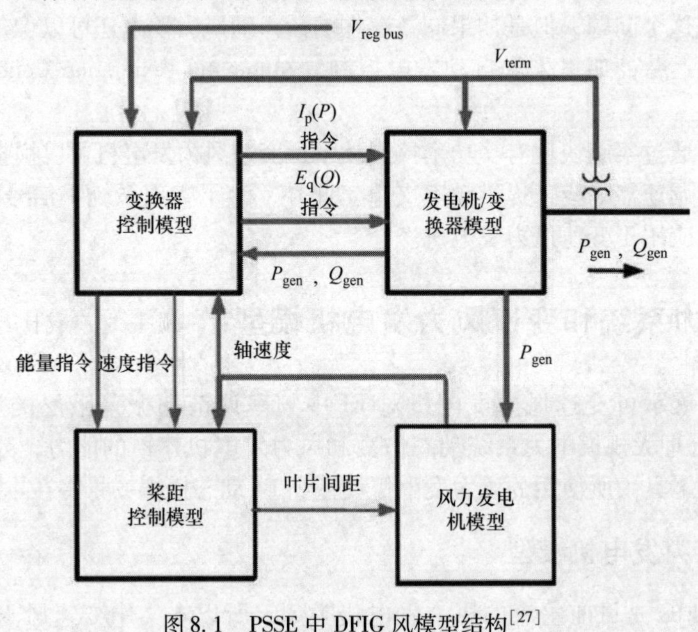

图8.1　PSSE中DFIG风模型结构[27]

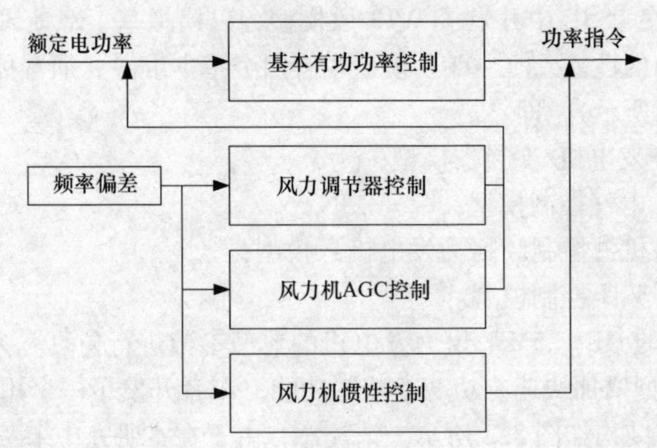

图8.2　用户定义的风电控制模型结构（有功功率控制部分）

8.3.3　仿真场景建设

在这项研究中，为了模拟EI系统中相对真实的风力渗透率，将EI发电量的5%换为风力发电。尽管目前大多数风力发电机都位于EI的西北地区，但预计近期将安装大量的海上风电场。此外，风力发电将主要位于EI的边缘，这使得它们在区域间振荡阻尼方面更有优势。最后，由于风力发电用于取代EI中相同数量的传统发电机，拥堵不太可能发生，故不在本章的考虑范围内。

8.4 变速风力发电机对 EI 频率调节的贡献

为了使变速风力发电机能够进行频率调节，在用户自定义的 PSSE DFIG 电气控制模型中采用了多个附加控制器，包括风力惯性控制、风力调速控制和风力 AGC 控制，具体将分别在 8.5 节进行介绍。

8.4.1 风力惯性控制

风力惯性控制与 GE WindINERTIA 的技术原理一样，目标是让风力发电为传统发电机提供“人造”惯性响应。用下垂控制产生与频率偏差成比例的有功功率输出变化，由下式给出：

$$\Delta f = f_{meas} - f_{ref}$$

式中，f_{meas}是系统采样频率；f_{ref}是基准频率。

风力惯性下垂控制的结构如图 8.3 所示。

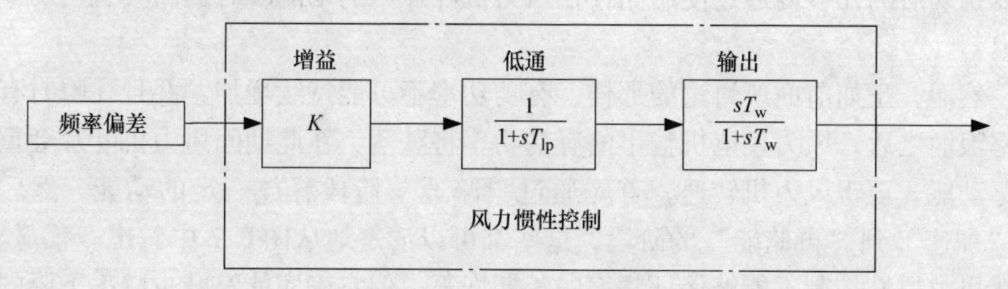

图 8.3　风力惯性控制结构

8.4.2 风力调速控制

正如在 8.1 节所讨论的那样，如果风力机工作在超速范围内，则风力机可能会降低转速来释放储存的动能。因此，利用储存的风能可以模拟风力发电机的调速响应。

同样采用下垂控制，相应的风力调速控制结构如图 8.4 所示。

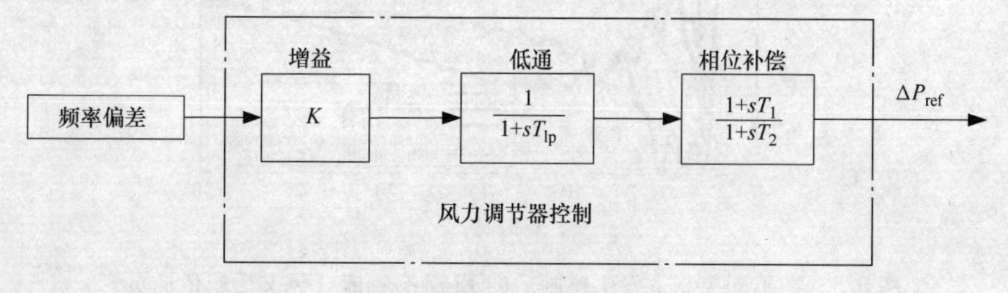

图 8.4　风力调节器控制结构

8.4.3 风力 AGC

AGC 在保持电网发电和耗电平衡方面发挥着关键作用。尽管还没有研究说明这一问题，但变速风力发电机可以像传统发电一样有效地响应操作者 AGC 的调节指令。实际上，由于电力电子变换器的响应速度很快，所以变速风力发电机的有功功率输出可以实现快速上升/下降，这使得风力发电机更适合 AGC 调节。唯一的缺点是在正常工作情况下由于储备而浪费风能。

8.4.4 案例分析：发电之旅

为了演示变速风力发电机调节 EI 频率的能力，在 8.4.4 节模拟了一个 1000MW 的发电机组。用不同控制方法的频率响应如图 8.5 所示，一个典型的风力发电机的输出有功功率如图 8.6 所示（本章案例研究中风力控制器的参数都是由作者手动调整）。

在图 8.6 中，如果仅使用风惯性控制（由绿色线表示），则风力发电机会在故障扰动后的几秒内通过使用储存在风力机叶片中的动能瞬时提高其有功功率的输出。

然而，正如前面所讨论的那样，有功功率不可能持续增加，并且在瞬时有功功率浪涌之后，风力发电机输出的有功功率将跌落，在此期间风力机叶片会重新储存动能。至于风力机转速，首先通过“减速”阶段释放一定的动能，然后是从“加速”到“再储能”的阶段，这些都可以清楚地从图 8.7 中看出。很显然，虽然风力惯性控制不能保证频率的长期恢复，但它确实能够减少频率下降的程度，如图 8.5 中绿色线所示。

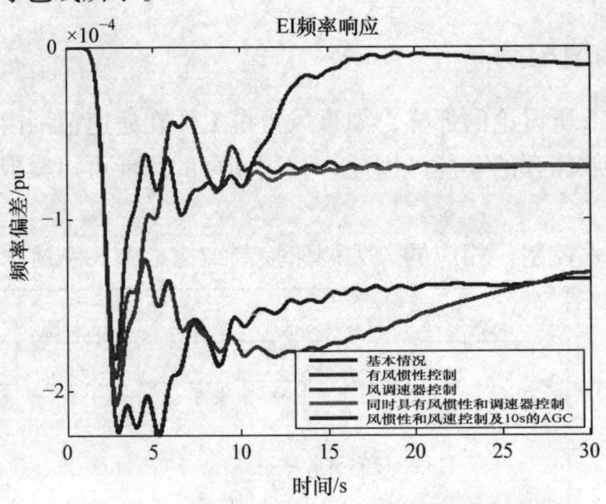

图 8.5 在不同控制下发生跳闸后的 EI 频率响应（见文后彩色插页）

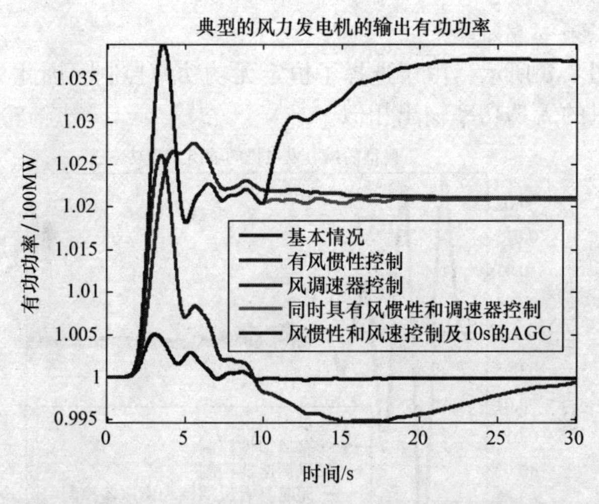

图 8.6　典型的风力发电机组在不同控制下产生跳闸事件后的有功功率输出（见文后彩色插页）

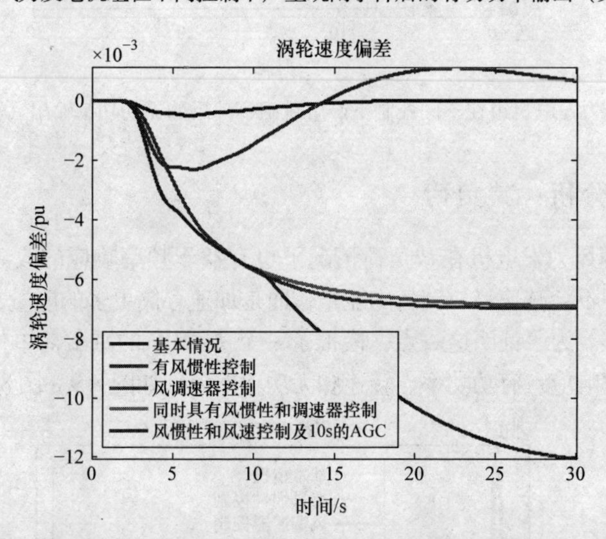

图 8.7　典型的风力发电机组在不同控制下产生跳闸事件后的涡轮转速偏差（见文后彩色插页）

如果仅工作在风力机调速控制模式下，风力发电机与传统的发电机一样，但速度要快得多。如图 8.6 中红色线所示，由于“调速控制”功能的存在，所以风力发电机输出更高的有功功率，通过将工作点远离超速区将风电储备重新投入使用。通过这种方式，风力调速控制不仅可以降低频率最低点，还可以降低稳态频率偏差，如图 8.5 中红色线所示。

如果将惯性控制和调速控制结合在一起，则将进一步控制频率的跌幅，并且稳态频率偏差也将减小，如图 8.5 中蓝绿色线所示。但是，为了进一步降低稳态频率偏差，应考虑 AGC 控制。在最后一种情况下，所有风力发电机都收到 AGC 的命令，并在 10s 内增加有功功率的输出，如图 8.6 中紫色线所示。因此，几乎完全消除了稳态频率偏差。

此外，如图 8.8 所示，由于选择了恒定无功功率控制，因此具有不同控制的变速风力发电机的无功功率输出相似。

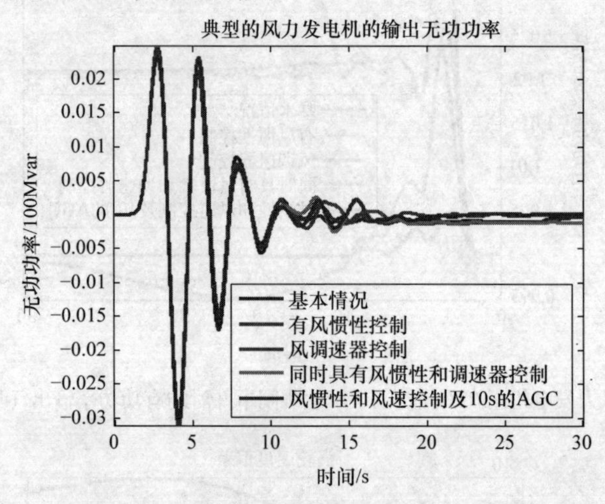

图 8.8 典型的风力发电机组在不同控制下产生跳闸事件后的无功功率输出（见文后彩色插页）

8.4.5 案例分析：减负荷

注意，变速风力发电机在减负荷情况下也有益于频率响应的改善。在这种情况下，风力机叶片不会减速释放储备的能量，而是加速存储更多的能量，同时节省储备来减少频率偏移。为了证明这一点，模拟了一个 724MW 的减负荷事件。和发电之旅项目类似，频率响应、有功功率、转速和无功功率分别如图 8.9 ~ 图 8.12 所示。

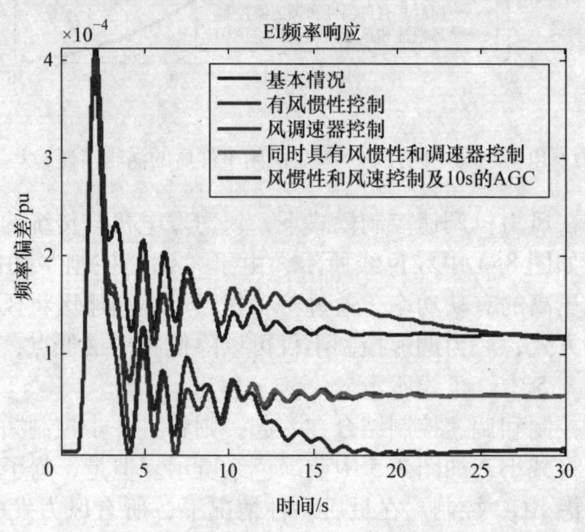

图 8.9 在不同控制下减负荷后的 EI 频率响应（见文后彩色插页）

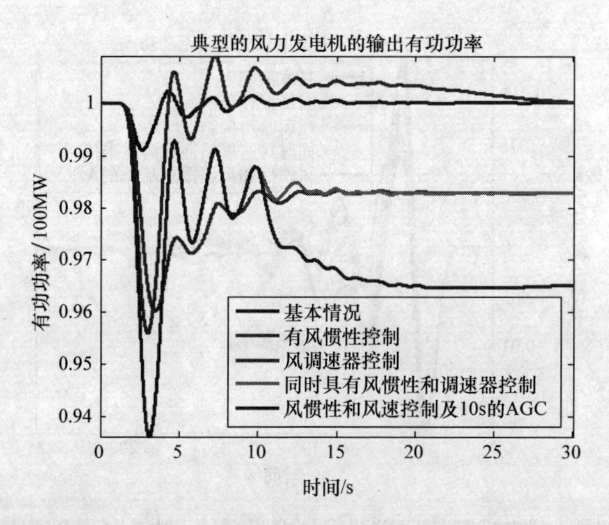

图 8.10　典型的风力发电机组在不同控制下减负荷后的有功功率输出（见文后彩色插页）

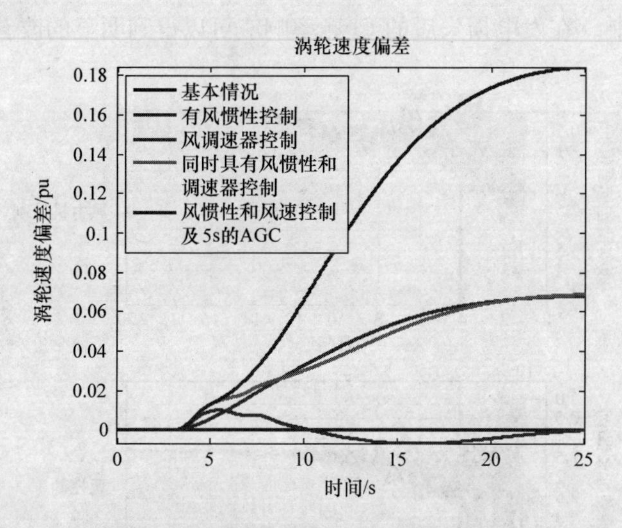

图 8.11　典型的风力发电机组在不同控制下减负荷后的涡轮转速偏差（见文后彩色插页）

8.4.6　风力发电机频率调节控制的影片展示

为了展示变速风力发电机控制对 EI 频率调节的整体效果，基于 EI 发电跳闸事件的数据制作了一个影片，其中一个快照如图 8.13 所示。影片中右侧图上的每个红点代表 EI 中的一条采样总线，而 contour 图则用于显示 EI 频率偏差的整个画面。

在上图中，仿真同时采用了风力惯性控制、风力调速控制和 AGC 控制三种控制方法，下图没有采用任何控制方法。通过比较，可以很明显地看出，由于风

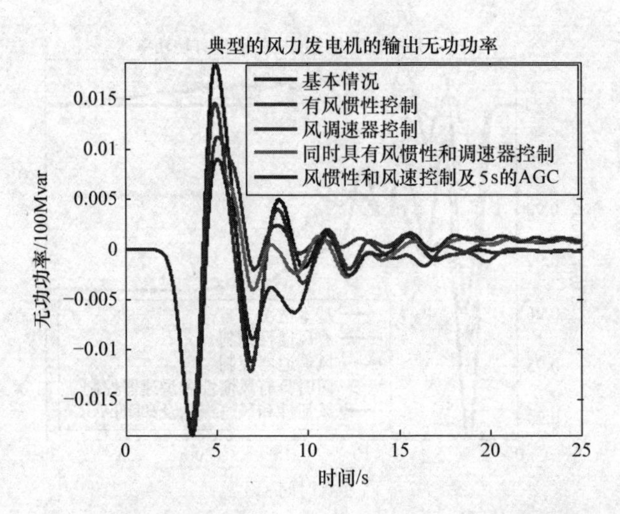

图 8.12 典型的风力发电机组在不同控制下减负荷后的无功功率输出（见文后彩色插页）

力发电机的控制，在发电损失后的 EI 频率响应可以得到明显的改善。

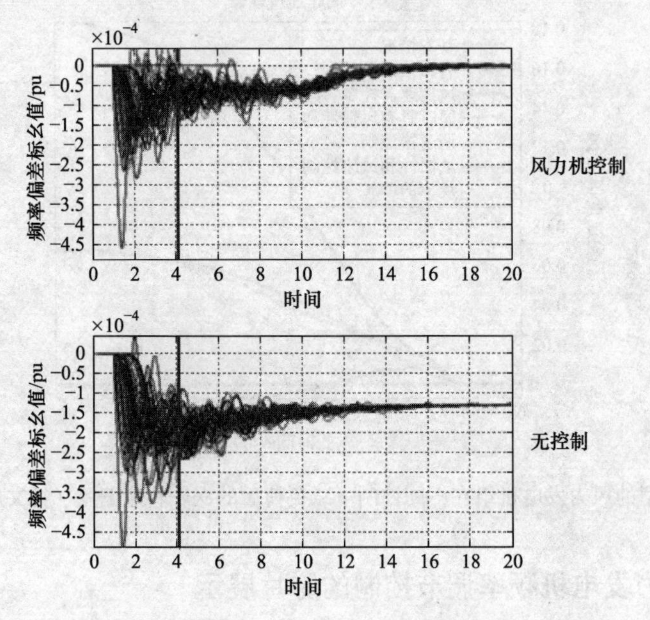

图 8.13 用于频率调节的 EI 风力发电机控制的动画显示（见文后彩色插页）

8.4.7 讨论

虽然风力发电的普及率还很低（2012 年为美国全部发电量的 3.4%，在这种情况下为总发电量的 5%），但已经证明变速风力发电机有促进 EI 频率调节的能力。美国能源部在 2008 年预期，如果到 2030 年风力发电的普及率能达到美国电力的 20%，则风力发电将成为频率调节服务市场的规则改变者，因此应该仔细研究相关的控制策略。

8.5　变速风力发电机对 EI 振荡阻尼的贡献

区域间振荡是风力发电带来的另一个严重问题。然而，许多研究人员已经注意到风力发电在振荡阻尼中的发展前景[19-26]。本节将基于 EI 16000 总线动态模型研究变速风力发电机对 EI 振荡阻尼的作用。

8.5.1　风力 PSS 控制

对于传统的发电机，PSS 通过产生与转子速度偏差同相的电转矩分量来增加发电机转子振荡的阻尼。一种与传统发电 PSS 相似的控制结构也可用于变速风力发电机的振荡阻尼中，控制框图如图 8.14 所示，在本章中被称为 Wind PSS。信号清除模块采用高通滤波器，时间常数 T_w 足够高，允许与振荡相关的信号以不变的方式通过。本地或广域控制信号都可用作风力 PSS 控制器的输入。

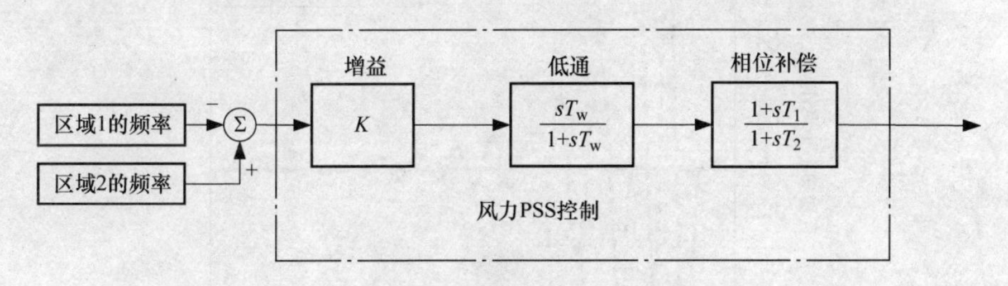

图 8.14　风力 PSS 控制结构

8.5.2　利用本地反馈信号的振荡阻尼

通过反馈本地频率信号，Wind PSS 可以有效地抑制本地频率的波动或振荡。下面将风力发电机阻尼线路故障引起的局部频率振荡作为案例进行研究。从图 8.15 可以看出，通过反馈本地信号给 Wind PSS 控制器，本地频率振荡有所衰减。图 8.16 中相应的有功功率波动表明，如果采用 Wind PSS 控制，则变速风力发电机可以有效地提供阻尼电气转矩。

就像传统的 PSS 一样，Wind PSS 也可以在区域振荡阻尼中发挥重要作用。在这种情况下，模拟发电触发 EI 的西北部和南部（NW-S）部分地区之间的区域间振荡，如在真实电网中检测的那样[28]。如图 8.17 所示，反馈局部频率信号，Wind PSS 的区域间振荡阻尼效应也是明显的。

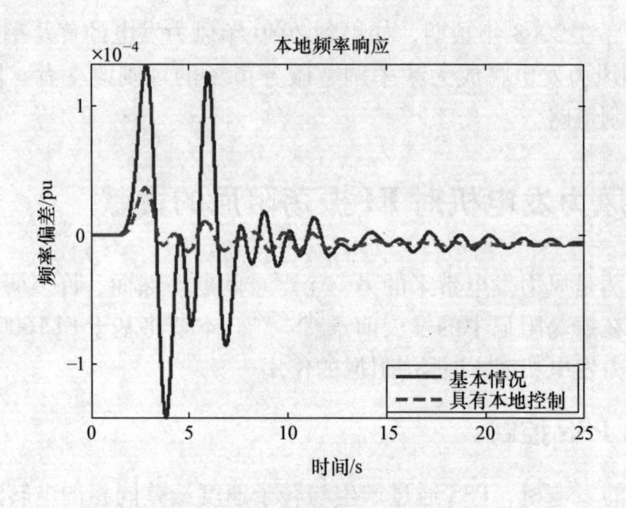

图 8.15 有/无风力 PSS 控制的本地频率响应

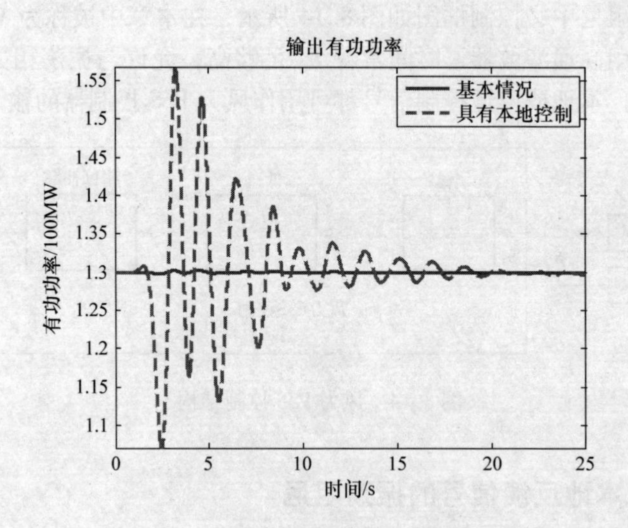

图 8.16 有/无风力 PSS 控制的输出有功功率

8.5.3 使用广域反馈信号的区域间振荡阻尼

大量研究表明，向 PSS 引入广域反馈信号可以从很大程度上改善区域间的振荡阻尼效应。

在本案例研究中，如果将 NW 和 S 之间的频率差作为 Wind PSS 控制器的输入信号，则 NW – S 之间的区域间振荡会比仅使用本地频率反馈信号时得到更有效的抑制，如图 8.18 所示。需要指出的是，原本西北与东北（NW – NE）之间的较弱的区域间振荡将受到负面影响，如图 8.19 所示，这意味着需要一个协调

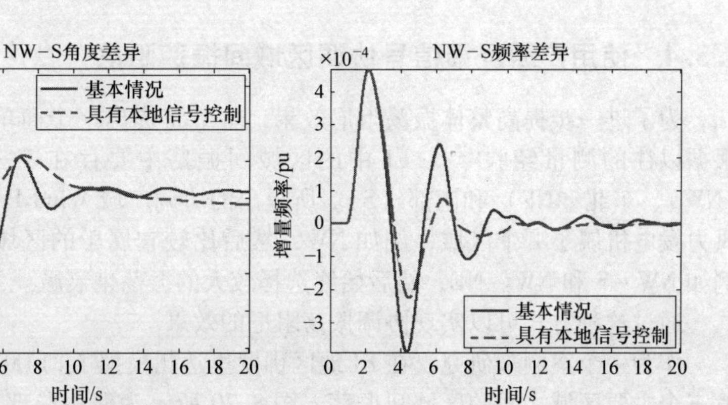

图 8.17　使用局部反馈信号的 NW－S 区域间振荡阻尼

的广域控制策略。

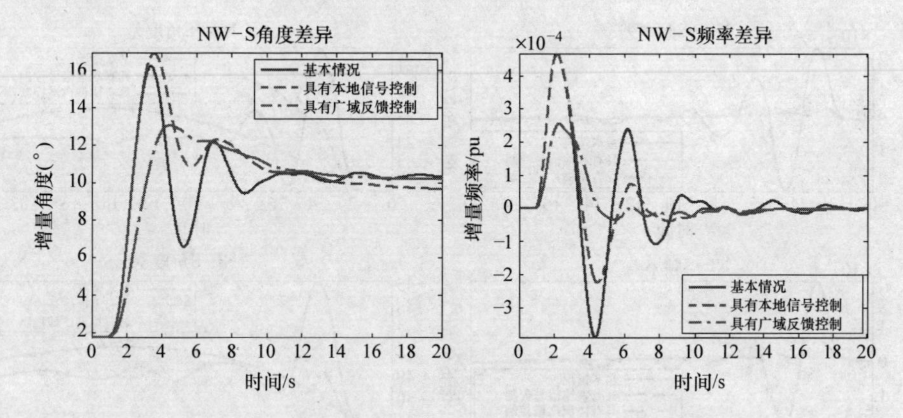

图 8.18　使用广域反馈信号的 NW－S 区域间振荡阻尼

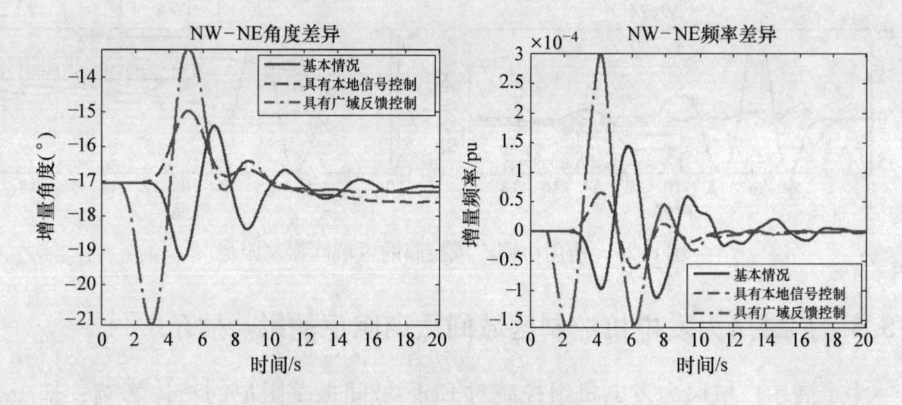

图 8.19　NW－NE 区域间振荡

8.5.4 使用广域反馈信号协调区域间振荡阻尼

为了进一步提高整体振荡阻尼效果，本节将提出一个简单的协调控制策略。根据以往的测量经验[28]，EI 中的区域间振荡主要存在于三个区域，即西北(NW)、东北（NE）和南部（S)。所提出的协调广域 Wind PSS 控制器首先确定风力发电机属于哪个区域，例如 NW，然后比较它属于的区域与其他两个区域，例如 NW - S 和 NW - NE，然后始终选择较大的振荡来衰减。

通过这种方式可以实现协调振荡阻尼的效果。

作为一个案例来研究，在 EI 地区佛罗里达州模拟了 814MW 的发电量，以引发三个主要区域之间的区域间振荡。图 8.20 所示为使用局部反馈信号和协调广域反馈信号的振荡阻尼结果。通过比较，可以很明显地看出，使用协调的广域反馈信号比仅使用局部本地反馈信号的区域间振荡可以达到更有效地衰减。典型的风力发电机的有功功率输出和频率响应如图 8.21 所示。

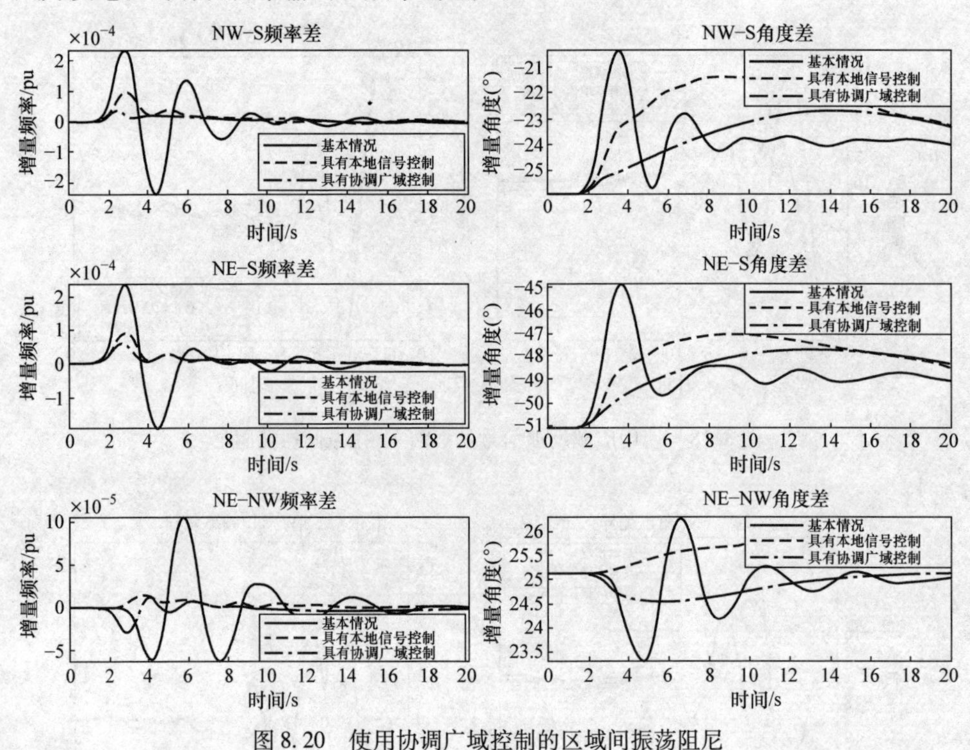

图 8.20 使用协调广域控制的区域间振荡阻尼

8.5.5 广域风力发电机控制区域间振荡阻尼的影片展示

为了展示广域风力发电机组控制对 EI 区域间振荡阻尼的整体影响，基于 EI 仿真数据创作了一个影片，其中一个快照如图 8.22 所示。在影片中，每条总线

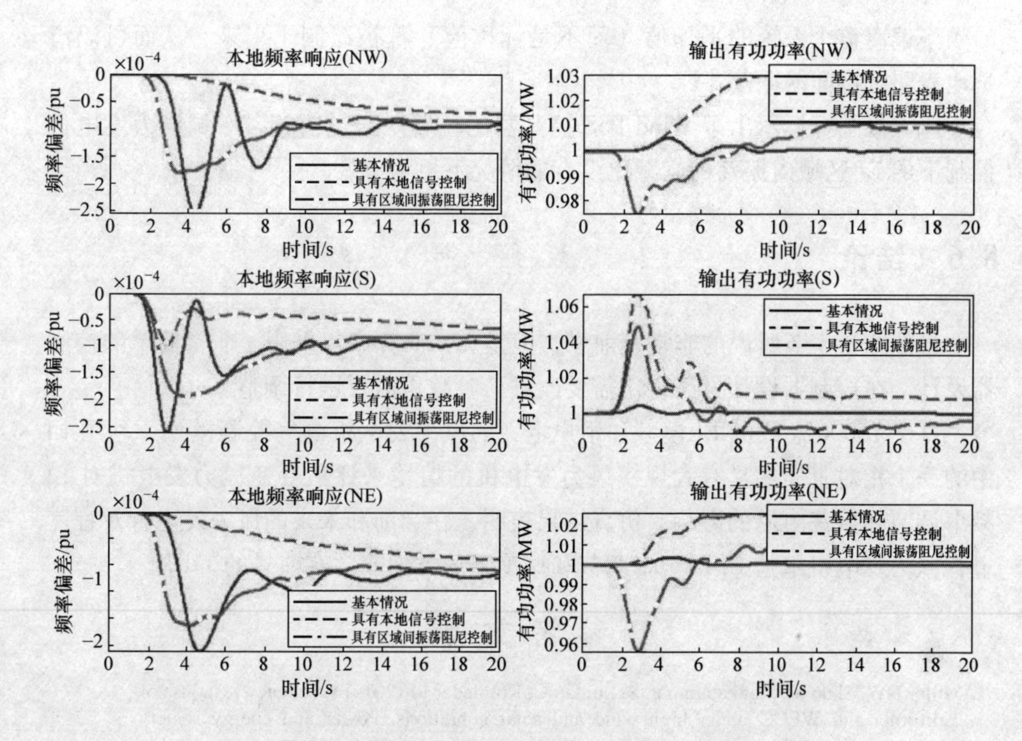

图 8.21　具有区域间振荡阻尼控制的典型风力发电机特性

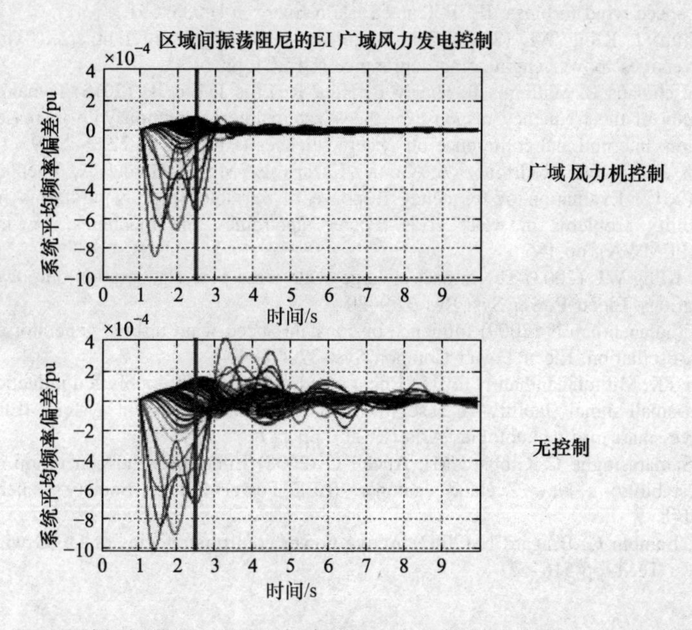

图 8.22　用于区域间振荡阻尼的 EI 广域风力发电机控制的动画显示（见文后彩色插页）

的频率偏离整个系统的平均值（而不是标称值）都被绘制了出来，从而可以清楚地表明区域间的振荡。

风力机图标标示出了 Wind PSS 控制器的位置。通过比较，广域风力发电机控制下的 EI 区域内振荡的衰减比没有的情况下更为有效。

8.6 结论

虽然如 8.5 节所说的非常有前景，但是在本研究中仅采用了非常简单的控制器设计。在控制器设计方面肯定需要改进，参数也需要进行调整。

基于 16000 总线的 EI 模型和用户定义的风力发电机电气控制模型，利用 EI 中的一个相对真实的具有大规模风力发电机的情境来评估变速风力发电机对 EI 频率调节和振荡阻尼的影响。仿真结果表明，在当前和未来的风力发电普及程度上，风力发电机组是 EI 中频率调节和振荡阻尼方面非常有前景的工具。

参考文献

1. Miller NW, Shao M, Venkataraman S, Loutan C, Rothleder M (2012) Frequency response of California and WECC under high wind and solar conditions. Power and energy society general meeting, pp 1–8
2. Ruttledge L, Miller NW, O'Sullivan J, Flynn D (2012) Frequency response of power systems with variable speed wind turbines. IEEE Trans Sustain Energ 3(4):683–691
3. Haan JES, Frunt J, Kling WL (2011) Grid frequency response of different sized wind turbines. Universities' power engineering conference (UPEC), pp 1–6
4. Mackin P, Daschmans R, Williams B, Haney B, Hunt R, Ellis J, Eto JH (2013) Dynamic simulation study of the frequency response of the Western interconnection with increased wind generation. International conference on system sciences (HICSS), pp 2222–2229
5. Villena-Lapaz J, Vigueras-Rodriguez A, Gomez-Lazaro E, Molina-Garcia A, Fuentes-Moreno JA (2012) Evaluation of frequency response of variable speed wind farms for reducing stability problems in weak grids. Power electronics and machines in wind applications (PEMWA), pp 1–5
6. Slootweg JG, Kling WL (2003) The impact of large scale wind power generation on power system oscillations. Electr Power Syst Res 67:9–20
7. Thakur D, Mithulananthan N (2009) Influence of constant speed wind turbine generator on power system oscillation. Electr Power Compon Syst 37:478–494
8. Modi N, Saha TK, Mithulananthan N (2011) Effect of wind farms with doubly fed induction generators on small-signal stability—a case study on Australian equivalent system. IEEE PES innovative smart grid technologies Asia (ISGT), pp 1–7
9. Vowles DJ, Samarasinghe C, Gibbard MJ, Ancell G (2008) Effect of wind generation on small-signal stability: a New Zealand example. IEEE Power Energy Society General Meeting, pp 1–8
10. Janssens NA, Lambin G, Bragard N (2007) Active power control strategies of DFIG wind turbines. Power Tech, pp 516–521

11. Mauricio JM, Marano A, Gomez-Exposito A, Martinez Ramos JL (2009) Frequency regulation contribution through variable-speed wind energy conversion systems. IEEE Trans Power Syst 24(1):173–180
12. Conroy JF, Watson R (2008) Frequency response capability of full converter wind turbine generators in comparison to conventional generation. IEEE Trans Power Syst 23(2):649–656
13. Ramtharan G, Ekanayake JB, Jenkins N (2007) Frequency support from doubly fed induction generator wind turbines. IET Renew Power Gener 1(1):3–9
14. Lalor G, Mullane A, O'Malley M (2005) Frequency control and wind turbine technologies. IEEE Trans Power Syst 20(4):1905–1913
15. Almeida RG, Castronuovo ED, Peas Lopes JA (2006) Optimum generation control in wind parks when carrying out system operator requests. IEEE Trans Power Syst 21(2):718–725
16. Almeida RG, Peas Lopes JA (2007) Participation of doubly fed induction wind generators in system frequency regulation. IEEE Trans Power Syst 22(3):944–950
17. Sun Y-Z, Zhang Z-S, Li G-J, Lin J (2010) Review on frequency control of power systems with wind power penetration. International conference on power system technology (POWERCON), pp 1–8
18. WindINERTIA® Control Fact Sheet (2009) GE Energy. (http://site.geenery.com/prod_serv/products/renewable_energy/en/downloads/GEA17210.pdf)
19. Tsourakis G, Nomikos BM, Vournas CD (2009) Contribution of doubly fed wind generators to oscillation damping. IEEE Trans Energy Convers 24(3):783–791
20. Ledesma P, Gallardo C (2007) Contribution of variable-speed wind farms to damping of power system oscillations. Power Tech, pp 190–194
21. Zhixin M, Lingling F, Osborn D, Yuvarajan S (2008) Control of DFIG based wind generation to improve inter-area oscillation damping. Power and energy society general meeting-conversion and delivery of Electrical Energy in the 21st Century, pp 1–7
22. Liu X, McSwiggan D, Littler TB, Kennedy J (2010) Measurement-based method for wind farm power system oscillations monitoring. IET Renew Power Gener 4(2):198–209
23. Lingling F, Haiping Y, Zhixin M (2011) On active/reactive power modulation of DFIG-based wind generation for inter-area oscillation damping. IEEE Trans Energy Convers 26(2):513–521
24. Knuppel T, Nielsen JN, Jensen KH, Dixon A, Ostergaard J (2011) Power oscillation damping capabilities of wind power plant with full converter wind turbines considering its distributed and modular characteristics. IET conference on renewable power generation, pp 1–6
25. Knuppel T, Nielsen JN, Jensen KH, Dixon A, Otergaard J (2011) Power oscillation damping controller for wind power plant utilizing wind turbine inertia as energy storage. Power and energy society general meeting, pp 1–8
26. Tsourakis G, Nomikos BM, Vournas CD (2009) Contribution of doubly-fed wind generators to oscillation damping. IEEE Trans Energy Convers 24(3):783–791
27. PSSE version 32 user manual, 2012
28. Zhiyong Y, Tao X, Yingchen Z, Lang C, Markham, PN, Gardner RM, Yilu L (2010) Inter-area oscillation analysis using wide area voltage angle measurements from FNET. Power and energy society general meeting, pp 1–7

第9章　基于高密度可再生能源发电的中低压电网能量管理

M·A·巴里克（M. A. Barik），H·R·波塔（H. R. Pota）
和J·拉维申卡（J. Ravishankar）

摘要：本章是对现有中低压电网负荷分配控制技术的综述，列举各方法的主要优点和缺点，通过整体对比探讨出最适用于分布式系统的方法。最后，指出了现有方法的局限性和未来的研究方向。

关键词：微电网；负荷分配控制；中低压配电网；可再生能源

9.1　引言

使用化石燃料发电的传统发电方式会带来环境问题，因此将可再生能源集成到当前的电力系统中是今后的发展趋势[1]。虽然可再生能源是环保的，但将其集成到电网需要解决一些关键技术[2-4]。可再生能源通过电力电子接口设备接入电网，机械惯性小，这是其与传统发电方式最大的不同[1,5,6]。由于可再生能源容量小，分散在网络的各个地方，故一般称为分布式电源[1]。将分布式电源集成到配电网中，可以减少系统的能量损耗，提高电压支撑能力，从而提高系统的效率和可靠性[7]。另外，考虑到分布式电源惯性小和通过电力电子接口设备接入网络的特点，随着可再生能源渗透率的增加，各分布式电源自动分担负荷是关键问题[8-11]。

在当前电力系统中，实现有功和无功功率分配的流行方法是下垂控制，该方法最初基于高压传输线和大惯性发电机的设计而来，在高压电网中，线路阻抗呈感性，而在低压和中压网络中线路为阻性，加之可再生发电的小惯性特点，所以传统的下垂控制实用性不高[3,12]。因此，需要提出适用于中低压电网负荷分配的先进控制技术。

目前，在提高中低压网络负荷分配精度的研究中，通常使用基于传统下垂控制的改进方法，部分研究使用基于通信的控制技术，本章是对在可再生能源发电的中低压电网中负荷分配方法的概述。首先阐述传统下垂控制方法的基本原理和局限性，然后介绍现有的各种改进方法并对比其优劣。接着讨论并比较使用了通信链接的中低压网络负荷分配技术，介绍一种基于下垂控制的带通信的负荷分配控制方法，并详细分析其优缺点。讨论现有中低压网络的负荷分配研究的局限性。最后，本章还将提出未来深入研究的方向。

9.2 中低压网络的负荷分配控制技术

负荷分配的主要目标是使有效的分布式电源合理地承担有功和无功功率负荷，同时保持电压质量且适应各种负荷类型[13]。在中低压网络中，负荷分配难点如下：

1）大部分分布式电源有本地负荷；

2）大部分分布式电源功率不可调度；

3）不考虑费用问题，如何保证系统的稳定可靠性很重要。

负荷分配的方法可分三种，即基于下垂的控制方法、基于通信的控制方法和带有通信的下垂控制方法，下面将逐一讨论。

9.2.1 基于下垂的控制方法

9.2.1.1 传统下垂控制方法

下垂控制是广泛使用的负荷分配方法。对于旋转发电机，其频率和有功功率紧密相关，负荷增大则负荷转矩增加，转速降低，因此其频率跟随有功功率变化，端电压跟随无功功率变化。下垂控制方法就是基于分别控制电源频率和电压的思想，实现有功和无功功率负荷的分配。对于没有旋转结构的逆变器型电源，角度下垂相比于频率下垂可以更好地实现负荷分配。在图 9.1 中，复功率 S_{ab} 从节点 a 通过传输线流向节点 b，则可求得其表达式为

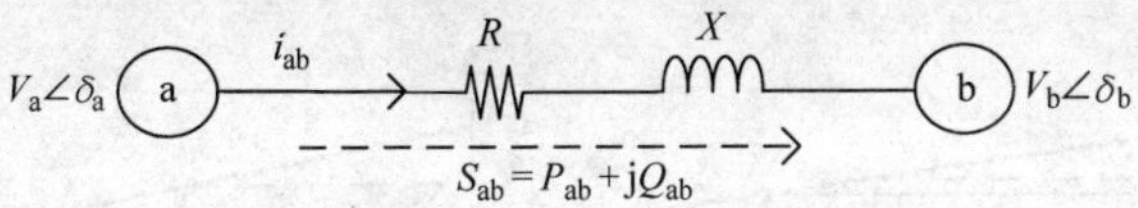

$V_a\angle\delta_a$　a　i_{ab}　R　X　b　$V_b\angle\delta_b$

$S_{ab}=P_{ab}+jQ_{ab}$

图 9.1　节点 a 到节点 b 的功率流动

$$S_{ab}=P_{ab}+jQ_{ab}=v_a i_{ab}^*=v_a\left(\frac{v_a-v_b}{z}\right)^*=Y[V_a^2e^{j\theta}-V_aV_be^{j(\theta+\delta_{ab})}] \tag{9.1}$$

式中，P_{ab}、Q_{ab} 和 i_{ab} 分别是有功功率、无功功率和从节点 a 流向节点 b 的电流；$z=Z\angle\theta=R+jX$ 是线路阻抗；$v_a=V_a\angle\delta_a$ 和 $v_b=V_b\angle\delta_b$ 分别是节点 a 和 b 的电

压；$Y=\frac{1}{z}$是线路导纳；$\delta_{ab}=\delta_a-\delta_b$ 是 a 和 b 两节点的电压相位差。由式（9.1）知有功和无功功率可以表达为

$$P_{ab}=Y[V_a^2\cos\theta-V_aV_b\cos(\theta+\delta_{ab})] \tag{9.2}$$

$$Q_{ab}=Y[V_a^2\sin\theta-V_aV_b\sin(\theta+\delta_{ab})] \tag{9.3}$$

确定的线路，其线路参数也是确定的，由式（9.2）和式（9.3）可以看出，功率和节点电压相互关联，因此可将其改写为小信号形式

$$\Delta P_{ab}=Y\{[2V_a\cos\theta-V_b\cos(\theta+\delta_{ab})]\Delta V_a+V_aV_b\sin(\theta+\delta_{ab})\Delta\delta_a\} \tag{9.4}$$

$$\Delta Q_{ab}=Y\{[2V_a\sin\theta-V_b\sin(\theta+\delta_{ab})]\Delta V_a-V_aV_b\cos(\theta+\delta_{ab})\Delta\delta_a\} \tag{9.5}$$

高压传输线路，线路电抗远大于线路电阻，即 $\theta\approx90°$，$\cos\theta\approx0$，$\sin\theta\approx1$。因此，式（9.4）和式（9.5）可以改写为

$$\Delta P_{ab}=Y(V_b\sin\delta_{ab}\Delta V_a+V_aV_b\cos\delta_{ab}\Delta\delta_a) \tag{9.6}$$

$$\Delta Q_{ab}=Y[(2V_a-V_b\cos\delta_{ab})\Delta V_a+V_aV_b\sin\delta_{ab}\Delta\delta_a] \tag{9.7}$$

同样的，由于 δ_{ab} 非常小，$\cos\delta_{ab}>>\sin\delta_{ab}$，故式（9.6）和式（9.7）可以简化为

$$\Delta P_{ab}\approx YV_aV_b\Delta\delta_a \text{ 及 } \Delta Q_{ab}\approx Y(2V_a-V_b)\Delta V_a \tag{9.8}$$

或

$$\Delta P_{ab}\propto\Delta\delta_a \text{ 及 } \Delta Q_{ab}\propto\Delta V_a \tag{9.9}$$

式（9.9）表明有功功率改变量与电压相位差成正比，无功功率改变量与线路电压幅值成正比，因此可以通过分别控制电压幅值和相角实现负荷分配控制，见式（9.10）和式（9.11），其对应的特性曲线和框图如图 9.2 和图 9.3 所示。

$$\delta-\delta_r=-k_p(P-P_r) \tag{9.10}$$

$$V-V_r=-k_q(Q-Q_r) \tag{9.11}$$

式中，P 和 Q 分别是注入电网的有功和无功功率；V_r，δ_r，P_r 和 Q_r 分别是线路电压幅值、线路电压相位、有功功率和无功功率的参考值；k_p，k_q 是常数。

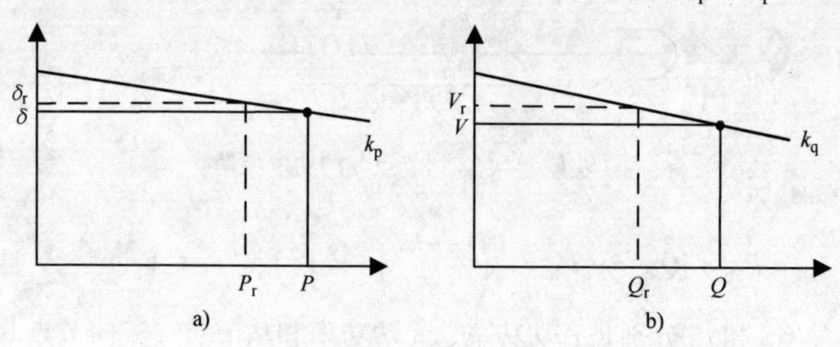

图 9.2 传统下垂控制策略的特性 $P-\delta$ 和 $Q-V$ 下垂

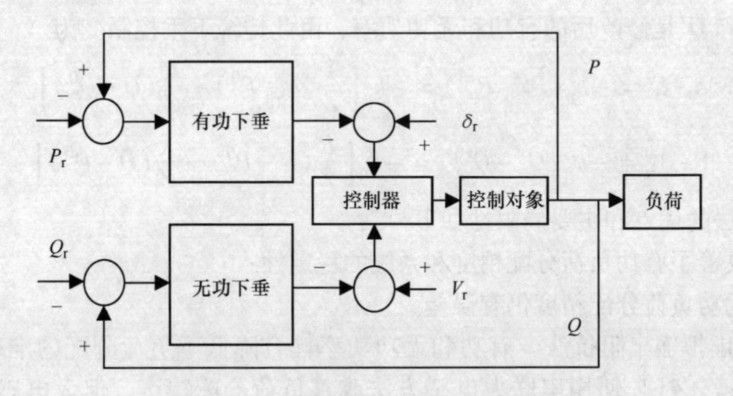

图9.3　传统下垂控制策略框图

9.2.1.2　传统下垂控制方法的不足

传统下垂控制方法根据高压输电系统设计，在高压输电系统中发电机为旋转设备，且传输线呈感性，因此该方法的前提条件为 $X >> R$，在满足该条件时其性能表现优秀，易于实施[33]。但在中低压网络中，由于以下原因该方法将不再有效：

1）可再生能源发电一般通过逆变器接入网络，惯性小，线路以阻性为主[3]；

2）在阻性网络中，$P-f$ 和 $Q-V$ 下垂曲线的耦合不可避免[34]；

3）当有较大的负荷突变时，瞬时电流很大[35]；

4）各条线路阻抗差异影响负荷分配精度；

5）大部分分布式电源的本地负荷也会减小无功负荷分配精度；

6）负荷分配精度依赖于逆变器输出阻抗；

7）负荷分配精度差，电压治理能力差；

8）在弱电系统中，为了精确的负荷分配一般选取大下垂系数，对系统稳定性有负面影响。

9.2.1.3　改进的下垂控制方法

为了克服传统下垂控制的不足，通过各种研究做了相关改进。这些方法各有利弊，下面分别介绍。

（1）坐标变换法　坐标变换法对于负荷分配考虑线路为阻性，这里引入线性旋转直角变换矩阵 T 去修改有功和无功功率

$$\begin{bmatrix} P' \\ Q' \end{bmatrix} = T\begin{bmatrix} P \\ Q \end{bmatrix} = \begin{bmatrix} \dfrac{X}{Z} & \dfrac{-R}{Z} \\ \dfrac{R}{Z} & \dfrac{X}{Z} \end{bmatrix}\begin{bmatrix} P \\ Q \end{bmatrix} \tag{9.12}$$

式中，P'和Q'是修改后的有功和无功功率，由此传统下垂控制变为

$$\delta-\delta^0=-k_{\mathrm{p}}(P'-P'^0)=-k_{\mathrm{p}}\left[\frac{X}{Z}(P-P^0)-\frac{R}{Z}(Q-Q^0)\right] \tag{9.13}$$

$$V-V^0=-k_{\mathrm{q}}(Q'-Q'^0)=-k_{\mathrm{q}}\left[\frac{R}{Z}(P-P^0)+\frac{X}{Z}(Q-Q^0)\right] \tag{9.14}$$

该方法的优点和主要局限性如下[40]：

1）改善了有功负荷分配精度和系统的稳定性；

2）无功负荷分配精度仍有误差。

（2）虚拟输出阻抗法　有功和无功功率耦合降低了负荷分配的准确性。本章参考文献［41］使用串联大电感方法改善负荷分配精度，但大电感重量大、体积大、成本高。虚拟阻抗法引入虚拟阻抗 z_{D} 连接逆变器的输出，从而减少线路阻抗差异[3,23,34,42,44]。参考电压 v_{r} 和虚拟阻抗的关系见式（9.15）。控制图如9.4所示。

$$v_{\mathrm{r}}=v-z_{\mathrm{D}}i \tag{9.15}$$

式中，i 和 v 分别是输出电流和电压。

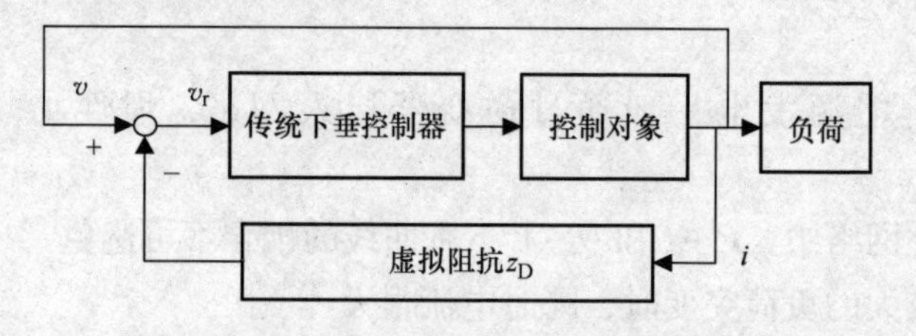

图9.4　虚拟阻抗控制策略框图

在该控制方法中，输出电流通过虚拟阻抗反馈给参考电压，从而提高电压质量、减小功率耦合。虚拟阻抗压降增加了无功负荷分配误差。为了提高无功负荷分配的精度，本章参考文献［5］加入额外的控制信号，该方法较复杂，并且有可能产生电流扰动。本章参考文献［3］将 $\Delta V/Q$ 加入电压下垂控制，增加了无功负荷分配精度，减小了本地负荷的影响。本章参考文献［34］采用阻性输出阻抗，有自动谐波分配能力，提高了并联系统的动态响应。虚拟阻抗法的优缺点如下[40]：

1）增强了电压质量和负荷分配精度；

2）减小了线路阻抗不平衡；

3）由于分布式电源和负荷的即插即用特性，该方法不一定总是合理有效的。

（3）增加控制环的方法　在弱电系统中，为了提高负荷分配精度，必须增

加下垂系数，但它会影响系统稳定性。本章参考文献［37］提出增加控制环的方法，该方法需要考虑一定操作情况下的闭环稳定性，使用传统下垂控制并增加控制环的方法替代增大下垂系数的方法，如图9.5所示。该方法采集输出有功功率，经过时间常数为0.05s的高通滤波后，得到振动特性，消除直流分量。增加的控制环通过产生的补偿控制信号ΔV_{dr}修改下垂控制器得出的d轴电压分量V_{dr}。另外，该方法基于本地信号的测量和每个逆变器d轴电压参考的调制。最后，该方法通过增大弱电系统操作范围确保负荷分配精度，它的优点是增加了运行范围，减小了负荷分配误差，但该方法仅考虑了稳态特性。

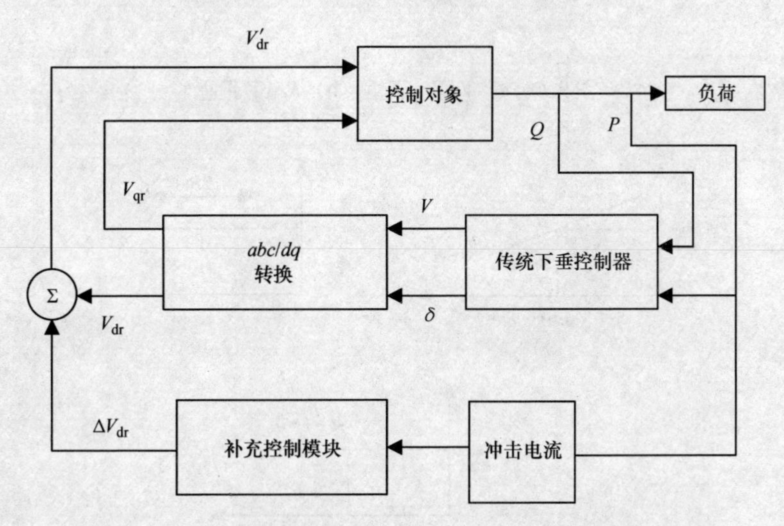

图9.5　供需下垂控制策略框图，V_{qr}和V'_{dr}分别是q轴d轴的电压参考值

（4）基于电压的下垂控制法

在大惯性发电系统中，通过调节系统频率可以解决功率不平衡对发电机频率的影响。在基于变换器的发电系统中，功率平衡通过控制直流母线电压实现。另外，由于配电网一般为阻性线路，功率流动主要由电压幅值决定，因此，基于电压的下垂控制有两部分，分别为V_g/V_{dc}下垂和P/V_g下垂，如图9.6所示。在V_g/V_{dc}中，端电压有效值随直流母线电压变化而改变，关系如下：

$$V_g = V_{g,nom} + m(V_{dc} - V_{dc,nom}) \tag{9.16}$$

式中，$V_{g,nom}$和$V_{dc,nom}$分别是端电压有效值的参考值和直流母线电压的参考值。V_g/V_{dc}下垂控制会带来电压波动。在所有系统中都有电压变化容差范围，如果超过了该范围，则分布式电源的输出功率可以通过P/V_g改变。它控制直流母线电压，而母线电压由恒定功率带宽决定，如图9.7所示。该方法的优缺点如下：

1）提高了功率分配精度和电压质量；

2）与可调度微源相比，该方法减缓了分布式电源的输出功率变化，有利于集成更多的可再生能源；

3）它不支持硬缩减，减少了开关振动；

4）未强调无功功率分配精度。

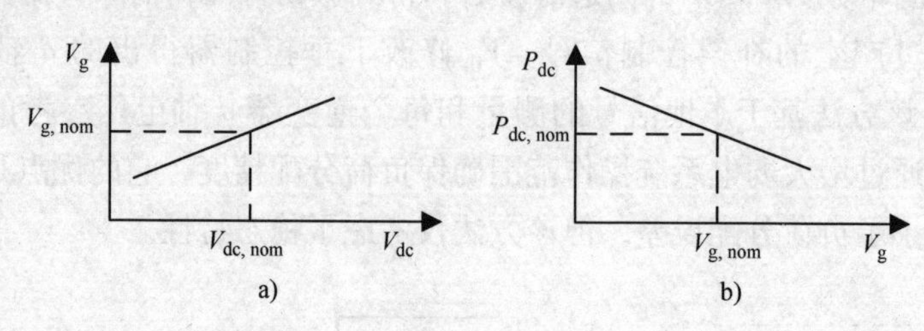

图9.6 a）V_g/V_{dc}下垂 b）P/V_g 下垂

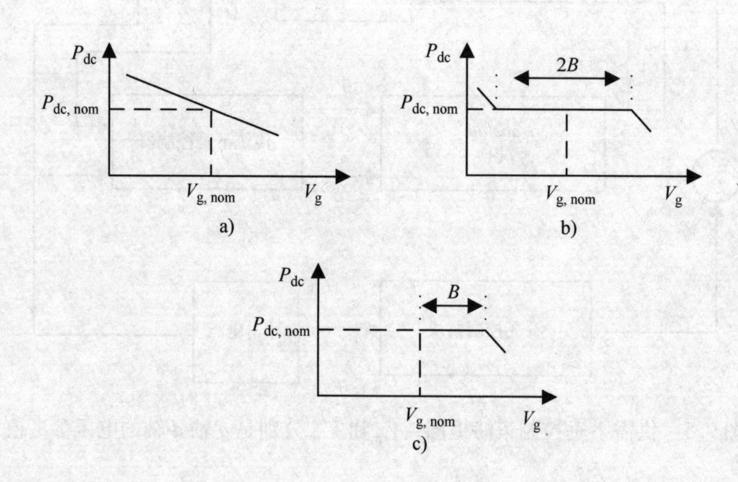

图9.7 下垂恒定的功率边界，其中 $P_{dc,nom}$是 DC 直流母线功率的额定值

a）分离的单元（没有边界限制） b）少分离单元（带宽 =2B） c）无分离单元（带宽 = B）

9.2.1.4 改进的下垂控制方法的对比

之前提出的所有方法都改善了功率分配性能。在坐标变换法中，通过考虑阻性和感性线路的情况，负荷分配得以改善，但由于有功和无功功率的耦合，无功功率分配存在误差。虚拟阻抗法减小了线路阻抗不平衡的影响，增加了负荷分配精度，但由于其即插即通的特性，该方法不总是准确的。另外，通过增加控制环可提高系统稳定性。最后，基于电压的下垂控制法适用于各类型发电，如可调的、不可调的和小惯性的分布式电源，并考虑了阻性线路的情况，有利于更多可再生能源的集成。该方法更适用于配电网负荷分配，因为它考虑了系统最大约束，并且有功功率分配准确，但是没有强调无功功率分配的情况。

9.2.2　基于通信的控制方法

9.2.2.1　集中控制方案

在集中控制技术中，集中控制微源通过测量系统的负荷需求，协调所有分布式电源和负荷实现负荷分配。参考信号经过通信线发送到本地控制器，用于控制发电微源达到参考值。集中控制技术有两种，即中央限制控制法和主从控制法，在接下来的段落将描述它们。

（1）中央限制控制法　中央控制单元检测有功和无功功率负荷值及负荷电压，计算出各电源的参考电流 i_r 和电压偏差 v_e。中央限制控制法结构框图如图 9.8 所示。给每个电源的参考电流等于总负荷电流 i_l 乘以电源的权重因子 W，总参考电流等于负荷电流，权重因子取决于电源的额定功率 G_r。电压偏差等于参考电压 v_r 减去负荷电压 v_l。本地控制器根据参考电流和电压偏差值控制输出电

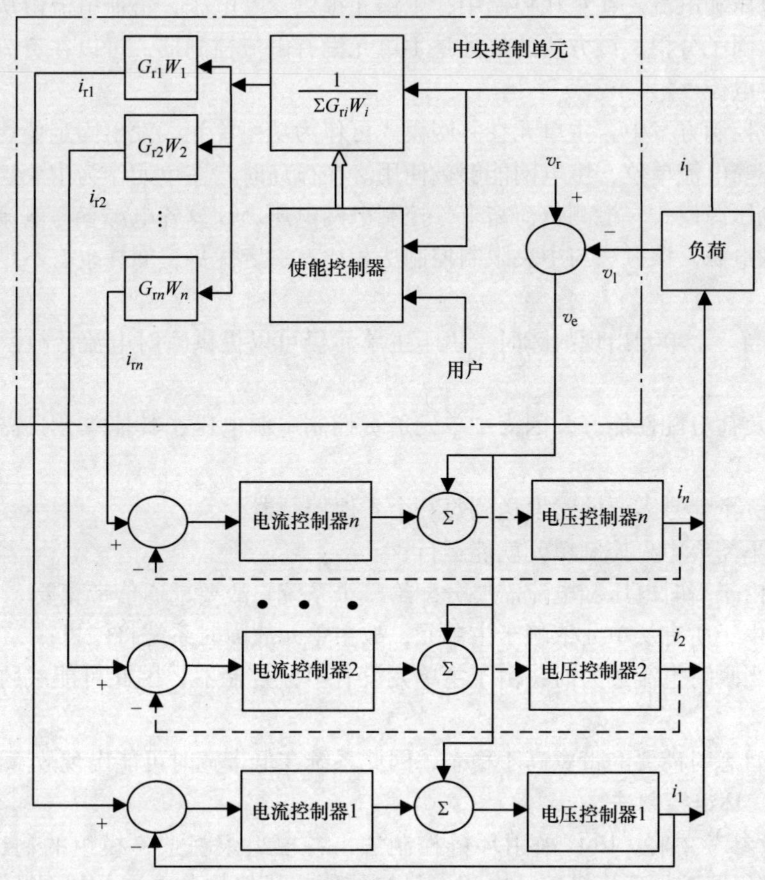

图 9.8　中央限制控制框图

流和端电压[47-49]。中央控制单元和本地控制器通过锁相环同步。该方法有一定的优势，但仍有局限性，具体如下[35,38-50]：

1）控制算法简单；

2）电流分配总是固定的，即使在暂态；

3）无论暂态还是稳态，都有准确的负荷分配和良好的电压品质；

4）通信线和监控中心需要大量投资；

5）不适用于大规模分布式系统和系统扩展；

6）受锁相环响应速度限制，很难实现功率分配的快速响应控制；

7）在该控制策略下忽略线路阻抗是显著缺点；

8）当出现一个控制单元故障切机或编程错误时，按照权重因子计算出的总参考电流不等于负荷电流，将给电流控制带来偏差。

（2）主从控制法　该方法与中央限制控制法基本相同，也是本地控制器控制输出电压和电流。在主从控制中，主单元提供参考电压，负荷电流由从其他单元按权重因子分担。该方法的好处是主单元没有电流控制器，可以在负荷突变时提供瞬时电流。

在该控制方案中，主单元在并网模式可作为功率单元，发出固定任意选择的或最大波峰电流单位，主电网能够被使用。在孤岛时，主单元作为中央控制单元运行在电压源模式，检测负荷需求，控制电网电压，计算各电源参考电流并传送给相关的电源。该方法与中央限制控制法相比有一定优势，同样也有不足，具体如下：

1）当一个单元出现故障时，由于主单元仍可以提供瞬时电流，故系统仍可以运行；

2）负荷分配性能好，因为主单元负责控制电源电压，其他单元只需控制输出电流；

3）一个信号需要同时发送到每一个本地控制器；

4）不需要中央控制单元就能运行；

5）由于瞬时电压和电流需要分配给整个系统，故要求通信带宽要大；

6）由于所有从单元依赖于主单元，故主单元故障时系统将停机；

7）当瞬时电流过大时，由于主单元没有电流控制器，因此可能威胁主单元安全；

8）暂态时需要的带宽高于稳态，因此系统在低带宽时可能出现故障。

9.2.2.2　环链控制法

本章参考文献［13］采用环链控制法，各模组跟踪上一模组的输出电流，第一个模组跟踪最后一模组的电流，最终使所有模组均分电流，如图9.9所示。电压控制环用于保证电压质量。该方法与其他方法相比，对通信的要求较低，因为每个模组仅需与上一模组通信，动态响应快。它的优缺点如下：

1）对通信要求低；

2）所有单元需安全连接。

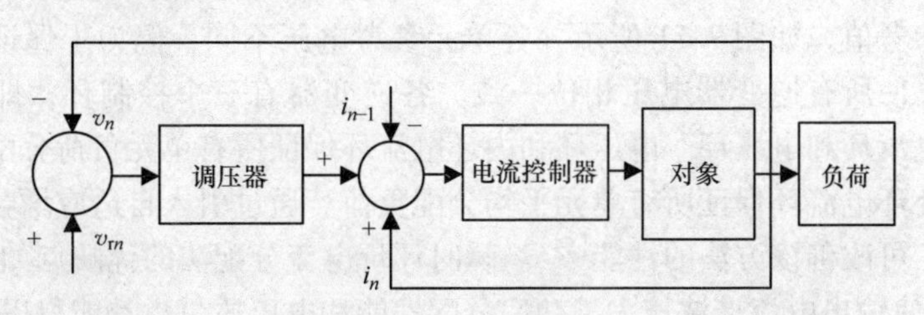

图 9.9　3C 控制策略框图

9.2.2.3　通过频率划分的分散控制

该分散控制方法通过频率区分中央和本地控制器[50,51]。中央控制器控制低频分量，本地控制器控制高频分量。所有模组共享模组参考电压、参考电流和平均反馈电压信息。该方法使用低通滤波器和与之对应的高通滤波器。这两个滤波器可以完美区分不同控制器的频谱，图 9.10 所示为该方法实用限制带宽的通信方式，其优缺点如下[35,50]：

1）瞬时负荷分配得以改善；

2）单一模组失效不会影响系统运行；

3）引入限制带宽通信方式保障负荷分配；

4）本地控制器滤除了谐波成分；

5）系统电能质量在线性、非线性、平衡和不平衡负荷下都有所提升；

6）微源间需要连接；

7）高性能需要高带宽通信，成本高。

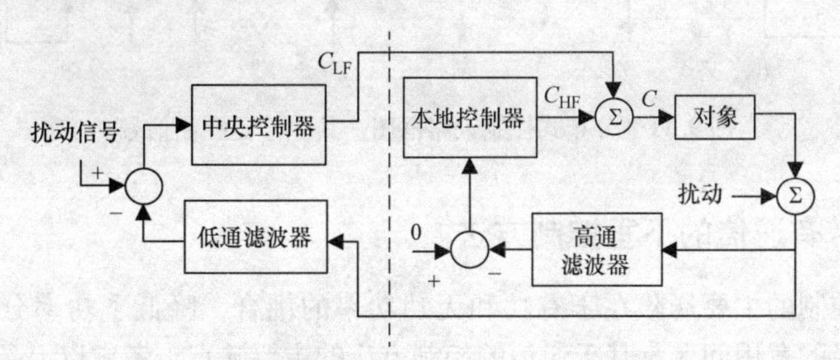

图 9.10　分布式控制策略框图，其中 C 是控制信号

9.2.2.4　瞬时平均电流分配方案

为达到良好的负荷分配效果，各模组共享输出电流有效值的平均值[26]、平

均有功和无功功率参考值[52]。该方法有良好性能，但电流分配响应速度慢[53]。为克服该问题，本章参考文献［53－56］设计了基于瞬时评价电流分配的瞬时平均电流方案。该方案通过平均电流总线检测各单元输出电流偏差，生成所有单元的电流参考值，如图9.11所示。各单元参考电压不同，但为了保证平均负荷分配，需要使所有逆变器电压相位一致。各逆变器有三个控制环，即内环电流环、外环电流环和电压环。电压环和内环电流环保证所有单元负荷分配时的暂稳态性能。外环电流环保证所有单元平均分配负荷。通过引入自适应增益修改电流偏差信号，可改善该方法的性能[54]。瞬时评价电流分配法的优缺点如下[35]：

1）即使输出电流谐波较大，功率分配性能和电压质量也都能得以保证；

2）逆变器间互联使该方案灵活性降低，冗余性差；

3）最高电流控制恶化了电流分配精度和电压质量；

4）不对称分量和输入电压差异可能使系统性能变差；

5）该方案仅适用于功率均分。

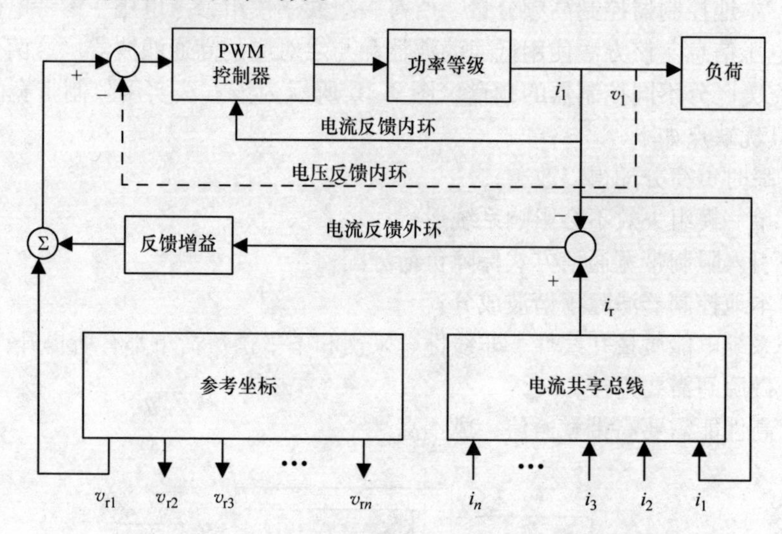

图9.11　分布式控制策略框图，其中C是控制信号

9.2.3　带有通信的下垂控制方法

下垂控制的主要局限在于有功和无功功率的耦合，降低了功率分配的准确性。通信线的费用问题是基于通信的控制方法的主要缺点。考虑以上条件，本章参考文献［4］提出了一种基于通信的下垂控制方法，可实现功率分配且通信费用低。该方法使用低带宽同步标志信号从中央控制器获取无功分配误差。

中低压网络的无功功率补偿控制方法如图9.12所示。通过协调中央和地方控制器实现功率分配。中央控制器测量无功功率分配误差，并通过单向低速通信线将其传送给本地控制器。开始时，各微源使用传统下垂控制方法分配负荷，并获得平均功率。本地控制器储存平均功率直至接到中央控制器的偏差信号。接着使用改进的下垂控制方法补偿无功功率分配误差。

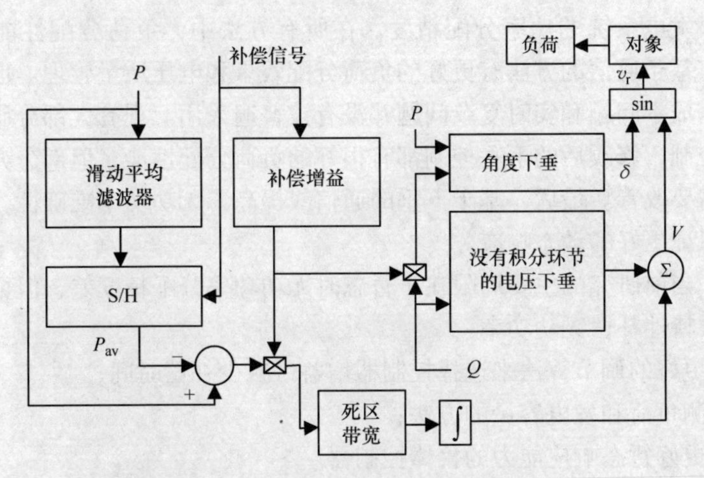

图9.12　功率补偿控制值策略框图

$$\delta-\delta^0=-(k_pP+k_qQ) \tag{9.17}$$

$$V-V^0=-k_qQ+\int k_i(P-P_{av}) \tag{9.18}$$

式中，P_{av}是收到偏差信号前一时刻的平均有功功率。在式（9.17）中，相角下垂控制引入无功功率耦合，k_qQ作为不平衡补偿分量，仅在补偿无功功率分配误差时出现。式（9.18）中的积分项保证有功功率在补偿期间保持在P_{av}。在积分单元前加入死区，限制补偿精确负荷变化对补偿的影响。该方法的优缺点如下：

1）低带宽单向标准信号用于从中央控制器获取无功功率误差信号；

2）该方法考虑了本地负荷、虚拟阻抗及实际线路阻抗的不平衡电压降和下垂系数差异的影响；

3）稳态时，无功功率分配精度和有功功率一样好；

4）测量平均功率不够直接；

5）暂态响应不好，尤其是大负荷突变时。

9.3　结论与展望

分布式发电系统要求所有发电单元采用合理的方法保证有功和无功功率的合理流动，同时确保系统稳定。设计适用于实际系统的控制策略是一个巨大挑战，线路阻抗呈阻性，线路间参数存在差异，所有单元采用逆变器并入电网，并且本地负荷和系统惯性小等因素都影响了负荷分配精度。

本章简单讨论了当前中低压网络中的负荷分配方法，当前研究表明，通过修改传统下垂控制、引入通信线或使用带通信的改进下垂控制方法等，都可以大幅提高分布式发电系统的功率分配精度。在所有方法中，负荷分配性能都得以改善，其中，基于通信的方法有更好的负荷分配效果和电压质量管理。但这些方法受限于通信成本问题和实时复杂问题并没有被普遍采用。现有大部分研究重点在修改下垂控制，修改后的下垂控制都有很好的负荷分配性能，但部分方法的无功分配精度需要改善。最后，基于下垂的通信线提高了无功功率准确性，但需要相关技术以保证更好的动态响应。

总之，当前研究的主要局限在于暂态时无功功率分配精度差，但可以通过采用以下额外特性补偿无功功率：

1）用更好的调节算法来选择控制器增益，减少补偿时间；

2）预测负荷和发电容量的方法；

3）有更好暂态响应能力的鲁棒控制器。

附录 A　符号列表

符号	变量名称
S_{ab}	节点 a 到节点 b 的功率流动
P_{ab}	节点 a 到节点 b 的有功功率流动
Q_{ab}	节点 a 到节点 b 的无功功率流动
i_{ab}	节点 a 到节点 b 的电流流动
R	线路电阻
X	线路电抗
Z	线路阻抗
Z	线路阻抗的幅值
θ	线路阻抗的相角
Y	线路导纳
z_D	虚拟阻抗
v	发电机的终端电压/输出电压
v_a	节点 a 的电压
v_b	节点 b 的电压
v_r	发电机的参考电压
v_l	负荷电压

（续）

符号	变量名称
v_n	第 n 个发电机的终端电压
v_e	电压误差
V	终端电压幅值
V_a	节点 a 的电压幅值
V_b	节点 b 的电压幅值
V_r	参考电压值
V_g	终端电压的有效值
V_{dc}	直流母线电压
V_{dr}	d 轴参考电压
V_{qr}	q 轴参考电压
$V_{g,nom}$	额定电压有效值
$V_{dc,nom}$	直流母线电压额定值
ΔV_{dr}	修正直流电压参考值的补充控制信号
V'_{dr}	修正的直流电压参考值
δ	母线功角
δ_a	节点 a 的母线功角
δ_b	节点 b 的母线功角
δ_r	δ 的参考值
δ_{ab}	节点 a 和节点 b 的功角差
i	发电机的输出电流
i_r	参考电流
i_l	负荷总电流
i_n	第 n 个发电机的输出电流
P	电网的有功注入
Q	电网的无功注入
P_r	有功功率参考值
Q_r	无功功率参考值
P'	修正的注入电网的有功功率
Q'	修正的注入电网的无功功率
P_{dc}	直流母线功率

（续）

符号	变量名称
P_{av}	平均功率
$P_{dc,nom}$	直流母线额定功率
G_r	发电机的等级
W	发电机的功率因数
C	控制信号
C_{LF}	中央控制器的控制信号
C_{HF}	本地控制器的控制信号
m，k_p，k_q	常数

参考文献

1. Vandoorn TL et al (2013) Voltage-based droop control of renewables to avoid on–off oscillations caused by overvoltages. IEEE Trans Power Delivery 2:845–854
2. Maisonneuve N, Gross G (2011) A production simulation tool for systems with integrated wind energy resources. IEEE Trans Power Syst 26(4):2285–2292
3. Li YW, Kao C-N (2009) An accurate power control strategy for power-electronics-interfaced distributed generation units operating in a low-voltage multibus microgrid. IEEE Trans Power Electron 24(12):2977–2988
4. Mohamed Y, El-Saadany EF (2008) Adaptive decentralized droop controller to preserve power sharing stability of paralleled inverters in distributed generation microgrids. IEEE Trans Power Electron 23(6):2806–2816
5. Tuladhar A et al (2000) Control of parallel inverters in distributed AC power systems with consideration of line impedance effect. IEEE Trans Ind Appl 36(1):131–138
6. Barik MA, Pota HR (2012) Complementary effect of wind and solar energy sources in a microgrid. In: IEEE PES innovative smart grid technologies, pp 1–6
7. Vandoorn TL et al (2013) Voltage-based control of a smart transformer in a microgrid. IEEE Trans Industr Electron 60(4):1291–1305
8. Walling RA et al (2008) Summary of distributed resources impact on power delivery systems. IEEE Trans Power Delivery 23(3):1636–1644
9. Foote CET et al (2008) A power-quality management algorithm for low-voltage grids with distributed resources. IEEE Trans Power Delivery 23(2):1055–1062
10. Li Y, Vilathgamuwa DM, Loh PC (2005) Microgrid power quality enhancement using a three-phase four-wire grid-interfacing compensator. IEEE Trans Ind Appl 41(6):1707–1719
11. Dondi P et al (2002) Network integration of distributed power generation. J Power Sources 106(12):1–9
12. Barik MA, Pota HR, Ravishankar J (2013) An automatic load sharing approach for a DFIG based wind generator in a microgrid. In: The 8th IEEE conference on industrial electronics and applications (ICIEA), pp 589–594
13. Wu T-F, Chen Y-K, Huang Y-H (2000) 3C strategy for inverters in parallel operation achieving an equal current distribution. IEEE Trans Industr Electron 47(2):273–281
14. Bollman AM (2009) An Experimental Study of frequency droop control In a Low-inertia microfrid. The Graduate College of the University of Illinois

15. Diaz G et al (2010) Scheduling of droop coefficients for frequency and voltage regulation in isolated microgrids. IEEE Trans Power Syst 25(1):489–496
16. Vasquez JC et al (2009) Adaptive droop control applied to voltage-source inverters operating in grid-connected and islanded modes. IEEE Trans Industr Electron 56(10):4088–4096
17. Nikkhajoei H, Lasseter RH (2009) Distributed generation interface to the CERTS microgrid. IEEE Trans Power Delivery 24(3):1598–1608
18. Sao CK, Lehn PW (2008) Control and power management of converter fed microgrids. IEEE Trans Power Syst 23(3):1088–1098
19. Barklund E et al (2008) Energy management in autonomous microgrid using stability-constrained droop control of inverters. IEEE Trans Power Electron 23(5):2346–2352
20. Sao CK, Lehn PW (2005) Autonomous load sharing of voltage source converters. IEEE Trans Power Delivery 20(2):1009–1016
21. Katiraei F, Iravani MR, Lehn PW (2005) Micro-grid autonomous operation during and subsequent to islanding process. IEEE Trans Power Delivery 20(1):248–257
22. Chung I-Y et al (2005) Operating strategy and control scheme of premium power supply interconnected with electric power systems. IEEE Trans Power Delivery 20(3):2281–2288
23. Guerrero JM et al (2004) A wireless controller to enhance dynamic performance of parallel inverters in distributed generation systems. IEEE Trans Power Electron 19(5):1205–1213
24. Borup U, Blaabjerg F, Enjeti PN (2001) Sharing of nonlinear load in parallel-connected three-phase converters. IEEE Trans Ind Appl 37(6):1817–1823
25. Chandorkar MC, Divan DM, Adapa R (1993) Control of parallel connected inverters in standalone AC supply systems. IEEE Trans Ind Appl 29(1):136–143
26. Kawabata T, Higashino S (1988) Parallel operation of voltage source inverters. IEEE Trans Ind Appl 24(2):281–287
27. Tuladhar A et al (1997) Parallel operation of single phase inverter modules with no control interconnections. In: IEEE twelfth annual applied power electronics conference and exposition, pp 94–100
28. Meng Y et al (2000) Research on voltage source inverters with wireless parallel operation. In: The IPEMC third international power electronics and motion control conference, pp 808–812
29. Byun YB et al (2000) Parallel operation of three-phase UPS inverters by wireless load sharing control. In: INTELEC. Twenty-second international telecommunications energy conference, pp 526–532
30. Barsali S et al (2002) Control techniques of dispersed generators to improve the continuity of electricity supply. In: IEEE power engineering society winter meeting, pp 789–794
31. Katiraei F, Iravani MR (2006) Power management strategies for a microgrid with multiple distributed generation units. IEEE Trans Power Syst 21(4):1821–1831
32. Pogaku N, Prodanovic M, Green TC (2007) Modeling, analysis and testing of autonomous operation of an inverter-based microgrid. IEEE Trans Power Electron 22(2):613–625
33. De Brabandere K et al (2007) A voltage and frequency droop control method for parallel inverters. IEEE Trans Power Electron 22(4):1107–1115
34. Guerrero JM et al (2007) Decentralized control for parallel operation of distributed generation inverters using resistive output impedance. IEEE Trans Industr Electron 54(2):994–1004
35. Vandoorn TL et al (2013) Review of primary control strategies for islanded microgrids with power-electronic interfaces. Renew Sustain Energy Rev 19:613–628
36. Coelho EAA, Cortizo PC, Garcia PFD (2002) Small-signal stability for parallel-connected inverters in stand-alone AC supply systems. IEEE Trans Ind Appl 38(2):533–542
37. Majumder R et al (2010) Improvement of stability and load sharing in an autonomous microgrid using supplementary droop control loop. IEEE Trans Power Syst 25(2):796–808
38. Mehrizi-Sani A, Iravani R (2010) Potential-function based control of a microgrid in islanded and grid-connected modes. IEEE Trans Power Syst 25(4):1883–1891
39. Barik MA, Pota HR, Ravishankar J (2013) A decentralized coordinated controller for load sharing in a microgrid with renewable generation. In: IEEE power and energy society general meeting pp 1–5

40. He J, Li YW (2012) An enhanced microgrid load demand sharing strategy. IEEE Trans Power Electron 27(9):3984–3995
41. Hua C-C, Liao K-A, Lin J-R (2002) Parallel operation of inverters for distributed photovoltaic power supply system. In: IEEE 33rd annual power electronics specialists conference, pp 1979–1983
42. Lee CT, Chu CC, Cheng PT (2013) A new droop control method for the autonomous operation of distributed energy resource interface converters. IEEE Trans Power Electron 28(4):1980–1993
43. Guerrero JM et al (2005) Output impedance design of parallel-connected UPS inverters with wireless load-sharing control. IEEE Trans Industr Electron 52(4):1126–1135
44. Chiang SJ, Yen CY, Chang KT (2001) A multimodule parallelable series-connected PWM voltage regulator. IEEE Trans Industr Electron 48(3):506–516
45. Vandoorn TL et al (2011) Active load control in islanded microgrids based on the grid voltage. IEEE Trans Smart Grid 2(1):139–151
46. Vandoorn TL et al (2011) A control strategy for islanded microgrids with DC-link voltage control. IEEE Trans Power Delivery 26(2):703–713
47. Siri K, Lee CQ, Wu TF (1992) Current distribution control for parallel connected converters. II. IEEE Trans Aerosp Electron Syst 28(3):841–851
48. Chen J-F, Chu C-L (1995) Combination voltage-controlled and current-controlled PWM inverters for UPS parallel operation. IEEE Trans Power Electron 10(5):547–558
49. Banda J, Siri K (1995) Improved central-limit control for parallel-operation of DC–DC power converters. In: 26th Annual IEEE power electronics specialists conference, pp 1104–1110
50. Milan P (2004) Power quality and control aspects of parallel connected inverters in distributed generation. Imperial College University of London
51. Prodanovic M, Green TC (2006) High-quality power generation through distributed control of a power park microgrid. IEEE Trans Industr Electron 53(5):1471–1482
52. Shanxu D et al (1999) Parallel operation control technique of voltage source inverters in UPS. In: Proceedings of the IEEE international conference on power electronics and drive systems, pp 883–887
53. Sun X, Lee YS, Xu D (2003) Modeling, analysis, and implementation of parallel multi-inverter systems with instantaneous average-current-sharing scheme. IEEE Trans Power Electron 18(3):844–856
54. Roslan AM et al (2011) Improved instantaneous average current-sharing control scheme for parallel-connected inverter considering line impedance impact in microgrid networks. IEEE Trans Power Electron 26(3):702–716
55. Chen Y-K et al (2003) ACSS for paralleled multi-inverter systems with DSP-based robust controls. IEEE Trans Aerosp Electron Syst 39(3):1002–1015
56. Xing Y et al (2002) Novel control for redundant parallel UPSs with instantaneous current sharing. In: Proceedings of the power conversion conference, pp 959–963

第10章　在配电系统中引入绿色能源：研究的影响和控制方法的发展

H·K·罗伊（H. K. Roy）和H·R·波塔（H. R. Pota）

摘要：分布式发电（Distributed Generation，DG）正在日益普及，因为它对环境有积极的影响并且有能力降低高传输成本和功率损耗。尽管以可再生能源为基础的分布式发电将帮助减少温室气体的排放，但它过度依靠管理系统复杂性的新方法。因为传统的配电网没有设计出适用于发电的设施，所以在分布式能源并网时会出现各种技术问题。本章介绍的是目前在绿色能源接入配电系统（Power Distribution System，PDS）中所遇到主要影响的分析。太阳能光伏（Photovoltaic，PV）发电机静态和动态分析是将其连接到不同的测试系统中，为了得到一个更清晰的认识，即有关太阳能光伏发电对配电系统的影响。这个结果与目前通用标准相比，确定的关键问题是把太阳能光伏发电接入到配电系统中。基于一种新的H_∞控制策略提出为确保光伏发电的电网导则兼容的特性。在控制器设计中，应特别注意的是配电系统中负荷组成的动态。人们发现控制器在不同的操作环境下能提高配电系统中电压的稳定性。

关键词：复合负荷；分布式发电；静止同步补偿器；电压稳定度；光伏发电机；鲁棒控制和不稳定性

10.1　引言

在未来能源系统的发展中，供电的可靠性、效率和可持续性都是主要应考虑的问题。世界上许多国家设立有绿色能源发电的目标，以减少温室气体的排放，见表10.1[1]。为了达到绿色能源发电的目的，分布式发电是一种很有希望的选择，因此分布式电源备受青睐。

表10.1　在不同国家新能源的目标

国家	目标（%）	年
澳大利亚	20	2020
奥地利	34	2020
比利时	13	2020

（续）

国家	目标（%）	年
中国	15	2020
丹麦	30	2025
芬兰	38	2020
法国	23	2020
德国	18	2020
荷兰	14	2020
新西兰	90	2025
西班牙	20	2020
瑞典	49	2020
英国	15	2020
美国	25	2025

光伏发电和风力发电系统都是非常重要的绿色能源。研究将太阳能光伏电源接入配电系统仍然处于初步阶段，目前主要涉及在配电网系统中太阳能光伏发电的高渗透率，对有多种能源连接到径向馈线或电网[2,3]的系统保护有着间歇性的影响，并致力于关注发电机建模以及其相关控制和配电系统的设备。在本章参考文献［4］中提出了光伏阵列模型，其运用了理论和经验公式，连同制造商提供的数据、太阳辐射、电池温度以及其他可变因素来预测电流－电压曲线。为了研究在电力系统中光伏发电机的相互作用，根据光伏发电机建模的实验[5]，结果显示光伏发电机影响系统的动态特性中控制系统的部分最大功率点跟踪(MPPT)。数学建模适合稳定分析，其中包括在本章参考文献［6］中非线性并网连接现有的光伏模块，执行整个功率换算模拟都可以精确地分析并且得到系统在高负荷条件下更容易受影响，从而导致不稳定的结果，此时的操作更接近最大功率点。

太阳能光伏并网发电系统优于传统独立运行系统，其优点如下：

1）在良好的条件下，光伏并网发电系统提供更多充裕的电能，将超过连接负荷所要消耗的电能剩余部分馈入电网；

2）它比较容易安装，例如它不需要安装蓄电池，因为蓄电池在并网中作为备用；

3）没有储存上的损失；

4）它有着成本优势。

预计在不久的将来[7]，中压网络中的光伏并网系统将被商业所接受。因此，有必要准确地预测在不同操作条件下的三相光伏并网发电系统的动态性能，在需要提供的辅助服务上进行合理的决策，该辅助服务可以充分利用它们的最大好处，而不违反并网的限制。因此，太阳能和其他分布式可再生能源的展开和发展，导致了大规模的建模和配电系统的工程分析。虽然分布式发电有一些潜在的益处，但在现有配电网中分布式电源的连接会增大故障概率。当遇到紧急情况时，分布式发电对本地电压水平的影响是很重要的。配电网中典型的突发事故会导致单处或多处中断，例如发电机或（电网）馈线额外的损耗。由于一些内部和外部原因也会造成设备故障[8]，内部原因引起故障现象如绝缘击穿、过热继电器运转或错误地操作继电器；外部原因是受环境的影响，如闪电、强风和寒冷的条件，或与天气无关的事故，如车辆或飞机触碰到设备，甚至人或动物直接触碰设备。除非采取适当的控制措施，否则这些突发事件可能会导致配电网部分或全部中断。

当系统大部分负荷是由光伏发电系统供应时，光伏发电高渗透率可能导致不稳定的问题。由于发电机附近负荷的物理变化占发电量的很大一部分，因此，确定分布式发电集成系统在实际配电网负荷扰动下的运转状态变得越来越重要。实际系统的负荷是一种集合各种类型的负荷，它被称为复合负荷。负荷精确地建模是一项艰巨的任务，原因如下[9]：

1）大量不同的负荷元件；

2）在客户设施中负荷设备的所有权和位置，不可直接访问电力公司；

3）随着时间、季节、天气的变化来改变负荷的组成；

4）在负荷组成上缺乏精确的信息；

5）对于许多负荷组成的不确定性，尤其是对大电压或频率变化的不确定性。

负荷定性建模在许多方面都不同于发电机建模。一般来说，电力系统稳定的研究只需关注负荷对系统的总体作用，而不是每个组件作用的简单叠加[10,11]。因此，不可避免必要的分析，即在配电网系统中总线负荷组成的影响。

已知的电力系统负荷大多数（超过 60%）是异步电动机，在配电网分析中必须考虑其影响[12]。在复合负荷中感应电动机比例较高可能导致电压稳定性问题，从电网断开分布式电源的连接，按目前的实际惯例[13,14]，其要求系统电压在表 10.2 规定的时间内，扰动后可恢复到一个可接受水平。不必要的发电机断开可减少分布式电源的预期效益并且应该要避免断开，因为分布式电源变得越来越重要。在这样的背景下，为了保持系统的稳定性，负荷动态无功功率补偿变得尤为重要，从而保持分布式电源间的连接。

表 10.2　互联系统对电压异常的响应

电压范围（pu）	更新时间/s
$V<0.5$	0.16
$0.5\leqslant V<0.88$	2.00
$1.1<V<1.2$	1.00
$V\geqslant 1.2$	0.16

虽然光伏系统中逆变器连接本身有无功调节能力，但它们不允许在电压控制模式下操作，以避免控制器的相互影响[13,14]。此外，为了给系统提供更多的有功功率，小型光伏发电机组控制单位功率因数 pf[15]。在微电网高渗透率时，不建议使用具有可变功率因数的光伏逆变器，其可能会增加负荷所需的平衡条件以及代数和，进而增大孤岛运行安全隐患的概率[7]。如果分布式电源不允许控制电压，则附加的无功电源需要安装在关键位置来提供一个系统的无功功率。

众所周知，静止同步补偿器具有杰出的性能，依据其响应速度和能力来减少系统功率损耗和谐波，提高电压水平和稳定性，并且可以减少占用面积[16,17]。配电网静止同步补偿器的内部控制在维持系统电压稳定中发挥着很重要的作用。在静止同步补偿器中使用适当的控制方法可以提供更好的性能，以及更有效的理想参考的跟踪。静止同步补偿器的常规控制器主要是 PI 控制器[18,19]，对于非线性系统中的变换器，其调整是一项复杂的任务。为了避免 PI 控制器的局限性，线性二次调节器（Linear Quadratic Regulator，LQR）法[20]用来设计具有优越性能的静止同步补偿器。对比线性二次调节器法[20]，采用状态反馈线性二次高斯控制器是更加实际的，如它可设计出仅仅用于可测量的输出和从本章参考文献［21］所估计出的状态变量。然而，线性控制器的设计基于给定的工作点，这些控制器不适合系统模型中突发的大变化。为了提高线性二次调节器的性能，模型不匹配或不确定性可以连接 H_∞ 范数，其提供了闭环系统的鲁棒稳定性以及最优性能[22]。由于配电网具有不同类型的负荷，因此控制器设计没有考虑在负荷组成时紧密结合的变化，将不会得到一个令人满意的性能。然而，这一重大的问题在现有的文献中没有被考虑。静止同步补偿器相比其他补偿装置动态性能更加优越，进一步完善其控制方案，实现强劲的性能且没有提高无功电源容量。

本章主要做了三个贡献：①配电网中静态电压稳定度的调查研究，对于不同的故障通过 $Q-V$ 曲线进行分析；②检查不同负荷成分在配电网中动态性能的影响；③一种新的静止同步补偿器设计在实际配电系统中的负荷组成变化的鲁棒性。

本章的组成如下：10.2 节将介绍系统的静态电压稳定性分析；10.3 节将对系统数学模型的动态模拟进行描述；10.4 节将证明在配电系统中各种负荷组成

的影响；10.5 节为控制器设计；10.6 节将对不同操作条件下所设计的控制器的性能进行评估；10.7 节为结论。

10.2　静态电压稳定性分析

16 总线 3 支线分布测试系统[23]如图 10.1 所示。两个光伏发电机，一个在总线 2，另一个在总线 3，都连接在配电系统中。系统中的全部负荷是 28.7MW，17.3Mvar。测试系统不同节点的系统负荷数据见附录 A，由此分析，光伏系统以统一功率因数运转要遵循电网导则要求[13]。

通过 $Q-V$ 曲线的方法[12]，母线电压幅值 V 作为无功功率 Q 在同一总线上的注入量增加。若任何一个总线的电压下降，此时该总线的 Q 增加，则该系统被称为是不稳定的。无功功率裕度测量的 $Q-V$ 曲线中 Mvar 的最低点和电压轴之间的距离如图 10.2 所示[24]。基于 $Q-V$ 曲线分析，描述了高渗透率光伏的影响以及系统在以下突发情况下的状态。

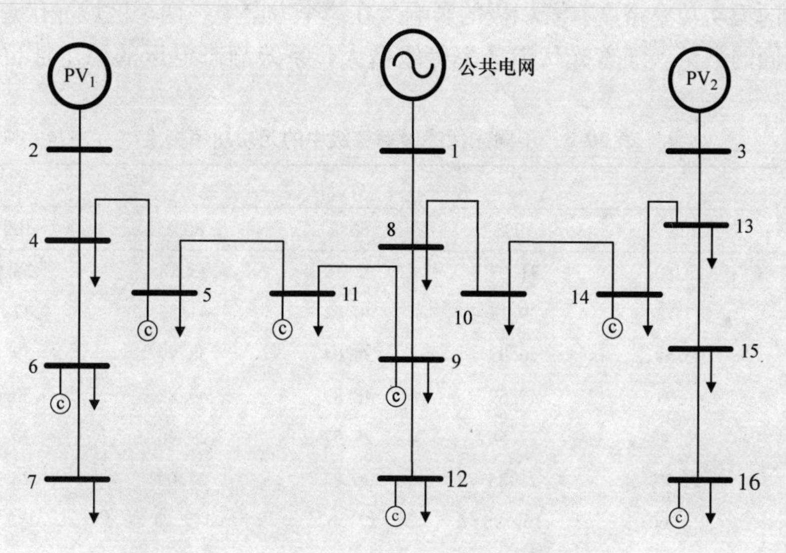

图 10.1　16 总线分布测试系统的单线图

10.2.1　高光伏渗透率的影响

光伏渗透率等级给出公式如下：

$$光伏渗透率 = \frac{P_{光伏}}{P_{负荷}} \times 100\% \tag{10.1}$$

式中，$P_{光伏}$是光伏发电机发出总功率的值；$P_{负荷}$是所需负荷的最大值。

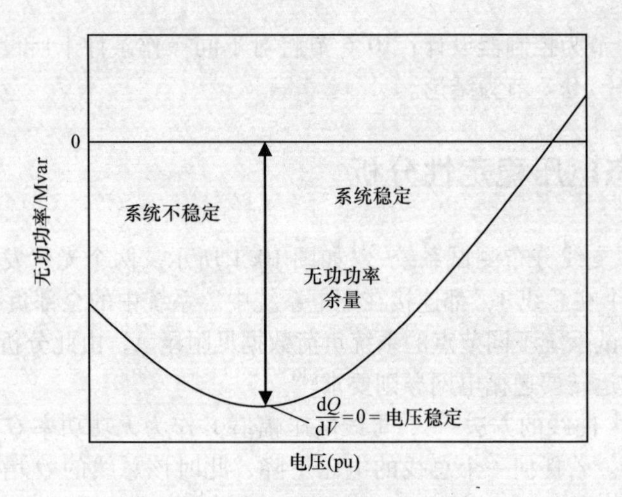

图 10.2　典型无功电压 $Q-V$ 曲线

对于增加光伏渗透率的等级，系统的无功功率裕度见表 10.3，光伏发电机对系统的无功功率裕度有着积极的影响。在这个方案中，两个区域光伏总线都增加了相同的数量。随着光伏渗透率等级增大，系统静态电压的稳定性也在随之增加。

表 10.3　不同光伏渗透率等级中的无功功率裕度　（单位：Mvar）

总线序号	百分比				
	20%	40%	60%	80%	100%
2	29.80	31.07	32.19	33.18	34.06
3	37.78	39.17	40.42	41.55	42.57
4	35.59	36.93	38.04	38.99	39.80
5	46.21	47.69	48.89	49.88	50.69
6	26.43	27.56	28.57	29.46	30.28
7	24.77	25.85	26.82	27.69	28.49
8	167.60	169.96	171.62	172.74	173.42
9	82.43	84.25	85.65	86.73	87.55
10	82.07	83.97	85.55	86.85	87.92
11	52.46	53.99	55.22	56.21	57.02
12	55.12	56.52	57.73	58.83	59.79
13	48.45	49.89	51.13	52.21	53.14
14	69.37	71.12	72.58	73.80	74.82
15	37.95	39.21	40.34	41.37	42.32
16	34.97	36.15	37.23	38.22	39.13

10.2.2　突发事故中系统的状态

为了了解系统的弱点，$Q-V$ 曲线分析是在系统中以光伏组件跳闸作为干扰时进行的。事故发生前系统运行，假设 PV_1 和 PV_2 都平等地供应着整个系统负荷。图 10.3 所示为当光伏发电机在系统中发生跳闸时，总线负荷的无功功率裕度。可以看出，与单一的光伏发电机跳闸相比，多个光伏发电机跳闸降低了系统的稳定性。

预计在未来的几十年，分布式能源并网的渗透率等级将大幅度提升。随着分布式发电渗透率等级的提升，由于局部扰动导致的大规模发电机跳闸会进一步威胁整个系统的稳定性。

配电系统中最常见的操作问题是过负荷，由于高峰时间需要供应的负荷多且系统总线上电压等级不够，因此超过正常范围的负荷可以用线路和变压器过负荷，此方法是一种安全隐患。探讨过负荷的影响，最初认为，PV_1 和 PV_2 同样给常规系统中的负荷供电，那么可以通过增加系统负荷来使光伏发电机渗透率等级保持相同。对系统过负荷的影响见表 10.4，从中可以看出，突然过负荷会降低系统的电压稳定性。在配电网中多个突发事件比单独的影响更严重。电缆突然断开和负荷需求的增长降低了系统的稳定裕度，具体见表 10.4。

在这次的研究中，突发事故的分析是实施在一个稳定的状态或者在配电系统中的功率流建模。下一节将讲述动态稳定性评估。

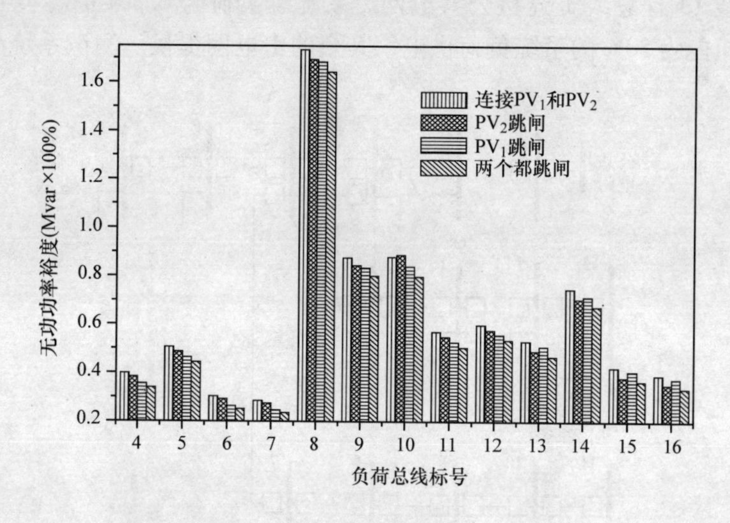

图 10.3　突发事故下总线负荷的无功功率裕度

表 10.4　突发事故前后总线负荷的无功功率裕度

负荷总线标号	无功功率裕度（Mvar）			
	没有偶然性	20%过负荷	30%过负荷	线路2-4断线并且30%过负荷
4	39.80	37.41	36.22	31.56
5	50.69	47.85	46.44	41.65
6	30.28	28.40	27.45	23.19
7	28.49	26.71	25.80	21.70
8	173.42	168.49	166.05	160.71
9	87.55	83.76	81.89	77.13
10	87.92	84.68	83.01	78.78
11	57.02	53.99	52.48	47.73
12	59.79	56.93	55.50	51.11
13	53.14	51.04	49.97	47.54
14	74.82	72.00	70.56	66.93
15	42.32	40.60	39.73	37.90
16	39.13	37.53	36.72	35.05

10.3　动态分析系统建模

为了研究系统动态性能，日本的实际配电系统如图10.4所示[25]。光伏发电机连接总线13且总线1连接公共电网。系统总负荷为6.301MW，0.446Mvar。光伏发电机能为50%的系统负荷供电，其余的由电网提供。测试系统的负荷数据见附录A。

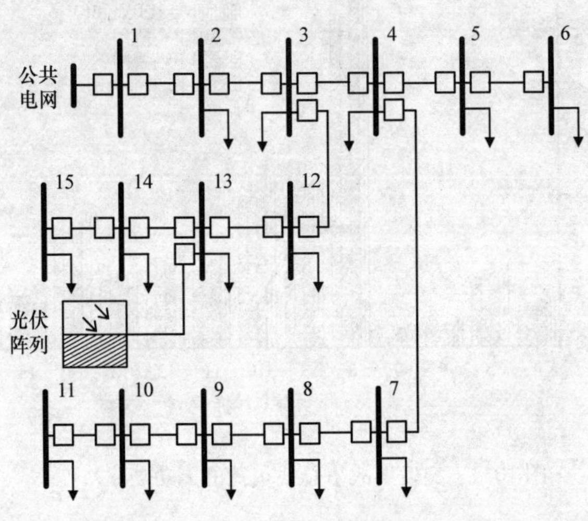

图10.4　15总线分布式系统单线图

10.3.1 太阳能光伏

太阳能光伏发电机由光伏阵列组件组成。光伏组件通过逆变器将直流转化成交流。有必要创建聚合等效的发电机，而不是对单个逆变器建模。小型光伏发电机通常聚集在总线接口。图 10.5 所示为通过 DC－DC 变换器和 DC－AC 逆变器的并网光伏发电系统。光伏系统的等效电路如图 10.6 所示。光伏发电机的动态能通过以下公式表示[6,26]：

$$\frac{\mathrm{d}i_{\mathrm{pv}}}{\mathrm{d}t}=\frac{1}{\vartheta L_{\mathrm{pv}}}\ln\left(\frac{I_{\mathrm{L}}-i_{\mathrm{pv}}-\dfrac{v_{\mathrm{pv}}+R_{\mathrm{s}}i_{\mathrm{pv}}}{R_{\mathrm{sh}}}}{I_{\mathrm{s}}}+1\right)-\frac{1}{L_{\mathrm{pv}}}(v_{\mathrm{pv}}+R_{\mathrm{s}}i_{\mathrm{pv}}) \tag{10.2}$$

$$\frac{\mathrm{d}v_{\mathrm{pv}}}{\mathrm{d}t}=\frac{1}{C_{\mathrm{pv}}}[i_{\mathrm{pv}}-Ni_{\mathrm{dc}}] \tag{10.3}$$

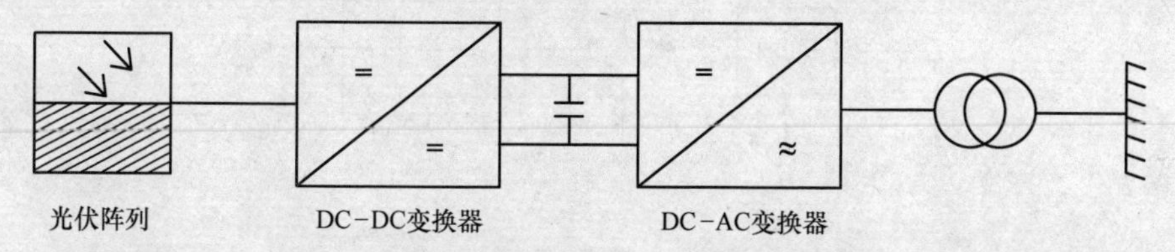

图 10.5　光伏发电机并网

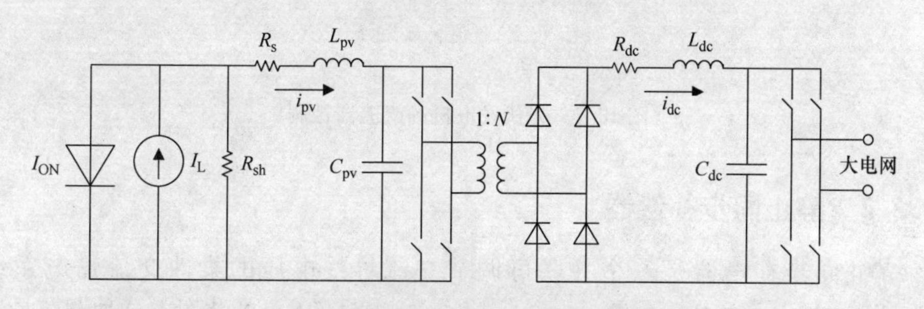

图 10.6　光伏发电机并网等效模型

$$\frac{\mathrm{d}i_{\mathrm{dc}}}{\mathrm{d}t}=\frac{1}{L_{\mathrm{dc}}}[Nv_{\mathrm{pv}}-R_{\mathrm{dc}}i_{\mathrm{dc}}-v_{\mathrm{dc}}] \tag{10.4}$$

$$\frac{\mathrm{d}v_{\mathrm{dc}}}{\mathrm{d}t}=\frac{1}{v_{\mathrm{dc}}C_{\mathrm{dc}}}[P_{\mathrm{pv}}-P] \tag{10.5}$$

式中，在 $\vartheta=\dfrac{q}{nskT}$中，$k=1.3807\times10^{-23}$ J/K 是玻尔兹曼常数，$q=1.6022\times10^{-19}$C 是电子的电荷，$T=298$K 是电池的温度，ns 是光伏阵列各模块的单元串联数；I_{L} 是光电流；I_{ON}是光电池二极管的特性；L_{pv} 和 C_{pv} 分别是光伏电池连接

的电感和电容；$I_s = 9\times10^{-11}$ A 是饱和电流；R_s 和 R_{sh} 分别是阵列串联和并联的电阻；i_{pv} 是流过阵列的电流；v_{pv} 是阵列输出电压；N 是升压变压器匝数比；R_{dc} 是电阻；L_{dc} 是电抗；C_{dc} 是电容；G 是太阳能辐射；i_{dc} 是流经的电流；v_{dc} 是直流母线输出电压；P_{pv} 是光伏阵列的 v_{dc} 的功能；G，T 及 $P = 3/2\ (v_d i_d + v_q i_q)$ 是输出功率，其中的 v_d 和 v_q 分别为直流和输出电压的正交轴分量，i_d 和 i_q 分别为直流和输出电流的正交轴分量。

太阳能光伏发电系统转换控制如图 10.7 所示。产生和吸收有功和无功功率的电压源变换器（Voltage Source Converter，VSC）可以通过控制其触发角 α_{pv} 和调制指数 m_{pv} 来控制。在本次研究中，无功功率 Q_{ref} 通过光伏发电机操作在单位功率因数和 $Q = 3/2\ (v_d i_d - v_q i_q)$ 设置为 0。在光伏模型中不考虑并联交流滤波器，因为之前它作用与电磁暂态分析更有关[27]。

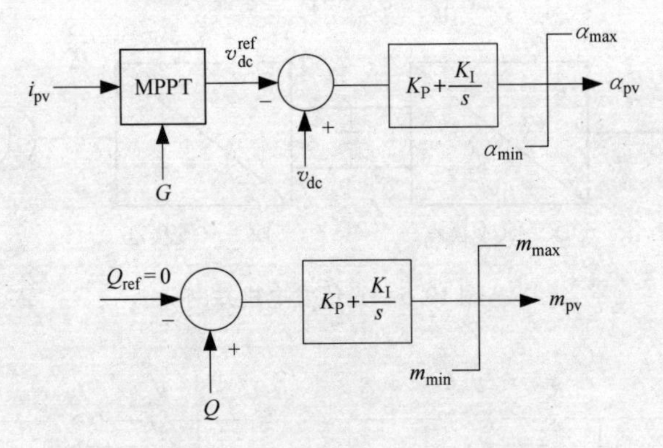

图 10.7　光伏发电机的交流器控制

10.3.2　静止同步补偿器

静止同步补偿器是一个并联可调节交流母线电压的柔性交流输电系统（Flexible Alternating Current Transmission System，FACTS）的装置。这种调节是通过用一个电压源换流器连接一个直流电容器，如图 10.8 所示。该电压源换流器的动态是控制一个（非理想的）大电容器的充电和放电。电压电容可通过控制线电压 v_s 和电压源换流器电压 E（$E = kv_{dcs}\angle\alpha$）之间的相位角差进行调整。若将线电压的相位角作为参考点，则电压源换流器的电压与电压源换流器的触发角 α 相同。因此，若相位角 α 超前，则直流电压 v_{dcs} 减小，向静止同步补偿器进行无功功率补偿。相反，若相位角 α 滞后，则直流电压增大，静止同步补偿器向总线进行无功功率补偿。通过控制相位角 α，无功功率可以由静止同步补偿器供给，也可以向静止同步补偿器自身进行无功功率补偿，从而实现电压调节。

静止同步补偿器的动态可以用以下公式描述：

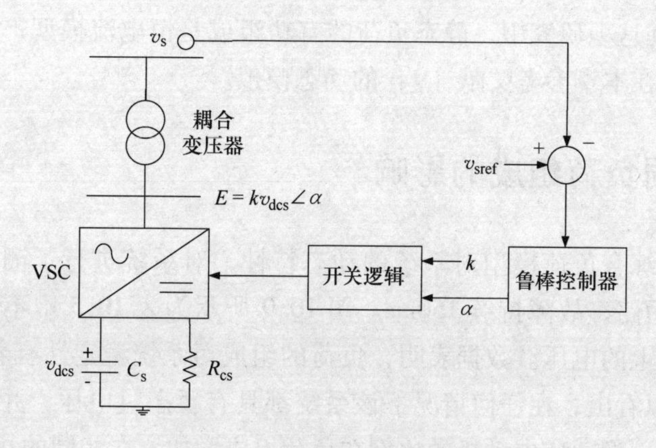

图 10.8 静止同步补偿器电流控制

$$\dot{v}_{dcs}(t) = -\frac{P_s}{C_s v_{dcs}} - \frac{v_{dcs}}{R_{cs} C_s} \tag{10.6}$$

式中，v_{dcs}是电容电压；C_s是直流电容；R_{cs}是电容器内阻；P_s是系统向静止同步补偿器提供的功率，给非线性应变量（α，k，E，v_{dc}，v_d，v_q）[28]的电容器充电。

静止同步补偿器的末端电压通过一阶传感器测量

$$\dot{v}_{sm} = -\frac{v_{sm}}{T_m} + K_m v_s \tag{10.7}$$

式中，v_{sm}是传感器的输出；v_s是静止同步补偿器连接点的电压；K_m是一个常量；T_m是电压传感器的时间常量。在本章中，变频器常数 k 是固定的，触发角 α 是控制变量。在负荷流量中，静止同步补偿器以带有 $P_G = 0$ 一条发电机总线（光伏总线）建模。

10.3.3 负荷

下列指数形式用来表示静态负荷：

$$P(V) = P_0\left(\frac{V}{V_0}\right)^a \tag{10.8}$$

$$Q(V) = Q_0\left(\frac{V}{V_0}\right)^b \tag{10.9}$$

式中，P 和 Q 分别是负荷的有功和无功成分；V 是总线上的高电压；下标 0 定义为在初始条件下各自变量的意义；模型的参数是指数 a，b，随着这些指数变成 0，1 或 2，模型分别表示恒功率、恒电流或定阻抗负荷组成的特性。

对于综合负荷，对常规系统的负荷成分进行汇总，假设一个负荷交货点由 30% 个静态负荷（空间加热、烹饪、热水器等）、10% 个日光灯[24]和 60% 感应电动机[24]。在这项研究中，静态负荷的有功组成是恒电流模型，无功组成是定阻抗模型，如在本章参考文献［9］的动态模拟。

10.4 不同负荷组成的影响

为了研究综合负荷模型对系统的动态特性，对系统进行了测试，即在总线2，三相突然短路，故障持续150ms。图10.9所示为表10.5中不同的负荷组成在公共耦合点上的电压。数据表明，负荷的组成对系统稳定性有着很大的影响。从图10.9可以看出，在任何情况下该系统都具有暂态过电压，并且没有返回到故障前的状态，像感应电动机的比例在负荷组成增加。在相同的扰动下，带有三种不同负荷组成的负荷节点的电压波形如图10.10所示。在这些母线上负荷的有功和无功功率分别如图10.11和图10.12所示。从图10.11和图10.12中可以观察到，有功功率很少受到扰动的影响，然而，动态负荷由于突然扰动后自身消耗较高的无功功率，从而导致电压不稳定。为了克服不稳定性问题，系统需要动态补偿装置来维持电网导则的要求见表10.2。

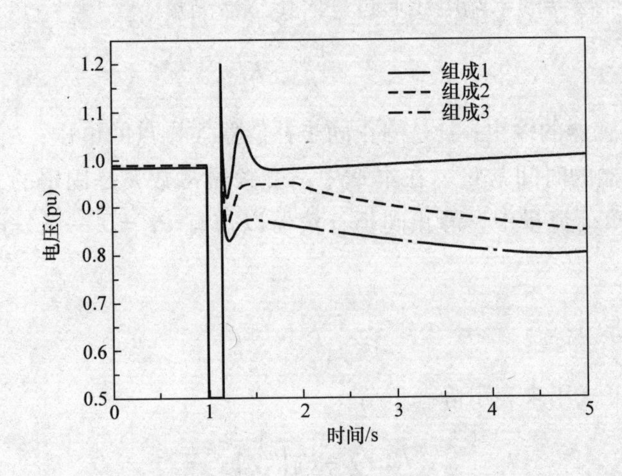

图10.9　对于各种负荷组成在公共耦合点PCC（总线13）上的电压

表10.5　在综合负荷模型中不同的负荷组成

标号	静态（%）	荧光照明（%）	感应电动机（%）
组成1	45	15	40
组成2	30	10	60
组成3	15	5	80

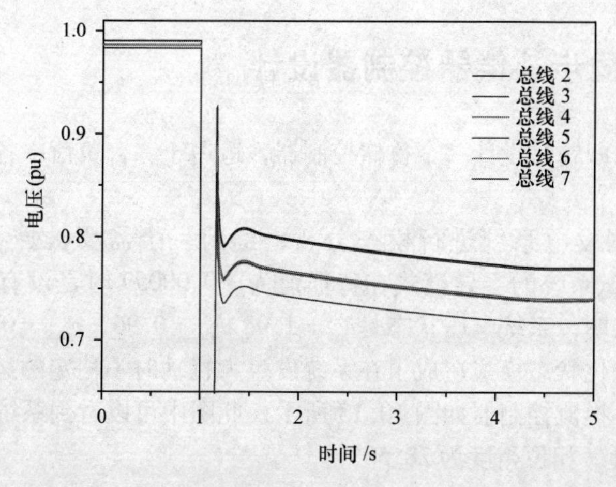

图 10.10　没有静止同步补偿器的系统在不同总线负荷上的电压（见文后彩色插页）

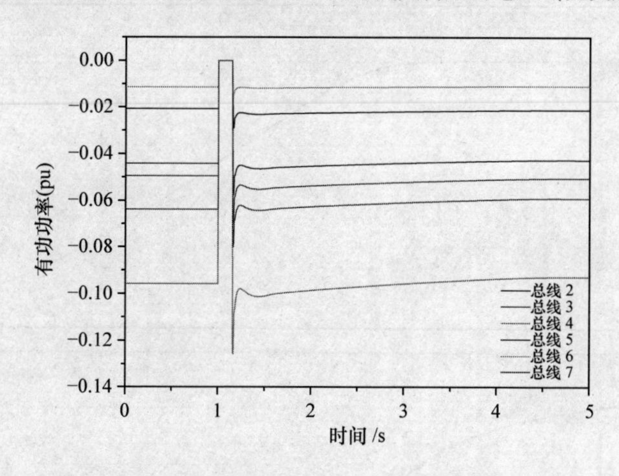

图 10.11　没有静止同步补偿器的系统在不同总线上负荷消耗的有功功率（见文后彩色插页）

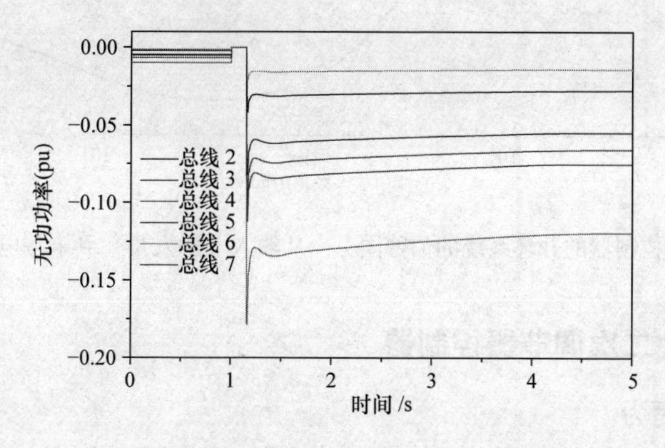

图 10.12　没有静止同步补偿器系统在不同总线上负荷消耗的无功功率（见文后彩色插页）

10.5 静止同步补偿器控制器设计

这里考虑的问题是设计一个鲁棒控制器，适用于综合负荷中各种各样的负荷组成。

对光伏并网发电系统进行模态分析，得到一个需要被控主导模式的概念[12]。标称测试系统的主导模式在特征值为 -0.00059 时是没有变化的。标准化的参与因子表明，系统电压状态是$v_{pv}=1.0$，$v_{dc}=0.96$，$v_{dcs}=0.57$，此时有着重大贡献。边缘化状态模式造成了在系统发生大扰动时不稳定的运行。系统的开环频率响应中，换流控制器如图 10.13 所示，此图中可以看到系统为了抵御扰动有一个边缘裕量（相位裕度为 28.55°）。

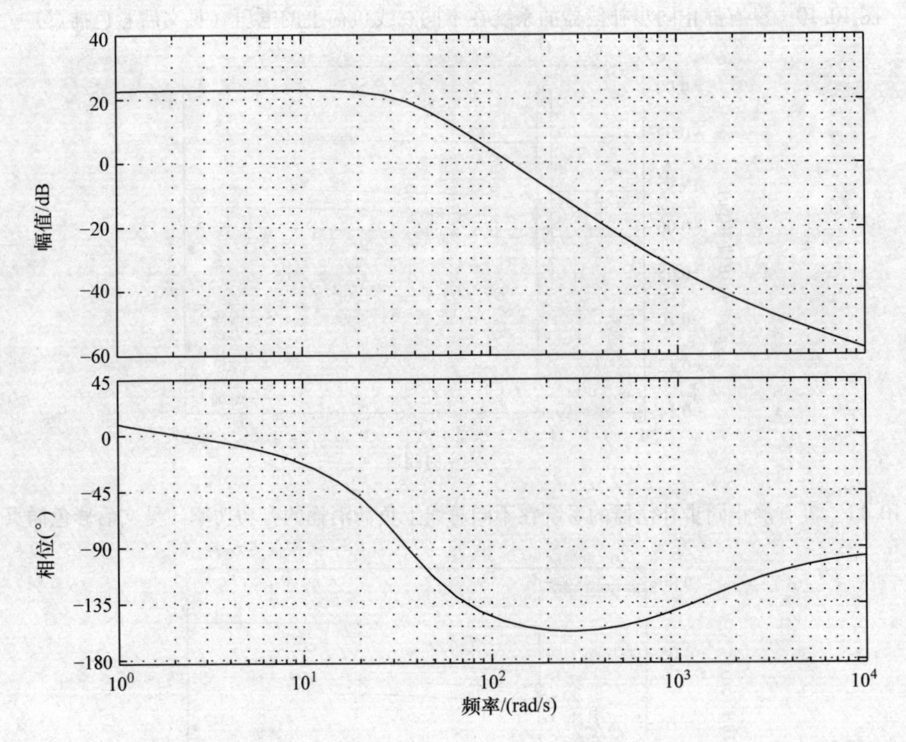

图 10.13 换流控制器的开环系统的伯德图——从输入（触发角）到末端电压的传递函数

10.5.1 线性二次调节器控制器

被控系统写为

$$\dot{x}(t)=Ax(t)+Bu(t)$$

$$y(t) = Cx(t) \tag{10.10}$$

式中，A 是系统矩阵；B 是控制矩阵或输入矩阵；C 是输出矩阵；$x = [i_{pv}, v_{pv}, i_{dc}, v_{dc}, v_{dcs}, v_{sm}]^T$；输入 $u = \alpha$；输出 $y = v_{sm}$。

标准 LQR 成本函数定义为

$$J = \lim_{T \to \infty} \frac{1}{T} E \int_0^T (x^T Q_r x + u^T R_r u) \mathrm{d}t \tag{10.11}$$

式中，Q_r是加权半正定矩阵；R_r是加权正定矩阵；$Q_r = Q_r^T \geqslant 0$，$R_r = R_r^T > 0$；E 是期望值。

标称系统的控制如下，包括一个 LQR 和卡尔曼 - 布西滤波器（Kalman - Bucy Filter，KBF）[22]：

$$\dot{x}_c = A_c x_c + B_c (\Delta V_{ref} - V_{sm}) \tag{10.12}$$

$$y_c = C_c x_c \tag{10.13}$$

这里

$$A_c = A - BR_r^{-1} B^T P_r - P_f C^T R_f^{-1} C \tag{10.14}$$

$$B_c = P_f C^T R_f^{-1},\ C_c = R_r^{-1} B^T P_r \tag{10.15}$$

式中，矩阵P_r和P_f是控制对称正定解。滤波器代数 Riccati 方程组分别由式（10.16）和式（10.17）组成

$$P_r A + A^T P_r - P_r B R_r^{-1} B^T P_r + Q_r = 0 \tag{10.16}$$

$$P_f A^T + A P_f - P_f C^T R_f^{-1} C P_f + Q_f = 0 \tag{10.17}$$

对于给定的测试系统，标准 LQG 控制器的加权矩阵的选择作为 $Q_r = \mathrm{diag}(1, 1, 1, 10, 15, 5)$ 和 $R_r = 1$ 来计算最佳增益。IEEE 标准 1547[13,14]不允许调节在公共耦合点阳极端的电压，在本章中，静止同步补偿器的位置决定了基于静止同步补偿器弱节点位置计划增加系统的无功功率裕度[29]。根据本章参考文献［29］，在本次研究中，静止同步补偿器最合适的位置是在总线 15 上，其是在电网中最关键的总线，为了评估此设计控制器的性能，通过将静止同步补偿器与总线 15 连接的系统，在非线性建模中实施模拟。

为了验证标准 LQG 控制器的性能[30]，装有控制器的系统的电压波形如图 10.14 所示，在总线 2 上一个突然的三相短路故障持续了 150ms。从图 10.14 可以看出，标准 LQG 控制器具有良好性能，常规系统的负荷组成可以恢复通用时间表内的电压。标准 LQG 控制器针对常规系统（带有负荷组成 2）的设计可以确保对于工厂此项设计的性能。然而，当负荷组成改变时（负荷组成 3）不能提供鲁棒性，如图 10.14 所示。稳定性模拟的结果表明控制器的性能可以通过负荷多样性的组成有着很大的影响，其促进了对静止同步补偿器鲁棒控制器的设计。

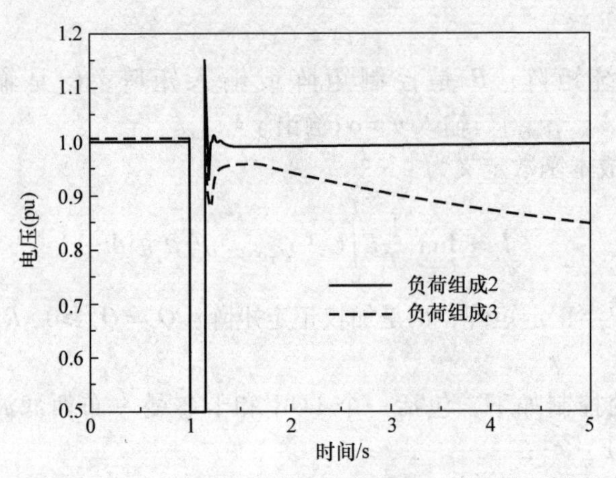

图 10.14　对于不同的负荷组成标准 LQG 控制器的性能

10.5.2　范数有界的线性二次调节器控制器

为了便于控制设计，不确定的系统可以表示为

$$\dot{x}(t) = A(p)x(t) + B(p)u(t)$$
$$y(t) = C(p)x(t) \tag{10.18}$$

式中，$p \in \mathbb{R}^k$表示不确定参数的矢量；$A(p)$，$B(p)$，$C(p)$是适合矩阵的维数；p是设定仿射函数的矢量参数；参数p_i，$i=1, 2, \cdots, k$，其中的p是设定依靠在参数空间凸多面区域ξ，最高界限为p^j，$j=1, 2, \cdots, l$。

在控制器设计的过程中，负荷组成2的系统被认为是标准系统。鲁棒控制器设计的第一步是线性系统在区域给定额定负荷p_0，系统建模的变化是由于负荷组成的多样化Δp。负荷组成多样化的模拟，得到p，其组成该区域益处的终点。$A(p)$是这些量所有可能的组合计算。对于$A(p)$的角点给出$\overline{P}_{ls} = P_{ls0} + 0.15\text{pu}$，$\underline{P}_{ls} = P_{ls0} - 0.15\text{pu}$；$\overline{Q}_{ls} = Q_{ls0} + 0.15\text{pu}$，$\underline{Q}_{ls} = Q_{ls0} - 0.15\text{pu}$；$\overline{P}_{lf} = P_{lf0} + 0.05\text{pu}$，$\underline{P}_{lf} = P_{lf0} - 0.05\text{pu}$；$\overline{Q}_{lf} = Q_{lf0} + 0.05\text{pu}$，$\underline{Q}_{lf} = Q_{lf0} - 0.05\text{pu}$；$\overline{P}_{lm} = P_{lm0} + 0.20\text{pu}$，$\underline{P}_{lm} = P_{lm0} - 0.20\text{pu}$；$\overline{Q}_{lm} = Q_{lm0} + 0.20\text{pu}$，$\underline{Q}_{lm} = Q_{lm0} - 0.20\text{pu}$。这里的$P_{ls}$和$Q_{ls}$分别是静态负荷的有功功率和无功功率，$P_{lm}$和$Q_{lm}$分别是荧光灯负荷的有功功率和无功功率，并且在聚合模型中，P_{lm}和Q_{lm}分别是感应电动机的有功功率和无功功率。

在此次研究中，系统供应功率P_s给静止同步补偿器，充电电容器是一个控制输入的非线性函数α。考虑10%输入的不确定因素，对于$B(P)$的角点给出$\overline{P}_s = P_{s0} + 0.1\text{pu}$，$\underline{P}_s = P_{s0} - 0.1\text{pu}$。

输出矩阵C定义为$C = [0, 0, 0, 0, 0, 1]$，考虑5%的不确定性是由于在输出端的错误测量，对于$C(p)$的角点给出$\overline{V}_s = V_{s0} + 0.05\text{pu}$，$\underline{V}_s = V_{s0} - 0.05\text{pu}$。

该问题是获得一个控制器，其在限制下（式（10.18））最大限度地减少函数性能（式（10.11））。这里考虑的方法是找到最小上界在不确定系统的 H_∞ 范数，并且最优控制器的设计考虑此界限。

假设对称正定矩阵 P 和一个标量 $\sigma>0$ 如下：[22]

$$z(p^j, P):=\begin{bmatrix} A(p^j)^{\mathrm{T}}P+PA(P^j)+C(p^j)^{\mathrm{T}}C(p^j) & PB(p^j) \\ B(p^j)^{\mathrm{T}}P & -\sigma I \end{bmatrix}\leqslant 0 \tag{10.19}$$

式中，$j=1, 2, \cdots, l$。

为了找到 $G(p^j, s)=C(p^j)[sI-A(p^j)]^{-1}B(p^j)$ 的最小上界，将 σ 减少到最小是必要的。

若这个不等式（10.19）满足全部的 p^j，则

$$\|G(p^j, s)\|_\infty \leqslant \gamma:=\sqrt{\sigma}, \forall p \in \xi$$

对于标准系统 (A, B, C)，$\|G(s)\|_\infty \leqslant \gamma$，当且仅当存在一个对称正定矩阵 P 时，下列不等式是满足的：

$$\begin{bmatrix} A^{\mathrm{T}}P+PA+C^{\mathrm{T}}C & PB \\ B^{\mathrm{T}}P & -\gamma^2 I \end{bmatrix}\leqslant 0 \tag{10.20}$$

问题是要找到一个 LQG 控制器的无穷范数，通过给定的 μ[22] 是有界的

$$\|G_{\mathrm{c}}(s)\|_\infty \leqslant \mu, 0<\mu<1/\gamma$$

式中，$G_{\mathrm{c}}(s)=C_{\mathrm{c}}(sI-A_{\mathrm{c}})^{-1}B_{\mathrm{c}}$。

不失一般性（附录 B），为了减少计算复杂性，一个等效的条件式（10.25）来源于不平等的式（10.20），$P=I$，由此转化系统产生式（10.24）。

假设[22] LQG 性能函数加权是 $Q_{\mathrm{r}}>0$ 和

$$R_{\mathrm{r}}\geqslant I \tag{10.21}$$

$$Q_{\mathrm{r}}>u^{-2}P_{\mathrm{r}}\hat{C}^{\mathrm{T}}R_{\mathrm{f}}^{-2}\hat{C}P_{\mathrm{r}}-\hat{C}^{\mathrm{T}}R_{\mathrm{f}}^{-1}\hat{C}P_{\mathrm{r}}-P_{\mathrm{r}}\hat{C}^{\mathrm{T}}R_{\mathrm{F}}^{-1}\hat{C} \tag{10.22}$$

$$Q_{\mathrm{f}}=-(\hat{A}+\hat{A}^{\mathrm{T}})+\hat{C}^{\mathrm{T}}R_{\mathrm{f}}^{-1}\hat{C} \tag{10.23}$$

若式（10.21）~式（10.23）都满足，则控制器是范数有界 $\mu(0<\mu<\frac{1}{\gamma})$。

10.5.3　设计步骤

对于标准系统，LQG 最佳范数有界控制器的设计步骤如下：

1）通过负荷组成的多样化得到区域益处；

2）在不确定系统的范数中找到一个最小上界 γ 以便满足不等式（10.19）；

3）对于标准系统线性矩阵不等式（10.20）得到一个结果 P，改变系统矩阵使用相似变换 $z=\Gamma x$；

4）基于性能需要选择 LQR 加权矩阵 $R_r \geqslant I$ 和 $Q_r \geqslant 0$，选择标量 μ，$0 < \mu < \frac{1}{\gamma}$；

5）P_r解决式（10.16），选择 R_f满足式（10.22）。

用以上的步骤，控制器需要给出式（10.14）和式（10.15），$P_f = I$。

10.6 性能评估

在不同的操作环境下，为了提高系统的性能，通过在 10.5.3 节中步骤1）~5）鲁棒 LQG 控制器的设计，对提出的方法，最小的 H_∞ 范数有界值是 $\gamma = 1.15$。一个范数有界控制器设计有 H_∞ 范数少于 $1/\gamma$。加权矩阵从中选择

$$Q_r = \text{diag}(1, 1, 1, 12, 20, 10), R_r = 1.5, R_f = 1$$

选择 Q_r和 R_r以便使控制器有优良性能，选择 R_f满足式（10.22）。这里考虑在选择稳压器加权矩阵 Q_r和 R_r，但是限制在选择滤波器加权矩阵 Q_r和 R_r。这是因为预期的目的是客观的限制，包括 LQR 和 KBF 增益产品组成的全面控制。一个平衡在 LQG 与 KBF 的增益之间，得到以允许一个小的 R_f[22]方式调整 Q_r和 R_r。

图 10.15 所示控制器的频率响应表示它能够提供足够的带宽和空间，以稳定

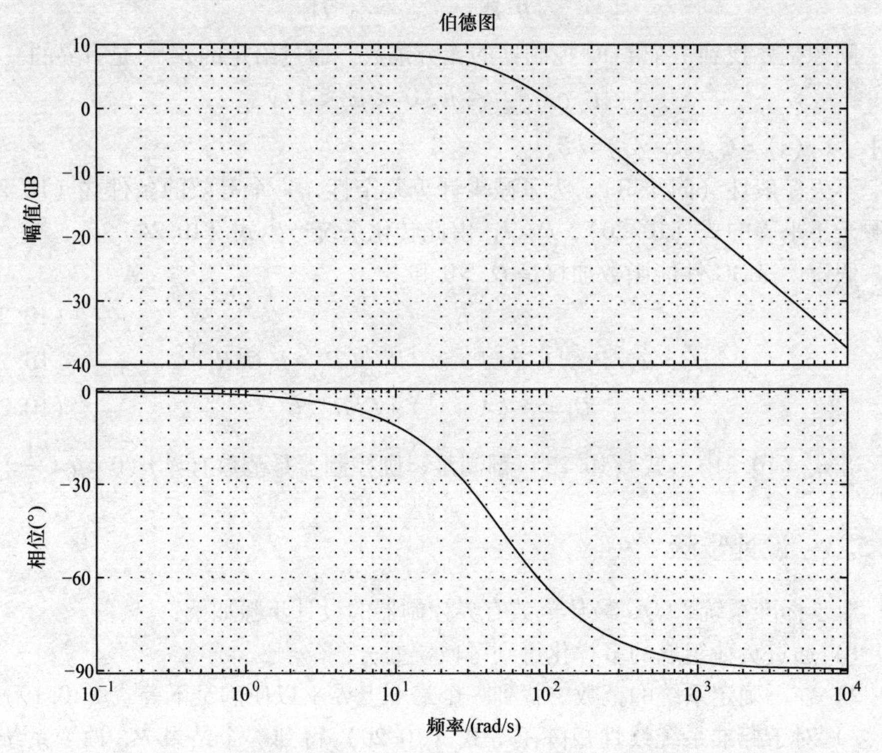

图 10.15　鲁棒静止同步补偿器的伯德图——触发角和末端电压

在不同的操作条件下的系统。主导模式的闭环特征值为 -4.512。为了检测所提控制器的鲁棒性，假设以下应用突发事故：

1）一个靠近变电站的三相对称短路故障；

2）一个接近分布式电源的不对称故障。

10.6.1 故障 I：靠近变电站的三相短路故障

在涉及短路故障的研究中，在故障中更多关注负荷特性，像总线电压不稳定，最终受系统稳定性影响。为了测试在剧烈扰动下控制器的性能，系统在负荷组成 3 的操作下，三相短路故障实施在总线 2 附近的变电站，故障持续 150ms。从图 10.16 可以看出，虽然标准 LQG 控制器不能控制对负荷组成的改变，但所提 H_∞ 范数有界 LQG 控制器提供的电网导则兼容特性，由于在设计过程中负荷不确定性导致的。从图 10.16 可以看出，基于鲁棒控制的静止同步补偿器系统的暂态过电压少于没有静止同步补偿器的情况。在相同扰动下不同负荷总线上的电压控制方案如图 10.17 所示。负荷前画出有功和无功功率，扰动时和扰动后分别如图 10.18 和图 10.19 所示。在所有情况下，系统返回到故障前需要很短的时间。对于标准 LQG，从静态同步补偿器的输出，基于鲁棒性 LQG 控制器如图 10.20 所示，在图中可以看到基于鲁棒性的 LQG 控制器在扰动下，向系统瞬时提供无功功率，从而提高电压性能。这个研究的结果可以得到，故障条件下展示较高的动态性能和设计静态同步补偿器的快速恢复故障。

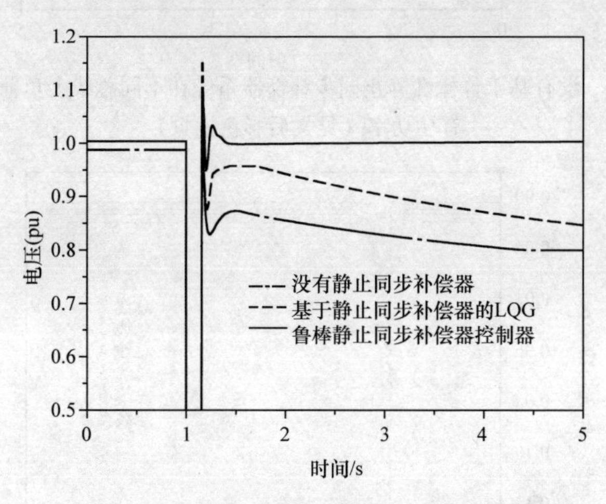

图 10.16　在 PCC（总线 13）电压对于负荷组成 3
（在组成负荷模型中有 80% 感应电动机）

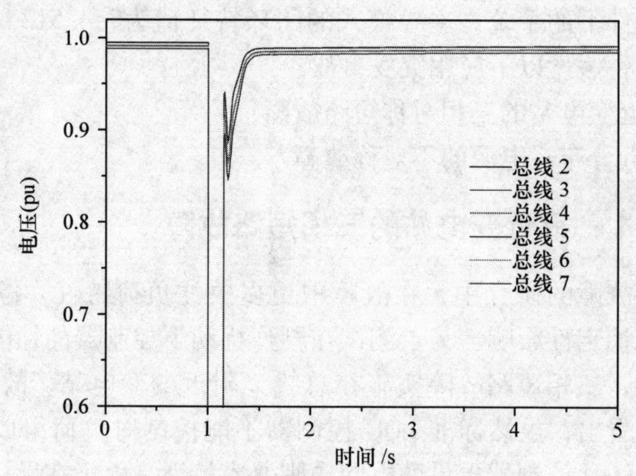

图 10.17　没有基于鲁棒性静止同步补偿器系统在不同负荷总线上的电压（见文后彩色插页）

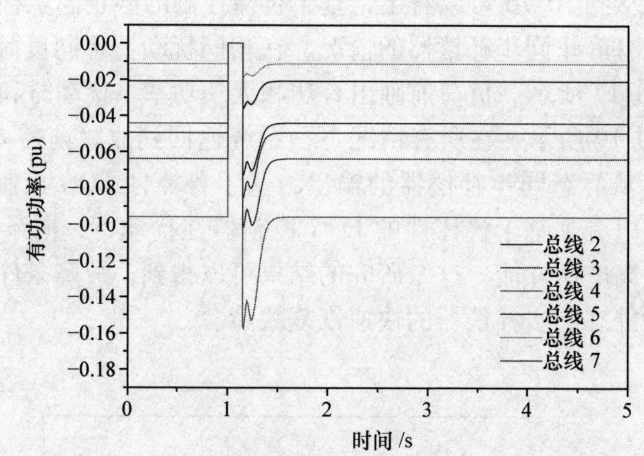

图 10.18　没有基于鲁棒性静止同步补偿器系统在不同总线上负荷消耗的有功功率（见文后彩色插页）

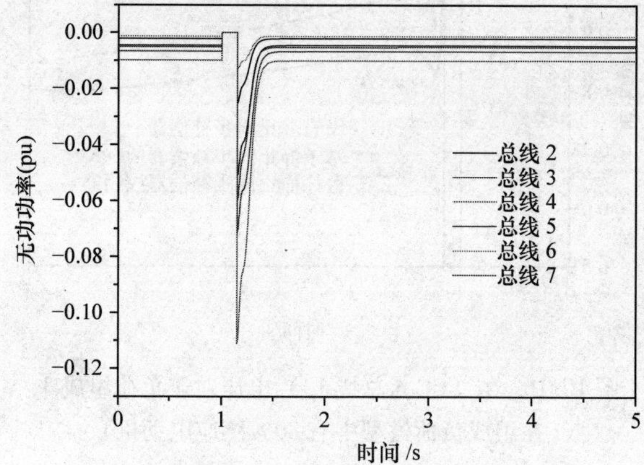

图 10.19　基于鲁棒性静止同步补偿器系统在不同总线上负荷消耗的无功功率（见文后彩色插页）

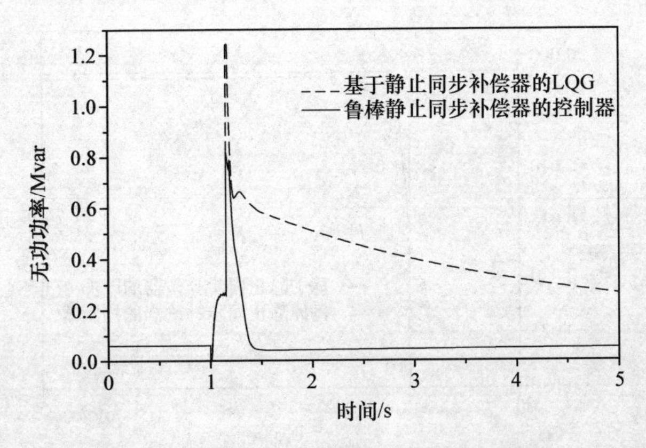

图10.20 静止同步补偿器有功功率输出（突然在总线2上三相故障）

10.6.2 故障Ⅱ：接近分布式电源单元的不对称故障

为了研究不对称故障的影响，单项接地故障发生在连接总线12和总线13线路之间。在这种情况下，该系统采用70%感应电动机负荷，10%日光灯和在综合负荷模型中20%静态负荷。故障发生1s，150ms后清除。系统在PCC的电压波形如图10.21所示。可以从图10.21中研究，虽然控制器针对标准系统的设计，但是在系统多样化模型中控制器依然能良好地运行，并且初始系统在清除故障后可以恢复。无功功率供给总线12上的负荷如图10.22所示。基于鲁棒性的静态同步补偿器在扰动下供应无功功率给负荷，并且系统电压开始恢复。应用控制的影响α通过设计为了使系统稳定的控制器，如图10.23所示。

以上的研究表明，控制器的鲁棒性以防在操作条件下变化，在大扰动下稳定系统确保分布式电源保持与电网的连接。

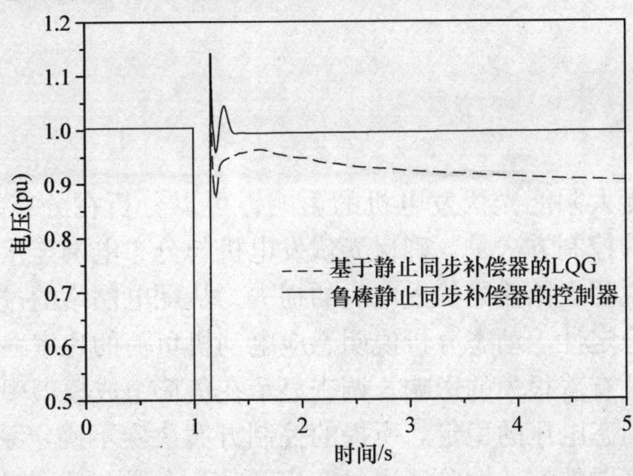

图10.21 在PCC（总线13）的电压对于不对称故障（在负荷组成模型中70%感应电动机）

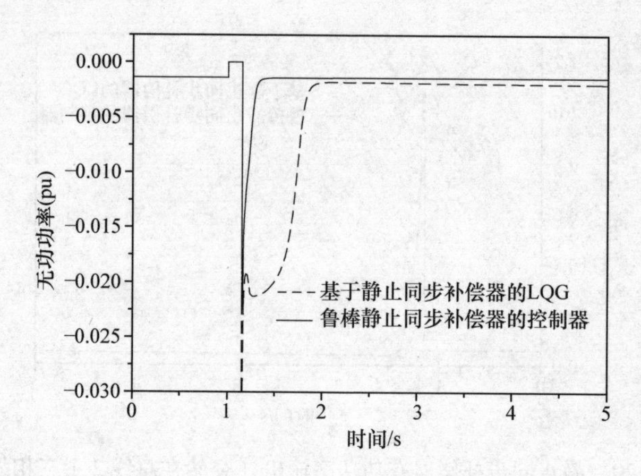

图 10.22　供给总线 12 负荷上的无功功率

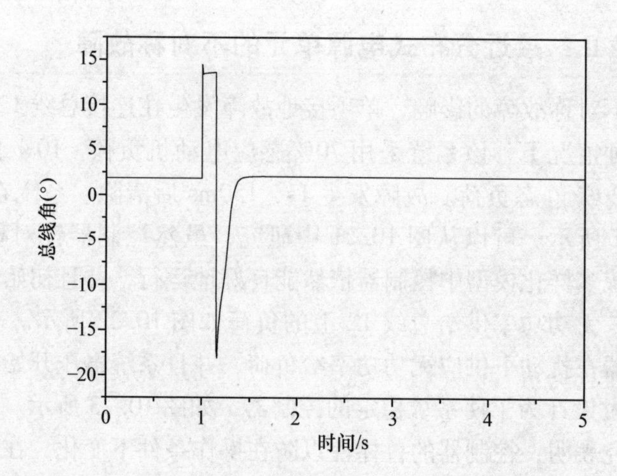

图 10.23　设计控制器对于在线路 12 - 13 之间单相接地故障

10.7　结论

在本章中，受太阳能光伏发电机的影响，可以分析在分布系统中的负荷组成，以及一个新的控制方法是：确保光伏发电机与分布电网连接的电网导则兼容特性。静态分析说明太阳能光伏发电机的损失，从配电网络的过负荷和线路中断可能威胁系统的稳定性。动态分析说明感应电动机负荷的比率在负荷组成模型中对配电网的稳定性有着很大的影响。调查显示在负荷组成模型中感应电动机的比例高会影响系统动态电压的稳定。所提的控制方案决定不确定系统中 H_∞ 范数最小的上界。该控制器的有效性验证通过在广泛使用的测试系统中时域仿真研究。结果表明基于鲁棒性的静止同步补偿器分布式光伏发电系统除了负荷组成中重大的变化，都可以保持系统稳定。在实际系统中，在负荷组成本身有连续的变化，控制器的方法提供对于整合分布式电压有益的影响。

附录 A

光伏发电系统的数据在表 10.6 中的静态同步补偿器参数：1.0MVA，C_s = 300μF，R_{cs} = 0.01pu。配电测试系统中总线 16 和总线 15 的数据分别见表 10.7 和表 10.8。

表 10.6　光伏系统数据

每个模块的光伏电池数	54
每行中的并行模块数	150
模块额定电流	2.8735A
模块额定电压	43.5V
电压 - 温度系数	-0.1V/K
电流 - 温度系数	0.003A/K
二极管理想因子	1.3
VSC 开关频率	3060Hz
VSC 阀的状态电阻研究	1mΩ
太阳辐照度 G	1.0kW/m^2
串联电阻 R_s	0.0819Ω
分流电阻 R_{sh}	72kΩ
光伏电感 L_{pv}	1.0μH
光伏电容 C_{pv}	10mF
直流环节电阻 R_{dc}	0.1Ω
直流环节电感 L_{dc}	1.0mH
直流环节电容 C_{dc}	400μF
变压比 N	15

表 10.7　配电系统总线 16 的线路和负荷数据

SE	RE	R(pu)	X(pu)	P_l(pu)	Q_l(pu)	C(pu)
1	8	0.110	0.110	0.040	0.027	0.000
8	9	0.080	0.110	0.050	0.030	0.012
8	10	0.110	0.110	0.010	0.009	0.000
9	11	0.110	0.110	0.006	0.001	0.006
9	12	0.080	0.110	0.045	0.020	0.037
2	4	0.075	0.110	0.020	0.016	0.000
4	5	0.080	0.110	0.030	0.015	0.011
4	6	0.090	0.180	0.020	0.008	0.012

（续）

SE	RE	R(pu)	X(pu)	P_1(pu)	Q_1(pu)	C(pu)
6	7	0.040	0.040	0.015	0.012	0.000
3	13	0.110	0.110	0.010	0.009	0.000
13	14	0.090	0.120	0.010	0.007	0.018
13	15	0.080	0.110	0.010	0.009	0.000
15	16	0.040	0.040	0.021	0.010	0.018
5	11	0.040	0.040	0.000	0.000	0.000
10	14	0.040	0.040	0.000	0.000	0.000

（基准功率是100MVA，基准电压是23kV，SE和RE分别是送端和收端节点）

表10.8　配电系统母线15总线和负荷数据

SE	RE	R(pu)	X(pu)	B(pu)	P_t(pu)	Q_1(pu)
1	2	0.003145	0.075207	0.00000	0.02080	0.0021
2	3	0.000330	0.001849	0.00150	0.04950	0.0051
3	4	0.006667	0.030808	0.03525	0.09580	0.0098
4	5	0.005785	0.014949	0.00250	0.04420	0.0045
5	6	0.014141	0.036547	0.00000	0.01130	0.0012
4	7	0.008001	0.036961	0.03120	0.06380	0.0066
7	8	0.008999	0.041575	0.00000	0.03230	0.0033
8	9	0.007000	0.032346	0.00150	0.02130	0.0022
9	10	0.003666	0.016940	0.00350	0.02800	0.0029
10	11	0.008999	0.041575	0.00200	0.21700	0.0022
3	12	0.027502	0.127043	0.00000	0.01320	0.0014
12	13	0.031497	0.081405	0.00000	0.00290	0.0003
13	14	0.039653	0.102984	0.00000	0.01610	0.0016
14	15	0.016070	0.004153	0.00000	0.01390	0.0014

（基准功率是10MVA，基准电压是10MVA，SE和RE分别是送端和收端节点）

附录B

假设$\Gamma \in \mathbb{R}^{n\times n}$的二次方根$P$，$P=\Gamma^{\mathrm{T}}\Gamma$使用坐标变换（$\xi=\Gamma x$），系统变成

$$\dot{\xi}=\hat{A}\xi+\hat{B}u,\ y=\hat{C}\xi \tag{10.24}$$

式中，$\hat{A}=\Gamma A\Gamma^{-1}$，$\hat{B}=\Gamma B$，$\hat{C}=C\Gamma^{-1}$。

预乘式（10.20）$[\Gamma^{-\mathrm{T}},\ I]$，$I$和乘后通过转换阵可以得到

$$\begin{bmatrix}\hat{A}^{\mathrm{T}}+\hat{A}+\hat{C}^{\mathrm{T}}\hat{C} & \hat{B}\\ \hat{B}^{\mathrm{T}} & -\gamma^2 I\end{bmatrix}:=-\begin{bmatrix}Q_{\mathrm{A}} & Q_{12}\\ Q_{12}^{\mathrm{T}} & R\end{bmatrix}\leqslant 0 \tag{10.25}$$

因此，不失一般性，假设系统满足不等式（10.20），$P=I$。

参考文献

1. Renewable Energy Policy Network for 21st Century, Renewables 2010 global status report. http://www.ren21.net. Accessed 22 June 2013
2. Sengupta M, Keller J (2012) PV ramping in a distributed generation environment: a study using solar measurements. In: IEEE Photovolt Spec Conf pp 586–589
3. Schauder C (2011) Impact of FERC 661-A and IEEE 1547 on photovoltaic inverter design. In: IEEE PES General Meeting pp 1–6
4. Molina MG, Mercado PE (2008) Modeling and control of grid-connected photovoltaic energy conversion system used as a dispersed generator. In: IEEE/PES Transmission and Distribution Conference and Exposition: Latin America, pp 1–8
5. Tan YT, Kirschen DS, Jenkins N (2004) A model of PV generation suitable for stability analysis. IEEE Trans Energy Convers 19(4):748–755
6. Rodriguez C, Amaratunga GAJ (2004) Dynamic stability of grid-connected photovoltaic systems.In: IEEE Power Engineering Society General Meeting pp 2193–2199
7. Eltawil MA, Zhao Z (2010) Grid-connected photovoltaic power systems: technical and potential problems—a review. Renew Sustain Energy Rev 14(1):112–129
8. Atwa YM, El-Saadany EF (2009) Reliability evaluation for distribution system with renewable distributed generation during islanded mode of operation. IEEE Trans Power Systems 24(2):572–581
9. IEEE Task Force (1993) Load representation for dynamic performance analysis. IEEE Trans on Power Systems 8(2):472–482
10. Concordia C, Ihara S (1982) Load representation in power system stability studies. IEEE Trans Power Apparatus Syst PAS-101(4): 969–977
11. Roy NK, Hossain MJ, Pota HR (2011) Effects of load modeling in power distribution system with distributed wind generation.In: 21st Australasian Universities Power Engineering Conference pp 1–6
12. Kundur P (1994) Power system stability and control. McGraw-Hill, New York
13. IEEE Std. 1547 (2003) IEEE standard for interconnecting distributed resources with electric power systems
14. IEEE Std 1547.2 (2008) IEEE application guide for IEEE Std 1547, IEEE standard for interconnecting distributed resources with electric power systems
15. Mahmud MA, Pota HR, Hossain MJ, Roy NK (2014) Robust partial feedback linearizing stabilization scheme for three-phase grid-connected photovoltaic systems. IEEE J Photovolt 4(1): 423–431
16. IEEE Power and Energy Series—Song YH, Johns AT(eds) (1999) Flexible AC transmission systems (FACTS). The Institution of Electrical Engineers, London
17. Hingorani NG, Gyugyi L (2000) Understanding FACTS-concepts and technology of flexible AC transmission systems. IEEE Press, New York
18. Yunus AMS, Masoum MAS, Abu-Siada A (2011) Effect of STATCOM on the low-voltage ride-through capability of Type-D wind turbine generator. In: Innovative Smart Grid Technologies Asia pp 1–5
19. Yang K, Cheng X, Wang Y et al (2012) PCC voltage stabilization by D-STATCOM with direct grid voltage control strategy. In: Innovative Smart Grid Technologies Asia pp 1–5
20. Rao P, Crow ML, Yang Z (2000) STATCOM control for power system voltage control applications. IEEE Trans Power Delivery 15(4):1311–1317
21. Seo JC, Kim TH, Park JK , Moon SI (1996) An LQG based PSS design for controlling the SSR in power systems with series-compensated lines. IEEE Trans Energy Conversion 11(2):423–428
22. Joshi SM, Kelkar AG (2002) Design of norm-bounded and sector-bounded LQG controllers for uncertain systems. J Optim Theory Appl 113(2):269–282
23. Civanlar S, Grainger JJ, Yin H , Lee SSH (1988) Distribution feeder reconfiguration for loss reduction. IEEE Trans Power Delivery 3(3):1217–1223

24. Taylor CW (1994) Power system voltage stability. McGraw-Hill, New York
25. Li S, Tomsovic K, Hiyama T (2000) Load following functions using distributed energy resources. In: IEEE Power Engineering Society Summer Meeting pp 1756–1761
26. Hossain MJ, Saha TK, Mithulananthan N, Pota HR (2012) Robust control strategy for PV system integration in distribution systems. Appl Energy 99:355–362
27. Milano F (2010) Power system modeling and scripting. Springer-Verlag, London
28. Hossain MJ, Pota HR, Ramos RA (2011) Robust STATCOM control for the stabilisation of fixed-speed wind turbines during low voltages. Renewable Energy 36(11):2897–2905
29. Roy NK, Pota HR, Hossain MJ (2013) Reactive power management of distribution networks with wind generation for improving voltage stability. Renewable Energy 58:85–94
30. Anderson BDO, Moore JB (1990) Optimal control: linear quadratic methods. Prentice-Hall, New Jersey

第 11 章 智能插电式混合动力汽车在未来智能电网中的集成应用

F·R·伊斯拉木（F. R. Islam）和 H·R·波塔（H. R. Pota）

摘要：在智能电网中，插电式混合动力汽车（Plug - in Hybrid Electric Vehicle，PHEV）既可以充当负荷也可作为分布式电源。电网—汽车（Grid - to - Vehicle，G2V）和汽车—电网（Vehicle - to - Grid，V2G）是两种经常用来描述电网和电动车互联方式的专业术语。当电动车接入电网充电或为电网供电时，可以把它们分别当作 G2V 或 V2G 操作模式下的负荷。本章将综述 G2V 模式的实施效果、优缺点和对应策略，以及 PHEV 停车场中个人车辆的 V2G 接口介绍。使用 V2G 技术可以改善电网性能、提供无功功率支持、功率调节、平衡负荷、过滤谐波，换言之，可以提高其质量、效率、可靠性和稳定性。为了实现 V2G 技术，电网在结构、组成和控制上需要进行很大改变，问题包括电池寿命、车网集中通信、配电网配件的影响、基础设施的变化，以及社会、政治、文化和技术等问题。储能对电力系统来说是至关重要的，如果分布式电动汽车具有很好的能源交易方案，则可以作为经济的存储方法。V2G 系统能量双向流动技术有待开发，V2G 技术的经济优势取决于车辆聚集度和 G2V/V2G 策略。可以预想到在未来，电网运营商和车主们将会对其优势给予极大的重视。

关键词：智能电网；可再生能源；插电式混合动力汽车；V2G；G2V

11.1 引言

由于环境和气候问题，石油价格的上涨，以及能源安全和有限的石油储备[1-3]，人们对插电式混合动力汽车技术的兴趣也逐渐提高。然而，现在仍处于早期发展阶段，在全球范围推广前，还面临一些问题，比如技术局限和社会文化障碍，而且如今的插电式混合动力汽车比传统汽车要昂贵[4]。根据美国电力研究协会和（EPRI），到 2020 年，美国汽车市场中插电式混合动力汽车渗透率将占 35%[5]。为了获得稳定通用的车网连接，系统需求的标准和规范是由不同组织共同开发的，比如汽车行业、IEEE、汽车工程师协会和美国电力研究协会。

在本章中，将选择插电式混合动力汽车进行分析，因为它们具有超越混合动力汽车和内燃机汽车的优势，它们可以通过 V2G 设备来作为充电模式，通过

G2V 设备进入放电模式[6]。本章将综述电网中的 V2G/G2V 技术和 V2G 个人车辆和群体车辆接口的用户需求、成本分析、挑战和政策。评定插电式混合动力汽车在实际供配电网的影响和应用，评估它们的控制和使用标准。美国汽车工程师协会（Society of Automotive Engineers，SAE）定义了插电混合式动力汽车充电的三个等级[7]，总结见表 11.1。在 G2V 运行模式下，当插电式混合动力汽车需要充电时表现为负荷，在 V2G 运行模式下，当公共电网从汽车电池中获取能量时表现为发电机。它的充电和放电特征取决于一些因素，比如地理位置、特定区域的插电式混合动力汽车数量、充电等级（充电电流和电压）、电池状态及容量和选用的连接方式（单向或双向）[8, 9]。

表 11.1　充电等级介绍

功率等级	描述	功率等级
等级 1	随时充电（对应任何可用接口）	1.4kW（12A）
等级 2	初级专用充电	1.9kW（20A） 4kW（17A） 19.2kW（80A）
等级 3	商业快速充电	最高 100kW（12A）

11.2　电网 G2V 模式影响

第一代大众市场的插电式混合动力汽车，如雪佛兰 Volt 和尼桑 Leaf[10, 11] 接入电网只是为了其最基本的作用——充电。G2V 包括传统和快速充电系统，后者加大了供电网的负担，因为其功率更高，一般的插电式混合动力汽车消耗的功率是普通家庭的两倍以上在不同位置充电也会对车辆从电网获取能量产生影响，例如，在拥挤的市中心上班时充电会导致不良的负荷高峰[12]，这样就需要在发电的峰值上进行很大的投资。如果插电式混合动力汽车在夜间充电，充电器不采用最先进的变换器，那么谐波注入和低功率因数将是一个严重的问题，夜间是电网的智能控制优化选择影响最小的时间[5, 13-17]。飞速发展的插电式混合动力汽车开发仍然是一个热门的研究领域。智能电网发展包括插电式混合动力汽车在现代最重要的研究之一是[18]研究车辆连入智能电网的影响。这些影响被公认是非常复杂的，其结果取决于很多方面（功率等级、时间选择、车辆连接电网的时间），并且可能会影响很多变量（容量需求、排放产生）。如上所述，对于电网来说充电的插电式混合动力汽车会作为负荷，相当于一般家庭负荷两倍数量级，一旦连入将会产生如瞬时压降等电能质量问题。在本章参考文献［19］的仿真中，假设汽车在没有控制的情况下充电，根据一天不同时间和季节可以看出压降在5% ~10.3%。仿真结果显示一间房子的电压供应状况，从不连入到连入插电式混合动力汽车，连入的情况下，压降从 1.7% 增加到了 4.3%，然而在未连入时，更多随机的行为表现出平均压降在 4% 左右（虽然在车辆充电时结果最终到达了一个接近 1.7% 的数值）。这个结论指出需要通过利用智能技术协调车辆充电的方法来提高电能传输质量。本章参考文献 [19] 是基于住宅能源消耗仿真的概况，交流功率消耗短期内变成了切换负荷，其等级类似于期望所发现插电式混合动力汽车的二级充电配置，这样，未成熟的高幅值随机转换负荷电网的概念不能成为现实。可切换大功率交流消耗被其电网的连接效果所掩盖。当研究车辆接入电网的效果时，另一个重要的方面，是因为阻尼器件电网的稳定性将需要对控制车辆充电引入未来设计。

11.3　V2G 技术

V2G 描述了插电式混合动力汽车与电网连接交流的系统，通过向电网传输电能或限制它们的充电率来销售需求响应服务。当插电式混合动力汽车具有合适的车载电力电子器件、智能电网连接和互动充电器的硬件控制时，它们能够充当可存储的分布式能源，也能存储能源应对意外故障[14,20-23]。为了支持对网能量注入[24-27]，双向充电系统是必不可少的。而单向充电器虽然在控制方面简单明了，但是它只可用在 G2V 系统中。

智能充电系统与协调管理系统能够转移负荷并避免高峰，通过恰当的控制器使在网车辆的影响最小化[16,17,28]。在 V2G 和 G2V 操作模式直接协调中，智能测量、通信和控制系统起到重要作用。非线性报价的实时账单是并网混合动力汽车获取更高回报的重要因素。V2G 模式需要电网与车辆之间的互联，并且个体车辆或群体车辆可以作为旋转备用连入电网。对于电网来说停车场内的车辆可以看作负荷，方便管理，并且可在需要时作为分布式能源，对电网更有帮助。如今，V2G 技术的潜在优势和经济问题受到研究者的广泛关注[28-47]。另一个面临的问题是在电力系统中 RES 的运用，由于发散特性，因此它们需要储存装置，插电式混合动力汽车的电池可能是一种解决方案，它为存储风力光伏的多余电能提供了机会并且当需要时能够提供后备支持。V2G 技术的实现已经通过不同的研究方法进行了多种探索，例如无功功率支持[28]、有功功率调节、填谷[35,36,48]削峰[37,38]平衡负荷。这类系统能够为频率控制和旋转备用[6,30,39-42]提供辅助服务，并可同时提高电网效率、稳定性、可靠性[43]和发电调度[44]以及降低设备运行成本甚至潜在地提供收入。此外，当电价比油价更便宜时，插电式混合动力汽车主会受益。研究人员根据连接的电力容量、市场价值、插电式混合动力汽车的普及率和汽车电池容量进行估计，得出 V2G 的净回报率为大约每年每车 90～4000 美元[6,19,20,45-47]。除了插电式混合动力汽车的内在优点，其排放量也在减少[17, 49, 50]，并且有报告显示 V2G 策略一年可能取代美国 650 万桶油[37]。Peterson 及其他学者曾估计每年从电网收益的社会净福利达到 300 ~ 400 美元[51]。电力系统滤波器的设计是利用 V2G 技术的另一个选择，而本章将描述如此实施会使得电网更加智能。

电动车生产数量预期增长将对储能产生极大的潜在影响，使得混合动力汽车发挥其优势。特别在电价较低时，充电汽车是非常划算的，并且可以由汽车向电网调度能量来支撑电网，尤其是在电网紧急时。对于预计增加的间歇性负荷，使用电动汽车作为分布式储能是很重要的补充，例如光伏和风力的输出，其当能源需求和价格较低且变化快速时，间歇地产生电能。

11.4 V2G 系统简单结构

Pang 以及其他学者概括了简单 V2G 能源模型与电力设施的要求，其中包括独立操作系统与连接器、充电设备及其位置、双向电能流动、单独车辆与连接器的通信、在线和离线智能检测与控制、插电式混合动力汽车的电池充电器及其管理。简而言之，通过有效通信与电网连接并运用适当的检测与控制就可以构成 V2G 系统[55]。图 11.1[56] 所示为一个简单的 V2G 系统构造，图 11.2 所示为充电的能量流动。总之，虽然通信过程必须保证双向，以报告电池状态并接受控制命令[57,58]，但是完成智能检测和控制来得到电池容量和荷电状态（State of Charge，SOC）仍然是具有挑战的[6,59-60]。为了支撑 V2G 运行方式[28, 48, 62]，提出了在线与离线智能检测，智能检测能够使插电式混合动力汽车变为可控负荷，来帮助它们与再生能源[63]结合，当充电站的传感器和智能检测可以通过区域网络检测并与有关的控制中心交换信息时，GPS 定位与在线测量对其是有益的[43, 62]。此外，控制和通信对于追踪间歇性资源与改变充电速率追踪电价、频率和功率调节、旋转备用[6,64-67]等服务，是很有必要的，因为这将涉及各种各样的协议，包括蓝牙、家庭插头、Z 波和 ZigBee。在美国，IEEE 和 SAE 提供了必要的通信需求和规格[73-75]，同时国家电力基础设施委员会（Infrastructure Working Council，IWC）定义了插电式混合动力汽车与充电器的通信标准[76,77]。落后的电力电子插电式混合动力汽车充电器将产生有害谐波影响配电系统。IEEE - 519[79]、IEEE - 1547[80]、SAE - 2894[81] 和国际电工委员会的 IEC - 1000 - 3 - 6[79,81] 标准限制了可接入的谐波于注入电网的直流电流的允许范围，通常使插电式混合动力汽车充电器满足全部设计标准。先进的有功功率变换技术广泛研究用来减少谐波电流并提高功率因数[25,82-85]，同时减小车辆充电时遭到电击的风险，使其满足车辆供电时人员保护系统标准。

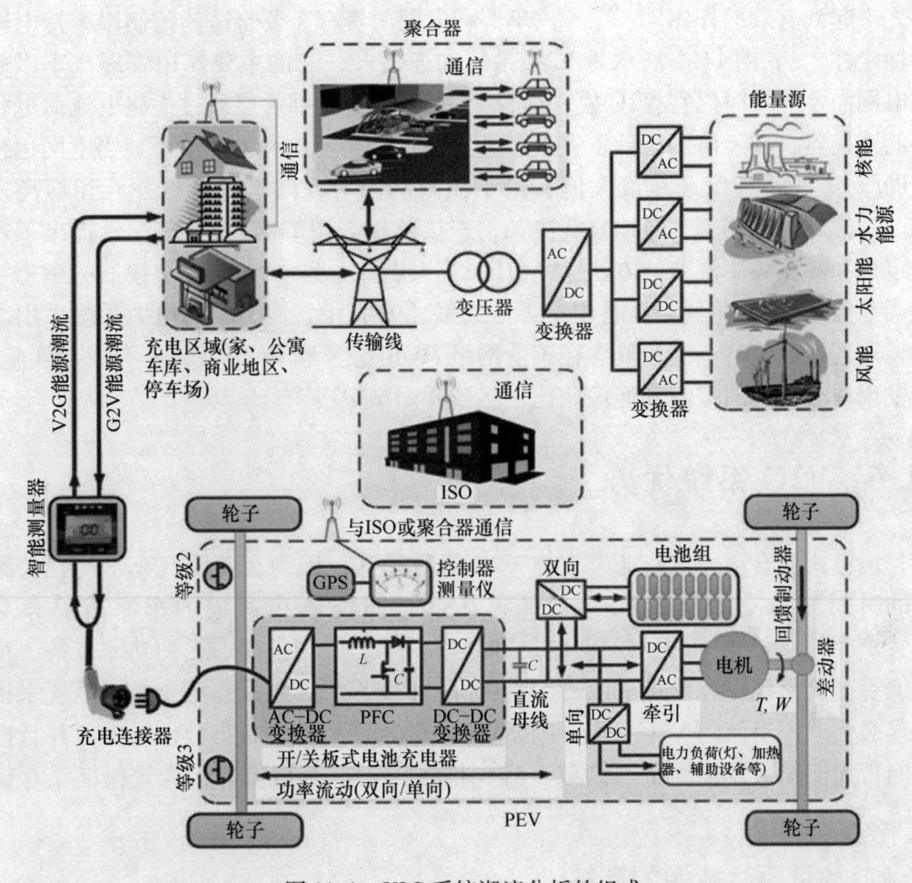

图 11.1　V2G 系统潮流分析的组成

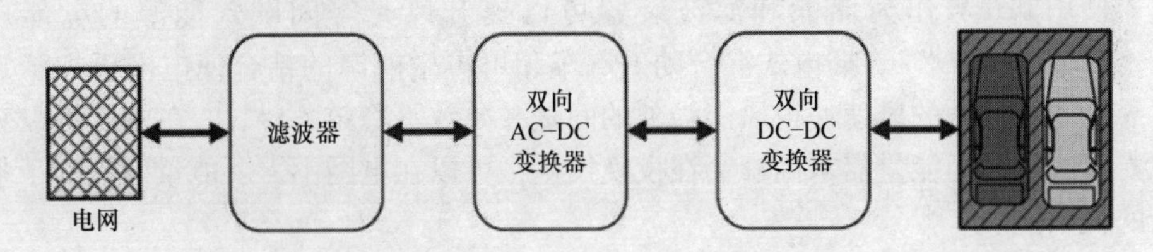

图 11.2　常规单向与双向潮流拓扑

11.5　插电式混合动力汽车作为配电网中储存能量的电源

单独的插电式混合动力汽车电池存储容量相对于电网来说较小。然而，PHEV 都作为储能设备可以使智能电网获得更好的协调性和可靠性。连接器可作为通信器、控制装置，或者看作一种算法，在车主、电力市场以及输配电操作系统之中起到有效的作用[88-90]。汽车群和电网两者都需要合适的控制以维持电网的稳定性[91]。图11.1所示为V2G系统的连接器，它的主要作用管理汽车以便在电网需要能量时以在V2G模式运行[92]。每部车辆都可以通过检测电池荷电状态的连接器，在经济的条件下完成服务。在连接智能电网的环境下，当电网运行辅助服务[64]并且保证在最大值和最小值限制内时，汽车可进行并入和切离操作。考虑到每部车辆都可以自我决策，连接器作为调节器，Wu等学者提出了智能定价和最优频率调节的方法[95]。Han等人设计了另一个V2G连接器的理想频率调节控制器[96]，同时，在本章参考文献［97］中，西丹麦的电力系统采用车辆长期连接的策略。连接概念在工业网络MOBIE[98]和Better Place[99]成功实施，并发现单独车辆的控制和通信相比连接器要困难很多[67]。

11.6 V2G系统优势

插电式混合动力汽车能够支撑V2G运行模式，因为在美国汽车平均在公路上的时间只占有每天的4%～5%，其余时间都停在家里的车库或停车场里[23,62,65]。车辆可以提供类似电压和频率调节、旋转备用、无功功率支持、削峰填谷、负荷跟踪和能量平衡[28,37,48]等多种服务。这些服务对于电力系统来讲是很必要的，当使用V2G系统的全部花费减少时，用户的花费也减少，并且向电网售出能量可以提高负荷因数、减少排放[5]，并有可能取代大规模能量存储系统。

11.6.1 可再生能源的支持

使用PHEV作为储能和滤波装置可以提升风光等间歇式能源的电能质量[23,33,34,97,100-103]。插电式混合动力汽车和可再生能源的结合使电网更加稳定可靠。不可预测的风速使得风能强烈的间歇并导致不稳定[33,104]。在白天可以获取光能辐射，而能量需求高峰会在夜晚发生，可以在电网不需要能量时借助于多余的太阳能。

在许多研究中，插电式混合动力汽车与可再生能源的结合已通过不同方式完成，比如作为电池储能系统（Battery Energy Storage System，BESS）和无功功率支持系统。Kepton和Tomic[23]研究了运用V2G技术克服风力发电的波动的可能性，Guille和Gross[30]提出运用模型预测控制（Model Predictive Control，MPC）的结构来分析插电式混合动力汽车对风力发电的积极影响。为了提高基于电网可再生能源的电能质量，Ota等人[105]设计了一种控制方案，使插电式混合动力汽车作为分布式旋转备用设备。Wand等人[106]提出了需求响应和风能发电相结合，Goransson等人[107]提出了不同策略，将插电式混合动力汽车集成到风热电力系统中。

可再生能源的高渗透率将会导致电网不稳定，插电式混合动力汽车通过，在发电量过剩时对电池进行充电，在负荷需求高峰时会对电池进行放电改善这种情况。根据所需消耗与供应能量，可以协助发电和负荷调度[66]。因此，V2G 提高电网的灵活性来更好地利用间歇性的可再生能源。

11.6.2　环境效益

插电式混合动力汽车比传统汽车具有排放上的优势，甚至当考虑发电机排放的 CO_2 时也是如此。如果插电式混合动力汽车取代传统汽车，则 CO_2 排放量将大幅度下降[99]。在 V2G 运行模式下，插电式混合动力汽车将更有益于环境并且减少温室气体（Green House Gas，GHG）排放[16,29]。每年单辆汽车的 CO_2 排放预计从 6.2 吨减少到 4 吨[33,57]，驾驶汽车所产生的温室气体由电能产生，而其排放量取决于燃料的类型。当电能通过化石燃料燃烧产生时，插电式混合动力汽车的环境效益会下降，因为可再生能源的温室气体排放量几乎为 0g/km，对于燃煤电厂排放量将提高至 155g/km[108]，即使这样，它们的碳排放也将比混合动力汽车降低 7% ~21%[17,109]，而比内燃机汽车低 25%[110]。在另一个基于美国低碳电力来源的研究中，插电式混合动力汽车排放量预计减少 15% ~65% 范围内[5,17]。长期温室气体排放的减少取决于电网碳浓度减少量[111,112]，在未来智能电网中运用插电式混合动力汽车将减少超过 33% 的排放[113]。然而汽车和石油公司断言称电动汽车由于电池生产设备和电池废弃产生的铅排放[4,114]将在环境上将会具有连锁的不良影响。

美国电力研究协会预测了从 2010 ~2050 年插电式混合动力汽车温室气体排放影响[115]，如图 11.3 所示，其中三个坐标代表了 CO_2 和总温室气体排放量的强度，另外三个坐标代表了插电式混合动力汽车的普及率。两个坐标反映了 9 种不同的结果，决定了其潜在的长期影响。

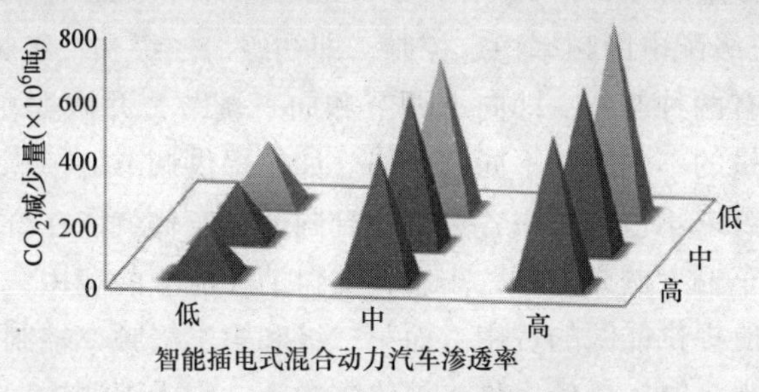

图 11.3　每年智能插电式混合动力汽车减少的温室气体排放

从分析得出，可以发现9个图中的每一个图显示了每年温室气体排放量在大量减少，在2050年将达到6.12×10^{8}t的最大减少量（车辆高普及率，低CO_2排量）并且2010~2050年的减少量为$3.4\times10^{9}\sim1.03\times10^{10}$t。

11.6.3 辅助设备

为了确保稳定性、可靠性、供应和负荷的平衡及所有电力的质量，电力系统有时需要从外部和内部网络设备提供辅助服务。具有双向充电器的插电式混合动力汽车能够提供更高质量的辅助服务，这些服务包括电压频率调节、负荷量平整和峰值需求管理。其中一部分在本章有所描述。通过为设备创造更大且合适的负荷，连接器成为系统的主要部分。

11.6.3.1 电压与频率调节

为了给用户供应更好质量的电能，需要电力系统调节电压和频率，V2G技术可以提供这种服务，由于插电式混合动力汽车在汽车能源储存系统的高市场价值和最低应力，同时也提供了最好的服务[62,117]。电网中大型旋转发电机[95]通过昂贵的规程来调节频率电压，在目前的网络系统中通过调节频率来平衡供应和需求的有功功率[118]，无功功率需求通过电压调节来平衡[118]。插电式混合动力汽车的充放电成为频率调节的另一种选择[23]。

合适的插电式混合动力汽车充放电逻辑可以将补偿无功功率的电压控制植入电池充电器中，这将调节电流相角，在感性或容性模式下充电[118]。运用合适的电压控制，插电式混合动力汽车能够决定电池充放电的时间。例如，当电网电压值较低时，将停止车辆充电过程，当电网电压值较高，充电过程开始[66]。低电压情况下，虽然线路过荷和电压不稳定的原因是由于在网充电的插电式混合汽车的大量普及[119]，但是插电式混合动力汽车能够运用V2G操作来调节本地网络的无功功率[19]。

输电协调联盟（Union for the Coordination of Transmission of Electricity, UCTE）定义了三级配电网频率稳定控制，即初级、二级和三级频率控制[120]。

电力系统中有两种调节，即向上调节和向下调节，并依据在拍卖中的竞价，根据上下调节容量的不同给出不同的价格。如果提供调节的车辆提交竞价低于市场清算电价，则可以承包其可用容量，在合同期内车辆就能在合同容量的百分比进行充放电。当车辆上调充电时，车主将支付消耗能源的费用，而当其下调放电时，将返还车主所提供能源的费用。而第二级和第三级频率控制也依照出价来激活。当上调需求提高时，最低出价将被优先激活。因为下调输送意味着充电价更低，这使电动汽车更具利润[45]。在本章参考文献［121］中，V2G中的初级控制预计将达到最高值。

Delaware大学的V2G研究组比较了现有电网调节系统和V2G的潜在收益，发现10~15kW电力调节容量的插电式混合动力汽车每年可以盈利3777~4000美元，Brooks计算在加州城的插电式混合动力汽车因为V2G的应用而增加到了5038美元。

11.6.3.2　负荷转移

通过在每日峰值时放电，在低需求时充电，V2G能够提高能量负荷等级，局部和全局智能充电控制策略能够降低负荷峰值[123]。为了平整负荷量，Takagi等人[36]提出了基于变差法的电价算法并辨识电价曲线，这样能够实现理想的底部充电法，使车主的电费最小化。Sana展示了四百万台插电式混合动力汽车充电器负荷可以适应加州[124]现存的电网，并且可以发现，当纽约峰值容量高达10%时，大约50%的插电式混合动力汽车仍然能够安全供电，这意味着经济收益达到每年一亿一千万[125]。智能充电器减少峰值负荷并转移能量的需求[35,126]，而当V2G用于峰值负荷减少时，给正在普及的插电式混合动力汽车提供财务奖励[51,116]。

11.7　V2G概念的挑战

配电网系统V2G技术可能因为变压器过负荷和支路影响性能，在某些状况下将降低效率、产生电压偏差并增加谐波[127,128]。美国能源部报告了[129]特别详细的通信需求方面的机遇与挑战。安全问题是公共充电设施的另一个挑战[130]。电池退化、投资成本、能量流失、汽车和石油业的阻力都将成为V2G系统发展的障碍。

V2G概念下，插电式混合动力汽车电池的快速充放电将减少电池的寿命。电能回收率和循环频率决定电池退化程度。等效串联电阻（Equivalent Series Resistance，ESR）和荷电状态是两个主要的控制参数，适当的控制将是一种减慢退化的好方法[131-133]。

根据Andersson[45]的看法，电池的投资成本大概在300美元/kWh，寿命大概在80%深度充电情况下（Depth of Charge，DOC）电池的寿命为3000次循环，退化投入是130美元/MWh。对于一个16kWh的电池，Peterson等人[134]计算了V2G服务电池的最大每年净退化的成本只有10~120美元。

现今配电网中V2G技术的实现有可能对设备造成巨大的影响[135,136]。根据插电式混合动力汽车的数量和容量，配电网将会过负荷配电变压器、提高电压偏差、谐波污染和峰值需求[137-142]。

根据 Dyke 等人[143]，英国插电式混合动力汽车的普及需要对电网进行大量投资，Fernandez 等人[144]提出不同插电式混合动力汽车普及率、配电网和增加的能源损失所造成的投资影响。

11.8 研究范畴

根据上述论述，提出了一些尚未被研究人员考虑的问题。其中一部分在本章中讨论，下面是一些主要的焦点问题：

1）考虑智能插电式混合动力汽车电池根据负荷计算和产生的电池动态研究问题；

2）通过设计电力系统滤波器，介绍插电式混合动力汽车的新型辅助服务；

3）部分学者正在解决运用插电式混合动力汽车设计虚拟的柔性交流输电系统设备；

4）通过统一基准配电网的 V2G 技术，实现完整的电能质量解决方案。

11.9 结论

本章综述了 G2V 和 V2G 技术对电力系统的影响、优势、需求和车网互联策略的挑战。通过插电式混合动力汽车双向充电器的协助，可以当作储能装置并在需要时向电网供电。单向充电器是插电式混合动力汽车迈向成功的第一步，加入在线双向充电器使其成为未来电网的一部分，体现在通过任何接口都可以实现充电并且回馈以支撑电网。经济效益、CO_2 排放量、成本、对配电网的影响都取决于车主、连接器和电网操作有效策略的协调结合。

可以运用 V2G 来改善电网的效率、稳定性、可靠性和发电调度。这种操作模式能够为电网提供有功功率调节、无功功率支撑、电源来源、电流谐波滤波、削减填谷来平衡负荷。为了提高间歇可再生能源的可靠性，插电式混合动力汽车可以作为储能装置提供可行的后备支持，同时在发电过剩时作为负荷。通过插电式混合动力汽车，提供几种辅助给电力系统，比如电压控制、旋转储备、缩减电网操作成本并产生收入。基于电力市场价值，插电式混合动力汽车的数量和 V2G 操作模式的电池容量具有很大的潜能，其纯收益在每年每车 90～4000 美元。

V2G 操作包含电池退化的成本、车网间智能通信的需要、对配电网的影响、基础设施变化的需求以及政治、社会、技术和文化问题。许多 V2G 技术的建议在此章中讨论，同时也表明了一部分 V2G 技术的缺点，从车主和电网运营商的观点来看，V2G 技术也是更经济更灵活的。政治和环境的优势确保了插电式混合动力汽车的发展前景。为了更好地连接插电式混合动力汽车和电网，插电式混合动力汽车的电池必须通过 V2G 和 G2V 连接的预设标准来延长生命周期。

参考文献

1. Ehsani M (2005) Modern electric, hybrid electric, and fuel cell vehicles. FL CRC Press, Boca Raton
2. Larminie J, Lowry J (2003) Electric vehicle technology explained. Wiley, New York
3. Wirasingha S, Emadi A (2011) Pihef: plug-in hybrid electric factor. IEEE Trans Veh Technol 60(3):1279–1284
4. Sovacool BK, Hirsh RF (2009) Beyond batteries: an examination of the benefits and barriers to plug-in hybrid electric vehicles (PHEVs) and a vehicle-to-grid (V2G) transition. Energy Policy 37(3):1095–1103. doi:10.1016/j.enpol.2008.10.005
5. Duvall M, Knipping E (2007) Environmental assessment of plug-in hybrid electric vehicles. Final report pp 156, Nationwide Greenhouse Gas Emissions, EPRI and NRDC
6. Kempton W, Tomi′c J (2005) Vehicle-to-grid power implementation: from stabilizing the grid to supporting large-scale renewable energy. J Power Sources 144(1):280–294
7. SAE electric vehicle and plug-in hybrid electric vehicle conductive charge coupler, SAE standard j1772 (January 2010)
8. Lassila J, Haakana J, Tikka V, Partanen J (2012) Methodology to analyze the economic effects of electric cars as energy storages. IEEE Trans Smart Grid 3(1):506–516
9. Li G, Zhang X-P (2012) Modeling of plug-in hybrid electric vehicle charging demand in probabilistic power flow calculations. IEEE Trans Smart Grid 3(1):492–499
10. GM-Volt: Latest Chevy volt battery pack and generator details and clarifications 2011
11. Nissan zero emission website, leaf specs (2010). www.nissan-zeroemission.com/EN/LEAF/specs.html
12. Heydt GT (1983) The impact of electric vehicle deployment on load management strategies. IEEE Power Eng Rev PER 3(5):41–42. doi:10.1109/MPER.1983.5519161
13. Meliopoulos S, Meisel J, Cokkinides G, Overbye T (2009) Power system level impacts of plug-in hybrid vehicles. Technical report, PSERC document, pp 09–12
14. Lund H, Kempton W (2008) Integration of renewable energy into the transport and electricity sectors through V2G. Energy Policy 36(9):3578–3587. http://www.sciencedirect.com/science/article/pii/S0301421508002838
15. Stephan CH, Sullivan J (2008) Environmental and energy implications of plug-in hybrid-electric vehicles. Environ Sci Technol 42(4):1185–1190
16. Sioshansi R, Denholm P (2009) Emissions impacts and benefits of plug-in hybrid electric vehicles and vehicle-to-grid services. Environ Sci Technol 43(4):1199–1204. http://pubs.acs.org/doi/pdf/10.1021/es802324j
17. Samaras C, Meisterling K (2008) Life cycle assessment of greenhouse gas emissions from plug-in hybrid vehicles: implications for policy. Environ Sci Technol 42(9):3170–3176
18. Hadley SW (2006) Impact of plug-in hybrid vehicles on the electric grid. Technical report, ORNL, Oct 2006
19. Clement-Nyns K, Haesen E, Driesen J (2010) The impact of charging plug-in hybrid electric vehicles on a residential distribution grid. IEEE Trans Power Syst 25(1):371–380
20. Larsen E, Chandrashekhara D, Ostergard J (2008) Electric vehicles for improved operation of power systems with high wind power penetration In: IEEE energy 2030 conference, pp 1–6

21. Locment F, Sechilariu M, Forgez C (2010) Electric vehicle charging system with PVgrid-connected configuration. In: IEEE vehicle power and propulsion conference (VPPC), pp 1–6
22. Gurkaynak Y, Khaligh A (2009) Control and power management of a grid connected residential photovoltaic system with plug-in hybrid electric vehicle (phev) load. In: Twenty-fourth annual IEEE applied power Electronics conference and exposition, pp 2086–2091
23. Kempton W, Tomi J (2005) Vehicle-to-grid power fundamentals: calculating capacity and net revenue. J Power Sources 144(1):268–279. doi:10.1016/j.jpowsour.2004.12.025
24. Singh B, Singh B, Chandra A, Al-Haddad K, Pandey A, Kothari D (2003) A review of single-phase improved power quality AC–DC converters. IEEE Trans Ind Electron 50(5):962–981
25. Singh B, Singh B, Chandra A, Al-Haddad K, Pandey A, Kothari D (2004) A review of three-phase improved power quality AC–DC converters. IEEE Trans Ind Electron 51(3):641–660
26. Zhou X, Lukic S, Bhattacharya S, Huang A (2009) Design and control of grid-connected converter in bi-directional battery charger for plug-in hybrid electric vehicle application. In: IEEE vehicle power and propulsion conference, pp 1716–1721
27. Zhou X, Wang G, Lukic S, Bhattacharya S, Huang A (2009) Multi-function bi-directional battery charger for plug-in hybrid electric vehicle application. In: IEEE energy conversion congress and exposition, pp 3930–3936
28. De Breucker S, Jacqmaer P, De Brabandere K, Driesen J, Belmans R (2006) Grid power quality improvements using grid-coupled hybrid electric vehicles. In: The 3rd IET international conference on power electronics, machines and drives, pp 505–509
29. Saber AY, Venayagamoorthy GK (2010) Intelligent unit commitment with vehicle-to-grid a cost emission optimization. J Power Sources 195(3):898–911. http://www.sciencedirect.com/science/article/pii/S037877530901341X
30. Guille C, Gross G (2009) A conceptual framework for the vehicle-to-grid V2G implementation. Energy Policy 37(11):4379–4390
31. Mitra P, Venayagamoorthy G, Corzine K (2011) Smartpark as a virtual STATCOM. IEEE Trans Smart Grid 2(3):445–455
32. Marano V, Rizzoni G (2008) Energy and economic evaluation of PHEVs and their interaction with renewable energy sources and the power grid. In: IEEE international conference on vehicular electronics and safety (ICVES), pp 84–89
33. Short W, Denholm P (2006) Preliminary assessment of plug-in hybrid electric vehicles on wind energy markets. Technical report, National Renewable Energy Lab NREL/TP-620-39729, April 2006
34. Ramos JMLA, Olmos L, Perez-Arriaga IJ (2008) Modeling medium term hydroelectric system operation with large-scale penetration of intermittent generation. In: XIV Latin and Iberian conference on operations research, 2008
35. Koyanagi F, Uriu Y (1998) A strategy of load leveling by charging and discharging time control of electric vehicles. IEEE Trans Power Syst 13(3):1179–1184
36. Takagi M, Iwafune Y, Yamaji K, Yamamoto H, Okano K, Hi-watari R, Ikeya T (2012) Electricity pricing for PHEV bottom charge in daily load curve based on variation method. In: IEEE innovative smart grid technologies (ISGT), pp 1–6, 2012
37. Kintner-Meyer KPSM, Pratt RG Impacts assessment of plug-in hybrid vehicles on electric utilities and regional US power grids part 1: technical analysis pacific northwest national laboratory. Technical report, Pacific Northwest National Lab PNNL-SA-61669
38. Sortomme E, El-Sharkawi M (2012) Optimal scheduling of vehicle-to-grid energy and ancillary services. IEEE Trans Smart Grid 3(1):351–359
39. Kempton W, Tomic J, Letendre ABS, Lipman T (2001) Vehicle-to-grid power: battery, hybrid, and fuel cell vehicles as resources for distributed electric power in California. Technical report, California Air Resources Board and California Environmental Protection Agency, CEPA, Los Angeles. Research Report, UCD-ITS-RR-01-03

40. Wirasingha S, Schofield N, Emadi A (2008) Plug-in hybrid electric vehicle developments in the US: trends, barriers, and economic feasibility. In: IEEE vehicle power and propulsion conference, pp 1–8, 2008
41. Dallinger D, Krampe D, Wietschel M (2011) Vehicle-to-grid regulation reserves based on a dynamic simulation of mobility behavior. IEEE Trans Smart Grid 2(2):302–313. doi:10.1109/TSG.2011.2131692
42. Keane E, Flynn D (2012) Potential for electric vehicles to provide power system reserve. In: IEEE innovative smart grid technologies (ISGT), pp 1–7, 2012
43. Srivastava AK, Annabathina B, Kamalasadan S (2010) The challenges and policy options for integrating plug-in hybrid electric vehicle into the electric grid. Electr J 23(3):83–91
44. Denholm P, Short W (2006) An evaluation of utility system impacts and benefits of optimally dispatched PHEVs. Technical report, National Renewable Energy Lab NREL/TP-620-40293 (October 2006)
45. Andersson S-L, Elofsson A, Galus M, Gransson L, Karlsson S, Johnsson F, Andersson G (2010) Plug-in hybrid electric vehicles as regulating power providers: case studies of Sweden and Germany. Energy Policy 38(6):2751–2762
46. Camus C, Esteves J, Farias T (2009) Electric vehicles and electricity sector regulatory framework: The Portuguese example. In: EVS24, 2009
47. Sioshansi R, Denkolm P (2010) The value of plug-in hybrid electric vehicles as grid resources. Energy Journal 31(3):1–23
48. Shireen W, Patel S (2010) Plug-in hybrid electric vehicles in the smart grid environment. In: IEEE transmission and distribution conference and exposition, pp. 1–4, 2010. doi:10.1109/TDC.2010.5484254
49. Grahn M, Azar C, Williander MI, Anderson JE, Mueller SA, Wallington TJ (2009) Fuel and vehicle technology choices for passenger vehicles in achieving stringent CO_2 targets: connections between transportation and other energy sectors. Environ Sci Technol 43(9):3365–3371
50. Goransson SKL, Johnsson F (2009) Plug-in hybrid electric vehicles as a mean to reduce CO_2 emissions from electricity production. In: Proceeding electric vehicle symposiums 24, Stavanger, Norway, 2009
51. Peterson SB, Whitacre J, Apt J (2010) The economics of using plug-in hybrid electric vehicle battery packs for grid storage. J Power Sources 195(8):2377–2384
52. Zahedi A (2012) Electric vehicle as distributed energy storage resource for future smart grid. In: 22nd Australasian universities power engineering conference (AUPEC), pp 1–4, 2012
53. Introduction to vehicle to grid (V2G). http://www.v2g.com.au/
54. Pang C, Dutta P, Kim S, Kezunovic M, Damnjanovic I (2010) PHEVs as dynamically configurable dispersed energy storage for V2B uses in the smart grid. In: 7th mediterranean conference and exhibition on power generation, transmission, distribution and energy conversion (Med Power 2010), pp 1–6, 2010. doi:10.1049/cp.2010.0903
55. Su W, Eichi H, Zeng W, Chow M-Y (2012) A survey on the electrification of transportation in a smart grid environment. IEEE Trans Ind Inf 8(1):1–10
56. Yilmaz M, Krein P (2012) Review of benefits and challenges of vehicle-to-grid technology. In: IEEE energy conversion congress and exposition (ECCE), pp. 3082–3089, 2012. doi:10.1109/ECCE.2012.6342356
57. DiPeso J (2008) Cars to grid: an electrifying idea. Environ Qual Manage 18(2):89–94
58. Turker H, Bacha S, Chatroux D, Hably A (2012) Aging rate of low voltage transformer for a high penetration of plug-in hybrid electric vehicles (PHEVs). In: IEEE innovative smart grid technologies (ISGT), pp 1–8, 2012
59. Saber A, Venayagamoorthy G (2011) Plug-in vehicles and renewable energy sources for cost and emission reductions. IEEE Trans Ind Electron 58(4):1229–1238
60. School of Public and Environmental Affairs at Indiana University (2011) Plug-in electric vehicles: a practical plan for progress, the report of an expert panel. Technical report, School of Public and Environmental Affairs at Indiana University, Feb 2011

61. Electrification of the transportation system, Technical report, MIT energy initiative symposium, MITei, USA, April 2010
62. Kempton JTW(2007) Using fleets of electric-drive vehicles for grid support.J Power Sources 168(2):459–468. http://www.sciencedirect.com/science/article/pii/ S0378775307005575
63. Rua D, Issicaba D, Soares F, Almeida P, Rei R, Lopes J (2010) Advanced metering infrastructure functionalities for electric mobility. In: Innovative smart grid technologies conference Europe (ISGT Europe), IEEE PES, pp 1–7, 2010
64. Quinn C, Zimmerle D, Bradley TH (2010) The effect of communication architecture on the availability, reliability, and economics of plug-in hybrid electric vehicle-to-grid ancillary services. J Power Sources 195(5):1500–1509
65. Kempton W, Letendre S (1997) Electric vehicles as a new power source for electric utilities. Transp Res D 2(3):157–175
66. Clement-Nyns K, Haesen E, Driesen J (2011) The impact of vehicle-to-grid on the distribution grid. Electr Power Syst Res 81(1):185–192. http://www.sciencedirect.com/science/article/pii/S0378779610002063
67. Markel T, Kuss M, Denholm P (2009) Communication and control of electric drive vehicles supporting renewable. In: IEEE vehicle power and propulsion conference, pp 27–34, 2009
68. Su W, Zeng W, Chow M-Y (2012) A digital testbed for a PHEV/PEV enabled parking lot in a smart grid environment. In: Innovative smart grid technologies (ISGT), IEEE PES, pp 1–7, 2012
69. Chaudhry H, Bohn T (2012) Security concerns of a plug-in vehicle. In: IEEE innovative smart grid technologies (ISGT), pp 1–6, 2012
70. (2011) Technical report, Zigbee smart energy overview. http://www.zigbee.org/Standards/ZigBeeSmartEnergy/Overview.aspx
71. Kulshrestha P, Swaminathan K, Chow M-Y, Lukic S (2009) Evaluation of zigbee communication platform for controlling the charging of phevs at a municipal parking deck. In: IEEE vehicle power and propulsion conference, pp 1211–1214, 2009
72. Lee HALSKMK, Newman RE, Yonge L (2003) Homeplug 1.0 powerline communication lansprotocol description and performance results. Int J Commun Syst 16:447–473
73. Scholer R, Maitra A, Ornelas E, Bourton M et al (2010) “Communication between Plug-in Vehicles and the Utility Grid”SAE Technical Paper 2010-01-0837,doi:10.4271/2010-01-0837.
74. Communication between plug-in vehicles and the utility grid (2011)
75. Communication between plug-in vehicles and off-board dc chargers, SAE Stand J2847/2 (2011)
76. Communication between plug-in vehicles and the utility grid for reverse power flow, SAE Stand J2847/3 (2011)
77. Gungor V, Sahin D, Kocak T, Ergut S, Buccella C, Cecati C, Hancke G (2011) Smart grid technologies: communication technologies and standards. IEEE Trans Ind Inf 7(4):529–539
78. Ferreira J, Monteiro V, Afonso J, Silva A (2011) Smart electric vehicle charging system. In: IEEE intelligent vehicles symposium (IV), pp 758–763, 2011
79. Bai S, Lukic S (2011) Design considerations for DC charging station for plug-in vehicles. In: IEEE vehicle power and propulsion conference (VPPC), pp 1–6, 2011
80. Xu W (2000) Comparisons and comments on harmonic standards IEC 1000-3-6 and IEEE stdandard 519. In: Proceedings of ninth international conference on harmonics and quality of power, vol 1, pp 260–263, 2000
81. Geske PKM, Winkler T, Heideck G (2010) Controlled battery charger for electric vehicles. PIERS Online 6(6):532536
82. Power quality requirements for plug-in vehicle chargers-part 1: requirements, SAE Stand J2894/2 (2011)
83. Chan C, Chau K (1997) An overview of power electronics in electric vehicles. IEEE Trans Ind Electron 44(1):3–13

84. Aguilar C, Canales F, Arau J, Sebastian J, Uceda J (1995) An integrated battery charger/ discharger with power factor correction. In: 26th annual IEEE power electronics specialists conference, vol 2, pp 714–719, 1995
85. Lee Y-J, Khaligh A, Emadi A (2009) Advanced integrated bidirectional ac/dc and dc/dc converter for plug-in hybrid electric vehicles. IEEE Trans Veh Technol 58(8):3970–3980
86. Gomez J, Morcos M (2003) Impact of EV battery chargers on the power quality of distribution systems. IEEE Trans Power Delivery 18(3):975–981
87. Aggeler D, Canales F, Zelaya-De La Parra H, Coccia A, Butcher N, Apeldoorn O (2010) Ultra-fast DC-charge infrastructures for ev-mobility and future smart grids. In: IEEE innovative smart grid technologies conference Europe (ISGT Europe), pp 1–8, 2010
88. Aabrandt A, Andersen P, Pedersen A, You S, Poulsen B, O'Connell N, Ostergaard J (2012) Prediction and optimization methods for electric vehicle charging schedules in the edison project. In: IEEE innovative smart grid technologies (ISGT), pp 1–7, 2012
89. Tuttle D, Baldick R (2012) The evolution of plug-in electric vehicle-grid interactions. IEEE Trans Smart Grid 3(1):500–505
90. Bessa R, Matos M, Soares F, Lopes J (2012) Optimized bidding of a ev aggregation agent in the electricity market. IEEE Trans Smart Grid 3(1):443–452
91. Bessa RJ, Matos MA Economic and technical management of an aggregation agent for electric vehicles: a literature survey. European Trans Electr Power. http://onlinelibrary.wiley.com/doi/10.1002/etep.565/abstract
92. Singh M, Kumar P, Kar I (2012) Implementation of vehicle to grid infrastructure using fuzzy logic controller. IEEE Trans Smart Grid 3(1):565–577
93. Wu D, Chau K, Liu C, Gao S, Li F (2012) Transient stability analysis of SMES for smart grid with vehicle-to-grid operation. IEEE Trans Appl Supercond 22(3):5701105
94. Kristoffersen KCTK, Meibom P (2011) Optimal charging of electric drive vehicles in a market environment. Appl Energy 88:1940–1948
95. Wu D, Aliprantis D, Ying L (2012) Load scheduling and dispatch for aggregators of plug-in electric vehicles. IEEE Trans Smart Grid 3(1):368–376
96. Wu C, Mohsenian-Rad H, Huang J (2012) Vehicle-to-aggregator interaction game. IEEE Trans Smart Grid 3(1):434–442
97. Han S, Han S, Sezaki K (2010) Development of an optimal vehicle-to-grid aggregator for frequency regulation. IEEE Trans Smart Grid 1(1):65–72
98. Pillai J, Bak-Jensen B (2011) Integration of vehicle-to-grid in the western Danish power system. IEEE Trans Sustain Energy 2(1):12–19
99. MOBIE (2011) http://www.mobie.pt
100. Jourabchi M (2008) Impact of plug-in hybrid vehicles on northwest power system: a preliminary assessment. Northwest Power and Conservation Council, Columbia
101 Schneider K, Gerkensmeyer C, Kintner-Meyer M, Fletcher R (2008) "Impact assessment of plug-in hybrid vehicles on pacific northwest distribution systems," Power and Energy Society General Meeting - Conversion and Delivery of Electrical Energy in the 21st Century, 2008 IEEE 1(6):20–24 July 2008
102. Islam FR, Pota HR (2011) Design a PV-AF system using V2G technology to improve power quality. In: 37th annual conference on IEEE industrial electronics society, IECON, pp 861–866, 2011
103. Islam FR, Pota HR, Ali MS (2011) V2G technology for designing active filter system to improve wind power quality. In: 21st Australasian universities power engineering conference (AUPEC), pp 1–6, 2011
104. Islam FR, Pota HR (2011) V2G technology to improve wind power quality and stability. In: Australian control conference (AUCC), pp 452–457, 2011
105. Islam FR, Pota HR (2014) Virtual active filters for HVDC networks using V2G technology. Int J Electr Power Energy Syst 54:399–407, ISSN 0142-0615. http://dx.doi.org/10.1016/j.ijepes.2013.07.028 (Jan 2014)

106. Ray PK, Mohanty SR, Kishor N (2011) Disturbance detection in grid-connected distributed generation system using wavelet and s-transform. Electr Power Syst Res 81(3):805–819. http://www.sciencedirect.com/science/article/pii/S037877961000283X
107. Ota Y, Taniguchi H, Nakajima T (2012) Autonomous distributed V2G satisfying scheduled charging. IEEE Trans Smart Grid 3(1):559–564
108. Wang J, Liu C, Ton D, Zhou Y, Kim J, Vyas A (2011) Impact of plug-in hybrid electric vehicles on power systems with demand response and wind power. Energy Policy 39(7):4016–4021. http://www.sciencedirect.com/science/article/pii/S0301421511000528
109. Goransson L, Karlsson S, Johnsson F (2010) Integration of plug-in hybrid electric vehicles in a regional wind-thermal power system. Energy Policy 38(10):5482–5492. http://www.sciencedirect.com/science/article/pii/S0301421510002740
110. Peterson SB, Whitacre JF, Apt J (2011) Net air emissions from electric vehicles: the effect of carbon price and charging strategies. Environ Sci Technol 45(5):1792–1797, arXiv: http://pubs.acs.org/doi/abs/10.1021/es102464y
111. Jaramillo P, Samaras C, Wakeley H, Meisterling K (2009) Greenhouse gas implications of using coal for transportation: life cycle assessment of coal-to-liquids, plug-in hybrids, and hydrogen pathways. Energy Policy 37(7):2689–2695. http://www.sciencedirect.com/science/article/pii/S0301421509001451
112. Jaramillo P, Samaras C (2007) Comparing life cycle ghg emissions from coal-to-liquids and plug-in hybrids. Technical reports, CEIC working
113. Axsen J, Kurani KS (2010) Anticipating plug-in hybrid vehicle energy im- pacts in California: constructing consumer-informed recharge profiles. Trans Res Part D: Trans Environ 15(5):212–219
114. Axsen J, Kurani KS, McCarthy R, Yang C (2011) Plug-in hybrid vehicle impacts in California: integrating consumer-informed recharge profiles with an electricity-dispatch model. Energy Policy 39(3):1617–1629. http://www.sciencedirect.com/science/article/pii/S0301421510009389
115. Sioshansi R, Fagiani R, Marano V (2010) Cost and emissions impacts of plug-in hybrid vehicles on the Ohio power system. Energy Policy 38(11):6703–6712. http://www.sciencedirect.com/science/article/pii/S0301421510005045
116. Stewart TA (2001) E-check: a dirty word in Ohio's clean air debate. Technical report, Capital University Law Review, vol 29, p 338341
117. EPRI, Environmental assessment of plug-in hybrid electric vehicles, nationwide greenhouse gas emissions. Technical report, vol.1 (July 2007)
118. White CD, Zhang KM (2011) Using vehicle-to-grid technology for frequency regulation and peak-load reduction. J Power Sources 196(8):3972–3980. http://www.sciencedirect.com/science/article/pii/S0378775310019142
119. De Los Rios A, Goentzel J, Nordstrom K, Siegert C (2012) Economic analysis of vehicle-to-grid (V2G)-enabled fleets participating in the regulation service market. In: IEEE innovative smart grid technologies (ISGT), pp 1–8, 2012
120. Wu C, Mohsenian-Rad H, Huang J, Jatskevich J (2012) PEV based combined frequency and voltage regulation for smart grid. In: IEEE innovative smart grid technologies (ISGT), pp 1–6, 2012
121. Lopes J, Soares F, Almeida P (2009) Identifying management procedures to deal with connection of electric vehicles in the grid. In: IEEE Bucharest power technology, pp 1–8, 2009
122. Operation handbook, Union for the coordination of transmission of electricity (UCTE) (2008)
123. Oudalov A, Chartouni D, Ohler C, Linhofer G (2006) Value analysis of battery energy storage applications in power systems. In: IEEE power systems conference and exposition, PSCE'06, pp 2206–2211, 2006
124. Brooks AN (2002) Vehicle-to-grid demonstration project: grid regulation ancillary service with a battery electric vehicle. Technical report, AC Propulsion Inc., San Dimas, CA

125. Mets K, Verschueren T, Haerick W, Develder C, De Turck F (2010) Optimizing smart energy control strategies for plug-in hybrid electric vehicle charging. In: IEEE/IFIP network operations and management symposium workshops (NOMS Wksps), pp 293–299, 2010
126. Sana L (2005) Driving the solution, the plug-in hybrid vehicle. EPRI J Fall:8–17
127. Chakraborty S, Shukla S, Thorp J (2012) A detailed analysis of the effective-load-carrying-capacity behavior of plug-in electric vehicles in the power grid. In: Innovative smart grid technologies (ISGT), 2012 IEEE PES, pp 1–8, 2012
128. IEEE Standard for Interconnecting Distributed Resources With Electric Power Systems, IEEE Std 1547-2003
129. Sortomme E, Hindi M, MacPherson S, Venkata S (2011) Coordinated charging of plug-in hybrid electric vehicles to minimize distribution system losses. IEEE Trans Smart Grid 2(1):198–205
130. Bojrup M, Karlsson P, Alakula M, Simonsson B (1998) A dual purpose battery charger for electric vehicles. In: 29th annual IEEE power electronics specialists conference, vol 1, pp 565–570, 1998
131. Communication requirements for smart grid technologies (2010) Technical report, US Department of Energy, Washington, 2010
132. Khurana H, Hadley M, Lu N, Frincke D (2010) Smart-grid security issues. IEEE Secur Priv 8(1):81–85
133. Dogger JD, Roossien B, Nieuwenhout F (2011) Characterization of li-ion batteries for intelligent management of distributed grid-connected storage. IEEE Trans Energy Convers 26(1):256–263
134. Han S, Han SH, Sezaki K (2012) Economic assessment on V2G frequency regulation regarding the battery degradation. In: IEEE innovative smart grid technologies (ISGT), pp 1–6, 2012
135. S Han, S Han, Sezaki K (2012) “Economic assessment on V2G frequency regulation regarding the battery degradation,” Innovative Smart Grid Technologies (ISGT), 2012 IEEE PES pp. 16–20
136. Quinn C, Zimmerle D, Bradley T (2012) An evaluation of state-of-charge limitations and actuation signal energy content on plug-in hybrid electric vehicle, vehicle-to-grid reliability, and economics. IEEE Trans Smart Grid 3(1):483–491
137. Peterson SB, Apt J, Whitacre J Lithium-ion battery cell degradation resulting from realistic vehicle and vehicle-to-grid utilization. J Power Sources 195(8):2385–2392. http://www.sciencedirect.com/science/article/pii/S0378775309017443
138. Rutherford M, Yousefzadeh V (2011) The impact of electric vehicle battery charging on distribution transformers. In: Twenty-Sixth annual IEEE applied power electronics conference and exposition (APEC), pp 396–400, 2011
139. Desbiens C (2012) Electric vehicle model for estimating distribution transformer load for normal and cold-load pickup conditions. In: IEEE innovative smart grid technologies (ISGT), pp 1–6, 2012
140. Initiative on Plug-in Electric Vehicles (2010) Commonwealth edison company, initial assessment of the impact of the introduction of plug-in electric vehicles on the distribution system. Technical report, Illinois Commerce Commission (15 Dec 2010)
141. Bae S, Kwasinski A (2012) Spatial and temporal model of electric vehicle charging demand. IEEE Trans Smart Grid 3(1):394–403
142. Etezadi-Amoli M, Choma K, Stefani J (2010) Rapid-charge electric-vehicle stations IEEE Trans Power Delivery 25(3):1883–1887
143. Green R, Wang L, Alam M (2010) The impact of plug-in hybrid electric vehicles on distribution networks: a review and outlook. In: IEEE power and energy society general meeting, pp 1–8, 2010
144. Raghavan S, Khaligh A (2012) Impact of plug-in hybrid electric vehicle charging on a distribution network in a smart grid environment. In: IEEE innovative smart grid technologies (ISGT), pp 1–7, 2012

145. Farmer C, Hines P, Dowds J, Blumsack S (2010) "Modeling the impact of increasing PHEV loads on the distribution infrastructure," 43rd Hawaii International Conference on System Sciences (HICSS), 5-8 Jan 2010 pp 1–10
146. Dyke K, Schofield N, Barnes M (2010) The impact of transport electrification on electrical networks. IEEE Trans Ind Electr 57(12):3917–3926
147. Pieltain Fernandez L, Gomez San Roman T, Cossent R, Domingo C, Frias P (2011) Assessment of the impact of plug-in electric vehicles on distribution networks. IEEE transactions on power systems 26(1):206–213

第12章　微电网应急操作中分布式能源的协调控制

C·古维亚（C. Gouveia），D·鲁亚（D. Rua），C·L·莫雷拉（C. L. Moreira）和
J·A·佩卡斯·洛佩斯（J. A. Peças Lopes）

摘要：智能电网概念的提出和发展为将分布式能源大规模集成到配电网，以及构建灵活、可靠、高效配电网络提供了有效途径。分布式能源发电主要有基于可再生能源的发电方式、分布式蓄电池、电动汽车等可控负荷。在智能电网模式下，可以将微电网当作高度灵活可控的低压单元，实现分布式管理和控制系统的分散控制，同时提供额外的能控性和能观性。通过通信系统互联控制器组成的网络确保了低压微电网的管理和控制，适用于并网和孤岛模式。这种新的配网操作模式提高了系统的安全性和可靠性，解决了大规模集成分布式发电的技术难题，同时便于集成智能电网新单元，如电动车，因此这是一种符合智能电网架构的方法。利用微电网操作灵活可控的特点，本章主要讨论微电网的自愈能力，即孤岛能力和恢复本地服务能力。为了充分利用诸如电动汽车、可控负荷和集成智能仪表等智能电网新单元的灵活性，对微电网分层管理和控制结构进行了修改和匹配。基于带通信线的微电网实验室样机可用于验证微电网自愈能力。

关键词：电动汽车；负荷响应；频率控制；孤岛运行；微源；微电网；智能电网

12.1　引言

微电网（Microgrid，MG）是集成了本地发电机、储能装置和敏感负荷的低压配电网[1-3]，随着移动领域相关概念的发展，电动汽车作为集灵活负荷和移动储能装置于一体的单元，将成为微电网下一个集成对象[4,5]。为了实现灵活可控，微电网需要通信和信息系统的支持，构成微电网技术管理和控制系统[1-3,6,7]。本地智能化用来协调和控制本地能源以及实现自愈操作[8]。

微电网的应用分为两大类：

1）微电网作为中压消费者，主要操作目标是满足消费者技术和经济要求，同时为上级网络服务。该概念可用于各种商业、工业甚至军事客户[5]。

2）微电网作为配电网管理系统的扩展，考虑到大量微源、电动汽车和敏感负荷的集成，主要操作目标是保障低压网络的技术管理和控制。然而，对于微

源、电动汽车充电和负荷的控制将受限于消费者和电力提供者之间的协议。

在上述应用中，可靠性是微电网的主要优点，因为微电网可以运行在并网和应急操作，即离网两种模式。事实上，当上级中压配电网出现故障或计划操作时，微电网可以转为孤岛运行模式，依靠快速储能单元为本地负荷提供电能[3,6]。然而，当孤岛失败或出现大面积停电事故时，微源灵活性允许利用本地发电和储能单元恢复本地服务[8]。当微电网出现非计划性孤岛时，本地负荷和发电可能不均衡，此时需要协调快速储能设备与微源，并采取负荷限制机制，才能保障微电网的安全自治运行[4,9-11]。

由于电动汽车充电时将长时间接入低压网络，且其随后功率消耗可预测，使得电动汽车可以参与负荷控制。作为灵活负荷或分布式储能单元，电动汽车增加了整个微电网的储能容量[4,5]。然而，可调节容量的大小取决于接入系统的电动汽车数量和它们电池的充电状态。

创新性地将电动汽车纳入紧急负荷需求响应方案，有利于提高微电网紧急情况下的安全性，将消费者在断电时的不适减到最小[9-14]。因此需要发展创新性的控制功能以充分协调各种能源。

智能电表有双向通信能力，采集的有价值的信息有利于微电网操作状况的充分分析，从而在孤岛和恢复过程等紧急操作中采取最有效方案。根据微电网实际操作状态更新紧急操作策略，可以更好地协调可发电单元，从而提高系统弹性和自治操作成功率[14]。然而，发展的新功能需要考虑现有的不同通信方案和技术手段的局限性，即使用私有或公共网络。

将电动汽车集成入微电网的可行性成为全球若干科研项目的焦点问题，因循微电网发展过程，全球主要针对三个主要领域做了大量研究[15-20]，即电力系统、电力电子和信息与通信技术。其中，INESC Porto 旨在寻找针对电动汽车、负荷和基于可再生能源的微源等重要分布式能源的控制和管理解决方案[20]，实验设施研究重点在于探索微源并网和孤岛下相关操作的可行性，同时开发适用于智能电网的各种不同的通信技术方案。

12.2 微电网结构和通信设施

微电网的基本结构是由本地控制器和中央控制器（MG Central Controller，MGCC）组成的分层控制结构，本地控制器安装在所有微源单元，并由安装在中低压变电站的微电网中央控制器统一控制。考虑到不同微源的特性差异，本地控制器分为三种，即微源控制器、电动汽车控制器和负荷控制器[3-5]。图 12.1 所示微电网结构适用于集成智能仪表，并管理仪表采集的数据。优先考虑消费者，智能仪表支持本地和中央控制器间的双向通信，可作为网关集成功率消耗、发电量、服务中断、电压和其他相关数据信息。

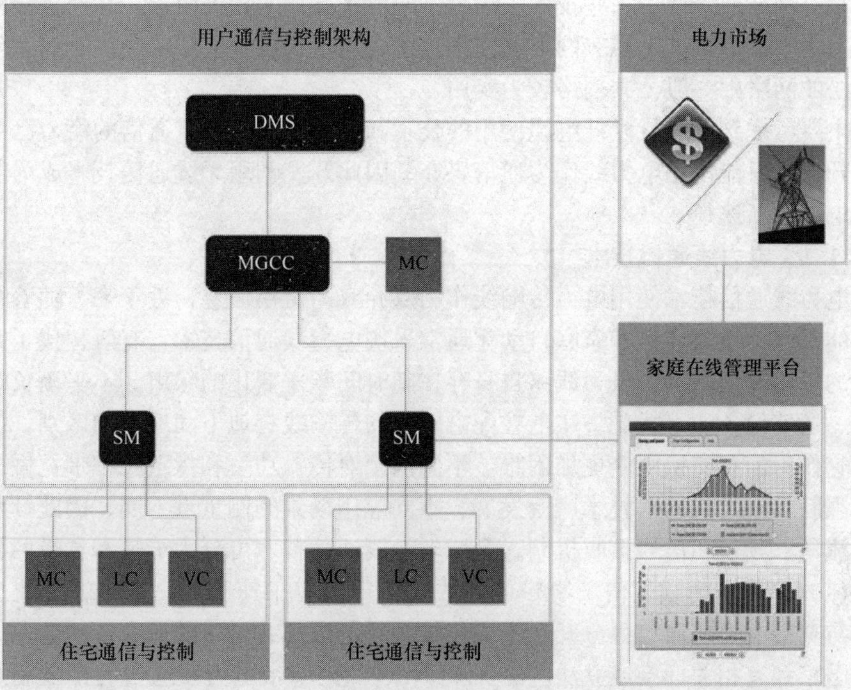

图 12.1　基于微电网概念的智能配电网结构

通信系统和技术作为各种应用的支撑，其研究较为久远，这些应用主要与电力系统相关。然而，随着智能电网概念的提出，为支持配电网中改进的控制策略，通信也成为微电网的研究重点。新的配电系统框架给通信系统带来了挑战，因为在这些网络中的信息交换需求较为适中。

NIST、IEEE 和 ESO 为了建立在数据网络和应用领域的主导地位，定义了不同的参考模型和架构。通过横向对比，在配电和消费领域将大量不同潜力的参与者集于一身的需求更加热切，在智能电网框架下提出不同功能性和逻辑性的模型，建立不同信息流和支持特殊种类信息交换的要求。

12.2.1　智能电网的通信技术及其在微电网的应用

在智能电网中，针对不同应用场合，有大量通信技术可供选择，而考虑经济因素和现有技术的限制后，将得到最优技术。候选技术可以和公共或私有网络相结合，可划分为有线和无线技术。

公共通信网络的使用通常指利用电信运营商的铜线、光纤或移动网络等基础设施提供客户服务。考虑到电信运营商无法充分保障涉及电气部分的通信安全性、有效性和可靠性，这种网络受到电力系统运营商的质疑。

私有网络通常使用一些技术去满足不同应用支持的相关需求，在回程线路或主干网络中较为常见。私有网络的使用是解决需求场景和应用的最优解，在限制较宽松的网络中一般公共网络较为实用。

主要考虑到铜线或光纤电缆使用的技术和经济限制，有线通信的潜力已被电网中开发到只能使用电力线作为通信媒介，因此开发利用无线通信技术成为兼容智能电网的新途径。

12.2.1.1 电力线通信技术

电力线通信技术使用电力传输线作为媒介双向交换信息，近年来，随着智能电网的兴起，楼内通信和家庭自动化通常采用电力线通信技术，有效替代了并不实用的专用通信网络。电力线路自身存在随时间频率变化的噪声，不平衡负荷和电力、通信设备的干扰。事实上在配电网中的传输线有地下和地上的区别，使得使用它作为信息交换媒介更加困难。不同国家对传输功率和指定频率带宽做了不同的限制，电力线通信技术广泛发展，不同应用场景的侧重点不同，因此针对不同的流量、频带和信号接收机制，全球电力线通信技术可分为窄带和宽带两种。

（1）窄带电力线通信　窄带电力线通信一般有中速和低速两种，中速主要为了与宽带电力线通信区分开。不同传输频率范围都有对应的最大传输功率，在不同国家都有相关标准或立法。欧洲 CENELEC 是窄带电力线通信的标准制定和管理组织。美国的联邦通信委员会、日本的无线电工业和商业联合会都是法律制定实体[21]。

初代窄带电力线通信使用单段或双段载波传输方案，采用相移键控和频移键控等简单的调制方法实现 kbit/s 带宽速率的遥测应用。第二代电力线通信引入了由不同组织开发的 G3 和 PRIME 技术，旨在支持智能仪表通信。不考虑正交分频复用调制方案，G3 和 PRIME 在物理层有细微的差异。作为通用规则，PRIME 实现了更高的传输速率，而 G3 拥有更强大的错误校正编码，因此信息可靠性更高。G. hem 是由国际通信联合会引入的类似方案，拥有上述两种方案的一些共同特点。

IEEE 1901. 2[23] 自 2009 被提出以来，成为新兴的窄带通信标准，标准采用面向智能电网的低频 OFDM 窄带通信，使用频率为 500kHz，传输速率为 500kbit/s，同时支持室内和室外通信。室外通信指中压和低压配电线路。兼容机制允许 G3 和 PRIME 系统的互通。

（2）宽带电力线通信　宽带电力线通信技术作为传统以太网的替代品，最先在室内环境使用，同时也是对无线通信的补充。近年宽带电力线通信作为最后一公里备选方案，逐渐被应用在室外。目前通用的宽频带一般指 2 ~ 30MHz，而在日本宽带电力线通信被禁止使用，在一些国家可能会采用更高的频率，但一般受限于电视广播系统。HomePlug 联盟作为宽带电力线通信的最大倡导者，针对国内环境使用了这种网络。2010 年，HomePlug 提出特有的标准，即将绿色 PHY 作为对智能电网的支撑，主要针对室内自动化，它将与其他 HomePlug 并存。

IEEE 1901[24] 是另一个标准，它使用了部分 HomePlug 中定义的策略。不同于后者，该标准设计为满足室内和室外环境应用。根据不同的调制原理和误差校正编码机制定义了不同的 PHY 层。IEEE 1901 中采用的方法可能会纳入 IEEE 1901.2 窄带电力线通信中。

ITU 同样提出了名为 G.hn 的宽带电力线通信标准，旨在支持智能电网应用，诸如先进仪表设备和包括电动汽车在内的能量管理，它允许在室内使用电力线通信，同时支持最后一公里通信。

12.2.1.2　无线技术

无线通信系统同样可纳入智能电网应用范畴，也可作为现有方案的替代或补充。无线通信的主要优点是便于安装、维护和模块化，因此灵活性更高。另一个优点是当电池系统中出现扰动导致部分线路跳闸时，相比于传输线可以保持网络继续运行。另外，当设备安装完毕、方案成功部署后，无线通信的成本更低。但是，无线通信同样面临诸多挑战，如针对不利传输条件的合理规划，免费或许可的无线频率带宽限制，以及故障应对和无线通信的加密问题。

（1）IEEE 802.11/Wi－Fi　802.11 是目前广泛使用的著名 IEEE 标准，它定义了一种替代有线以太网的本地无线网络。Wi－Fi 联盟推广其商业名称为 Wi－Fi，已被广泛应用且无处不在。在智能电网中，被开发为室内和室外环境，用于变电站自动化、DER 监测、线路控制。IEC 61850 定义了一些可以被 Wi－Fi 网络支持的应用[25]。

（2）IEEE 802.16/WiMAX　802.16 是 IEEE 的都市区域无线网络标准，同时针对视距和非视距。无线城域网（WiMax）就是基于该标准的无线设备，由 WiMAX 论坛推广，拥有兼容不同制造商设备和互通的能力。尽管 WiMAX 被设计应用在其他领域，但在智能电网中，WiMAX 支持自动仪表读取、实时电价、断电检测和恢复[25]。

（3）IEEE 802.15.4/ZigBee　802.15.4 是 IEEE 个人无线区域网络的系列标准之一，定义为小功率、低速率和简单网络，信息量小，传输距离短。ZigBee 堆栈负责根据 IEEE 802.15.4 设计和实施应用。它起先用于楼宇自动化、嵌入式传感器和无线传感器网络。近期，在智能电网应用中，如由 ZigBee 网络支持的家用电器控制，甚至可以由系统操作员或公用设施直接控制负荷，允许智能电表与家庭区域网络管理器互联[26]。

（4）新兴无线解决方案和机遇　传统无线技术，特别是单跳段方案，在智能电网的某些应用场合被广泛讨论和接受。多跳段技术可作为补充，比如 IEEE

802.15.4g 标准，定义了智能仪表组成的网状网络。但这种方案常见于节点间距可长可短的配电网中，并不是为最后一公里定制的[27]。

根据配电网特点，无线网格网络可作为现有通信网络的扩展，接入无线或有线基础网络中。在图 12.2 中，针对不同的功能存在不同的拓扑，有完全平面网络，即所有节点可互传信息；也有更复杂的分层结构，即网格节点用于传递信息；也可采用混合策略。

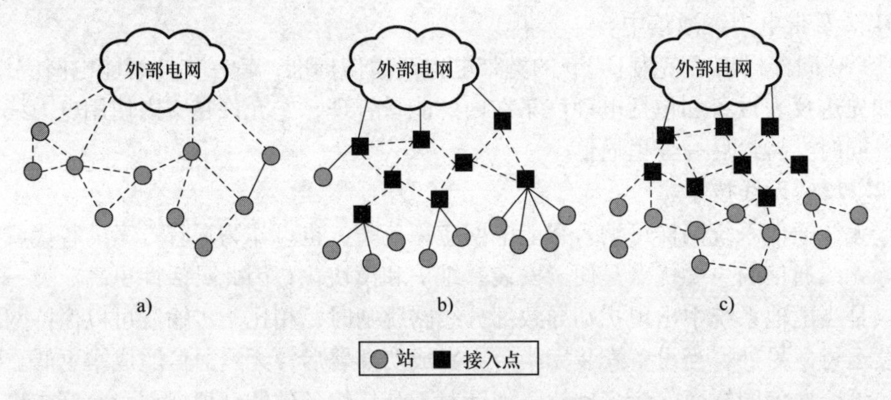

图 12.2　无线网格网络拓扑

当存在暂时或永久的节点或连接损失时，无线网格网络在数据通信方面有更强的冗余性和鲁棒性。路由选择算法可用于动态网络拓扑解决信道条件差异。但是，无线网格网络的使用一般会增大传统单跳段无线通信的限制。针对相关问题、如平等性问题、公共共享排程、资源最优化，复杂控制的跨层机制已有深入研究。大多数设备没有可移动性，计划一般为中长期，功率限制较低，电池在系统电力故障甚至更严重的大面积停电时使系统可以继续运行。智能电网通信最后一公里的地理跨度并不要求大量的网格节点，即中继器去保证覆盖。另外，数据整合，特别是上行，可用作模式灵活调度方案。

eXtension Wi－Fi 网络解决方案使用简单高效的无线网格网络对有线通信网络进行扩展[31]，它是 IEEE 关于网络系列标准之一 802.11s 的备选方案。原始 WiFIX 系统已升级[31,32]，包含了简单有效的无线网格网络底层算法，运行 802.11 遗留 MAC。作为运行在 MAC 层之上的系统，它可以实现除了 IEEE 802.11 之外的无线技术，适用于智能电网最后一公里。

智能电网无线通信的机遇出现在模拟电视广播终结、数字电视兴起时，这将使频带用于智能电网，这些特殊频带与最后一公里传输距离相匹配。即使使用多跳段方案，也可在同样覆盖水平下采用频率而使用较少跳段数。根据射频可重用性精神，电视空白频段也可用于智能电网，但当前法律对这些频段有严格限制[26]。

12.3 微电网控制和应急功能

电力系统通过控制大型同步发电单元对系统电压和频率进行监控，从而保持系统稳定。但微电网系统主要以逆变器为主，没有与电网直接耦合的转动机构，因此系统惯性较小[3]。

微电网中，微源、储能单元和电动汽车等都需要电力电子接口才能与交流配电网完成功率交换。逆变器控制系统主要实现对有功和无功功率的控制，保证电压质量，实现系统同步功能[33,34]。另外，电力运营商还有更多的要求，诸如电压和频率监管、谐波补偿甚至有源滤波。逆变器并网常用的两种控制策略如下[3,6,33]：

1）PQ 控制。逆变器在固定点向电网注入有功和无功功率。逆变器为电流控制电压源，输出给定功率。

2）电压源型逆变器控制。逆变器可以控制系统频率和电压幅值，是组网单元，设定网络电压和频率参考值，确保对负荷的快速响应，持续保持供需平衡。

在并网模式，微电网参考电压和频率由上级网络提供，此时逆变器采用 PQ 控制，只需提供由中央控制器或其他形式的本地控制给定的有功和无功参考功率。但当大电网出现故障或出现计划性孤岛时，微电网将与大电网断开，需要有提供电压和频率参考的单元。与电力系统一样，微电网中也有初级和二级频率控制策略，为了维持供需功率平衡，频率恢复至合理值[3,6]。

初级控制由本地控制实现持续供需平衡。

二级控制确保电压和频率这些主要电参数在限定范围内，这个控制级别也包括孤岛运行后微电网连接主电网提前同步过程，即预同步，通常由中央控制器完成。

12.3.1 初级电压和频率管理

在传统电流系统中，所有同步发电机会根据自身下垂特性共同承担负荷波动，这种传统电力系统原理可应用在逆变器控制中，通过改变输出频率和输出功率。该原则同样适用于变频交流电压源，为了监控电压和频率，储能单元并网逆变器采用有下垂控制环的控制策略。

$$
\begin{aligned}
\omega &= \omega_{\mathrm{grid}} - k_{\mathrm{P}} \times P \\
V &= V_{\mathrm{grid}} - k_{\mathrm{Q}} \times Q
\end{aligned}
\tag{12.1}
$$

式中，P 和 Q 是逆变器有功和无功功率输出；k_{P} 和 k_{Q} 是下次系数（正值）；ω_0 和 V_0 为理想角频率和电压（空负荷时）。

图 12.3 所示为微电网在 20s 时出现非计划性孤岛的频率响应，微源和负荷

功率不平衡时，类似于传统同步发电机响应将导致频率沿下垂曲线偏移。在本例中，微电网在并网时从大电网吸收66kW有功功率，在孤岛时由蓄电池补偿。这种控制方法允许逆变器仅根据输出端口信息响应系统扰动，不用本地控制器和中央控制器的快速通信。

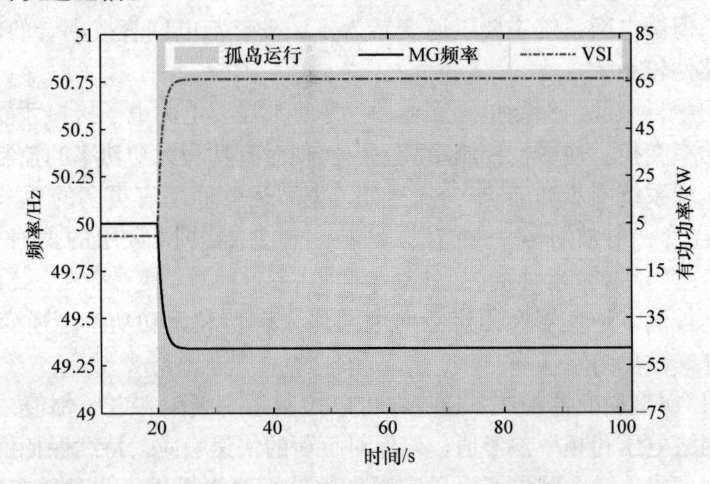

图 12.3　SMO 控制策略：储能单元注入的微电网频率和有功功率

当微电网中只有单台电压源逆变器时，微电网运行在单微源主从控制模式。但当加入下垂控制后，具有多台逆变器的微电网可运行在电压源模式，称为多微源主从控制方案。当出现功率变换时，所有储能设备将根据自身下垂特性共同承担不平衡功率

$$\Delta P = \sum_{i=1}^{n} \Delta P_i \tag{12.2}$$

式中，ΔP 是微电网和负荷间的不平衡功率；ΔP_i 为第 i 个电压源型逆变器注入微电网的有功功率。

微电网频率偏差和电压源型逆变器间功率分配由式（12.3）决定。

$$\begin{bmatrix} 1 & k_{\mathrm{P1}} & 0 & \cdots & 0 \\ 1 & 0 & k_{\mathrm{P2}} & \cdots & 0 \\ \cdots & \cdots & \cdots & \ddots & \vdots \\ 1 & 0 & 0 & \cdots & k_{\mathrm{P}n} \\ 0 & 1 & 1 & \cdots & 1 \end{bmatrix} \times \begin{bmatrix} \omega' \\ \Delta P_1 \\ \Delta P_2 \\ \vdots \\ \Delta P_n \end{bmatrix} = \begin{bmatrix} \omega_{\mathrm{grid}} \\ \omega_{\mathrm{grid}} \\ \vdots \\ \omega_{\mathrm{grid}} \\ \Delta P \end{bmatrix} \tag{12.3}$$

式中，ω'是扰动后微电网角频率；ω_{grid}是扰动前微电网角频率。

图 12.4 所示为微电网孤岛后采用 MMO 策略的频率响应，功率扰动有两台储能微源共同承担。2 号逆变器容量是 1 号的一半。相对于图 12.3 的 SMO 策略，

频率偏差更小，而每台逆变器的输出功率也更小。MMO 策略，如 SMO 鲁棒性更强，因为电压和频率控制依赖于多台电压源逆变器单元[3,6]。

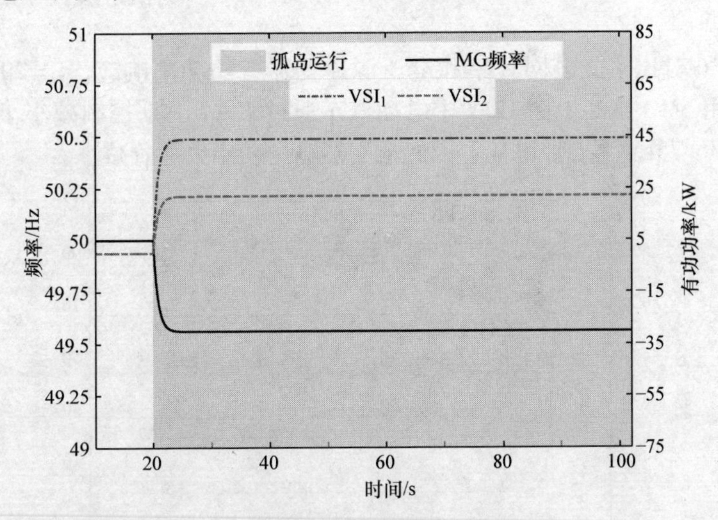

图 12.4　MMO 控制策略：两个储能单元注入的微电网频率和有功功率（VSI_1 和 VSI_2）

12.3.2　电动汽车对初级频率控制的支撑作用

电动汽车作为新的移动性范例加入微电网，因电池充电问题对功率有显著要求，由于低压网络中会影响电压和线路功率流动，因此需要智能充电策略减小充电对系统的影响[4,5,14]。另外，在孤岛时，电动汽车可以减少中央储能容量需求，保证微电网系统孤岛鲁棒性。电动汽车充电时采用 $P-f$ 下垂控制，电动汽车会根据微电网频率改变与低压电网的功率交换[4,5]。

在图 12.5 中，额定频率附近电动汽车按预先设定的功率给电池充电。当扰动发生使频率低于死区最小值时，电动汽车减小功率消耗，从而减小了系统的负荷。当微电网频率超出死区上限时，电动汽车将增加功率消耗。当出现大扰动时，频率将低于过零频率 f_0，电动汽车开始向电网注入功率。当微电网频率超过事先设定的频率范围时，电动汽车将实现设定的功率注入或吸收功率。

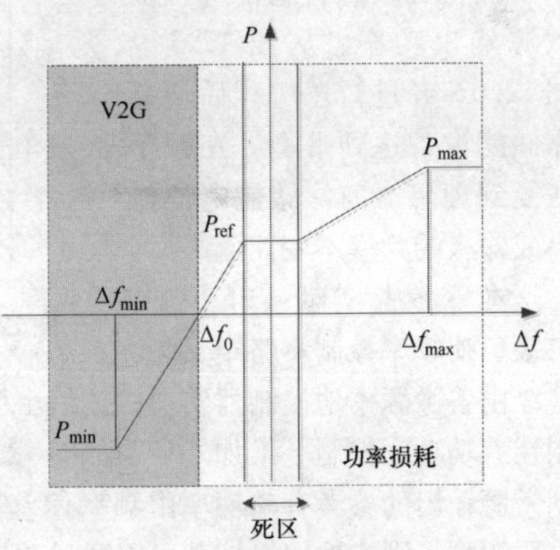

图 12.5　电动汽车频率下垂特性

电动汽车控制参数决定于充电特

性和车主参与该服务的意愿，因此不同网络可能不尽相同，但可由微电网中央控制器远程改变，从而与微电网频率监管（切机方案、可供电储能设备及其荷电量等）协调。

图 12.6 对比了微电网频率和电压源逆变器有功功率响应，$t=20$s 时孤岛，微电网采用 SMO 策略。图 12.7 中电动汽车通过 $P-f$ 下垂控制减小了自身功率消耗，从 36.75kW 降到 10kW，因此逆变器输送功率也随着减小。

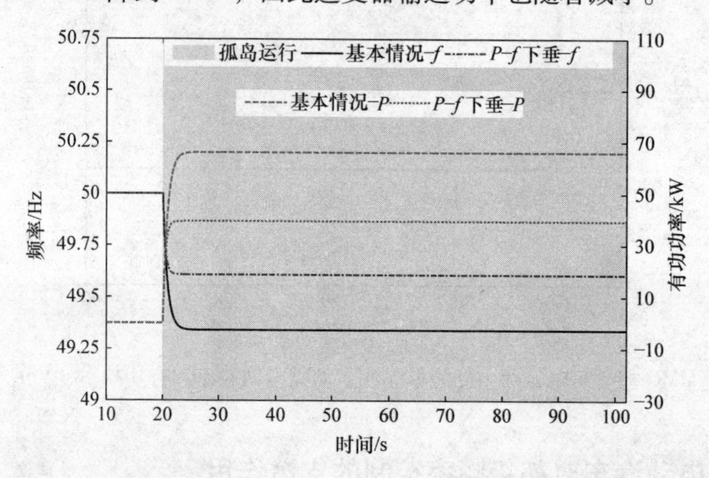

图 12.6　电动汽车控制的微电网孤岛：微电网频率和电压源逆变器有功功率响应

12.3.3　二级负荷频率控制

二级频率控制保障频率在扰动后恢复额定值，通过增加小型汽轮机或燃料电池等可控微源输出功率。从图 12.3 ~ 图 12.6，经过暂态过程后功率靠储能设备达到平衡。在频率恢复到理想值前，储能电池输出或输入的频率不变。

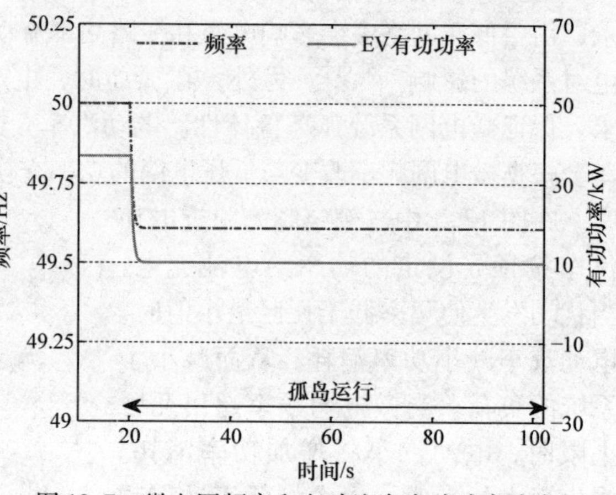

图 12.7　微电网频率和电动汽车有功功率响应

本章参考文献［35］中，二级负荷频率控制策略定义为：一级由各微源本地控制器实现，二级由微电网中央控制器集中控制。本地二级控制在有功功率控制上增加外环，如图 12.8 所示。如果微源逆变器采用 PQ 控制，则微源输出的参考有功功率由频率偏差通过 PI 控制器得到。如果微源逆变器为电压源型，则本地二级控制可以通过改变 $P-f$ 下垂控制理想频率，如图 12.9 所示。本章参考文献［3，35］提出 PI 控制器可根据微源频率偏移决定新的理想功率 ω_{02}，从而更新有功下垂特性。本地二级频率控制的优点是它只需本地测量即可获得参考功率，但是微源有功功率响应会受 PI 参数影响。

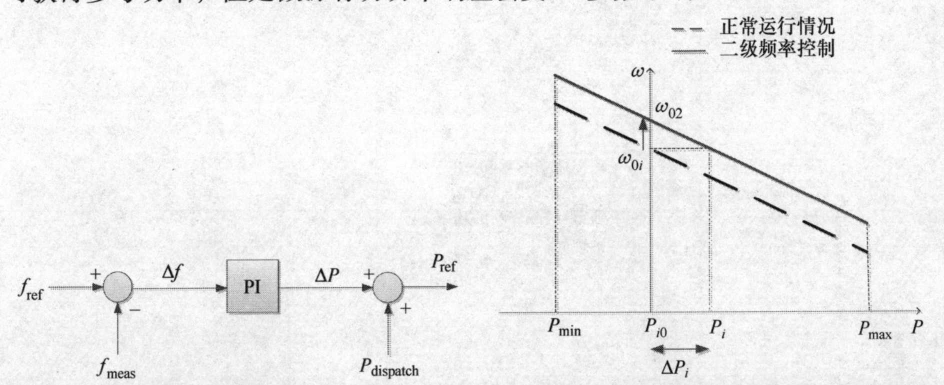

图 12.8　PQ 控制值策略下微源的本地二级控制　图 12.9　VSI 控制值策略下微源的本地二级控制

集中二级控制通过微电网中央控制器决定新的微源有功设定点，并将控制命令分别传送给所有微源本地控制器。根据微源频率偏移和经济调度算法，微源新设定点由其参与因子决定，参与因子一般由事先设定的消耗方程或微源容量决定。

利用智能仪表采集的数据，根据有功功率不平衡可采用集中二级控制策略，算法如图 12.10 所示，当在中低压配电站旁的蓄电池输出功率超过事先给定值后，中央控制器将按照算法进行微源功率调度。

在图 12.10 中，微电网功率不平衡 ΔP 由微电网主储能单元 P_{VSI} 和电动汽车注入功率 P_{EV} 决定，所有可控微源的出力取决于参与因子 f_{pi}，大小等于该微源容量储备除以总的可控微源储备，见式（12.4）。

$$\begin{cases} f_{pi} = \dfrac{R_i}{R} \\ \Delta P_{MSi} = \Delta P \times f_{pi} \\ \displaystyle\sum_{i=1}^{n} \Delta P_{MSi} = \Delta P \end{cases} \tag{12.4}$$

式中，ΔP_{MSi} 是第 i 个单元的紧急有功功率阶跃；ΔP 是扰动后的有功不平衡值；R_i 是第 i 个单元的储备容量。相应的设定点从中央控制器送到微源本地控制器，为了同时与 SMO 和 MMO 兼容，当微源采用 VSI 控制时，算法决定新的下垂特性角频率理想值，从而获得想要的功率调整值 ΔP_{MSi}，PQ 控制的新功率设定点直接送给本地控制器。

图 12.11 对比了微电网在考虑初级和二级频率控制时的频率响应曲线，其中

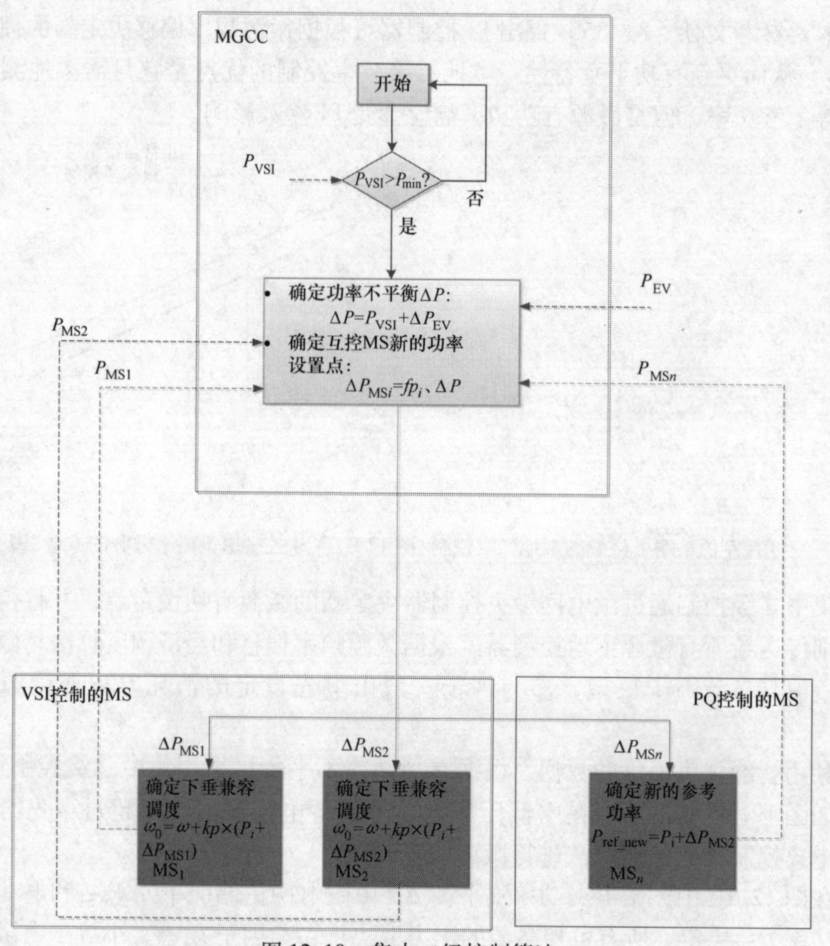

图 12.10　集中二级控制算法

二级频率控制按电动汽车是否根据 $P-f$ 下垂特性参与区分。

在图 12.12 和图 12.13 中，二级控制减少了储能单元输出功率，将频率恢复为额定值。为了补偿 66kW 级中压电网功率，在孤岛时，假设微电网由三台单轴微型燃气轮机运行在最大容量（本次为 30kW），频率响应如图 12.13 所示。

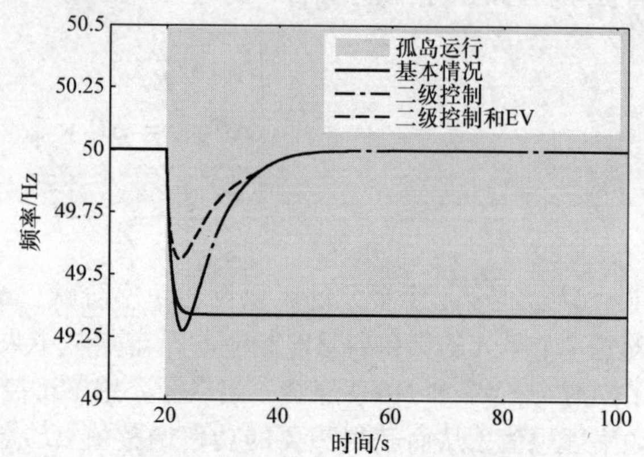

图 12.11　微电网频率响应：仅一次调节（基础情况），初级和二级控制及电动汽车的 $P-f$ 下垂

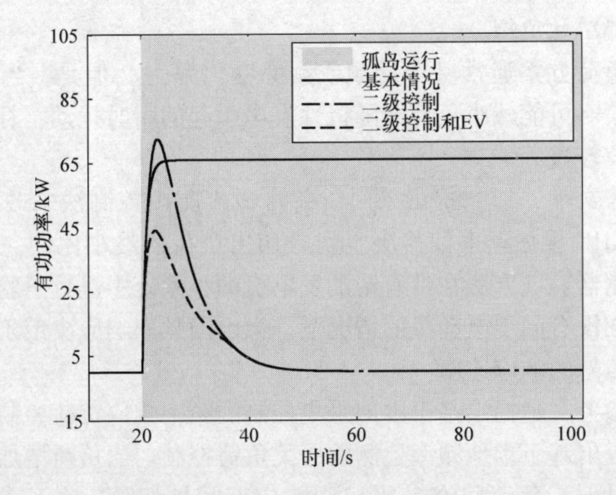

图 12.12　电压源逆变器有功响应：仅一次调节（基础情况），初级和二级控制及电动汽车的 $P-f$ 下垂

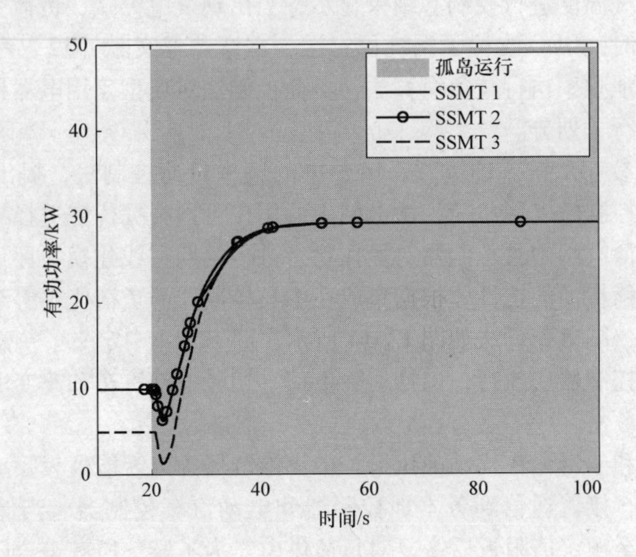

图 12.13　可控微源有功功率分离

12.3.4　负荷响应

在孤岛时，微电网在以下两种情况需要进行负荷控制：

1）微电网功率储备不足时，需要削减负荷，直到微电网恢复与上级电网的连接或发电能力增加。

2）微电网有充足储备，但由于一些扰动，储能单元电荷状态无法保障安全操作，或当频率偏移超出允许范围时，需要临时切断部分负荷，提高微电网频率裕量，减少储能单元负担。

微电网减负荷方案通常基于低频或频率变化率[3]，但是，当发电容量充足时，负荷响应策略可能减小负荷或随机性发电引起的瞬时扰动，补偿微源对功率控制信号的响应较慢。

在本章参考文献［13］提出采用负荷自适应爬山控制法来改善微电网电压和频率质量，AHC 根据频率偏移决定切入切出负荷的最小比例，然后将命令送到电热水器控制器。该方法在带有柴油发电机的小系统中进行了验证，证明二级控制有效性。在没有同步电动机的情况下，微电网频率响应决定于储能单元和可控微源对控制信号的响应速度。

本章部分参考文献提出基于本地采集控制的频率响应负荷控制法。频率自适应功率规划法提出基于本地频率检测的居民负荷控制。当负荷增加或发电减少造成严重功率扰动时，负荷将在二级控制响应期间被切除。本章参考文献［11］为控制冷藏库提出动态需求控制法，设计了新的控制器替换了传统恒温器，根据频率和仓库空气温度进行控制。结果显示，当出现发电突减，负荷突增或接入大规模随机能源时，DDC 改善了系统稳定性。本章参考文献［12］考虑从智能仪表检测到的本地频率执行减负荷算法，负荷控制法对典型家用电器根据切断后对用户的影响进行了划分。

基于本章参考文献［10－12，14］中的频率负荷控制法，提出一种选择性负荷控制策略控制微电网负荷，微电网中的用户可以根据优先选择参与负荷控制的家用电器。微电网中央控制器对操作状态进行定期在线建模，评估微电网对负荷和发电不平衡扰动的抗性，根据集成在中央控制器的负荷优先等级表和需要切除的负荷功率，减负荷算法如图 12.14 所示。图 12.14 中定义了一系列参量化动作，将在本地控制器层执行，包括切除负荷、切除电动汽车和改变电动汽车控制器下垂参量化。

控制激活和参量化在扰动前执行，中央控制器约束智能仪表频率，激活响应的负荷优先级，接着通信到各本地控制器和电动汽车控制器。当储备容量足够时，频率恢复至额定值附近后恢复对负荷供电。为了避免所有符合同时重连造成冲击，一般在达到重连条件后会有随机的延迟重连时间。

图 12.15 所示为 20s 孤岛后负荷参与调频，微电网的频率响应。验证了四种不同情况：

1）基本情况——只使用基本一级和二级频率控制，电动汽车和负荷不参与调频；

2）情形 1——所有电动汽车接入微电网，采用 $P-f$ 下垂控制，发出 49kW 有功；

3）情形 2——40% 电动汽车接入系统，采用 $P-f$ 下垂控制，20% 微电网负

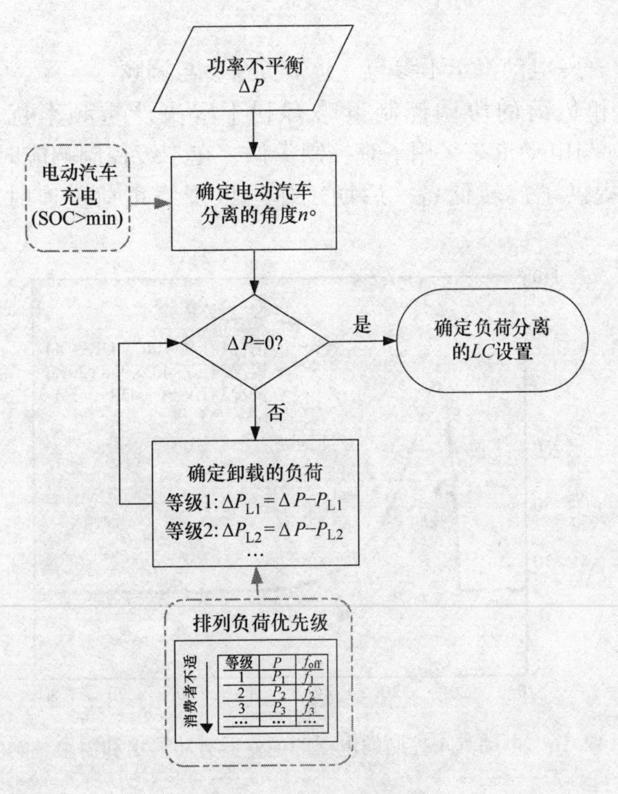

图 12.14　负荷优先级算法

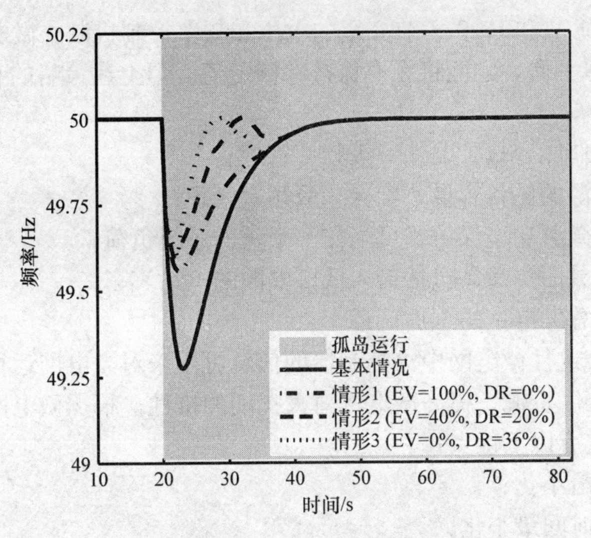

图 12.15　电动汽车控制的微电网频率响应和需求响应

荷参与调频；

4）情形3——电动汽车不参与，36%负荷参与调频。

电动汽车和负荷的协调控制策略有利于解决严重频率扰动和储能。如图12.16所示，与电动汽车采用下垂控制类似，在二级控制响应时间内，负荷参与调频为系统提供了旋转储备，后期工作可以围绕负荷重连时减小暂态过程进行。

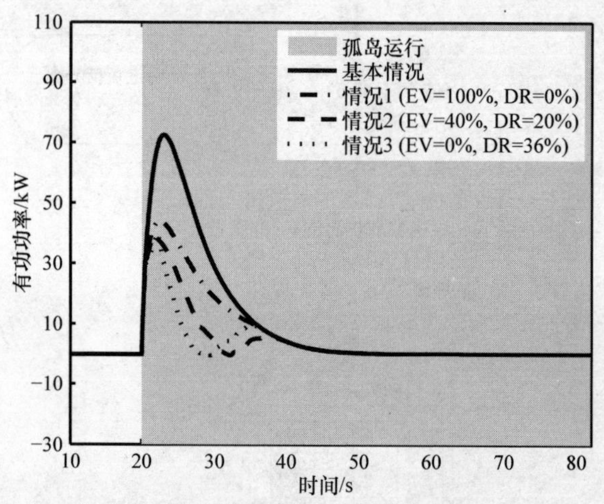

图12.16 电动汽车控制的电压源逆变器有功输出和需求、响应

12.3.5 微电网孤岛后的能量管理

通过12.3.1节和12.3.3节介绍的电压和频率控制机制，微电网在孤岛时可以保持实时功率平衡，且能将频率保持在额定值。但上述策略的有效性依赖于以下操作条件：

1）微电网储能容量，确保一级频率管理；

2）可控微源的储备容量，确保二级频率管理；

3）不可控微源功率保护，可当作一个负的系统负荷；

4）微电网灵活负荷，包括接入低压电网的电动汽车；

5）相对于总发电量的总负荷量。

由智能仪表送往微电网中央控制器的信息可用来对微电网运行状态进行建模分析，协调可调度资源，提高微电网对大扰动的抗性。根据微电网实际状态更新应急操作策略，有以下优点：

1）减负荷最小化；

2）减负荷时间最小化；

3）确保微电网有足够储能容量在扰动时可满足系统频率控制需求；

4）保持频率偏移在允许范围。

图 12.17 所示算法可在线分析微电网操作状态，寻找确保孤岛安全的最优动作，包括以下四个步骤：

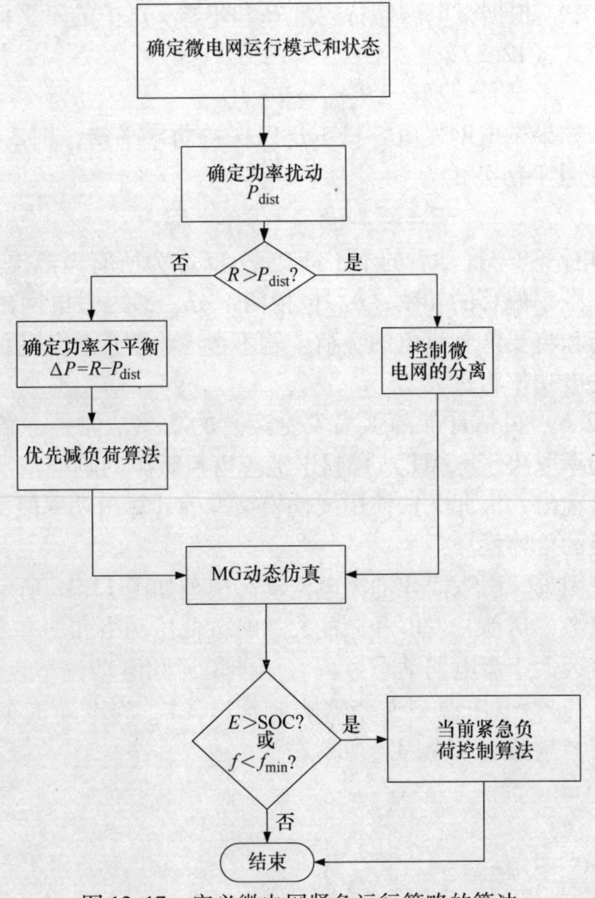

图 12.17　定义微电网紧急运行策略的算法

1）根据智能仪表上传的数据对微电网建模，决定微电网储能容量，微源储备容量，微电网和上级电网与负荷间的功率流动。

2）判断扰动大小。如果微电网运行在并网状态，则非计划性孤岛发生时的有功扰动为微电网与上级电网间的功率交换值 P_{dist}。若微电网运行在孤岛状态，则不平衡功率来自发电或负荷的改变。值得注意的是，计划性孤岛不是主要考虑对象，因为可以有充足的控制使孤岛前微电网内部功率平衡，从而将会极大减少暂态过程。

3）决定减负荷量。当微电网没有足够的容量储备时，需切除部分紧急响应负荷以确保功率平衡。

4）评估非计划性孤岛安全性。算法将判断微电网是否有足够储能容量以保持规定时间内的功率平衡，并将频率恢复至额定值。简而言之，需要判断频率是否将超出允许范围，如果有超出范围风险，则需要临时减负荷。

在步骤3）中，根据微电网储备容量 R 和步骤2）中的不平衡有功 P_{dist}，可得到减负荷容量式（12.5）。

$$\Delta P_{\text{shed}} = R - P_{\text{dist}} \tag{12.5}$$

孤岛期间，如果微电网发电容量不足以保持功率平衡，则系统将频率崩溃。储能单元 E 的能量平衡公式为

$$E = E_{\Delta P} - E_{\text{MS}} - E_{\text{VE}} - E_{\text{RL}} \tag{12.6}$$

式中，$E_{\Delta P}$是微电网功率扰动后的不平衡功率；E_{MS}为所有微源提供的能量；E_{VE}是电动汽车响应频率偏移的功率；E_{RL}包括两部分，即因微电网出现紧急状态被切除的响应负荷和将要恢复供电的负荷。若不考虑将要恢复负荷的功率，则相对于微电网负荷发电功率将过大。

根据式（12.6）可估计保障孤岛安全运行的功率，但是，微电网储能单元输入或输出的功率取决于SSMT或燃料电池等可控微源的响应情况，由于这些单元是一种非线性输出，因此无法使用线性模型准确计算出功率值，从而保障微电网在受到扰动时的鲁棒性。

为克服以上困难，引入简化的微电网动态模型如图12.18所示。模型只有一条等效母线，只考虑负荷、发电和储能，忽略了低压网络和功率变换期间，因为它们的响应速度远大于微电网动态过程。储能单元和电动汽车表示为 $P-f$ 下垂控制的外特性。T_{dP}为电压源型逆变器响应延迟，T_{inv}为电动汽车并网逆变器延迟。负荷和不可控微源表示为固定功率。

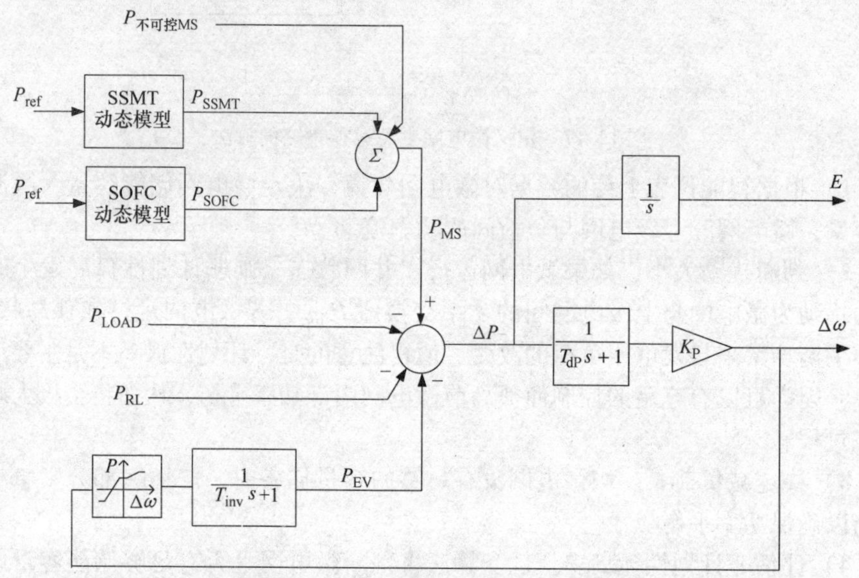

图12.18　MGCC的微电网简化动态模型

减负荷和紧急发电调度作为微电网动态模型的输入，用来评估微电网内的能量平衡和给定时间内的频率预计偏移。模型输出储能单元注入总能量和频率响应。根据这些数值，算法识别微电网储能单元是否有足够容量来确保功率平衡，并判断频率是否会超出允许范围。如果超出，则会有迭代过程决定切除更多的负荷，并补偿速度较慢的功率控制信号。激活算法的频率约束可根据微电网简单模型的频率响应求得。

所提出的方法可用于支持短时间孤岛运行，在更长时间的孤岛状态下，实施方法需要考虑不同灵活程度的负荷预测和可再生能源微源的预测。

12.4　微电网服务恢复过程

大范围停电少有发生，由于恢复时间长，恢复流程复杂，停电对经济和社会都有严重影响。不同电力系统的差异使得系统无法采用通用的恢复方案[37-39]。恢复过程通常包括预先设置的指南和操作流程，还包括输配电操作。每一环节操作员都需要协调发电和负荷来保持系统稳定，保证无功频率使系统电压维持在指定范围，减少切换暂态电压等[37-39]。

相比于传统电网的恢复过程，微电网黑起动过程受益于问题规模很小且控制变量少。但是，如前所述，微电网是以逆变器为主的网络，因此需要非常具体的电压和频率管理策略，充分利用储能和发电容量[8]。

当微电网大规模或局部停电发生时，亦或中压电网在指定时间未恢复微电网操作，中央控制器将发出恢复命令。与传统电力系统类似，微电网恢复过程包括本地控制器的一系列检查和操作，用来和中央控制器协调。但是，过程应该完全自动，没有配电网操作员的干预。

为执行微电网层级的服务恢复，微电网需要[8]：

1）有黑起动能力的微源，可以将发电能力和操作状态发送至中央控制器；

2）在大规模故障发生时，断开微电网线路、负荷和微源的低压开关；

3）拥有单独供电单元的通信设施，用来保证中央控制器和 *LC* 的通信。

足够的保护设备用来保护微源和低压网络免受故障电流威胁，隔离故障区域。由于黑起动过程涉及分步骤将微源接入低压网络，保护安装点的短路功率将改变，因此在此保护策略下，可以认为中央控制器有能力改变保护设备整定值，从而有效检测和隔离故障。

为使微电网有黑起动能力，可控微源，如单轴微型燃气轮机或燃料电池需要额外的直流存储容量，以使微源起动时为辅助设备供电。另外，为给本地负荷供电，微源逆变器应工作在电压源模式，因此，黑起动过程采用 MMO 策略增加微电网鲁棒性。当同步到上级网络前稳定时，微源逆变器可以切换为 PQ 控制。

12.4.1 电动汽车参与微电网恢复过程

电动汽车可作为电网支持单元参与微电网恢复，可参与恢复的电动汽车在恢复的第一阶段接入微电网，在额定频率下它们不能充电，而应如图 12.19 所示，电动汽车应该与电网同步并运行在指定点。因此在第一阶段，只要电动汽车在 $P-f$下垂控制死区内，它将不与微电网交换功率。当负荷和微源开始接入后，电动汽车将注入或吸收功率以减少频率波动，从而减少主储能的使用，为微电网提供频率支撑。

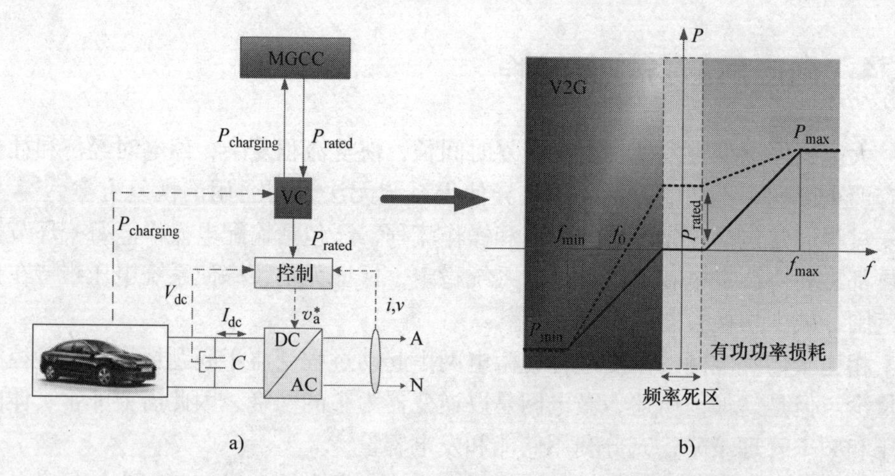

图 12.19　电动汽车控制与中央控制器和微电网服务约束

12.4.2 黑起动理论

在大规模停电后，根据微电网扰动前的负荷信息，中央控制器将开始黑起动过程。根据本章参考文献［8］提出的恢复策略，整体过程可总结如下：

（1）微电网状态决定　中央控制器评估上下级网络状态。

1）上级网络状态。中央控制器只在无法重连主电网时开始黑起动过程。在黑起动过程前，中央控制器将从配电系统操作员处确认本地或大停电信息，排除连接开关失灵和中压网络重设参数后重连的可能性。

2）下级网络状态。中央控制器评估低压网络状态，分析开关状态和警报，检测本地故障或设备失灵的情况。在此阶段中央控制器也评估发电和有功功率负荷情况，确保微电网恢复过程顺利进行。微电网操作的历史数据可决定优先恢复的负荷。

（2）微电网准备阶段　中央控制器向本地控制器发出信号，确保负荷和微源已断开连接。接着，具有黑起动能力的微源起动，给部分本地负荷供电。该过程确保有储能设备的微源只向其本地负荷供电，而不是更大的低压电网。

（3）微电网起动阶段　将中低压变电站处的中央储能单元接入微电网，闭合变电站低压线路开关。在无发电和负荷的情况下接入储能单元，保证了微电网运行在额定电压和频率。

（4）微源与微电网同步阶段　中央控制器负责同步过程，需要微源控制器通过检同期继电器检查相位序列、频率和电压差异。

（5）电动汽车接入阶段　中央控制器向所有智能仪表发出控制信号，使电动汽车采用 $P-f$ 下垂控制运行在零功率点。

（6）负荷和不可控微源的协调重连阶段　需要考虑储能容量和本地发电容量，从而避免在负荷和不可控微源重连时大的频率和电压偏移。

（7）起动电动汽车充电阶段　在恢复主要负荷和发电单元后，如果微电网有足够备用容量，则中央控制器将允许电动汽车充电。为避免更多的扰动，中央控制器将给智能仪表和可控微源发送新的参考功率，从而满足新负荷需求。

（8）微电网与主电网同步阶段　当中压网络恢复服务后，中央控制器可接受配电操作员的确认信息，起动与上级网络的同步，并通过检查同期继电器获得同步条件信息。

12.4.3　电动汽车参与微电网改造的效益分析

图 12.20 所示为在负荷和不可控微源重连时采用不可控充电和 V2G 充电的频率曲线。在 $t=5\text{s}$ 时中央控制器起动第一部分负荷重连，使其偏移 1.5Hz，之后通过二级控制增加可控发电输出进行补偿。不可控微源在 $t=30\text{s}$ 时重连，与负荷重连错开，紧接着在 $t=50\text{s}$ 时第二部分负荷重连。在负荷恢复供电后，仍有足够容量。因此中央控制器起动电动汽车充电，分为三个步骤，即 $t=70\text{s}$ 时 20%，$t=80\text{s}$ 时 40% 和 $t=90\text{s}$ 时 60% 额定功率。

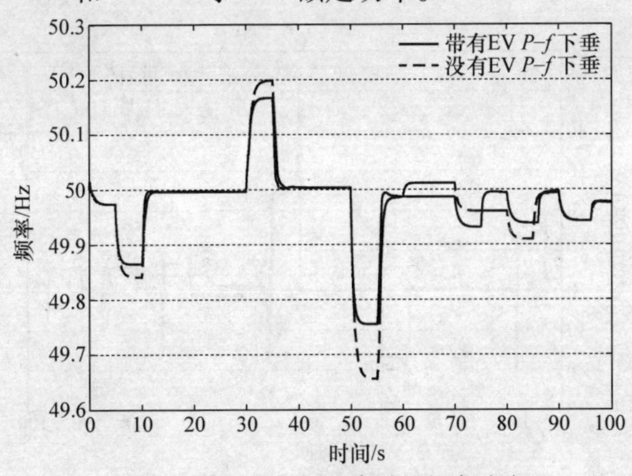

图 12.20　微电网重建时的频率响应

从图 12.20 和图 12.21 可以看出，电动汽车灵活参与调频减少了负荷和不可控微源重连的频率偏移。当频率偏移超出 $P-f$ 下垂控制死区时，电动汽车在负荷重连时注入功率，不可控微源重连时增加充电功率。根据下垂特性可得，电动汽车参与调频在大功率扰动时效果更显著。在微电网频率稳定后，由于有足够的备用容量，$P-f$ 下垂参数逐渐增加，电动汽车为它们的电池充电。

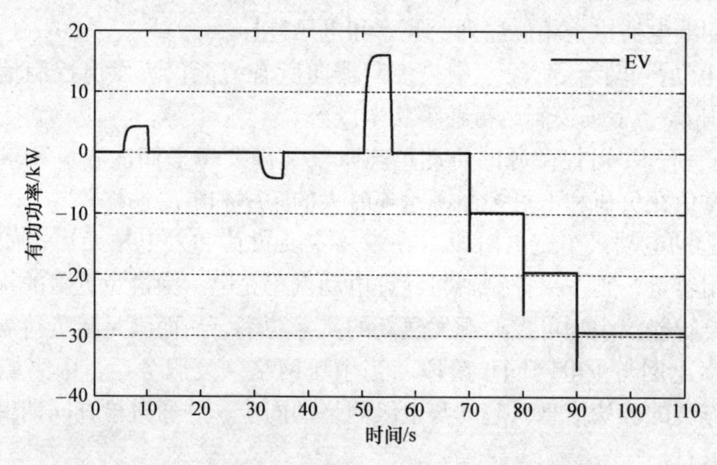

图 12.21 微电网重建时电动汽车的总功率输出

图 12.22 所示为微电网主储能在各种情况下的功率输出，当 V2G 模式时其有关输出减少。

单轴微型燃气轮机对中央二级负荷频率控制的有功输出响应如图 12.23 所示，单轴微型燃气轮机根据中央控制器发出的频率设定点改变功率输出。在恢复过程中，单轴微型燃气轮机的逆变器采用 MMO 策略运行在电压源逆变器模式。耦合的直流储能瞬时响应中央控制器频率控制信号，补偿单轴微型燃气轮机频率响应较慢问题。

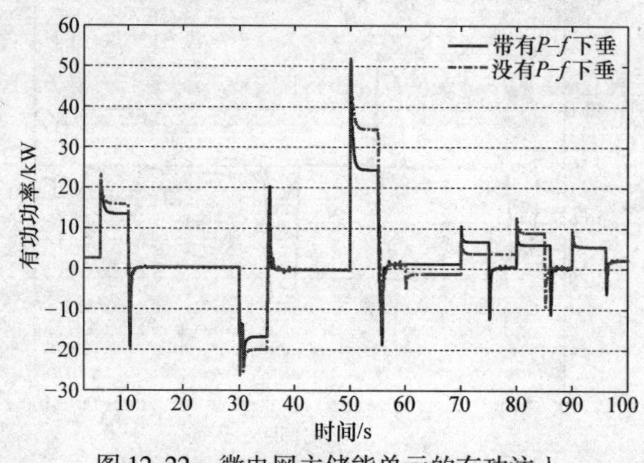

图 12.22 微电网主储能单元的有功注入

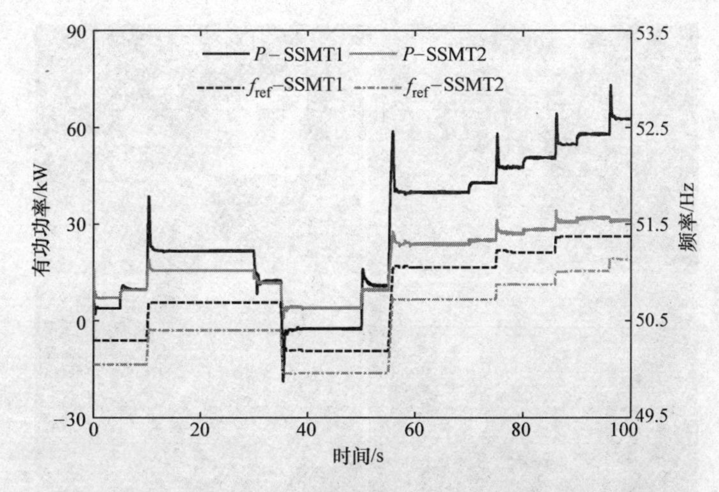

图 12.23　中央控制器中央二级频率控制的单轴微型燃气轮机有功响应

12.5　微电网应急操作实验验证

学术界针对微电网做了大量实验验证。在欧洲，DERlab 联合欧洲各大分布式能源实验室，扩大可用的测试设备。在美国，CERTS 微电网实验计划重点研究不同分布式电源的对等控制和即插即用特性，同时研究微电网孤岛运行模式。日本也进行了大规模研究，重点是分布式能源与电网的集成，即不同种类的可再生能源接入电网的控制策略和其能量均衡技术。最近，浙江电力试验研究所做了大量分布式发电和涉及不同情况的储能技术实验，包括并网和离网的控制策略验证、保护和电能质量问题。

预测微电网并离网模式灵活展示的先进实验设备发展，INESC Proto 在实验环境开发关键分布式能源的先进控制和管理方案，如电动汽车和负荷。同时，微电网实验设备特有的功能依赖于经济可行方案和室内发展模型。实验设施旨在评估微电网环境的通信要求，以及估计不同技术解决方案对电力系统运行的影响[20]。

12.5.1　微电网和电动汽车实验室：电力基本设施

主要实验室单元包括微源技术、储能、可控负荷、电动汽车及其相关充电器和低压电力线路模拟器。如图 12.24 所示，可再生能源型微源包括 12.5kW 光伏和 3kW 微型风力机模拟器。可再生能源发电装置可通过单相逆变器产品或单相实验室逆变器模型机接入电网。实验室有 20kW 四象限背靠背逆变器，可远程控制用于吸收和注入有功功率，从而模拟发电和负荷等不同操作情况。

图 12.24　试验新能源和商用逆变器

两台铅酸蓄电池组通过两台 SMA“阳光孤岛逆变器”接入系统。逆变器主要用于偏远地区供电，通过管理储能和本地发电运行在孤岛模式下。另外，逆变器也可以与当前电网并列运行，用于并转孤时的平滑过渡。

如图 12.25 所示，实验室有两台商用插电式混合动力电动汽车，可通过单相家用充电器充电。由于商用充电器无法控制电动汽车充电功率，因此实验室用单相交直双向逆变器与锂电池组连接。

图 12.25　商业电动汽车和充电器

两台三相四线低压线路模拟器可以模拟测试各种情况，考虑低压线路阻性情况。同时可模拟不平衡情形，将实验室设备分为三相。

所有设备都连接至配电柜，配电柜有三个 400V 汇电板，可分区。汇电板上接有一套输出线路，用于连接不同实验设备。这种汇电板结构可组合出不同的微电网结构，不同的基于继电器的系统通过选择汇电板可连接不同的线路。实验室监管和自动化由 SCADA 系统完成，支持所有实验室设备，保证电力网络配置和监视。每条线路和汇电板都装有通用测量装置，提供电能信息和电能质量指示。测量装置的接口和现场总线可传输测量数据，接入 SCADA 系统，集成软件例程用于微电网系统的控制和运行。

12.5.2　微源功率变换器和双向电动汽车充电原型

由 12.3 讨论可知，微电网管理和控制策略必须考虑电力电子接口装置和电动汽车接入网络的特殊情况。为了发展和验证新的控制策略，加之商用电动汽车逆变器技术相对保密，制作了两个单相微源和一个电动汽车充电器原型机。

电力电子逆变器基于模块化结构，可作为不同种类的逆变器。半桥结构包括 IGBT 开关和混合门极驱动。无源元件包括保护装置、电压和电流传感器和控制硬件。

逆变器原型机有类似的结构，但考虑应用差异，有不同的控制和硬件特性。以电动汽车双向充电原型机为例，充电池可划分为两个阶段，有相应的控制方案。并网时全桥逆变器控制直流母线和低压网络间的功率流动。双有源桥控制电网和电池间的电力，保证电网和电池组的电流隔离。全桥逆变器维持直流母线电压在 400V，确保双有源桥输入阶段的充足供电。逆变器采用 PQ 控制，功率限制在 ±3680W，在同步旋转坐标系使用比例积分控制器，有谐波补偿功能，参考功率由下垂特性决定。

12.5.3　通信和控制结构

如图 12.26 所示，实验设备有信息和通信系统支持，用于管理和控制微电网。在通信和控制方面，实验包括两块，即微电网通信和控制系统和实验数据获取和控制系统，由以太网构成的通信网络用于上述区块间连接。

微电网通信和控制系统中，以太网通信系统保证了上述微电网的多级和双向通信，并使不同设备和仪器成为可控通信媒体。另外，有专门的配电操作层，由配电管理和控制系统完成，用来协调微电网和上级配电网络。

集成了不同软硬件模块的电脑作为微电网控制器，将获取的数据处理后作为微电网高层管理和控制的输入。从智能仪表获取的信息包括发电量、负荷、电动汽车、响应负荷和功率因数，将根据系统需要进行处理和聚合。获取到的信息随

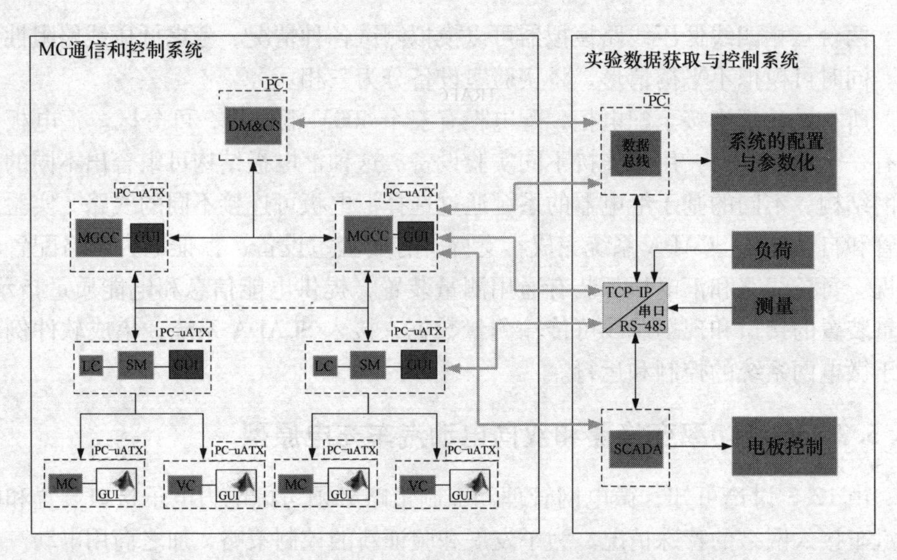

图 12.26　智能电网实验架构

后被本地软件模块用作正常和紧急条件下的操作管理指令。在低级控制层，智能仪表接收中央控制器的设定点并传送给相应的本地控制器。智能仪表同样有运算能力，用来集成关于网络支持设备参与情况和远程管理负荷和发电的顾客偏好。

微电网通信设施方面，开发了中级行为控制器，用来仿真不同的通信技术。以太网作为可控通信媒体，分布式中级行为控制器可以施加受控带宽值给不同的通信接口，并定义不同的通信配置文件，考虑数据延迟和损失。

关于实验室数据获取和控制系统，其本质与 SCADA 系统相关，通用测量装置为具体实验分析和微电网软件模块采集数据。通用测量仪表的 Modbus 接口用于采集数据的交换并接入实验室 SCADA 系统。同时，为了使数据可在微电网控制系统和存储实验结果的通用数据库之间交换，设计了 Modbus 和 TCP-IP 协议转换平台。另外，实验用的负荷通过以太网远程 I/O 设备接入系统，可远程操控。

12.5.4　微电网自治操作的实验验证

为验证微电网孤岛操作，微电网的实验拓扑如图 12.27 所示。系统包括两台通过 DC/AC 太阳能变换器接入的太阳能组，一台风力机模拟器，电动汽车双向充电器，两台 27kW 阻性负荷和四象限逆变器用于仿真带有直流耦合储能的微型燃气轮机。通信结构用于支持在不同场合下的数据交换，如图 12.26 所示。

三相逆变器组——SMA“阳光孤岛逆变器”接入节点 1，正常情况下，负荷由主电网直接供电。当并网开关断开后，“阳光孤岛逆变器”将 FLA 储能电源接

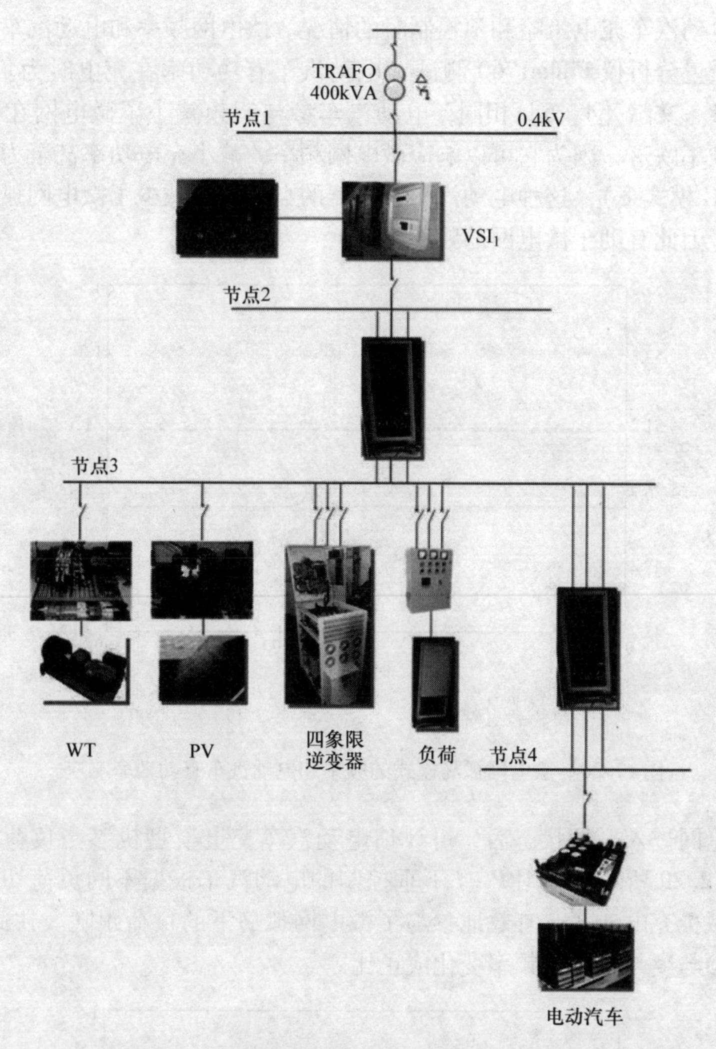

图 12.27　微电网孤岛运行实验的测试系统

入系统，保证能量平衡和微电网电压、频率参考。一级控制由“阳光孤岛逆变器”实现，然而，这些功率变换器本质上包括快速二级频率控制策略，可使电网频率和电压恢复至额定值[40,44]。太阳能和微型风力机逆变器为恒功率模式，严格控制四象限逆变器的有功功率输出，这种情况下，四象限逆变器用于提供二级管理，补偿由电池组提供能量的不足。

实验 1　微电网带有电动汽车的孤岛运行

如前所述，微电网最大的特征之一就是通过实施合理的一级和二级频率、电压管理策略，可实现独立运行，图 12.28 所示为微电网频率在孤岛后采用 $P-f$

下垂控制电动汽车充电策略和不控制时的情况。微电网频率和电动汽车有功功率通过功率质量分析仪 Fluke1760 测试（电动汽车有功功率在充电时为负值）。结果与本章参考文献［4，5］相同，电动汽车参与调频减小了微电网在孤岛暂态过程中的频率跌落，因为它可以响应微电网频率，减小充电功率甚至为微电网供电（在 V2G 模式下），这种电动汽车充电器的自治过程减少了微电网孤岛时的功率不平衡，因此有助于微电网的频率治理。

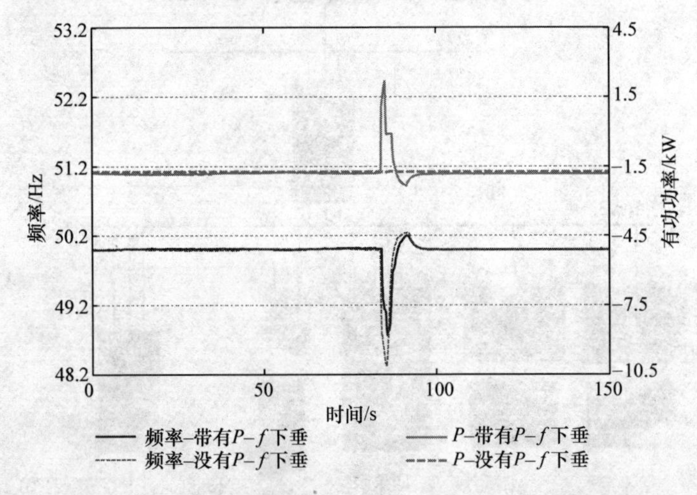

图 12.28　微电网孤岛模式的频率和电动汽车有功功率响应

在微电网进入孤岛状态后，可评估电动汽车充电模型机参与负荷跟随的情况，如图 12.29 所示，采用 $P-f$ 下垂控制的电动汽车根据不同负荷切入切出情况增加或减少充电功率，有效地参与了微电网孤岛下的负荷跟随。在此过程中，电动汽车参与度与微电网频率变化成正比。

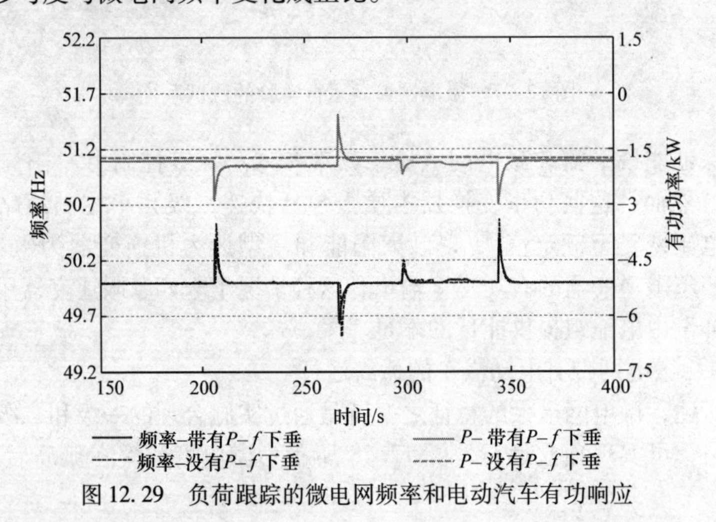

图 12.29　负荷跟踪的微电网频率和电动汽车有功响应

如前所述，SMA“阳光孤岛逆变器”可实现一级和二级调频。但是，在恢复频率偏差后，如果未分配其他微源供电，则逆变器仍需给负荷供电。为补偿由铅酸蓄电池组提供的能量，微电网中央控制器将执行 12.3.3 节所述的二级频率控制，将用到四象限逆变器。图 12.30 所示为由 SMA“阳光孤岛逆变器”采用和未采用二级控制时注入的有功功率（负功率表示功率由逆变器流向微电网）。如图 12.30 所示，在没有二级调频的情况下，可以看出负荷在 150s 和 210s 分别切除和重连时 SMA 有功功率的注入情况。当加入二级调频后，80s 时中央控制器起动二级控制，四象限逆变器增加功率输出，从而减少 SMA 注入的功率，同理，140s 时发电过量，四象限逆变器减少功率输入并减少 SMA 吸收的功率。

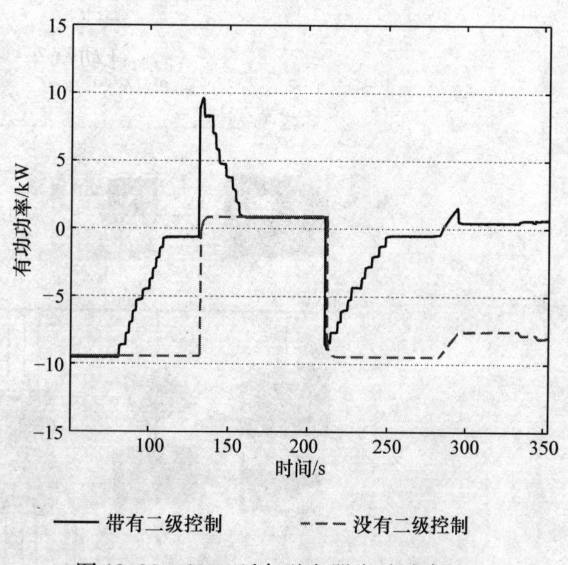

图 12.30　SMA 孤岛逆变器有功功率注入

实验 2　存在电动汽车情况下的微电网恢复过程

采用如图 12.31 所示的拓扑结构验证 12.4 节所述电动汽车参与微电网恢复的过程，步骤如下：

1）在开始重建相序之前，中央控制器起动电动汽车通过节点 2 接入微电网的同步过程，从而提供电网支撑，如 12.4.1 节所述，电动汽车 $P-f$ 下垂特性参数由中央控制器设置为零功率充电参考。

2）$t=30$s 时，中央控制器起动节点 3 总计 10kW 的负荷重连，并等待系统频率恢复至额定值。

3）在 $t=44$s 时，中央控制器将节点 4 的太阳能组接入。

4）$t=56$s 时，中央控制器将可控电源重连，即四象限逆变器接入节点 3，同时起动二级控制。

5）$t=80$s 时，节点 4 将一个总计 3kW 的单相负荷（A 相）接入孤岛微电网。

6）由于负荷有充足的备用容量，在 $t=136$s 时，中央控制器分三阶段增加电动汽车充电功率（3kW），分别为 20%、40%、60%。

7）$t=228$s 时，上级电网可恢复供电，起动预同步过程，预同步过程由中低

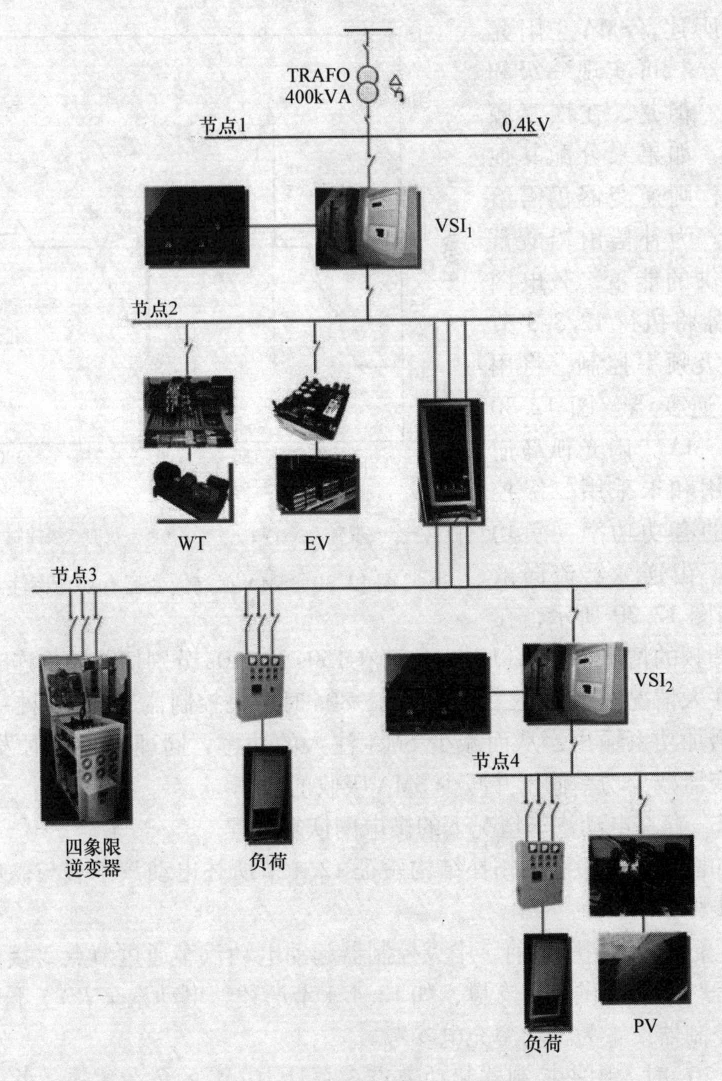

图 12.31 微电网恢复程序的测试系统

压变压器的低压侧执行。

8）$t=239$s 时，微电网成功并入中压网络。

图 12.32 对比了恢复供电过程中微电网的频率响应过程和电动汽车输出有功功率的情况，与孤岛时类似，电动汽车的参与减小了负荷和发电单元重连引起的频率扰动。例如，在 $t=30$s 时节点 3 的负荷重连，电动汽车注入 1.3kW 有功功率，将系统频率从 49.64Hz 提高到 49.73Hz。另一方面，四象限变换器在 $t=56$s 时重连，电动汽车增加功率消耗至 600W，系统频率从 50.24Hz 降至 50.1Hz。

为评估通信系统对前述恢复过程的影响，重做了考虑通信延迟和损失的

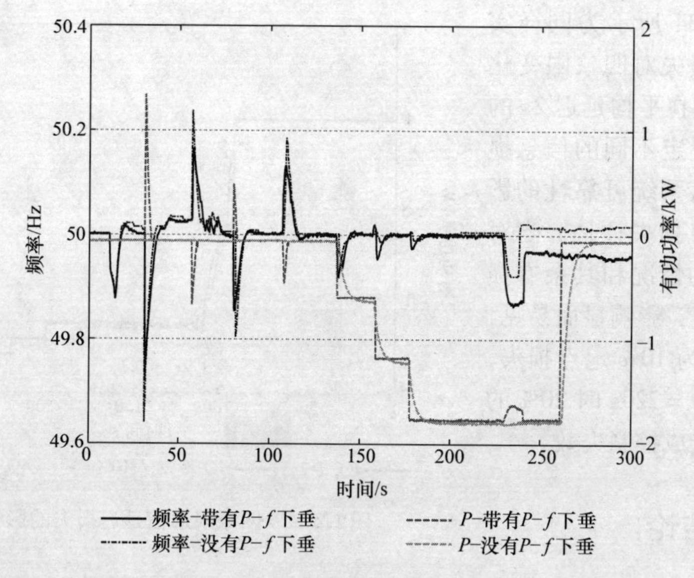

图 12.32　黑起动有无下垂控制策略的微电网频率响应和电动汽车有功功率

MBC 实验。图 12.33 所示为四象限逆变器在信息交换过程中出现延迟时的输出有功功率，在 $t=90$s 时中央控制器启用了二级控制，二级控制响应的优劣取决于通信系统的准确度，进一步取决于信息交换的延迟情况，从基值（零延迟）到 2s 和 4s，存在 500ms 的偏差。从图 12.33 可知，随着通信延迟的增加，在每一个变化点处四象限逆变器的平均延迟增加了。

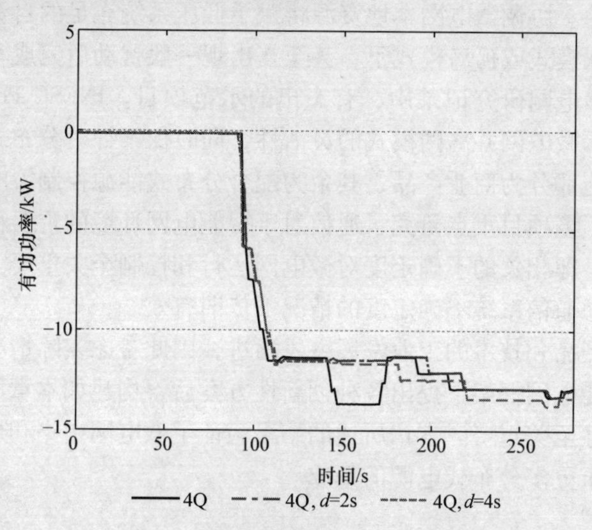

图 12.33　四象限逆变器的二级控制响应

图 12.34 所示为同样实验下定点损失对四象限变化前的影响。在平均延迟 2s 的情况下，设定不同的信息损失值，通信系统可靠性的影响可由信息损失评估。当对比无损失的情况和其余有损失的情况时，影响显而易见，$t=180\text{s}$ 时为 10% 定点损失，$t=175\text{s}$ 和 $t=220\text{s}$ 时 20% 的损失率将造成控制失效。

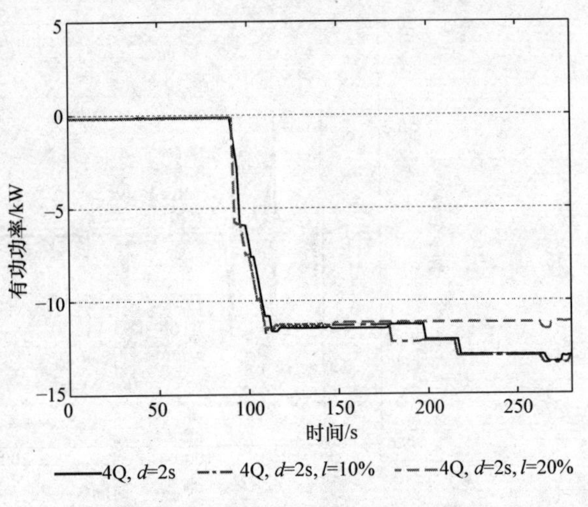

图 12.34　四象限通信延迟损失的影响

12.6　结论

随着大量小规模分布式电源 - 电动汽车、微源、储能单元和灵活负荷等的接入，未来电力系统规划和运行的重点在于低压配电网，在智能电网的框架下，微电网概念的提出是分布式电源集成的有效途径，微电网既可以作为本地分布式电源控制和管理系统，也可作为整体单元响应上级配电网。

这套新的功率分配策略使有功功率分配网络概念具体化，可以应对大规模集成分布式电源和电动汽车的技术挑战，充分利用本地资源的灵活性，提高系统的安全性和可靠性。协调微电网本地资源将赋予低压系统充足的自治区，使其运行在上级网络互联模式或孤岛模式下，甚至在出现一般扰动后完成本地恢复过程。

在大量的微电网研究记录中，有杰出的示范项目。INESC Porto 的微电网实验工程旨在展示微电网并离网模式的灵活性，同时探索针对分布式电源的控制和管理方案。设施部分为商业产品，其余为配合分布式能源控制策略设计的软硬件原型机。另外，该项目重点研究了通信对于智能电网环境的重要性及对其操作性能影响的评估，即相关的不确定度对微电网运行和控制至关重要。最后，分布式控制方案在考虑通信系统不确定度的情况下依旧有效。

智能电网产品和技术的工业发展突飞猛进，因此考虑实际情况的实验验证非常重要。在智能电网框架下提出各种创新性方案后，构建如本章所述的实验设施来验证其有效性至关重要。本章所述的结果验证了微电网中央和地方控制策略的协调控制有利于更多分布式电源的集成。

参考文献

1. Lasseter RH (2011) Smart distribution: coupled microgrids. Proc IEEE 99(6):1074–1082
2. Lasseter B (2001) Microgrids [distributed power generation]. IEEE Power Eng Soc Winter Meet 2001 1:146–149
3. Peças Lopes JA, Moreira CL, Madureira AG (2006) Defining control strategies for MicroGrids islanded operation. IEEE Trans Power Syst 21(2):916–924
4. Peças Lopes JA, Silvan Polenz A, Moreira CL, Cherkaoui R (2010) Identification of control and management strategies for LV unbalanced microgrids with plugged-in electric vehicles. Electr Power Syst Res 80(8):898–906
5. Peças Lopes JA, Soares FJ, Almeida PMR (2011) Integration of electric vehicles in the electric power system. Proc IEEE 99(1):168–183
6. Guerrero JM, Vasquez JC, Matas J, de Vicuna LG, Castilla M (2011) Hierarchical control of droop-controlled AC and DC microgrids—a general approach toward standardization. IEEE Trans Industr Electron 58(1):158–172
7. Katiraei F, Iravani MR (2006) Power management strategies for a microgrid with multiple distributed generation units. IEEE Trans Power Syst 21(4):1821–1831
8. Moreira CL, Resende FO, Lopes JAP (2007) Using low voltage microgrids for service restoration. IEEE Trans Power Syst 22(1):395–403
9. Strbac Goran (2008) Demand side management: benefits and challenges. Energy Policy 36(12):4419–4426
10. Schweppe FC, Tabors RD, Kirtley JL, Outhred HR, Pickel FH, Cox AJ (1980) Homeostatic utility control. IEEE Trans Power Apparatus Syst PAS-99(3):1151–1163
11. Short JA, Infield DG, Freris LL (2007) Stabilization of grid frequency through dynamic demand control. IEEE Trans Power Syst 22(3):1284–1293
12. Samarakoon K, Ekanayake J, Jenkins N (2012) Investigation of domestic load control to provide primary frequency response using smart meters. IEEE Trans Smart Grid 3(1):282–292
13. Pourmousavi SA, Nehrir MH (2012) Real-time central demand response for primary frequency regulation in microgrids. IEEE Trans Smart Grid 3(4):1988–1996
14. Gouveia C, Moreira J, Moreira CL, Pecas Lopes JA (2013) Coordinating storage and demand response for microgrid emergency operation. IEEE Trans Smart Grid PP(99):11
15. Hatziargyriou N, Asano H, Iravani R, Marnay C (2007) Microgrids. IEEE Power Energ Mag 5(4):78–94
16. European Distributed Energy Resources Laboratories. http://www.der-lab.net/
17. Lasseter RH, Eto JH, Schenkman B, Stevens J, Vollkommer H, Klapp D, Linton E, Hurtado H, Roy J (2011) CERTS microgrid laboratory test bed. IEEE Trans Power Delivery 26(1):325–332
18. Zhao B, Zhang X, Chen J (2012) Integrated microgrid laboratory system. IEEE Trans Power Syst 27(4):2175–2185
19. Schmitt L, Kumar J, Sun D, Kayal S, Venkata SSM (2013) Ecocity upon a hill: microgrids and the future of the European City. IEEE Power Energ Mag 11(4):59–70
20. Project REIVE – Smart Grids with Electric Vehicles (2013) http://reive.inescporto.pt/en Accessed Jan 2013
21. Shaver D (2009) Low frequency, narrowband PLC standards for smart grid. Presentation
22. Hoch M (2011) Comparison of PLC G3 and PRIME. In: 2011 IEEE international symposium on Power line communications and its applications (ISPLC), pp 165–169, Apr 2011
23. IEEE P1901.2. http://standards.ieee.org/develop/project/1901.2.html
24. IEEE standard for broadband over power line networks: medium access control and physical layer specifications. IEEE Std 1901-2010, pp 1–1586, 2010
25. Parikh PP, Kanabar MG, Sidhu TS (2010) Opportunities and challenges of wireless communication technologies for smart grid applications. In: 2010 IEEE power and energy society general meeting, pp 1–7, Jul 2010

26. Chin-Sean S, Harada H, Kojima F, Lan Z, Funada R (2011) Smart utility networks in TV white space. IEEE Commun Mag 49(7):132–139
27. IEEE Standard for Local and Metropolitan Area Networks - Part 15.4: Low-Rate Wireless Personal Area Networks (LR-WPANs) Amendment 3: Physical Layer (PHY) Specifications for Low-Data- Rate, Wireless, Smart Metering Utility Networks. IEEE Std 802.15.4 g-2012 (Amendment to IEEE Std 802.15.4-2011), pp 1–252, 27 2012
28. Gambiroza V, Sadeghi B, Knightly EW (2004) End-to-end performance and fairness in multihop wireless backhaul networks. In: Proceedings of the 10th Annual international conference on mobile computing and networking, mobiCom'04, New York, NY, USA, 2004. ACM, pp 287–301
29. Ernst JB, Denko MK (2011) The design and evaluation of fair scheduling in wireless mesh networks. J Comput Syst Sci 77(4):652–664. JCSS IEEE AINA 2009
30. Gupta GR, Shroff NB (2010) Practical scheduling schemes with throughput guarantees for multi-hop wireless networks. Comput Netw 54(5):766–780
31. Campos R, Duarte R, Sousa F, Ricardo M, Ruela J (2011) Network infrastructure extension using 802.1D-based wireless mesh networks. Wirel Commun Mob Comput 11(1):67–89
32. Campos R, Oliveira C, Ruela J (2011) WiFIX + : a multicast solution for 802.11-based wireless mesh networks. In: 2011 Eighth international conference on wireless on-demand network systems and services (WONS), pp 179–186, Jan 2011
33. Green TC, Prodanovic M (2007) Control of inverter-based micro-grids. Electr Power Syst Res 77(9):1204–1213
34. Blaabjerg F, Teodorescu R, Member SS, Liserre M, Timbus AV (2006) Overview of control and grid synchronization for distributed power generation systems. IEEE Trans Ind Electron 53(5):1398–1409
35. Madureira A, Moreira CL, Peças Lopes JA (2005) Secondary load-frequency control for microgrids in islanded operation. In: Proceedings of ICREPQ'05 - international conference on renewable energies and power quality, Zaragoza, Spain, Março, 2005
36. Jong-Yul K, Jin-Hong J, Seul-Ki K, Changhee C, June Ho P, Hak-Man K, Kee-Young N (2010). Cooperative Control strategy of energy storage system and microsources for stabilizing the microgrid during Islanded operation. IEEE Trans Power Electron 25(12):3037–3048
37. Adibi MM, Fink LH (1994) Power system restoration planning. IEEE Trans Power Syst 9(1):22–28
38. Pham Thi Thu Ha, Besanger Y, Hadjsaid N (2009) New challenges in power system restoration with large scale of dispersed generation insertion. IEEE Trans Power Syst 24(1):398–406
39. Adibi MM, Martins N (2008) Power system restoration dynamics issues. In: 2008 IEEE power and energy society general meeting - conversion and delivery of electrical energy in the 21st Century, pp 1–8
40. SMA Report, "Technology Compedium 2-Solar Stand-Alone Power and Backup Power Supply", SMA 2009. Available at via http://files.sma.de/dl/10040/INSELVERSOR-AEN101410.pdf
41. Miguel Rodrigues J, Resende F (2012) Using photovoltaic systems to improve voltage control in low voltage networks. In: ISGT2012 - third IEEE PES innovative smart grid technologies Europe conference, Berlin, Germany, Oct 2012
42. Rodrigues J, Resende FO, Moreira CL (2011) Contribution of PMSG based small wind generation systems to provide voltage control in low voltage networks. In: ISGT 2011 - IEEE PES ISGT 2011 Europe, Manchester, UK
43. Varajao D, Araujo RE, Moreira C, Lopes JP (2012) Impact of phase-shift modulation on the performance of a single-stage bidirectional electric vehicle charger. In: IECON 2012 - 38th annual conference on IEEE industrial electronics society, pp 5215–5220, 25–28 Oct 2012
44. Engler A (2005) Applicability of droops in low voltage grids. DER J 1:1–5

第13章　一种应用于风电场中的新型机械转矩补偿系数聚合技术

M·A·乔杜里（M. A. Chowdhury）

摘要：本章将提出一种新型的风力发电机组集成模型，该风力发电机组包含配备有双馈感应发电机（DFIG）的风力机。在所提出的模型中，将机械转矩补偿系数（MTCF）集成到全集合的风电场模型中，以处理部分负荷区域中风力机的非线性问题，并使其尽可能接近完整的风电场。MTCF最初应用模糊逻辑算法被构造为近似的高斯函数，并且在试错法基础上进行优化，目的在于使所提出的聚合模型和完整模型之间实现小于10%的差异。然后，使用由72个双馈风力发电机组组成的大型海上风电场来验证所提出的聚合模型的有效性。仿真结果表明，该模型能够在公共耦合点近似集体动态响应，并且可以减少仿真时间。

关键词：双馈感应发电机；风电场；聚合模型；机械转矩补偿系数；模糊逻辑

13.1　引言

风力发电是近十年来发展最快的新能源之一，由于其具有可再生、资源丰富且无污染的特点，使得世界风电容量达到215GW（占全球用电量的3%），2010年时风电以22.9%的速度增长。由于增长速度之快，风力发电能力将每三年翻一番。基于这种加速发展和进一步完善的政策，预计到2020年，全球12%的电力需求（1900GW）将由风能系统提供[1]。

50MW及以上的风电场被整合到高压输电网络中[2]。随着风电在电力系统中的应用量不断增加，必须要考虑风电场对电力系统产生的影响。这说明有必要为风力发电场建立适当的模型，以反映包含风电场的电网在正常运行和电网扰动两种情况下的电力系统动态特性。一个风电场可能由几十到数百台风力机组成，使得模型变得很复杂而且计算量较大[3,4]。图13.1所示为一个完整的风电场模型，其中由 n 个配备有双馈感应发电机的风力机构成。

为了简化完整的风电场模型，需要一个综合风电场模型，以减少电力系统模型的规模、数据需求和仿真时间[5-7]。其中该聚合模型可以表示在正常运行期间风电场的行为（在电网的公共耦合点处交换的有功和无功功率，其特点是电

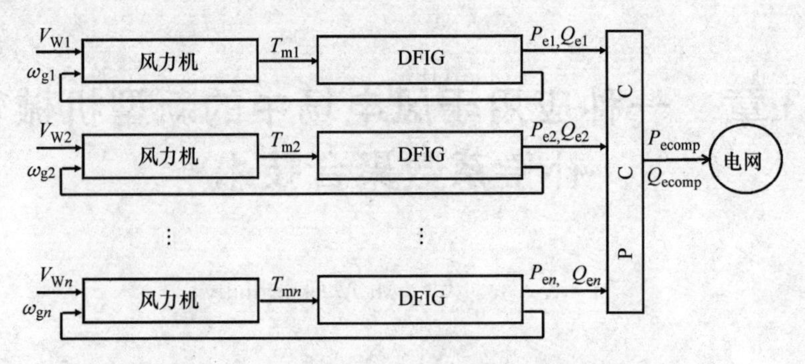

图 13.1　一个完整的风电场模型的结构框图

网数量与标幺值的偏差较小，且风速发生变化；风电场在电网扰动时的动态变化，如电压下降和频率发生变化。

本章提出了两种风电场聚合技术，即全聚合技术和半聚合技术。图 13.2 所示为完整的聚合风电场模型和半聚合风电场模型。全聚合模型包括一个等效风力机和一个风电场的等效发电机，风电场中风力机的平均风速为一个操作点[7-12]。半聚合模型由风电场中所有的风力机和一个等效的发电机组成[13,14]。

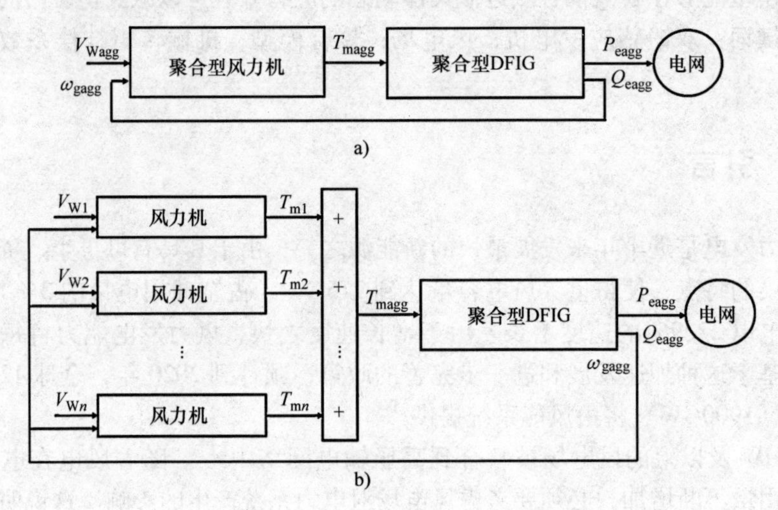

图 13.2　a）全聚合型　b）半聚合型 DFIG 风电场模型的结构框图

对于由 DFIG 风力机组成的风电场，全聚合或半聚合模型接近完整模型的能力取决于 DFIG 风力机的工作区域。图 13.3 所示为采用 DFIG 风力机的工作区域，可分为两部分，即部分负荷区域（其中风速范围在 4.5 ~ 14.5m/s 之间）和满负荷区域（风速范围在 14.5 ~ 25m/s 之间）。当风速小于 4.5m/s 或大于25m/s 时，风力机停止运行。

在风电场中，即使风电机组在风电场中的工作点不同，但全聚合模型和半聚合模型都可以表示风电场中风电机组在满负荷区域运行时的完整模型。这是因为所有发电机在这个区域的最大额定电流都是相同的。

但是，当风电场中的风电机组在部分负荷区域运行时，全聚合模型不能提供精确的完整模型。这是由于全聚合技术没有考虑风电场中所有对应的风力机的操作点，以及如图 13.3 所示的风速 V_W 与机械转矩 T_m 之间的非线性关系。

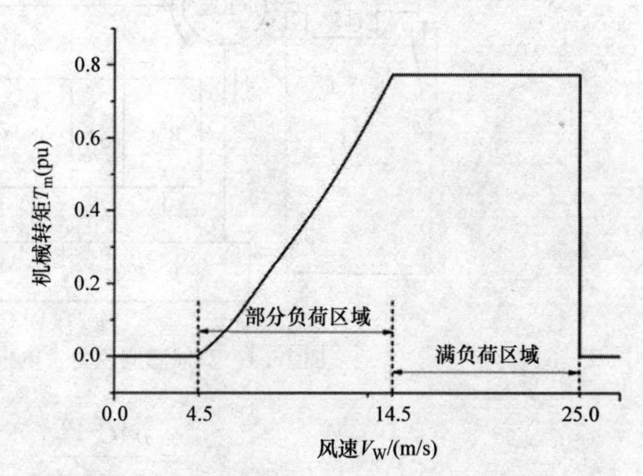

图 13.3　DFIG 风力机在转速为 1pu 时的工作范围

另一方面，在半聚合模型中，考虑到风电场中所有风力机的运行点，改进了部分负荷区域完整模型的逼近。所有风力机转速的大小等于平均转子转速 ω_g，仍会导致机械转矩和电磁转矩的差异。

因此，本章提出了一种新的聚集技术，即将机械转矩补偿系数（MTCF）引入到全聚合的风电场模型中，以处理部分负荷区域内风力机的非线性，使其尽可能接近一个完整的风电场模型。

13.2　DFIG 风力机模型

根据每个子系统（风力机、驱动、感应发电机和控制系统（见图 13.4））的动态方程对 DFIG 风力机进行建模。

用 $C_p-\lambda-\beta$ 曲线表示风力机的空气动力学特性，C_p 为功率系数，对应于机械功率最大值，同时本章参考文献［15］给出的叶尖速比 λ 和俯仰角 β 的函数关系式如下：

$$C_p(\lambda,\beta)=0.22\left(\frac{116}{\lambda_i}-0.4\beta-5\right)e^{\frac{-12.5}{\lambda_i}} \tag{13.1}$$

其中

$$\frac{1}{\lambda_i}=\frac{1}{\lambda+0.08\beta}-\frac{0.035}{\beta^3+1} \tag{13.2}$$

对于一个给定的 C_p，风力机产生的机械转矩 T_m 由本章参考文献［16］给出

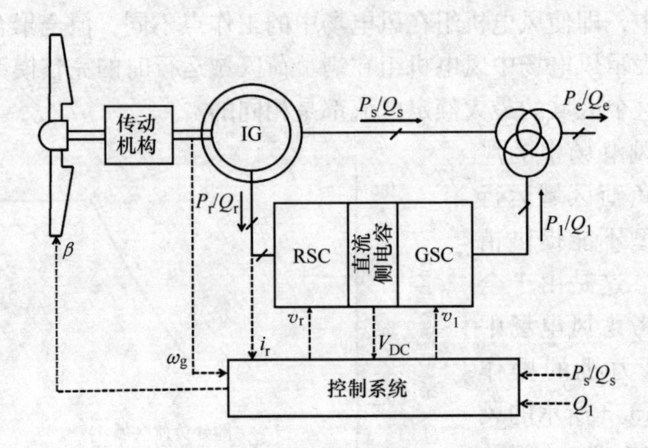

图 13.4　双馈感应风力发电机结构

$$T_m = \frac{\rho A C_p V_W^3}{2\omega_t} \tag{13.3}$$

式中，ρ 是空气密度；A 是叶片的扫描面积；V_W 是风速；ω_t 是涡轮转子转速。在给驱动系统建模时，将转子视为集合体的总质量，即涡轮质量和发电机质量通过轴连接在一起，具有一定的阻尼和刚度系数[17]。

忽略汽轮发电机的自阻尼、轴刚度和扭振等因素，可以得到简化后的数学方程

$$2H\frac{d\omega_g}{dt} = T_m - T_e \tag{13.4}$$

式中，H 是惯性常数，是发电机转子的转速；T_e 是电磁转矩。

在同步旋转的 $d-q$ 坐标系下对异步发电机建模，其转速与定子电压相同。下面给出该坐标系中的定子电压和转子电压：

$$v_{ds} = -R_s i_{ds} - \omega_s \phi_{qs} + \frac{d\phi_{ds}}{dt} \tag{13.5}$$

$$v_{qs} = -R_s i_{qs} - \omega_s \phi_{ds} + \frac{d\phi_{qs}}{dt} \tag{13.6}$$

$$v_{dr} = -R_r i_{dr} - s\omega_s \phi_{qr} + \frac{d\phi_{dr}}{dt} \tag{13.7}$$

$$v_{qr} = -R_r i_{qr} - s\omega_s \phi_{dr} + \frac{d\phi_{qr}}{dt} \tag{13.8}$$

式中，V 是电压；i 是电流；R 是电阻；ω_s 是同步转速；ϕ 是通量；s 是转动惯量；下标 s、r、d 和 q 分别表示定子、转子、d 轴分量和 q 轴分量。

电磁转矩 T_e 在本章参考文献［18］中表示为

$$T_e = \phi_{ds} i_{qs} - \phi_{qs} i_{ds} \tag{13.9}$$

式中，p 是极点的数目。

输出的有功功率和无功功率计算为

$$P_e = v_{ds} i_{ds} + v_{qs} i_{qs} + v_{dr} i_{dr} + v_{qr} i_{qr} \tag{13.10}$$

$$Q_e = v_{qs} i_{ds} - v_{ds} i_{qs} + v_{qr} i_{dr} - v_{dr} i_{qr} \tag{13.11}$$

该控制系统包括两个外部电力电子变换器的控制器和一个桨距角控制器。这些控制器通过传统 PI 控制器进行建模[19]。变换器控制器为转子侧变换器（Rotor Side Converter，RSC）和栅极侧变换器（Grid Side Converter，GSC）产生电压命令信号 V_r 和 V_1，分别以控制直流电压、无功功率或电网侧电压为目的。桨距角控制器产生控制桨距角的信号 β，可以使 DFIG 风力机在满负荷区域工作时暂时降低机械功率。详细解释见本章参考文献［20］，本章参考文献［21］中的表 13.1 为用于本系统中的 DFIG 风力机的参数。

表 13.1　DFIG 风力机参数

参数	符号	数值	单位
额定机械输出功率	P_{mec}	1.5	MW
额定电磁功率	P_{elec}	1.5/0.9	MW
额定电压（线－线）	V_{nom}	575	V
定子电阻	R_s	0.00706	pu
定子漏感	L_r	0.171	pu
转子电阻	R_r	0.0058	pu
转子漏感	L_r	0.156	pu
磁化电感	L_m	2.9	pu
基频	f	60	Hz
惯性系数	H	1	s
摩擦系数	F	0.01	pu
极对数	p	3	—

13.3　完整 DFIG 风电场模型的形成

本节将介绍风电场及其所有电网的模型，图 13.5 所示为 120MVA 海上风电场模型的修正版本，该模型由丹麦的 NESA 输电计划实施，用于电力稳定性调查。风电场模型由 72 台 DFIG 风力机组成，参数见表 13.1。每台风力发电机通过变比为 0∶67/30kV 变压器（LV/MV）连接到电缆段，线路阻抗为 0.08 + j0.02pu。风电场通过变比为 30/132kV 三级变压器（MV/HV）与电网相连，然后通过高压（132kV）输电网络（HVTN）连接，阻抗值为 1.6 + j3.5pu。

内部和外部电网包括电线、变压器和电缆，以恒定阻抗表示[13]。从公共耦合点到 HVTN 的短路容量约为 1500mW。电网采用无限大母线建模，额定功率为 1000MVA。

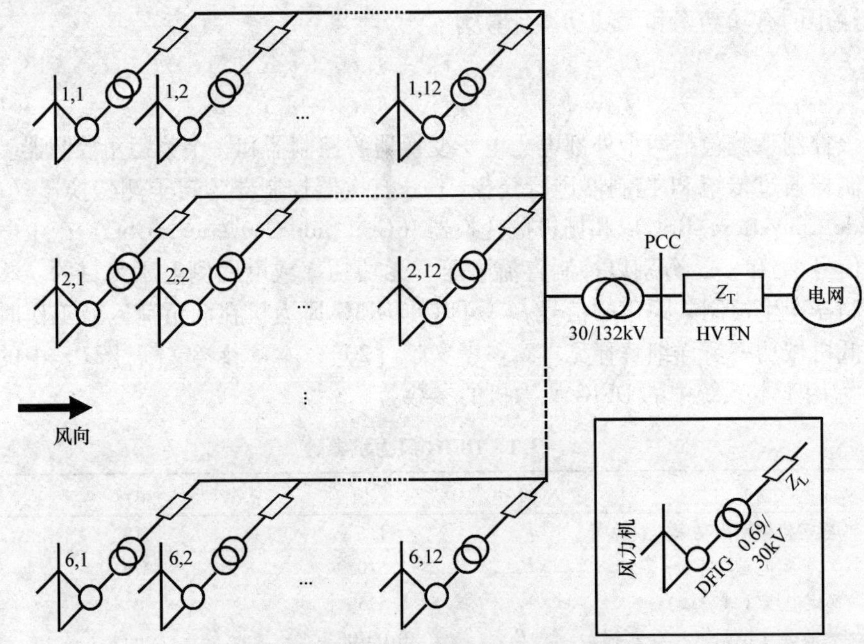

图 13.5 120MVA 海上 DFIG 风电场模型

用一对指数代表风电场内的风力发电机组。其中第一个指数（1~6）表示组数（30kV 海缆），第二个指数（1~12）表示组中风力发电机的数目。仿真中使用的 DFIG 风电场的参数见表 13.2。

表 13.2 DFIG 风电场参数

参数	符号	数值	单位
内部电网			
基本功率	S_{WTG}	1.5/0.9	MVA
基本电压	V_{WTG}	575	V
	—	0.69/30	kV
LV/MV 转换	S_T	2	MVA
	ε_{cc}	6	%
线路阻抗	Z_L	0.08 + j0.02	pu
外部电网	—	30/132	kV
	S_T	150	MVA
MV/HV 转换	ε_{cc}	8	%
HVTN 阻抗	Z_T	1.6 + j3.5	pu
PCC 端短路电流容量	S_{PCC}	1500	MVA
PCC 的 X/R 比值	$(X/R)_{PCC}$	20	pu
电网短路电流容量	S_G	1000	MVA

13.4　聚合 DFIG 风电场模型的提出

图 13.6 所示为由机械力矩补偿系数（MTCF）组成的聚合 DFIG 风电场模型，该模型包含在传统的全聚合模型中。MTCF（α）是全聚合模型中机械力矩 T'_{magg} 的乘数，它可以将这种近似的不准确性最小化。本节提出的聚合 DFIG 风电场模型的机械力矩 T_{magg} 由以下公式计算：

$$T_{\mathrm{magg}} = T'_{\mathrm{magg}} * \alpha \tag{13.12}$$

该模型还包括内部结构的等效计算和功率系数 C_{p} 函数的简化。

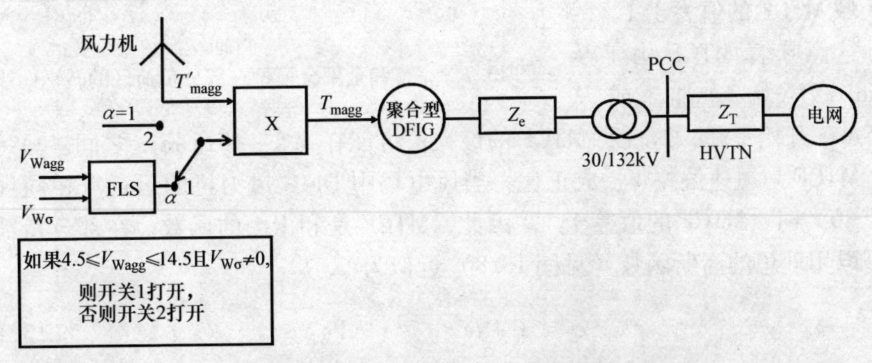

图 13.6　所提出的聚合型 DFIG 风电场模型结构框图

13.4.1　全聚合 DFIG 风电场模型

全聚合 DFIG 风电场模型将风电场中的所有 DFIG 风力机转换为一个等效单元，由平均风速 V_{Wagg}[14] 驱动的电压、磁链与运动方程中的机械和电气参数单位值相同[13]。

$$V_{\mathrm{Wagg}} = \frac{1}{n}\sum_{i=1}^{n} V_{\mathrm{W}i} \tag{13.13}$$

式中，n 是风电场中风力发机的数目；下标 agg 表示聚合风电场模型。

给出的机械转矩为

$$T'_{\mathrm{magg}} = \frac{\rho A C_{\mathrm{p}} V_{\mathrm{Wagg}}^{3}}{2\omega_{\mathrm{tagg}}} \tag{13.14}$$

式中，ω_{tagg} 是平均涡轮转子速度。

13.4.2　MTCF 的计算依据

如上所述，当 DFIG 风力机在满负荷区域运行时，全聚合模型可以提供完整模型的近似值。因此，在该区域 MTCF 的值等于 1。

当风力机在不同的风速和不同的运行点运行时，DFIG 风力机采用一个平均运行点，导致了完整聚合模型和全聚合模型之间的差异。如图 13.7 所示，在部分负荷区域，全聚合模型的转矩一般低于完整模型。因此，在此区域 MTCF 的值大于 1。

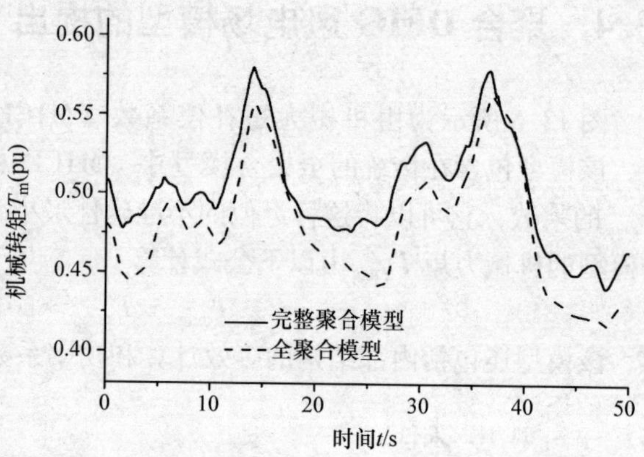

图 13.7　完整和全聚合模型在部分负荷区的转矩曲线

这意味着 MTCF 由 1 从 4.5m/s 开始增加，或从 14.5m/s 开始下降，这说明 MTCF 的最大值可能在 4.5～14.5 m/s 之间。另一方面，MTCF 与风速偏差 $V_{W\sigma}$成正比，当风电场中 DFIG 风力机的运行点相同（即 $V_{W\sigma}=0$）时，MTCF 的值等于 1。因此，MTCF 是和 $V_{W\sigma}$的函数，在部分负荷区域可以用理想的高斯函数（见图 13.8）近似为

$$\alpha = 1 + le^{\frac{-(V_{Wagg}-V_{W\mu})^2}{2\sigma^2}} V_{W\sigma} \tag{13.15}$$

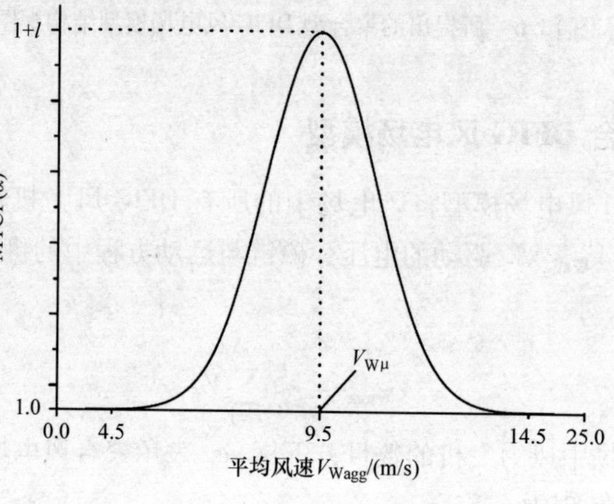

图 13.8　MTCF 关于平均风速 V_{Wagg}的高斯分布

根据式（13.15），当风速 $V_{W\mu}=9.5$m/s 时的最大值为 $1+l(=9.5$m/s)，为 $V_{W\mu}$的标准差。

由中心极限定理可知，99.993% 的数据在平均值与四个标准差[22]之间，并且给出了 σ 和 l 的值。

$$4\sigma = 5 \tag{13.16}$$

$$l = \frac{1}{\sigma\sqrt{2\pi}} = 0.32 \tag{13.17}$$

13.4.3　基于模糊逻辑系统的 MTCF 计算

由于风能发电系统存在复杂的非线性关系和模糊的动力学特征，因此很难找到 MTCF 输入输出关系的数学模型。然而，基于专家的经验，操作者可以通过使用语言规则来表达 MTCF 的输入 - 输出关系，不需要知道确切的数学关系式，并且可以用语言规则的描述来设计模糊逻辑系统（Fuzzy Logic System，FLS），用来计算 MTCF。因此，本章采用 FLS 来计算 MTCF。

首先通过对模糊集的重叠三角形隶属函数的分配和基于理想高斯函数的模糊规则的设置来构造 FLS。在变量趋近于零时，三角形隶属函数易于实现、处理更快、灵敏度更高。通过对模糊集合的隶属函数和模糊规则进行试验和不断更正错误的基础上来优化设计，以实现所提出的聚合模型与完整模型之间的小于 10% 的差异。

FLS 需要两个输入，即平均风速（V_{Wagg}）和风速偏差（$V_{\mathrm{W\sigma}}$）。在 FLS 的设计中，V_{Wagg}的范围在 4.5 ~ 14.5m/s 之间。$V_{\mathrm{W\sigma}}$的范围介于 0 到最大可能值之间。当风力机接收到的风速在规定的 V_{Wagg} 范围内等间隔时，$V_{\mathrm{W\sigma}}$ 的值是最大值。对于 72 个双馈风力发电机组，$V_{\mathrm{W\sigma}}$的最大值可通过该公式计算得到

$$V_{\mathrm{W\sigma max}} = \sqrt{\frac{1}{72}\sum_{i=1}^{72}\left(\frac{14.5 - 4.5}{72 - 1}i - 9.5\right)^2} = 5.25 \tag{13.18}$$

然后，根据式（13.15），当 $V_{\mathrm{Wagg}} = V_{\mathrm{W\mu}}$ 和 $V_{\mathrm{W\mu}} = 5.25$（取其最大值）时，MTCF（α）为 2.7，因此 MTCF 的范围应在 1 ~ 2.7 之间。

图 13.9 所示为三角形隶属函数被分配给每个输入或输出变量。V_{Wagg}被分配了 7 个，$V_{\mathrm{W\sigma}}$也是 7 个，输出 α 是 8 个函数。如表 13.3 所示，通过交叉模糊集建立总共 49 条（即 7 × 7）规则。

第 i 个模糊规则表示为[23]

规则 i　如果 V_{Wagg}是 A_{a}，$V_{\mathrm{W\sigma}}$是 B_{b}，则

$$\alpha(n)\text{是 } C_{\mathrm{c}} \tag{13.19}$$

$a = 1, 2, \cdots, 7$；$b = 1, 2, \cdots, 7$；$c = 1, 2, \cdots, 49$

式中，A_{a}和 B_{b}表示前面的部分；C_{c}是后续部分。

FLS 通过应用重心法[23]得到 MTCF（α）的值

$$\alpha(n) = \sum_{i=1}^{49}\omega_i c_{\mathrm{c}} \Big/ \sum_{i=1}^{49}\omega_i \tag{13.20}$$

式中，ω_i 表示前者的等级，它是每个规则的前项的等级乘积。

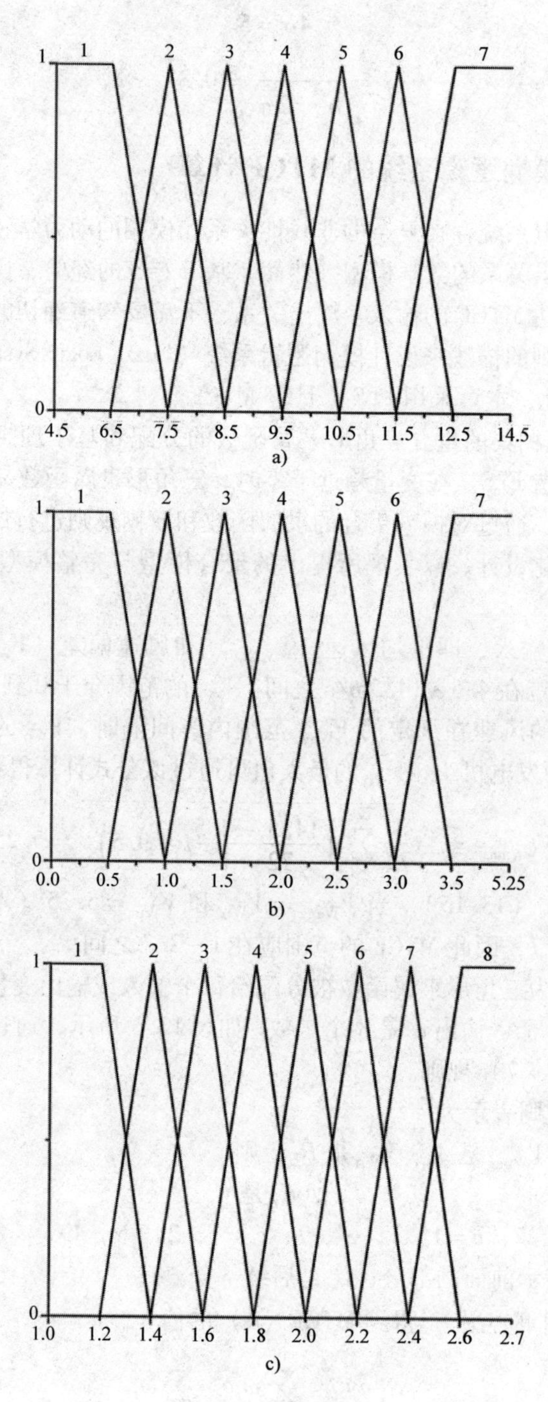

图 13.9 隶属函数

a) V_{Wagg} b) $V_{\mathrm{W}\sigma}$ c) α

表 13.3　FLS 的规则

α		$V_{W\sigma}$						
		1	2	3	4	5	6	7
V_{Wagg}	1	1	1	1	2	3	3	4
	2	1	1	2	3	3	4	5
	3	1	2	3	3	5	6	7
	4	2	3	4	5	6	7	8
	5	1	2	3	4	5	6	7
	6	1	1	2	3	4	5	6
	7	1	1	2	3	3	4	5

13.4.4　等效内部电网

聚合风电场必须在等效的内部电网中运行。因此，在所提出的聚合风电场模型中，需要将完整模型中的每个单独的 DFIG 的内部电网替换为等效阻抗。聚合风电场的短路阻抗必须等于整个风电场的短路阻抗，从而计算出聚合风电场的等效阻抗 Z_e[13]。

$$Z_e = Z_{awt} - \frac{Z_{wt}}{n} \tag{13.21}$$

式中，Z_{awt}是完整模型中每台 DFIG 风力机的内部电网的等效阻抗；Z_{wt}是 DFIG 风力机的阻抗。

13.4.5　模型简化

具有 DFIG 风力机组的风电场的表述非常复杂。然而，假设 DFIG 风力机的控制系统保持其功率速度特性，使得 C_p 始终跟踪其最大值（在这个系统中，$C_{pmax}=0.48$）[24]，从而可以简化功率系数 C_p 总是等于最大值。由于采用了最大功率系数，模型式（13.1）中复杂的 C_p（k，b）特性被一阶近似的传递特性代替，如图 13.10 所示。

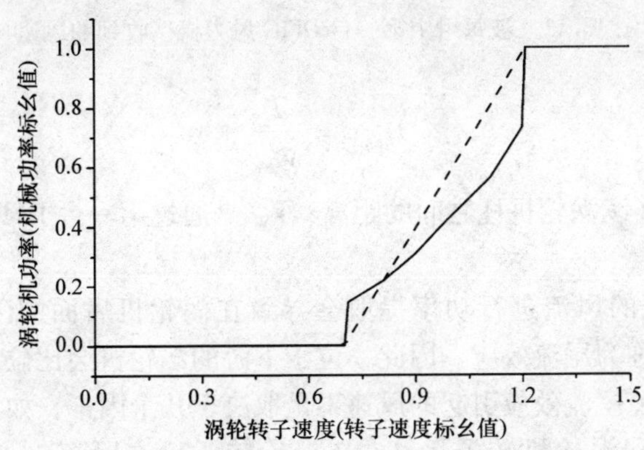

图 13.10　DFIG 风力机传递特性（实线）的第一位近似值（虚线）

13.4.6 仿真结果

在以下两个条件下，模拟了所提出的聚合模型和完整聚合模型，得到了 PCC 的动态响应：①正常运行；②电网扰动。考虑到的变量是风电场和电力系统之间的有功功率 P_e 和无功功率 Q_e 交换。本节将无功功率加入所提出的聚合模型的计算中，因为无功功率并不仅仅依赖于 DFIG 风力机的主动发电能力，在这种情况下，无功功率和有功功率由变换器的控制器独立调节，与电网交换无功功率。由于在更高和阵风的条件下可以增加有功功率的输出，所以在动力速度范围内的操作可以要求较低的无功功率输出。

图 13.11 所示为每组中第一台 DFIG 风力机所接收的风速。在每个对应的组中，对于以下 DFIG 风力机的时间延迟和尾迹效应被考虑为近似风速。由于风速的传输，在一定的时间延迟后，上游风速的任何变化都会对风速下降产生影响。延迟是关于距离和风速的函数，利用该函数可以粗略估计连续两柱间风速的输送时间延迟[26]。

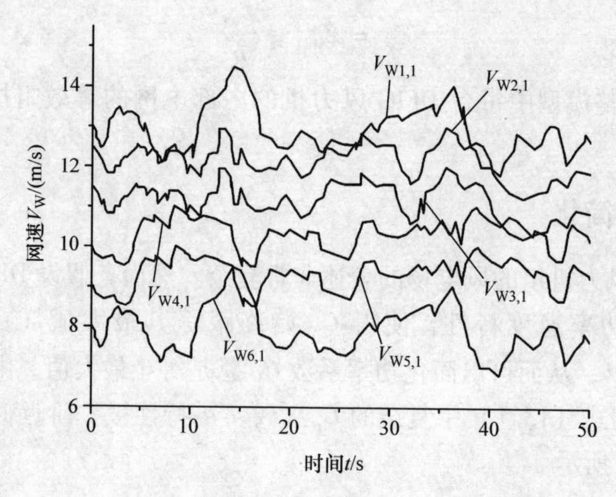

图 13.11 被每组中第一台 DFIG 风力机接收到的风速

$$t_{delay} = \frac{d}{\overline{V}_W} \tag{13.22}$$

式中，d 是两个连续涡轮机柱之间的距离；$\overline{V}_W$ 是通过第一台 DFIG 风力机组的平均风速。

对通过涡轮机的风流进行功率提取会导致在涡轮机后面的区域产生风速不足。这种现象被称为尾流效应。因此，位于下游的涡轮机会比位于上游的涡轮机获得更低的风速。尾流效应引起的风速不足取决于几个因素，如涡轮机后面的距离，涡轮机效率和涡轮机转子尺寸。在涡轮转子后方距离 x 处的风速可以计

算为[27]

$$V_{\mathrm{W}}(x) = V_{\mathrm{o}}\left[1 - \left(\frac{R}{k_{\mathrm{w}}x + R}\right)^2\left(1 - \sqrt{1 - C_{\mathrm{T}}}\right)\right] \tag{13.23}$$

式中，当 V_{o} 是即将到来的自由流风速时，C_{T} 是从本章参考文献［28］中选取的涡轮推力系数；k_{w} 是尾流衰减常数。

13.4.7　基本操作

完整型、全聚合型和被提出的聚合型风电场模型正常工作期间在公共耦合点点处的集体响应如图 13.12 所示。

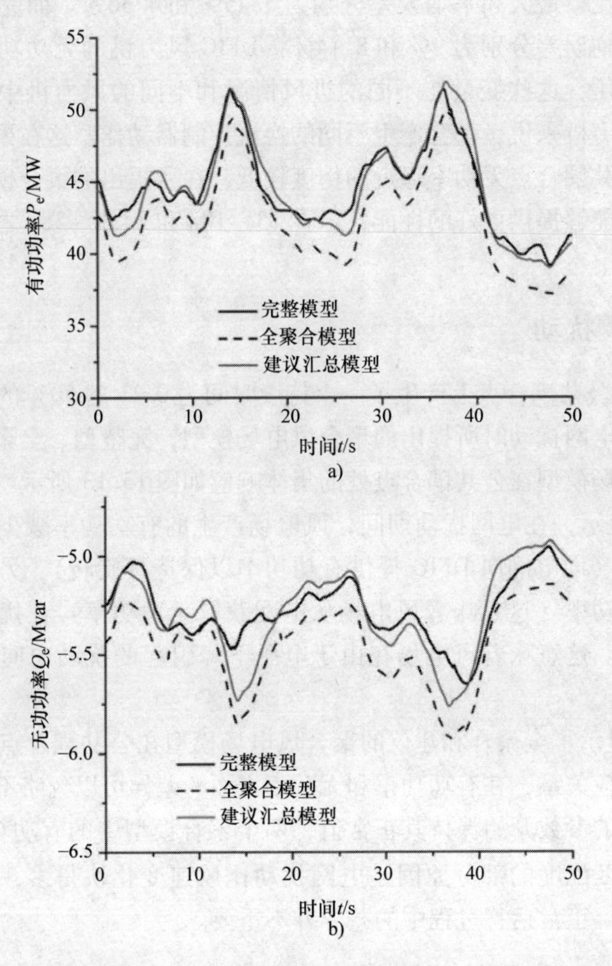

图 13.12　被提出的聚合型风电场模型在公共耦合点处正常运行期间的评价

a）有功功率　b）无功功率

所提出的聚集模型在近似有功功率方面具有更高的一致性（见图 13. 12a）。与完整模型相比，最大误差和平均误差分别为 2. 94% 和 2. 35%，而完整聚合模型的最大误差和平均误差分别为 8. 23% 和 6. 58%。由一个调好的 FLS 动态产生乘法因子 MTCF，利用机械力矩来补偿风电场中存在的非线性，从而在所提出的聚合模型中具有更好的逼近能力。与完整模型相比，所提出的聚合模型不能对风速的高频波动做出响应，这一现象可以在 23 ~ 26. 5s 和 37. 5 ~ 50s 的时间周期内看到。

所提出的聚合模型在近似无功功率方面也具有较高的一致性（见图 13. 12b）。与完整模型相比，最大和平均误差分别为 5. 45% 和 4. 36%。而完整聚合模型的最大误差和平均误差分别为 9% 和 8. 14%。DFIG 风力机的无功功率取决于有功功率和发电电压，这些变量在不同的进风情况和不同的风力机中有所不同。因此，对每台风力机来说，都会产生不同的换流控制器动作。这在聚合模型中没有考虑，导致公共耦合点无功率逼近的精度较低。在所提出的聚合模型中对机械力矩的处理使其能够提供更好的性能，但在 13 ~ 18s 和 34. 5 ~ 38s 之间，无功功率逼近较差。

13. 4. 8 电网扰动

在 $t=1$s 的公共耦合点上产生了一个持续时间为 0. 1s 的 50% 的电压下降的动作，用来评估电网扰动时所提出的聚合风电场模型，完整型、全聚合型和被提出的聚合型风电场模型在公共耦合点处的集体响应如图 13. 13 所示。

图 13. 13 显示，在电网扰动期间，风电场产生的有功功率减少，并且在短时间内变为负值（即电网向 DFIG 提供有功功率以保持其旋转）。另一方面，通常为负值的无功功率（这意味着风电场从电网获取无功功率）在扰动过程中会发生变化并增加。这意味着风电场在由于电压下降引起的扰动中向电网提供无功功率。

该模型还显示了全聚合和建议的聚合风电场模型在公共耦合点的集体响应之间有很高的对应关系，在有功功率和无功率方面的差异可以忽略不计。然而，清除故障后不同的参数开始保持其正常值，两个聚合模型中的有功功率 P_e 略有不匹配。这种高匹配度的部分原因是电网扰动比风速变化快得多，[13] 因此，在电网扰动过程中，正常运行过程中的差异并不重要。

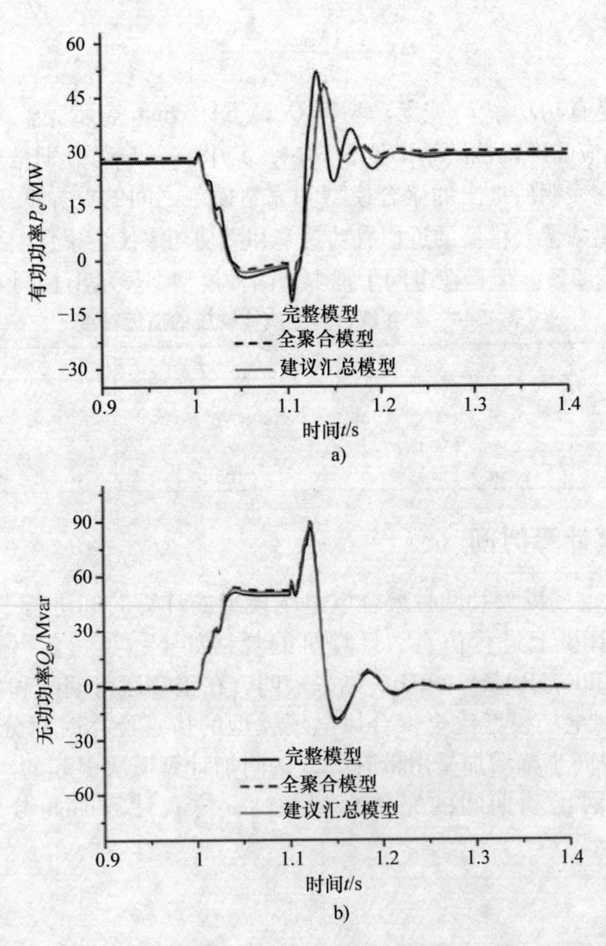

图 13.13　被提出的聚合型风电场模型在公共耦合点处电网扰动期间的评价

a）有功功率　b）无功功率

13.5　对所提出的聚合技术的评价

在前面的章节中，所提出的聚合模型和完整模型在公共耦合点上集体响应的良好一致性验证了聚合模型的稳定性。在下面的内容中，根据 PCC 上集体响应的逼近精度对所提出的聚合技术进行了评估，如有功功率 P_e、无功功率 Q_e和仿真计算时间等。

13.5.1　逼近精度

之前提出的聚合模型的瞬时输出功率与完整模型的瞬时输出功率之间的差异可用下列公式[29]计算：

$$\Delta x = \left| \frac{x_{comp} - x_{agg}}{x_{comp}} \right| \tag{13.24}$$

式中，x 可以是有功功率 P_e 或无功功率 Q_e；下标 comp 表示完整风电场模型。

近似集体反应的准确性的结果见表 13.4，其中 n_{Pe} 和 n_{Qe} 分别是有功功率和无功功率的瞬时值。它表明所提出的聚合模型和完整模型之间的差异低于 10%。在正常运行中，所提出的聚合模型的近似有功功率和无功功率比全聚合模型的更精确，分别为 8.7% 和 12.5%。但是在电网干扰中，两种模型都显示出相同的准确度。

表 13.4　公共耦合点上集体响应的逼近精度

操作类型	全聚集模型		建议汇总模型	
正常操作	n_{Pe}（%）	91.3	n_{Pe}（%）	100
	n_{Qe}（%）	87.5	n_{Qe}（%）	100
电网扰动	n_{Pe}（%）	95	n_{Pe}（%）	95
	n_{Qe}（%）	100	n_{Qe}（%）	100

13.5.2　仿真计算时间

对完整的风电场模型和两种聚合风电场模型的计算时间进行了比较，结果见表 13.5。在计算机上进行仿真，计算机的规格如下：英特尔（R），奔腾处理器，E2200 双 CPU，RAM1.96GB。结果表明，在正常运行期间和电网扰动期间，所提出的聚合风电场模型比全聚合风电场模型的仿真计算时间分别提高 2.38% 和 3%。计算时间小幅增加是由带有 FLS 的附加计算模块引起的。然而，与正常运行期间和电网扰动期间的完整模型相比，仿真计算时间分别显著减少了 90.3% 和 87%。

13.6　结论

本章描述了一种新型综合技术的发展，将机械转矩补偿系数（MTCF）引入到全聚合风电场模型中，由此获得风电场在公共耦合点处的动态响应。其目的是通过使用聚合技术来模拟风电场的动态响应，具有可接受的准确度，同时大大减少模拟时间。MTCF 是全聚合风力发电场模型的机械转矩的倍增因子，该模型最初通过模糊逻辑方法被构造成近似高斯函数，在不断试验和错误的基础上进行了优化，以实现拟议的聚合模型与完整模型之间差异小于 10%。然后将所提出的聚合模型应用于由 72 台 DFIG 风力机组成的更大的 120MVA 海上风电场。

仿真结果表明，与完整模型相比，所提出的聚合风电场模型在正常运行过程中平均有功功率 P_e 和无功功率 Q_e 的平均偏差分别为 2.35% 和 4.36%。但它的 P_e 和 Q_e 的逼近能力分别比完整的总体模型高 8.7% 和 12.5%。然而，所提出的聚合模型可以模拟 P_e 和 Q_e 在电网扰动期间可以忽略不计的差异。所提出的聚合模型的计算时间略高于完全聚合模型的计算时间，但在正常操作期间，其速度比完整模型快了 90.3%，电网扰动时达到了 87%。

参考文献

1. Executive Summary (2011) World wind energy report 2011. http://www.wwindea.org/home/index.php. Accessed 15 Nov 2011
2. Li L, Jing Z, Yihan Y (2009) Comparison of pitch angle control models of wind farm for power system analysis. In: IEEE power and energy society general meeting, Calgary, pp 1-7 July 2009
3. Rodriguez-Amenedo JL, Arnalte S, Burgos JC (2002) Automatic generation control of a wind farm with variable speed wind turbines. IEEE Trans Energy Convers 17:279–284
4. Tapia A, Tapia G, Ostolaza JX, Saenz JR, Criado R, Berasategui JL (2001) Reactive power control of a wind farm made up with doubly fed induction generators. In: IEEE Power Tech Proceedings, Porto, p 6, September 2001
5. Feijóo A, Cidrás J, Carrillo C (2000) A third order model for the doubly-fed induction machine. Elect Power Syst Res 56:121–127
6. Ekanayake JB, Holdsworth L, XueGuang W, Jenkins N (2003) Dynamic modeling of doubly fed induction generator wind turbines. IEEE Trans Power Syst 18:803–809
7. Nunes MVA, Lopes JAP, Zurn HH, Bezerra UH, Almeida RG (2004) Influence of the variable-speed wind generators in transient stability margin of the conventional generators integrated in electrical grids. IEEE Trans Energy Convers 19:692–701
8. Akhmatov V, Knudsen H (2002) An aggregate model of a grid-connected, large-scale, offshore wind farm for power stability investigations—importance of windmill mechanical system. Int J Electr Power Energy Syst 24:709–717
9. Usaola J, Ledesma P, Rodriguez JM, Fernandez JL, Beato D, Iturbe R et al. (2003) Transient stability studies in grids with great wind power penetration. Modelling issues and operation requirements. In: IEEE power engineering society general meeting, Toronto, p 1541, July 2003
10. Ledesma P, Usaola J, Rodríguez JL (2003) Transient stability of a fixed speed wind farm. Renewable Energy 28:1341–1355
11. Slootweg JG, Kling WL (2003) Aggregated modelling of wind parks in power system dynamics simulations. In: IEEE power tech conference proceedings, Bologna, p 6, June 2003
12. Fernández LM, García CA, Saenz JR, Jurado F (2009) Equivalent models of wind farms by using aggregated wind turbines and equivalent winds. Energy Convers Manage 50:691–704
13. Fernández LM, Jurado F, Saenz JR (2008) Aggregated dynamic model for wind farms with doubly fed induction generator wind turbines. Renewable Energy 33:129–140
14. Poller M, Achilles S (2003) Aggregated wind park models for analyzing power system dynamics. In: Proceedings of the international workshop on large scale integration of wind power and transmission networks for offshore wind farms, Billund, Oct 2003
15. Perdana A, Carlson O, Persson J (2004) Dynamic response of grid-connected wind turbine with doubly fed induction generator during disturbances. In: Proceedings of the IEEE Nordic workshop on power and industrial electronics, Trondheim, June 2004
16. Sedaghat A, Mirhosseini M (2012) Aerodynamic design of a 300 kW horizontal axis wind turbine for province of Semnan. Enerergy Convers Manage 63:87–94
17. García-Gracia M, Comech MP, Sallán J, Llombart A (2008) Modelling wind farms for grid disturbance studies. Renewable Energy 33:2109–2121
18. Ghennam T, Berkouk EM, Francois B (2009) Modeling and control of a Doubly Fed Induction Generator (DFIG) based wind conversion system. In: International conference on power engineering, energy and electrical drives, Lisbon, March 2009
19. Wei Q, Venayagamoorthy GK, Harley RG (2009) Real-Time implementation of a STATCOM on a wind farm equipped with doubly fed induction generators. IEEE Trans Ind Appl 45:98–107
20. Salman SK, Badrzadeh B (2004) New approach for modelling doubly-fed induction generator (DFIG) for grid-connection studies. European wind energy conference and exhibition, London, November 2004

21. SimPowerSystems (2010) – model and simulate electrical power systems. User's guide. Natick (MA): The Mathworks Inc
22. Voelker DH (2001) Statistics. John Wiley and Sons Inc, New York
23. Senjyu T, Sakamoto R, Urasaki N, Funabashi T, Fujita H, Sekine H (2006) Output power leveling of wind turbine generator for all operating regions by pitch angle control. IEEE Trans Energy Convers 21:467–475
24. Slootweg JG (2003) Wind power: modelling and impact on power system dynamics. Dissertation, Delft University of Technology
25. Engelhardt S, Erlich I, Feltes C, Kretschmann J, Shewarega F (2011) Reactive power capability of wind turbines based on doubly fed induction generators. IEEE Trans Energy Convers 26:364–372
26. Magnusson M, Smedman AS (1999) Air flow behind wind turbines. J Wind Eng Ind Aerodyn 80:169–189
27. Rudion K (2008) Aggregated modelling of wind farms. Dissertation, Otto-von-Guericke University
28. Perdana A (2008) Dynamic models of wind turbines. Dissertation, Chalmers University of Technology
29. Trilla L, Gomis-Bellmunt O, Junyent-Ferre A, Mata M, Sanchez Navarro J, Sudria-Andreu A (2011) Modeling and validation of DFIG 3-MW wind turbine using field test data of balanced and unbalanced voltage sags. IEEE Trans Sustain Energy 2:509–519

第14章　变换损耗和成本优化的直流电网互连

R·K·乔汉（R. K. Chauhan），B·S·拉吉普罗伊特（B. S. Rajpurohit），
S·N·辛格（S. N. Singh）和F·M·冈萨雷斯·朗格特（F. M. Gonzalez – Longatt）

摘要：建筑物中直流设备数量的快速增长使得光伏成为增长最快的可再生能源，并预计在不久的将来仍会持续快速增长。因此，光伏电源需要有一定的供电可靠性和稳定性。受上述问题的驱动，许多电网运营商不得不开发直流微电网，以特殊方式处理光伏发电。由于不同电压等级的不同，储能和负荷与直流微电网的互连需要大量的变换器，这将增加变换功率损耗和安装成本。不同类型的低压直流（LVDC）电网及其拓扑结构有助于实现分布式发电与消费者终端的互连。LVDC配电系统的接入将在本章中讨论。LVDC电网电压的优化可以减少直流馈线中的变换和功率损耗。在本章中将讨论一种多目标技术，以实现最小功率损耗和低成本直流微电网。

关键词：DC – DC变换器；直流负荷；混合动力汽车；LVDC电网；光伏

14.1　引言

在过去的十几年中，与集中式大电网供电模式相比，微电网已经成为一个更具吸引力的选择。直流输电及其意义在本章参考文献［1］中已被详细解释。根据《2011年世界能源展望》，约70%的农村地区可连接到一个微型电网或孤网中，而只有30%的农村地区可连接到主电网[2]。直流电器和分布式发电数量的快速增长和混合动力电动汽车会导致交流电网结构的改变，以及从单一方向到双向功率流动的变化，如本章参考文献［3，4］。在本章参考文献［5］中，对可再生能源的需求和经济性进行了综述，如光伏、燃料电池必须变换为交流才能再接入交流电网；而交流电源必须变换成直流电，给储能和负荷供电，这都将增加变换器损耗而使效率降低。为获得更高的电能质量，分布式资源已经和分布式系统结合[6]。

直流设备的直流功率消耗消除了目前交流配电系统所需的变换阶段。此外，直流系统不受电感、电容效应和趋肤效应的影响，从而较小的电压降、功率损耗和线路电阻。与交流系统相比，直流系统还需要较少的绝缘量，因为相同工作电压下的电位应力较小。此外，直流系统的多电平电压变换能力促进不同电压等级

和额定功率的分布式电源和电池组的互联。这将增加配电系统的稳定性和可靠性。

直流负荷由直流电源及储能系统供电，这样便极大地提高了系统效率，降低了能源成本和环境影响。另一方面，直流配电系统电压等级的优化是减少变换损耗和变换器数量的最重要因素。功率共享方法提出了多个分布式发电机同时接入微电网的控制模式[7]，还有一些文献解释了混合动力系统的功率分配问题[8]。此外，将现有的交流配电系统变换为直流配电系统是电气工程师面临的最大挑战。

在目前的情况下，低压直流（LVDC）配电系统与交流配电系统一样，没有标准额定电压。直流配电系统的非标准电压额定值在负荷、存储和发电端再次需要更多数量的 DC - DC 变换器，导致变换级数、损耗和系统成本增加。然而，关于可再生能源系统的 DC - DC 变换器和 AC - DC 变换器见本章参考文献[9 - 15]。表 14.1 为基于电力系统部分交流和直流负荷的变换损耗[16]。三个比值即 95%，97% 和 99.5% 被分配到 DC - DC 变换器进行比较研究。

表 14.1 基于电力系统部分交流和直流负荷的损耗

负荷	交流损耗/W	直流损耗/W	直流损耗/W	直流损耗/W
AC %/DC %		95%①	97%①	95%①
100/0②	412	2317	1811	1119
50/50②	1679	1982	1313	583
0/100②	2872	1653	1008	329

① 代表 DC - DC 变换器效率；
② 代表 AC - DC 负荷的比率。

I^2R 损耗可以通过改变 DC 系统的电压来表示。从该表中可以看出，如果 50% 的负荷是交流电，50% 的负荷是直流电，那么与交流电相比，95% 的直流电变换器损耗变小。

本章包含的主题不仅涉及 AC - DC - AC - DC，DC - AC - DC 变换层级，还涉及与减少 DC - DC 变换层级有关的主题，以及在印度的系统成本策略的损耗。此外，本章还将讨论诸如将现有的交流配电系统，即不改变硬件系统的情况下，三相三线系统、三相四线系统等变换成多级直流配电系统。本章将讨论直流和交流配电系统中的变换损耗，讨论不同的拓扑，这有助于减少变换器个数，即降低变换损耗。还将计算直流系统的总成本，并解释一些成本优化的方法。

14.2　不同的低压直流电网的拓扑结构

14.2.1　小型网络的拓扑结构

“小型电网的服务扩展性更强。它连接在电力系统两点之间，以满足用户需求[17]。

变换器和直流链路是直流配电系统的主要部分。AC – DC 变换存在于每个拓扑中的中压（MV）线附近。但是，DC – AC 变换点可能在任何位置。位于用户侧范围的位置的 DC – AC 变换称为宽 LVDC 分布，高压直流（HVDC）链路可以是 DC – AC 变换器的位置[18,19]。图 14.1 所示为宽 LVDC 分配系统。三相三线交流系统在此被单个直流线路取代[20]。

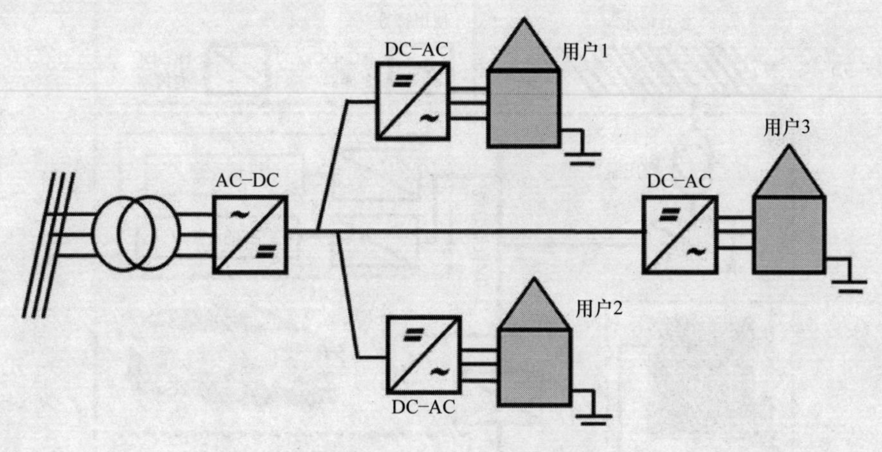

图 14.1　宽 LVDC 分配系统

图 14.2 所示为基于 HVDC 链路的直流配电系统，其中直流馈线将两个独立的交流网络互连。为了与现有的交流系统进行适当的连接，直流链路使用变压器进行连接。

14.2.2　微电网拓扑

“直流微电网存在多个分布式能源，它们可以通过持续充足的能量满足特定的负荷需求。”[17]

直流微电网的布局如图 14.3 所示。这种微电网结构是 240V（HVDC）、24V 和 12V（LVDC）三个总线的组合，以供应在同一栋建筑物内 240V、24V 和 12V 三种不同类型的负荷。光伏电站连接到 HVDC 总线（240V 直流电），电池组连

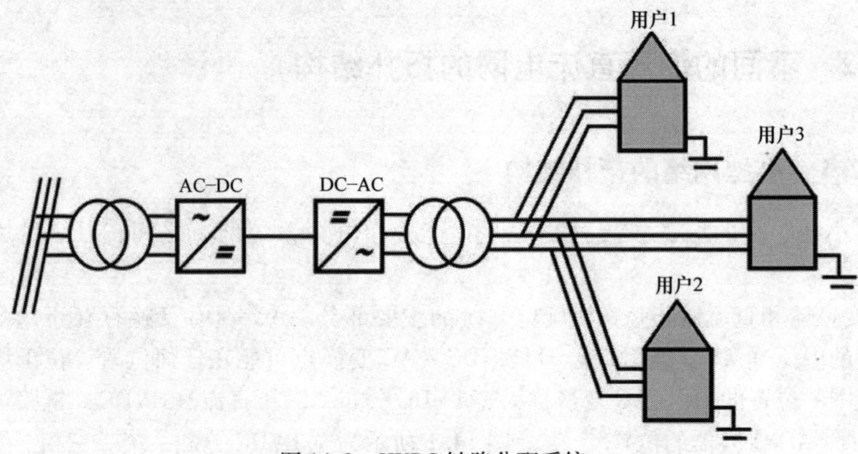

图 14.2 HVDC 链路分配系统

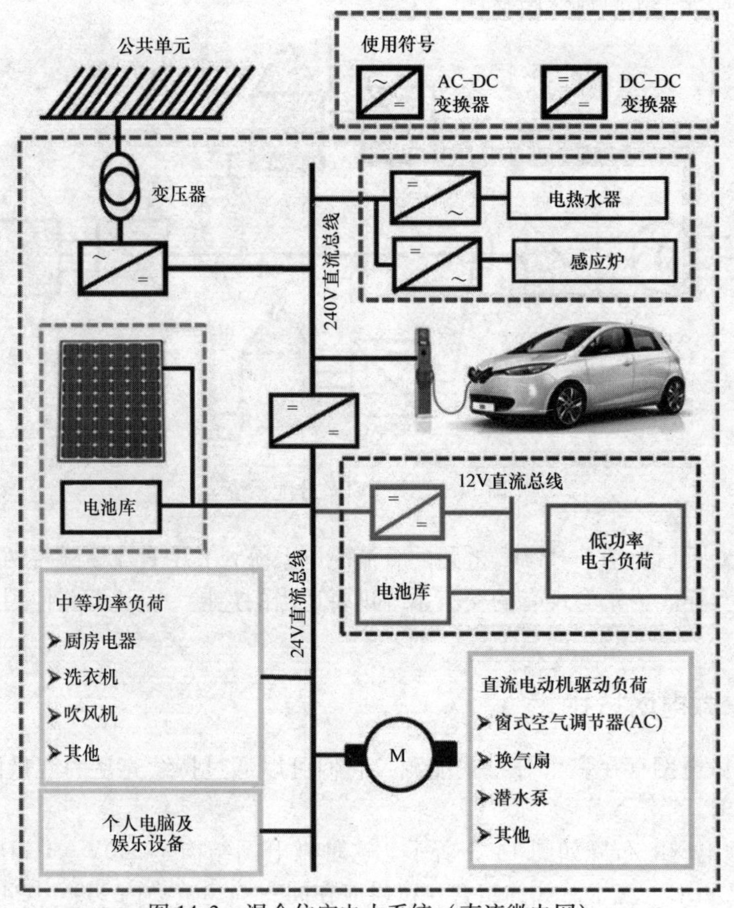

图 14.3 混合住宅电力系统（直流微电网）

接到 LVDC 总线（24V 直流电），外部交流系统通过 AC – DC 变换器相连。降压 – 升压变换器用于连接 HVDC 和 LVDC 总线。HVDC 总线直接为混合动力汽车供电，通过 DC – AC 变换器为交流设备供电。24V 额定电压的光伏电池板、电池组等电器直接与 LVDC 总线相连，用于向直流电动机驱动负荷、个人电脑、中等功率负荷等低功率设备供电。12V LVDC 总线专为等低功耗电子设备而设计。直流微电网中的功率平衡可以通过配备直流调压器的 AC – DC 网络变换器和光伏、电池组和存储 DC – DC 变换器来实现，该调压器可调节所有总线的电压。

14.2.3　混合动力电动汽车的拓扑结构

“纳米电网是一种电力系统，定义为满足任何建筑物特定空间需求的两个通用点之间的电力系统。”[17]

混合动力电动汽车（HEV）设计由汽油发动机、燃料箱、电动机、发电机、电池和传动系统组成。在混合动力概念里，电动机、发电机和电池协调一致共同开展工作。电机不仅给汽车提供动力，还可以充当发电机。这意味着它们可以从电池中汲取能量，并也可将产生的能量回馈给电池。发电机本身仅用于产生电力，而电池将能量输送到电动机。图 14.4 所示为包括分布式电池组的直流混合动力电动汽车（纳米电网）的布局。根据负荷情况，HEV 电源系统分为 HVDC 和 LVDC 总线。馈送到 HVDC 总线的电力由发电机和电池库 1 通过 DC – DC 变换器提供。HVDC 总线也通过 DC – AC 变换器连接到推进系统。空调、动力转向和电动机具有不同的工作电压，并通过其自身的 DC – DC 变换器连接到 HVDC 总线。DC – DC 变换器将 HVDC 和电池库 2 与 LVDC 总线互连，并负责 LVDC 总线中的功率平衡。

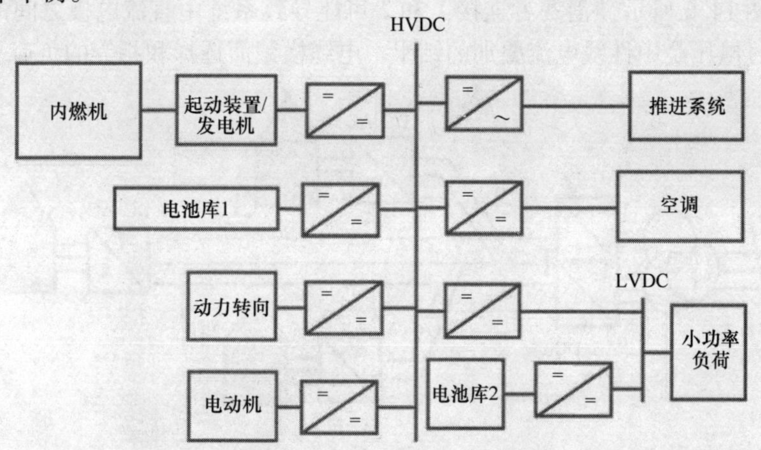

图 14.4　混合动力电动汽车（纳米电网）的布局

14.3 低压直流系统的连接

LVDC 配电系统可根据导体的极性分为两部分。

14.3.1 单极低压直流系统

单极系统具有中性和正极性两个导体。单极系统中的能量通过单一电压电平传输，使得所有负荷都连接在一起。图 14.5 所示为一个单极 LVDC 系统。

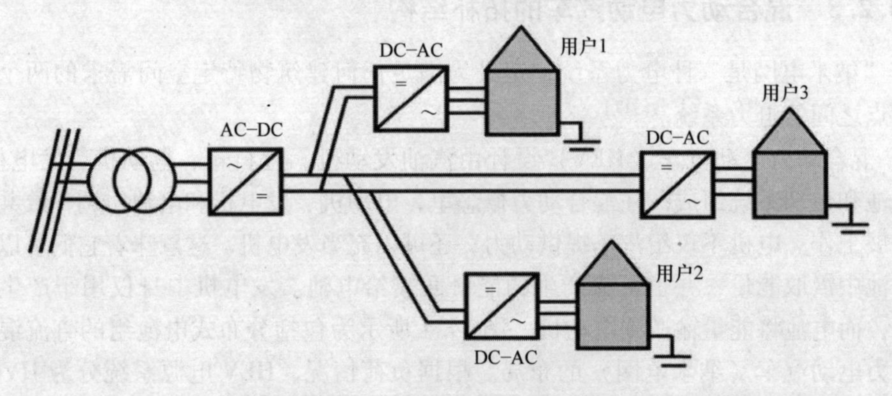

图 14.5 单极 LVDC 配电系统

14.3.2 双极低压直流系统

双极系统是两个串联的单极系统的组合，用户可能连接在不同的电压等级之间，如图 14.6 所示。消费者连接 1 和 2 可能导致系统中直流电极之间的负荷不对称。过电压是中性线电流叠加的结果。电缆横截面选择和相等的负荷平衡可以

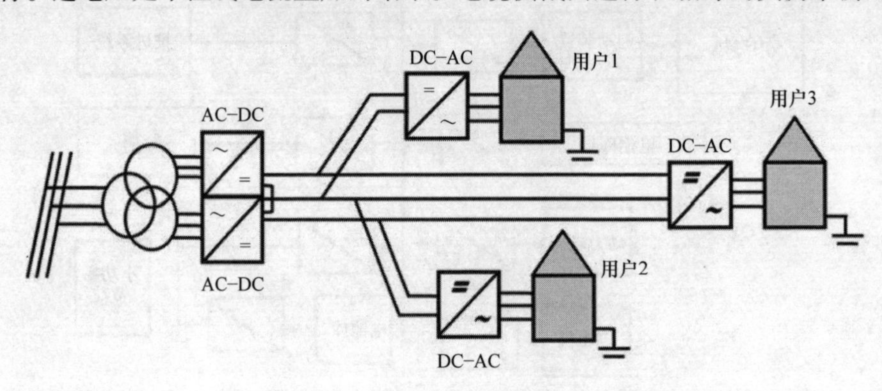

图 14.6 具有不同用户连接的双极 LVDC 分配系统

限制潜在的过电压。负荷平衡可以通过将负荷放置在正极和中性点之间、负极和中性点之间、正极和负极以及具有中性连接的正极和负极之间来进行。选择连接 1 和 2 用于研究 ±120V 直流双极系统。系统的主线包含全部三根导线，但消费端是连接在正极或负极之间的 2 线电缆。因此，供电电压为 +120 VDC 或 -120 VDC [20,21]。

14.4　DC-DC 变换器的效率

本节将讨论直流配电系统的 DC-DC 变换器效率最低要求的计算方法。这一计算方法可使直流配电系统的效率接近于任何交流配电系统。接下来将一步一步推导该方法。

步骤一：为了匹配直流系统与交流分布系统的整体效率，在同样负荷条件下，总功率相同[22]。系统总功率输入可以表示为

$$P_{\text{totalin}} = \delta P_{\text{dli}} + P_{\text{closses}} \tag{14.1}$$

式中，δ 是配电系统中 DC-DC 变换器配电层级的数量；P_{closses}是配电馈线从大容量电源向配电变换器输送电力时的损耗。在直流配电系统中，通过迭代过程可以获得单个分布级 DC-DC 变换器功率 P_{dli}。迭代过程开始时需要种子值（初始值），P_{dli}被认为是种子值（初始值），可以发现如下：

$$P_{\text{dli}} = \frac{(\gamma \cdot P_{\text{bulin}} + P_{\text{closses}})}{\eta_{\text{dl}}} \tag{14.2}$$

式中，γ 是配电水平 DC-DC 变换器提供服务的住宅建筑数量；η_{dl}是变换器效率，P_{bulin}是一个建筑物的输入功率。可以得出结论

$$P_{\text{dli}} > \gamma \cdot P_{\text{bulin}} > \gamma \cdot (P_{\text{I}} + P_{\text{AC}} + P_{\text{DC}}) \tag{14.3}$$

式中，P_{I}，P_{AC}和 P_{DC}分别是表 14.2 列出的三个类别的功率要求。在目前的情况下，可以在建筑物中找到三种类型的负荷，包含交流负荷，直流负荷和交流、直流负荷共存。表 14.2 为这些负荷的相对百分比。由于住宅变换器的功率损失，P_{dli}可能被假设为略高于负荷中消耗的总功率。迭代过程从供应端开始计算每个分布电平变换器的电压和电流值。一旦达到远端，则会测试以下等式：

$$V_{\text{cal}} I_{\text{cal}} = P_{\text{cal}} = P_{\text{dli\_assumed}} \tag{14.4}$$

式中，V_{cal}是计算电压；I_{cal}是计算电流；P_{cal}是计算得到的建筑物总功率输入；$P_{\text{dli_assumed}}$是假设的建筑物总输入功率。如果等式成立，则 $P_{\text{dli_assumed}}$是系统功率输入的实际值。否则，再次用修改后的 P_{dli} 值进行迭代。修改取决于先前迭代的结果。特别是当

$$V_{\text{cal}} I_{\text{cal}} < P_{\text{dli\_assumed}} \tag{14.5}$$

表 14.2 带百分比加载的类别描述

类别	描述	相对百分比（%）
AC	交流电负荷	33.26
DC	直流电负荷	66.00
I	可以同时使用的负荷（独立负荷）	0.74

步骤二：单个输入功率 P_{bulin} 可以表示为

$$P_{bulin} = P_{I} + \frac{(P_{AC} + P_{DC})}{\eta_{PEC}} \tag{14.6}$$

式中，η_{PEC} 是使用的电力电子变换器（Power Electronics Converter，PEC）的效率。

把等式中的 P_{bulin} 和电缆损耗的表达式带入式（14.2），并为 η_{dl} 选择一个合适的值，简化结果以产生如下等式：

$$P_{dli} = a\eta_{PEC}^{-2} + b\eta_{PEC}^{-1} + \rho \tag{14.7}$$

其中

$$a = \frac{R \cdot (P_{AC} + P_{DC})^{2}}{V_{b}^{2}} \frac{\gamma}{\eta_{dl}} \tag{14.8}$$

$$b = \left[(P_{AC} + P_{DC}) + \frac{2P_{I} \cdot (P_{AC} + P_{DC})}{V_{b}^{2}}\right]\frac{\gamma}{\eta_{dl}} \tag{14.9}$$

$$\rho = \left[P_{I} + \frac{P_{I}^{2}}{V_{b}^{2}} \times R\right]\frac{\gamma}{\eta_{dl}} \tag{14.10}$$

式中，V_{b} 是每个住宅单元的电压；R 是配电变换器到单个建筑物的电力导线的电阻。式（14.7）可以进一步简化为

$$a'\eta_{PEC}^{-2} + b'\eta_{PEC}^{-1} + \lambda' = 0 \tag{14.11}$$

a'，b' 与 a，b 保持一致

$$\lambda' = \left[P_{I} + \frac{P_{I}^{2}}{V_{b}^{2}} \times R\right]\frac{\gamma}{\eta_{dl}} - P_{dli} \tag{14.12}$$

14.5 直流系统损耗计算

14.5.1 电缆损耗

直流系统只有有功功率，如果其负荷损耗和电缆类型与交流系统相同，则直流系统的电流和相应的功率损耗可以表示为[23]

$$I_{dc} = \frac{P}{V_{dc}} \tag{14.13}$$

式中，I_{dc}是直流系统中的电流；P 是负荷总功率；V_{dc}是直流电压。

$$\Delta P_{dc} = 2rlI_{dc}^2 = 2rl\frac{P^2}{V_{dc}^2} \tag{14.14}$$

式中，ΔP_{dc}是直流系统中的功率损耗；r 是单位长度的电缆电阻；V_{dc}是直流电压；l 是电缆长度。

14.5.2　变换和变换损失

在任何多电平直流系统中，都存在不同电压水平下的 AC - DC 变换损耗和 DC - DC 变换损耗[24]，主要损耗是导通损耗和开关损耗。

由于电流在 IGBT 和反并联二极管之间的不均匀分布，很难精准测量导通损耗。考虑通过串联电阻来产生压降，根据本章参考文献［25］，有串联电阻的 IGBT 模块具有非常接近于开启状态二极管电阻的特性，因此可以简化计算导电损耗。

14.5.3　交直流变换器损耗

电力电子变换器是晶体管和二极管的结合，电力电子变换器的功率损耗可分为导通损耗和开关损耗[25]。表 14.3 为二代 IGBT 的导通损耗参数。晶体管或二极管的平均导通损耗可以表示为

$$\overline{P}_{c.\,loss,T/D} = u_{T0/D0}\hat{}\left(\frac{1}{2\pi} \pm \frac{\alpha\cos\phi}{8}\right) + r_{T/D}\,\hat{I}^2\left(\frac{1}{8} \pm \frac{\alpha\cos\phi}{3\pi}\right) \tag{14.15}$$

式中，$\overline{P}_{c.\,loss,T/D}$是晶体管或二极管的平均导电损耗；$\mu_{T0}$晶体管阈值电压；$u_{D0}$二极管的阈值电压；$r_T$ 是晶体管的微分电阻；r_D是二极管的微分电阻。

表 14.3　二代 IGBT 的导通损耗参数

参数	大小
u_{T0}	1.1V
u_{D0}	0.832V
r_T	11.0mΩ
r_D	3.55mΩ

电力电子变换器的开关损耗发生在开关电源半导体的开关过程中，并且依赖于直流阻断电压、芯片温度和电流，这些由制造商提供的每个开关能量损失的特征图[26]所示。二代 IGBT 的开关损耗参数见表 14.4。开关功率损耗按以下方程[27]计算：

$$\overline{P}_s = f_s\left[\frac{1}{2\pi}\int_0^{2\pi} E_{onT}(i_T)\,d\phi + \frac{1}{2\pi}\int_0^{2\pi} E_{offT}(i_T)\,d\phi + \frac{1}{2\pi}\int_0^{2\pi} E_{rec}(i_D)\,d\phi\right]\frac{U_{dc}}{U_{dcref}} \tag{14.16}$$

式中，E_{onT}是晶体管的开通损耗；E_{offT}是晶体管关断损耗；E_{rec}是二极管的开关损耗。

表 14.4 二代 IGBT 的开关损耗参数

参数	大小
a_{0Eon}	0.0794
a_{1Eon}	0.0060
a_{2Eon}	2×10^{-5}
a_{0Eoff}	0.493
a_{1Eoff}	0.0239
a_{2Eoff}	-1×10^{-5}
a_{0Erec}	0.6369
a_{1Erec}	0.029
a_{2Erec}	-6×10^{-5}

14.5.4 DC－DC 变换器

电力电子直流变换器的功率损耗可分为导通损耗和开关损耗，导通损耗包括电感导通损耗和 MOSFET 导通损耗[28]，如图 14.7 所示。

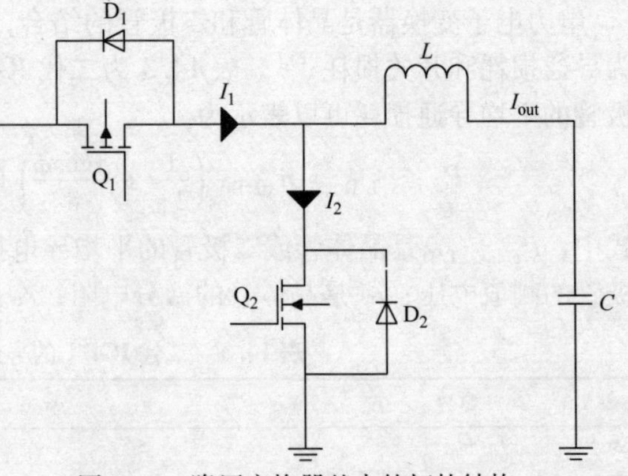

图 14.7 降压变换器基本的拓扑结构

1. 电感导通损耗

电感导通损耗如下：

$$P_L = I_L^2 R_L \quad (14.17)$$

式中，R_L 是直流电感的等效电阻。

电感器的电流有效值 I_L 为

$$I_L = I_o^2 + \frac{\Delta I^2}{12} \quad (14.18)$$

式中，I_o 是输出电流；ΔI 是纹波电流。通常，ΔI 约占输出电流的 30%。因此，电感电流可以计算为

$$I_L = I_o \times 1.00375 \quad (14.19)$$

因为波纹电流只占 I_L 的 0.375%，所以它可以被忽略。电感中耗散的功率现在可以计算为

$$P_L = I_o^2 R_L \quad (14.20)$$

2. MOSFET 的功耗

高压侧 MOSFET 的功耗如下：

$$P_{Q1} = I_{rms\_Q1}^2 R_{DSON1} \tag{14.21}$$

式中，R_{DSON1}是高压侧 MOSFET 的实时漏源电阻。

$$P_{Q1} = \frac{V_o}{V_{IN}}\left(I_o^2 + \frac{\Delta I^2}{12}\right)R_{DSON1} \tag{14.22}$$

低压侧 MOSFET 的功耗如下：

$$P_{Q2} = I_{rms\_Q2}^2 R_{DSON2} \tag{14.23}$$

式中，R_{DSON2}是低压侧 MOSFET 的实时漏极 - 源极电阻。

$$P_{Q2} = \left(1 - \frac{V_o}{V_{IN}}\right)\left(I_o^2 + \frac{\Delta I^2}{12}\right)R_{DSON2} \tag{14.24}$$

两个 MOSFET 的总功耗分别为

$$P_{FET} = P_{Q1} + P_{Q2} \tag{14.25}$$

$$P_{FET} = \left(I_o^2 + \frac{\Delta I^2}{12}\right)\left[\left(1 - \frac{V_o}{V_{IN}}\right)R_{SDON2} + \frac{V_o}{V_{IN}}R_{SDON1}\right] \tag{14.26}$$

$$\Delta I = \frac{(V_{IN}V_o - V_o^2)}{LfV_{IN}} \tag{14.27}$$

式中，L 是电感；f 是频率；V_{IN}是输入电压；V_o 是输出电压。

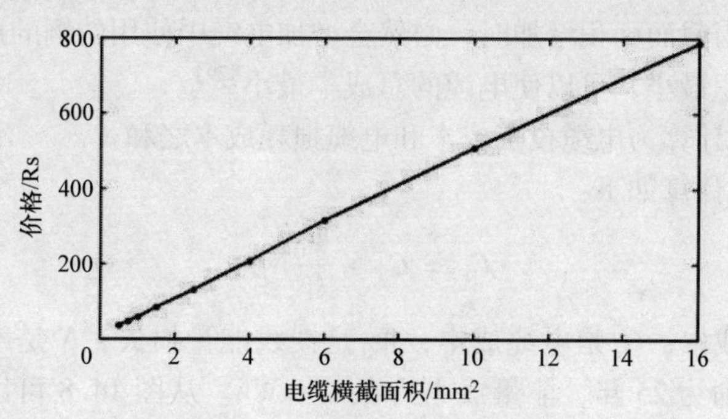

图 14.8　印度电缆尺寸的价格

3. MOSFET 导通损耗

对于典型的降压电源设计，电感的纹波电流 ΔI 小于总输出电流的 30%，因此 $\Delta I_2/12$ 对该电源的贡献可以忽略不计，从而可以得出

$$P_{FET} = I_o^2\left[\frac{V_o}{V_{IN}}(R_{SDON1} - R_{SDON2}) + R_{SDON2}\right] \tag{14.28}$$

请注意，当 $R_{SDON1} = R_{SDON2}$时，

$$P_{FET} = I_o^2 R_{SDON2} \tag{14.29}$$

MOSFET 中的功耗与输出电压无关。通过使用式（14.29）可以在任何输出电压下计算 MOSFET 的导通损耗。另一方面，电感传导损耗和开关损耗等与输出电

压无关，并在输出电压变化时保持不变[22]。

因此，P_D 现在可以计算为

$$P_D = P_L + P_{FET} + \text{其他损耗} \tag{14.30}$$

还有一些其他类型的损耗，例如 MOSFET 开关损耗、静态电流等。在任何输出电压下，总效率可以通过已知的总电源损耗和电源输出功率来计算。

$$\eta = \frac{P_o}{P_o + P_D} \tag{14.31}$$

14.6 总电缆成本

12V 直流系统的馈线电缆和电流的压降很大。这些损失取决于家用电器以及电缆本身（长度和截面积）。与 24V 直流系统相比，12V 直流系统的电流是相同功率额定值设备的两倍。因此，功率损耗和电压下降将通过增加电压额定值来降低。如果电线电阻减小了，那么穿过电缆的功率损失就可以减少，因为电阻与导线的横截面成反比。通过增加电缆的截面面积，可以减少电缆的损耗，例如，当负荷为 500W 时，如果使用 2.5mm^2 电缆而不是 1.5mm^2 电缆，则功率损耗降低 40%。然而，当截面面积增加时，必然会增加电缆中使用的铜的成本。通过使电缆的横截面面积最小，可以使电缆的总成本最小[29]。

电缆总成本计算为电缆投资成本和电缆损耗成本之和。

年度总费用计算如下：

$$C_t = C_c + \frac{W_{fl}}{\text{年}} N C_e \tag{14.32}$$

式中，C_t是总成本；C_c是电缆成本；W_{fl}是馈线能量损失；N 是寿命；C_e是能源成本。假定寿命为 25 年，能量成本为 Rs 1/kWh。从图 14.8 可以看出铜线成本与线材横截面几乎呈线性关系。

每年的电缆费用可表示为

$$C_c = (C_1 + C_2 A)\text{Rs} \tag{14.33}$$

能源废物的年度成本可按以下方式计算：

$$C_{ew} = \frac{C_3}{A}\text{Rs} \tag{14.34}$$

年度总费用为

$$C_t = \left(C_1 + C_2 A + \frac{C_3}{A}\right) l \tag{14.35}$$

式中，C_1，C_2，C_3 是常数；A 是导体的截面面积。

$$C_1 = 2.662\text{Rs/m},\ C_2 = 1.959\text{Rs/mm}^2 \cdot \text{m},$$

$$C_3 = P_r N \rho E_{ON} \frac{I_{on}}{V_{dc}} \text{Rs mm}^2/\text{m} \tag{14.36}$$

使总成本最小化的最佳面积可计算为

$$\frac{dC_t}{dA} = C_2 - \frac{C_3}{A^2} = 0 \tag{14.37}$$

$$A = \sqrt{\frac{3.75 N \rho E_{on} I_{on}}{1.959 V_{dc}}} \tag{14.38}$$

表 14.5 列出了建筑物中不同等级设备一天的使用时间。连接特定设备与电源的电缆尺寸（截面面积和长度）的说明基于表 14.6。同时还计算了馈线的能量损耗和建筑物各设备一年的总能耗。

表 14.5　调查电器、器具的评级和估计每天的使用时间

产品名称	数量等级				电器在一天的使用时间
		额定功率/W	额定电流/A	额定电压/V	
LED 灯泡	4	7	0.60	12DC	10
CFL 灯泡	2	12	1.00	12DC	10
微波炉	1	235	10.00	24DC	1
感应炉	1	2000	10.00	230AC	2
电热水器	1	1500	8.00	230AC	1
三明治机	1	550	23.00	24DC	0.5
咖啡机	1	135	11.00	12DC	0.5
电冰箱（DC）	1	72	3.00	24DC	12
净水器	1	11	0.50	24DC	1
换气扇	4	20	0.90	24DC	5
潜水泵	1	240	10.00	24DC	0.5
洗衣机	1	70	3.00	24DC	0.5
吸尘器	1	95	8.00	12DC	0.25
窗式空气调节器（AC）	2	800	33.30	24DC	12
笔记本电脑	1	65	3.34	19.5DC	7
个人电脑	1	170	14.00	12DC	5
外部调制解调器	1	5	0.43	12DC	24
15.6″LCD 电视机	1	30	2.50	12DC	5
吊扇	4	20	1.70	12DC	4
吹风机	1	425	15.00	24DC	0.5
手机	4	4	0.30	12DC	5
混合动力汽车	1	3000	12.50	240DC	10

表 14.6 直流系统的电缆尺寸、功率损耗和能耗

产品名称	电缆尺寸 /mm^2	电缆长度 /m	支线能量损耗 /(kWh/y)	总能量损耗 /(kWh/y)
LED 灯泡	4	40	0.23	102.43
CFL 灯泡	4	30	0.47	88.07
微波炉	6	10	1.05	86.82
感应炉	1.5	20	16.74	1476.74
电热水器	1.5	30	8.04	555.54
三明治机	35	20	0.95	101.32
咖啡机	25	20	0.30	24.94
电冰箱（DC）	4	20	3.39	318.75
净水器	1.5	20	0.02	4.04
换气扇	1.5	30	0.51	146.51
潜水泵	6	10	0.52	44.32
洗衣机	6	25	0.12	12.89
吸尘器	16	15	0.09	8.76
窗式空气调节器（AC）	25	10	33.42	7041.42
笔记本电脑	10	40	1.96	168.04
个人电脑	25	15	3.69	313.94
外部调制解调器	1.5	30	0.56	44.36
15.6″LCD 电视机	6	20	0.65	55.40
吊扇	4	20	0.36	117.16
吹风机	16	15	0.66	78.22
手机	1.5	20	0.04	29.24
混合动力汽车	1.5	10	65.40	11015.40
总能量/（kWh/y）			139.17	21834.31

14.7 结论

本章讨论了直流电网和混合电力系统（HEV）的体系结构，这里讨论的拓扑和布线系统非常有助于理解最有效的互连方式。直流设备能耗表数据和电缆成本数据可以方便理解不同的参数与损耗之间的关系。电缆成本与电缆横截面积的图形关系代表了印度电力经济学的最新研究。这种关系在本质上几乎是线性的，但也有例外。因此，成本计算可以通过标准制定来完成。本章还对直流电网拓扑结构、损耗和成本优化作了简要介绍，这些将是直流系统设计的主要要求。

参考文献

1. Uhlmann E (1975) Power transmission by direct current. Springer, Berlin, 289
2. International Energy Agency, World Energy Outlook (2011) Paris, France IEA publications
3. Garbesi K, Vossos V, Shen H (2012) Catlog of dc appliances and power system. http://efficiency.lbl.gov/sites/all/files/catalog_of_dc_appliances_and_power_systems_lbnl-5364e.pdf
4. Chiu HJ, Huang HM, Lin LW, and Tseng MH (2005) A multiple input DC-DC converter for renewable energy systems. In: Proceedings of 2005 IEEE international conference on industrial technology, pp 1304–1308
5. Khanna M, Rao ND (2009) Supply and demand of electricity in the developing world. Annu Rev Resource Econ 1:567–596
6. Noroozian R, Abedi M, Gharehpetian GB, Hosseini SH (2010) Distributed resources and DC distribution system combination for high power quality. Int J Electr Power Energy Syst 32(7):769–781
7. Solero L, Lidozzi A, Pomilio JA (2005) Design of multiple-input power converter to hybrid vehicles. IEEE Trans Power Electron 20(5):1007–1016
8. Jiang W, Zhang Y (2011) Load sharing techniques in hybrid power systems for dc micro-grids. In: Proceedings of 2011 IEEE power and energy engineering conference, pp 1–4
9. Ahmad Khan N (2012). Power loss modeling of isolated AC–DC converter. Dissertation, KTH
10. Hayashi Y, Takao K et al (2009) Fundamental study of high density DC/DC converter design based on sensitivity analysis. In: IEEE telecommunications energy conference (INTELEC), pp 1–5
11. Kang T, Kim C et al (2012) A design and control of bi-directional non-isolated DC-DC converter for rapid electric vehicle charging system.In: Twenty-seventh IEEE annual applied power electronics conference and exposition (APEC), pp 14–21
12. Sizikov G, Kolodny A et al (2010) Efficiency optimization of integrated DC-DC buck converters. In: 17th IEEE international conference on electronics circuits and systems (ICECS), pp 1208–121
13. Vorperian V (2010) Simple efficiency formula for regulated DC-to-DC converters. IEEE trans Aerosp Electron 46(4):2123–2131
14. Wens M, Steyaert M (2011) Basic DC-DC converter theory. Design and implementation of fully-integrated inductive DC-DC converters in standard CMOS, Springer
15. Zhang F, Du L et al. (2006) A new design method for high efficiency DC-DC converters with flying capacitor technology.In: IEEE twenty-first annual applied power electronics conference and exposition (APEC), pp 92–96
16. Starke M, Tolbert L M, Ozpineci B (2008) AC vs. DC distribution: a loss comparison. In proceedings. of transmission and distribution conference and exposition, pp 1–7
17. Savage P, Nordhaus R et al (2010) DC microgrids: benefits and barriers. published for Renewable Energy and International Law (REIL) project. Yale School of Forestry and Environmental Studies, pp 0–9
18. Pellis J, P J I et al (1997). The DC low-voltage house. Dissertation, Netherlands Energy Research Foundation ECN
19. Chauhan R K, Rajpurohit B S, Pindoriya N M (2012) DC power distribution system for rural applications. In: Proceedings of 8th national conference on indian energy sector, pp 108–112
20. Salonen P, Kaipia T, Nuutinen P, Peltoniemi P, Partanen J (2008) An LVDC distribution system concept. Nordic Workshop on Power and Industrial Electronics. A3-1–A3-16
21. Hossain MJ, Pota HR, Ugrinovskii V, Ramos RA (2009) Robust STATCOM control for the enhancement of fault ride-through capability of fixed speed wind generators. IEEE Control Applications (CCA) and Intelligent Control (ISIC),pp.1505–1510
22. Dastgeer F, Kalam A (2009) Efficiency comparison of DC and AC distribution systems for distributed generation. In: IEEE power engineering conference, pp 1–5

23. Nilsson D, Sannino A (2004) Efficiency analysis of low-and medium-voltage dc distribution systems. In: IEEE power engineering society general meeting, pp 2315–2321
24. Peterson A Lundberg S (2002) Energy efficiency comparison of electrical systems for wind turbines, Nordic workshop on power and industrial electronics (NORPIE)
25. Schroeder D(2008) Leistungselektronische Schaltungen (Power Electronic Circuits), Springer, Berlin
26. Muehlbauer K, Gerling D (2012) Experimental verification of energy efficiency enhancement in power electronics at partial load. In: 38th annual conference on IEEE industrial electronics society (IECON), pp.394–397. doi: 10.1109/IECON.2012.6388788
27. Muehlbauer K, Bachl F, Gerling D (2011) Comparison of measurement and calculation of power losses in AC/DC-converter for electric vehicle drive. In: International conference on electrical machines and systems (ICEMS), pp 1–4
28. Raj A (2010) PMP-DCDC controllers calculating efficiency: application report. http://www.ti.com/lit/an/slva390/slva390.pdf. Accessed February 2010
29. Amin M, Arafat Y et al. (2011) Low voltage DC distribution system compared with 230 V AC. In: IEEE electrical power and energy conference (EPEC), pp 340–345

第 15 章　智能电网中具有自愈能力的互连自主微电网

法尔哈德·沙尼亚（Farhad Shahnia），卢万·P·S·钱德拉塞纳（Ruwan P. S. Chandrasena），苏美达·拉贾卡鲁纳（Sumedha Rajakaruna）和阿林达姆·戈什（Arindam Ghosh）

摘要：为了尽可能减少自主运行过程中微电网的减负荷次数，如果孤岛式邻近微电网都位于自愈网络上，并且其中一个微电网的分布式电源（Destributed Energy Resource，DER）具有额外发电能力，则可以将这些微电网连接起来，互连微电网的总负荷由所有的微电网共同分担。为此，需要在网络及微电网层级精心设计自愈和供应恢复的控制算法、保护系统和通信基础设施。本章首先将讨论一种用于连接相邻自主微电网的分层控制结构，其中引入的主控制级是重点。通过开发主控制级，说明了多个互连自主微电网系统中的并行分布式电源如何合理分担系统中的负荷。该控制器采用下垂控制的分散功率共享算法，实现了变换器接口的电压控制。变换器的切换采用基于线性二次调节器的状态反馈控制，这种状态反馈比传统的比例积分器控制器更稳定，可以防止两个微电网互连是并行分布式电源之间的不稳定性。通过对多个互连自主微电网系统的详细动态模型的仿真，验证互连自主微电网系统中主控层的有效性。

关键词：互联微电网；自愈网络；功率共享；分布式电源；DSTATCOM

15.1　引言

不断增加的能源需求、降低成本的要求和更高的可靠性要求正推动现代电力系统采用分布式电源（DER）作为大型集中电站扩建的替代方案[1,2]。

微电网是一组在计划内（网络维护）或计划外（网络故障）条件下可以在并网模式和自主（孤岛）模式下运行的设备和负荷的集群[3]。对微电网控制策略的研究，微电网基本原理概论，包括架构、保护和电源管理见本章参考文献［5，6］。为了提供高质量和可靠的电力，微电网应该作为一个单独的可控制单元出现，以响应系统[7]中的变化。本章参考文献［6，8］对美国、加拿大、欧洲和日本正在进行的微电网研究项目进行了综述。

在并网模式下，电网规定了网络的电压和频率，并且按额定容量运行。根据当前天气情况，可再生能源的额定容量会动态变化。在这种操作模式下，可以使用恒定的 PQ 控制策略[9]获得所需的分布式电源输出。或者，在自主模式下，如果分布式电源的生成容量高于本地负荷需求，则不同的微电网之间可以共享负荷。在该操作模式，本章参考文献［10］中提出了电压和频率下垂控制策略，用于为并联变换器之间的功率共享提供参考，类似于传统电力系统中用于发电机之间功率共享的下垂控制技术。在本章参考文献［11］中提出了电压和角度下垂控制，而不是用于转换接口的分布式电源中电压和频率下垂控制。为了改善系统响应，在本章参考文献［12］中提出了改进的下垂控制。为了提高小信号的稳定性，提出了一种基于本章参考文献［13］的 arctan 功率频降方法来代替传统的频降方法。最近，有文献还提出了一种智能功率共享算法，如自适应下垂控制[14]和智能下垂控制[15]，以消除下垂控制对线路参数的依赖性。此外，在本章参考文献［16］利用基于势函数的方法代替下垂控制来调整微电网中分布式电源之间的功率共享所需的公共集合点。本章参考文献［17－19］还研究了不同功率共享算法的微电网系统的稳定性。一旦指定了这些设备的算法，就可以在电压控制[20,21]或电流控制[22,23]策略中控制这些变换器。

在并网模式下，电网决定网络电压；然而，在自主模式下，网络电压可以通过基于下垂控制的分布式电源间接调节。虽然在这两种模式下，低压网络的电压都保持在可接受的范围内，但我们希望将电压保持在 1pu 的额定值。这在其中一个微电网调节网络电压为 1pu 时可以实现，称为主分布式电源[4]。然而，住宅低压网络中的分布式电源为客户所有，不负责网络电压支持。这是因为利用分布式电源变换器产生的无功功率可以支持网络电压，但将降低变换器的有功功率，这是它们的所有者不希望的。此外，还可以在每个微电网中使用一个分布静态补偿器（STATCOM）来调节公共耦合点[24]的电压。

微电网的另一个重要问题是孤岛检测和再同步。孤岛是指微电网隔离于电网。在本章参考文献［25］中，提出了不同的孤岛检测方法，可以使用基于通信的方法将断路器状态发送到分布式电源变换器。由于无任何检测区域（NDZ），所以在所有的孤岛检测方法中，这种方法是首选的。再同步是指分布式电源到微电网或微电网到电网[26]的再连接过程。如果分布式电源在电流控制策略中运行，则在连接微电网时不需要重新同步。但是，如果分布式电源操作在电压控制策略中，则需要适当的重新同步。只有当各个断路器的电压幅值和电压相位差为零或小于非常小的指定值[26]时，才应重新连接。不适当的重新连接可能导致大电流波动，从而损坏网络资产或导致系统不稳定，本章参考文献［27－29］中提出了不同的再同步方法。

如果自主微电网中的分布式电源发电量小于当地的负荷需求，则为了保持微电网的电压和频率，必须进行脱负荷处理[30,31]。在本章参考文献［32，33］中，基于微电网和电力市场的概念以及控制和通信基础设施的可用性，提出了分布式自主微电网模型。在这样的模型中，如果自主微电网中的分布式电源发电量小于当地的负荷需求，而相邻自主微电网中的分布式电源有剩余的发电量，那么将这两个微电网连接起来可以减少微电网的负荷流失，但同时也存在发电不足的问题。在该模型中，应适当控制互连微电网中的分布式电源，以共享互连系统的总负荷需求。随着人们对智能电网和自愈网络的兴趣越来越浓厚，在不久的将来将有可能实现自主微电网的互连[32]。

智能电网是指通过适当增加先进的计量工具、保护和通信基础设施，使现有电网的状况变得更加可靠、高效、可持续和可与客户互动[34,35]。本章参考文献［34］概述了现有智能电网的定义、标准、保护和管理计划以及所需的信息技术、能源和通信基础设施。在各种预期的智能特性中，自愈是智能电网的一个关键属性，它主要由提高系统可靠性的需求驱动[35-37]。在自愈网络中，我们期望该网络能够连续地检测、分析和响应故障，以最小的人为干预恢复馈线。因此，在网络中出现故障时，可以通过适当地隔离故障的部分来恢复正常操作，使受影响的负荷数量最小化。在本章参考文献［38］进行的可行性研究得出结论，通过减少受影响客户的数量和未提供能源的数量，将自愈能力集成到未来的智能电网中，将为公用事业和客户带来巨大的经济效益。

对于自愈网络，需要智能代理来适应系统运行条件，然后利用这些代理实时分析和维护系统的可靠性。在本章参考文献［39］中提出了一个框架，用于在整个相互连接的系统中实现自主代理。这种框架可以通过系统监控来支持自愈的智能电网。本章参考文献［40，41］提出了一些自愈重构技术，将网络划分为独立的电网，同时最小化受影响的负荷数量。美国的一些公用事业公司已经开始建设自愈项目［42］。

在具有自愈能力的智能电网中，在连接两个自主微电网时基于以下假设：

1）分布式电源、保护设备和断路器之间通信基础设施可用；

2）网络具有自愈能力；

3）在至少一个微电网中；

4）绕过当前分布式电源互连技术要求的可能性。

本章将论述在这类系统中，分布式电源变换器的动态性能，以及在这些系统中共享的可能性。这被称为互连微电网系统的主要控制级别。我们需要一种自愈算法来连接相邻的微电网。需要指出的是，在这一章中没有讨论开发和验证相互连接的邻接微电网和所需硬件的控制理念。

15.2 具有自愈能力的网络

一条具有自愈能力的中压馈线如图15.1所示，假设网络中包含10个微电网，在特定时间内可以相互连接以满足彼此的电力需求。每一个微电网都是由多个驱动器和负荷组成的。通过合理安装和协调断路器 CB_G、CB_{M1}、CB_{M2} 和 CB_{M3}，将网络划分为三个区域，区域的形成可以通过部署所需的保护和通信基础设施来实现，但这不在本章的讨论范围。

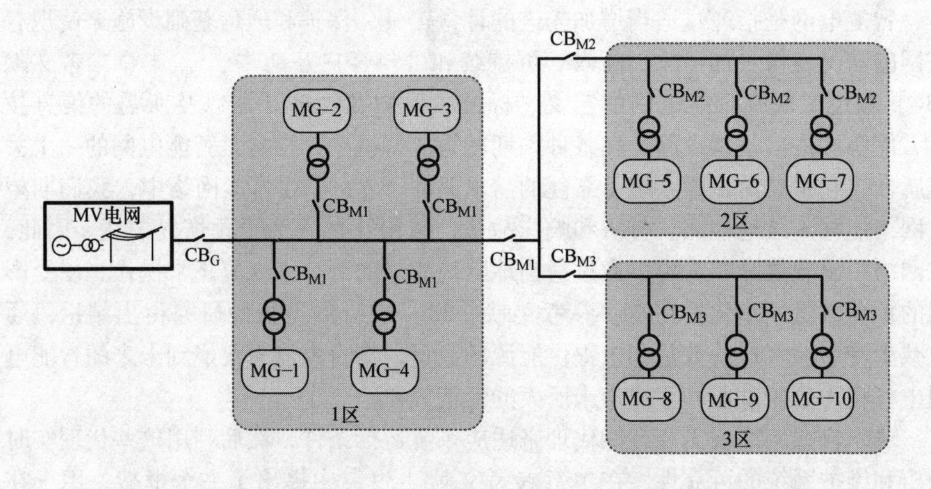

图15.1 包含多个微电网的具有自愈能力的大中型电压馈线示意图

在任何微电网中发生故障时，故障的微电网都可以通过位于相关微电网中配电变压器二次侧的低压断路器的适当操作从网络的其他部分隔离出来。假设中压馈线发生故障，根据故障的位置，可以识别出以下三种不同的情况：

情况A：故障发生在2区内的中压馈线上；

情况B：故障发生在1区内的中压馈线上；

情况C：故障发生在电网中（即1区上游）。

对于情况A，当故障在2区范围内时，根据保护和断路器的配合和自愈过程，期望在其他断路器都关闭的情况下打开 CB_{M2}。在这种情况下，MG-5、MG-6和MG-7的DER必须独立地满足本地负荷需求，如果发电容量小于负荷需求，则需要进行卸载负荷。

对于情况B，当故障在1区范围内时，期望打开 CB_G 和 CB_{M1}，而其他断路器关闭。在这种情况下，MG-1~MG-4中的分布式电源必须独立地提供本地负荷需求。然而，由于2区和3区微电网是相互连接的，因此它们可以共同分担负荷需求，这将防止或减少这两个区域的负荷脱落。

对于情况 C，当故障在 1 区上游时，预计只有 CB_G 会打开，而其他断路器都关闭。在这种情况下，所有三个区域的 MG 都是相互连接的，它们的分布式能源将共同分担负荷需求。因此这三个区域的负荷可以避免或减少负荷脱落。如果这种互连是不可能的，那么负荷脱落对于这些 MG 来说也是不可避免的。

15.3 配电网：配置和模型

考虑图 15.1 中压馈线的一个分段，它通过配电变压器 T_1 和 T_2 连接到两个低压微电网，即 MG－1 和 MG－2，如图 15.2 所示。假设 MG－1 有三个分布式电源（即 DER_1 到 DER_3）和五个负荷，而 MG－2 有两个分布式电源（即 DER_4 到 DER_5）和四个负荷。在每个微电网的配电变压器的二次侧安装一个 DSTATCOM，以调节其公共耦合点的电压。这些负荷假定为住宅负荷，所有的负荷假定为变换器－界面负荷。

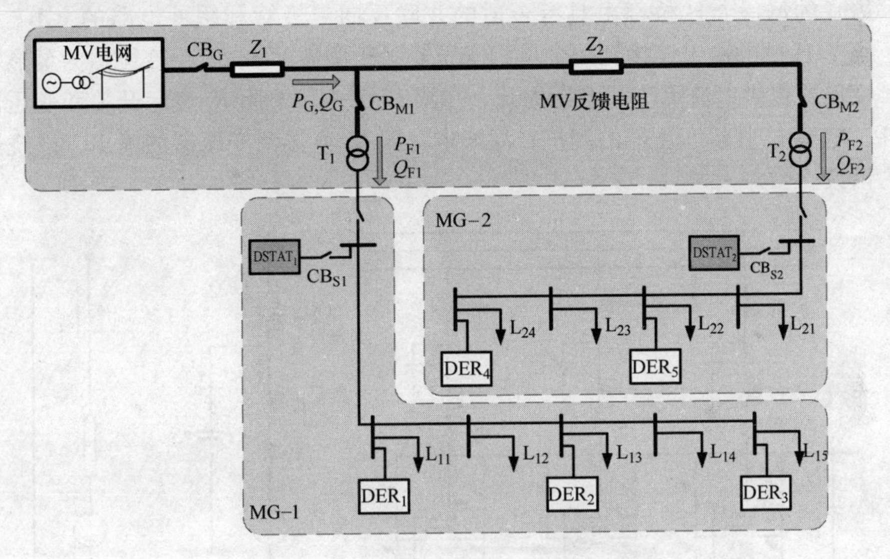

图 15.2 考虑的网络和微电网结构示意图

在电网连接模式下，所有的设备都在它们的额定容量或经济分析所期望的容量下运行，在可再生能源的情况下受天气条件的限制。在对中压馈线进行有计划的维护或非计划的故障情况下，微电网将自动运行。在这种模式下，当 CB_{M1} 和 CB_{M2} 打开时，每个微电网的分布式电源将分别共享该微电网的负荷。如果每个微电网的负荷需求都高于微电网的发电能力，那么在微电网中，必须卸载某些（非临界）负荷。

现在假设这样一种情况，MG－2 的发电量低于其需求，而 MG－1 的分布式电源发电能力高于其需求。假设网络具有自愈和自动恢复能力，CB_{M1} 和 CB_{M2} 可以关闭，而 CB_G 保持开放。这样，两个微电网就会互相连接在一起。因此，MG－1中的分布式电源可以共享 MG－2 中的部分负荷，防止/减少 MG－2 中的负荷脱落。

下面的部分将对网络建模进行简要说明。

15.3.1 分布式电源、变换器结构及建模

本节考虑的分布式电源为光伏电池、燃料电池和电池，通过电压源变换器（Voltage Source Converter，VSC）连接到微电网。本研究利用了这些微源的详细动态模型，这些模型见附录 A。

三种单相 H 桥组成了 VSC，如图 15.3a 所示。与三相三脚或四脚配置的 VSC 相比，该 VSC 结构在网络不平衡状态下具有更好的可控性和动态性能。因为在这种配置中，每个阶段都可以单独控制。

VSC 的每一个 H 桥都由具有合适的并联反向二极管和缓冲电路的 IGBT 组成。每个 H 桥的输出连接到一个单相变压器，比例为 1∶a，三个变压器为星形联结，变压器提供电流隔离和电压提升。在图 15.3 中，电阻 R_f 表示开关和变压器损耗，电感 L_f 表示变压器的漏抗，滤波电容器 C_f 连接到变压器的输出，以绕过开关谐波。

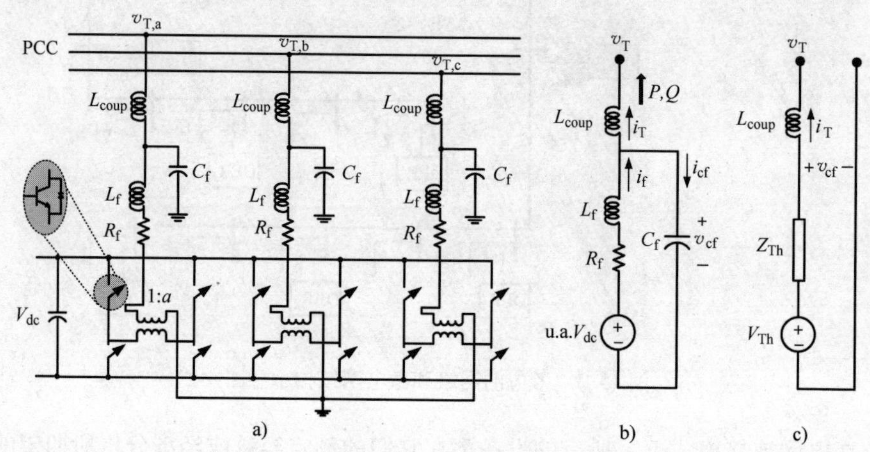

图 15.3　a）分布式电源和 DSTATCOM 的 VSC 和滤波器结构　b）VSC 和滤波器的单相等效电路　c）VSC 和滤波器的戴维南等效电路

15.3.2 网络电压调整

如 15.1 节所述，在电网连接模式中，电网控制网络电压，在自治模式下，

分布式电源基于下垂控制间接调节网络电压。虽然在这两种模式下，沿低压网络的电压都在可接受的范围内，但我们仍希望将网络电压保持在 1 pu 的标称值。为此，在本研究中，微电网中的电压调节是通过在每个微电网的配电变压器二次侧安装 DSTATCOM 来实现的，DSTATCOM 通过与电网交换无功功率，将其公共耦合点电压调节到期望的值。所安装的 DSTATCOM 与分布式电源的变换器结构相同，并将在 15.4.4 节讨论对它的控制。

15.3.3　微型智能电网再同步

正如 15.1 节中所提到的，由于分布式电源是在电压控制策略中运行的，所以需要将分布式电源与微电网重新同步，并将微电网与电网重新同步。对于再同步，需要在断路器的两侧测量电压幅值和角度。采用锁相环（PLL）测量电压角[26]，当电压角和电压大小相等时，断路器就会关闭。然而，基于网络负荷和参数，重新同步可能会很慢，可能需要几毫秒到几分钟[28]。

需要注意的是，根据网络配置、相互连接的微电网系统的存在以及它们在中压馈线[43]上的位置，再同步可能是一个复杂的过程。因此，需要一种复杂的再同步、自愈和自动供应恢复算法，且会利用网络断路器之间的通信功能。

15.4　多微电网系统控制策略

图 15.4 所示三级分层控制系统需要微电网在网络中适当地运行，并考虑到相邻微电网的互连[16,44-46]。

主（最低）控制级别由内环和外环控制组成。内环控制负责在变换器中进行适当的切换，从而实现在分布式电源变换器输出中对所需要的参考值进行适当的跟踪，该控制基于由外环控制确定的参考值和在分布式电源变换器输出中的局部电流和电压测量。外环控制负责微电网中分布式电源的输出功率控制，该控件为内循环控件生成适当的参考值，与并网和自主模式不同。在互连微电网系统中，分布式电源变换器的动态性能取决于主控制级，主控制级是本章的主要关注点，并已在 15.3.1 ~15.3.3 节中进一步讨论。

二次控制是微电网的中央控制器，该控制器将每个分布式电源变换器所需的输出功率发送给它们。在自主模式下，该控制器通过监控网络电压和频率，发送每个分布式电源变换器所需的输出功率。然而，在电网连接模式下，每个分布式电源变换器的期望输出功率由第三级控制器接收。与主控件[16]相比，该控制器的运行时间较长。

第三级（最高）控制与每个微电网的中央控制器以及网络的保护装置和断路器进行通信。总体而言，该控制器可以利用负荷预测、电力市场和需求响应信息实现网络和微电网[47]的最优潮流分布。此外，对于具有自愈能力的网络，该控制器利用从断路器接收到的信息来定义网络配置和状态。在这种情况下，微电网协调代理决定是否需要相邻微电网的互连，如果需要，则标识这些微电网。然后，使用自愈和供应恢复代理来决定哪些断路器应该打开/关闭，并向它们发送适当的命令。此控制器还监视网络数据并决定是否有两个相互连接的微电网应该被隔离，并向相关的断路器发送正确的命令以进行操作。

如前所述，用控制器的子代理设计二级和三级控制需要广泛的研究，本章不讨论。

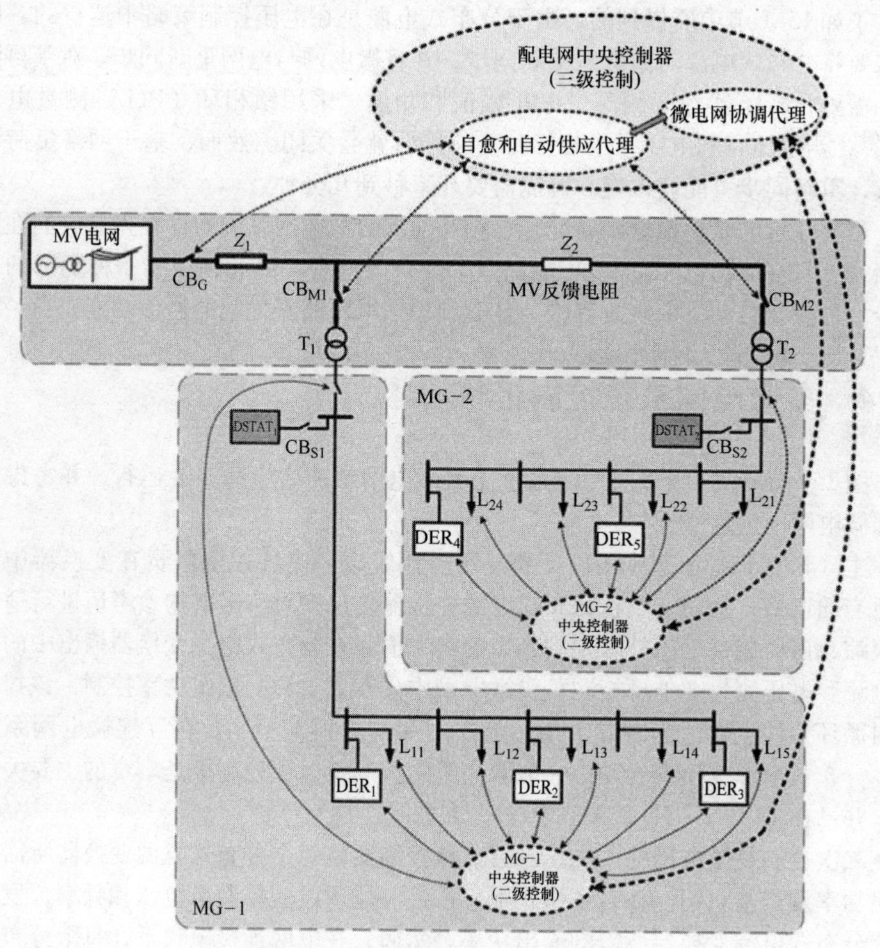

图 15.4 微电网网络的层次控制结构

15.4.1 并网模式外环控制

下面考虑分布式电源具有 VSC 和滤波的结构，如图 15.3a 所示，其等效单相电路如图 15.3b 所示。这个等效电路也可以用它的戴维南等效参数（即 V_{Th} 和 Z_{Th}）表示，如图 15.3c 所示。由图 15.3c 可知，从 DER_i 到公共耦合点的瞬时有功功率 p 和无功功率 q 可以表示为[48]

$$p_i = \frac{(|V_{\mathrm{T},i}||V_{\mathrm{Th},i}|\cos\phi_i - |V_{\mathrm{Th},i}|^2)\cos\theta_i + |V_{\mathrm{T},i}||V_{\mathrm{Th},i}|\sin\phi_i\sin\theta_i}{|Z_{\mathrm{Th},i} + Z_{\mathrm{coup},i}|}$$

$$q_i = \frac{(|V_{\mathrm{T},i}||V_{\mathrm{Th},i}|\cos\phi_i - |V_{\mathrm{Th},i}|^2)\sin\theta_i - |V_{\mathrm{T},i}||V_{\mathrm{Th},i}|\sin\phi_i\cos\theta_i}{|Z_{\mathrm{Th},i} + Z_{\mathrm{coup},i}|} \tag{15.1}$$

$$\phi_i = \delta_{\mathrm{Th},i} - \delta_{\mathrm{T},i} \quad \text{和} \quad \theta_i = \angle(Z_{\mathrm{Th},i} + Z_{\mathrm{coup},i})$$

式中，V_{T} 是 PCC 电压；Z_{coup} 是耦合阻抗；$V = |V|\angle\delta$ 是 $v(t)$ 的相位符号。需要注意的是，耦合阻抗主要是感性的（即 $Z_{\mathrm{coup}} \approx \mathrm{j}\omega L_{\mathrm{coup}}$）。在 15.4.3 节中将会指出，在应用了所提出的变换器控制之后，Z_{Th} 在 50Hz（即 $Z_{\mathrm{Th}} \approx \mathrm{j}\omega L_{\mathrm{conv}}$）时主要是感性的，并且幅度很小。因此，在图 15.3c 中，V_{cf} 是电容 C_{f} 上的电压，且 $V_{\mathrm{Th}} \approx V_{\mathrm{cf}}$。基于这些假设，式（15.1）可以简化为

$$p_i = \frac{|V_{\mathrm{T},i}||V_{\mathrm{cf},i}|\sin(\delta_{\mathrm{cf},i} - \delta_{\mathrm{T},i})}{\omega L_{\mathrm{conv},i} + \omega L_{\mathrm{coup},i}}$$

$$q_i = \frac{(|V_{\mathrm{T},i}||V_{\mathrm{cf},i}|\cos(\delta_{\mathrm{cf},i} - \delta_{\mathrm{T},i}) - |V_{\mathrm{T},i}|^2}{\omega L_{\mathrm{conv},i} + \omega L_{\mathrm{coup},i}} \tag{15.2}$$

通过使用低通滤波器，从 p 和 q 可以计算出每个分布式电源所提供的平均有功功率 P 和无功功率 Q。

在电网连接模式下，电网控制网络的电压和频率，而分布式电源以额定容量运行。这可以通过操作恒 $P-Q$ 控制模式实现[9]。在本讨论中利用电压控制技术来监控公共耦合点电压 V_{T}，以调节分布式电源变换器输出电压 V_{cf}，使期望的有功和无功功率注入网络。为此，应立即测量公共耦合点电压的大小和角度，并用式（15.2）计算所需功率和已知耦合电感的变换器输出参考电压 $V_{\mathrm{cf,ref}}$。此参考电压将用于内环控制，以生成变换器的开关信号。此控制的原理图如图 15.5 所示。

15.4.2　自主模式外环控制

在自主模式下，网络的电压和频率应该由分布式电源来调节，此外，还需要适当的电源共享。下面是基于下垂控制设计和实现的功率共享算法的详细描述。

现在考虑一个带有两个并行变换器的微电网，它们提供一个共同的负荷。DER_1 通过 $Z_{\mathrm{line},1}$ 的馈线阻抗连接到负荷，其中 DER_2 通过 $Z_{\mathrm{line},2}$ 的馈线阻抗连接到负荷。再假设馈线是高电感的（即 $Z_{\mathrm{line}} \approx \mathrm{j}\omega L_{\mathrm{line}}$）。假设负荷公共耦合点的电压为 V_{load}，则每个分布式电源提供给负荷的有功和无功功率可表示为

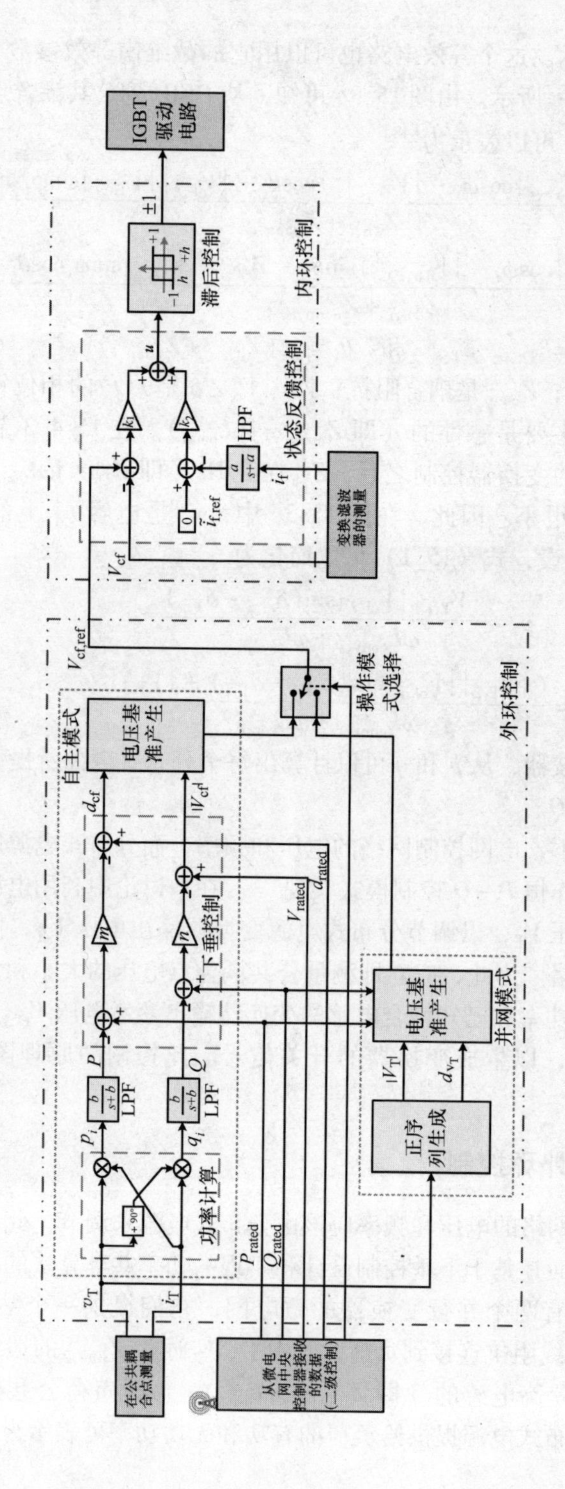

图 15.5 微型网格中DER变换器的主控制级（内、外环控制）框图

$$p_i = \frac{|V_{\text{load},i}||V_{\text{cf},i}|\sin(\delta_{\text{cf},i} - \delta_{\text{load},i})}{\omega L_{\text{conv},i} + \omega L_{\text{coup},i} + \omega L_{\text{line},i}}$$

$$q_i = \frac{|V_{\text{load},i}||V_{\text{cf},i}|\cos(\delta_{\text{cf},i} - \delta_{\text{load},i}) - |V_{\text{load},i}|^2}{\omega L_{\text{conv},i} + \omega L_{\text{coup},i} + \omega L_{\text{line},i}} \tag{15.3}$$

当馈线被假定为高电感时，有功和无功功率是解耦的，可以应用直流负荷流分析。此外，V_{cf}与V_{load}之间的夹角差很小。在直流负荷流的基础上，每个分布式电源向负荷提供的平均有功功率为

$$P_i = \frac{|V_{\text{load},i}||V_{\text{cf},i}|(\delta_{\text{cf},i} - \delta_{\text{load}})}{\omega L_{\text{conv},i} + \omega L_{\text{coup},i} + \omega L_{\text{line},i}} \tag{15.4}$$

为使负荷的平均有功功率为 P_i，DER_i 滤波器电容器的电压角为

$$\delta_{\text{cf},i} = P_i(\Gamma_{\text{conv},i} + \Gamma_{\text{coup},i} + \Gamma_{\text{line},i}) + \delta_{\text{load}}$$

$$\Gamma_i = \frac{\omega L_i}{|V_{\text{cf},i}||V_{\text{load}}|} \tag{15.5}$$

在微电网中，分散的电力共享可以通过使用下垂控制[15]改变电压大小和角度来实现。

$$\delta_{\text{cf},i} = \delta_{\text{rated},i} - m_i\left[\frac{X_{\text{line}}}{Z_{\text{line}}}(P_{\text{rated},i} - P_i) - \frac{R_{\text{line}}}{Z_{\text{line}}}(Q_{\text{rated},i} - Q_i)\right]$$

$$|V_{\text{cf},i}| = V_{\text{rated},i} - n_i\left[\frac{R_{\text{line}}}{Z_{\text{line}}}(P_{\text{rated},i} - P_i) + \frac{X_{\text{line}}}{Z_{\text{line}}}(Q_{\text{rated},i} - Q_i)\right] \tag{15.6}$$

式中，V_{rated}和δ_{rated}分别是额定有功功率P_{rated}和无功功率Q_{rated}时分布式电源的额定电压幅值和角度。无功电压和有功角下垂系数分别用 n 和 m 表示。假设馈线为感应线，式（15.6）可进一步简化为

$$\delta_{\text{cf},i} = \delta_{\text{rated},i} - m_i(P_{\text{rated},i} - P_i)$$

$$|V_{\text{cf},i}| = V_{\text{rated},i} - n_i(Q_{\text{rated},i} - Q_i) \tag{15.7}$$

这是通过外环控制在微电网中监视和控制的。因此，我们期望通过外环控制来确定微电网中每个分布式电源所需的V_{cf}。外环控制框图如图 15.5 所示。

假设当每个分布式电源将其输出有功功率从 0 更改为其额定容量时，分布式电源电压的频率将减少 $\Delta\omega$。在此假设的基础上，推导出每个分布式电源[49]的有功角下垂系数为

$$m_i = \frac{\Delta\omega}{P_{\text{rated},i}} \tag{15.8}$$

假设对于不同额定容量的 DER_i 和 DER_j，$\Delta\omega$ 是常数，有

$$\frac{m_i}{m_j} = \frac{P_{\text{rated},j}}{P_{\text{rated},i}} \tag{15.9}$$

假设微电网中的所有分布式电源都具有相同的功率因数，当每个分布式电源

将其输出无功功率从 0 更改为额定容量时，分布式电源电压减少 ΔV。在此假设的基础上，推导出每个分布式电源[49]的无功电压下垂系数

$$n_i = \frac{\Delta V}{Q_{\text{rated},i}} \tag{15.10}$$

假设对于不同额定容量的 DER_i 和 $\text{DER}_j \Delta V$ 是常数，有

$$\frac{n_i}{n_j} = \frac{Q_{\text{rated},j}}{Q_{\text{rated},i}} \tag{15.11}$$

对于稳态下的微电网，设 DER_i 和 DER_j 也有同样的延迟。因此，从式（15.7）和式（15.9）有

$$\begin{aligned}\delta_{\text{cf},i} - \delta_{\text{cf},j} &= (\delta_{\text{rated},i} - \delta_{\text{rated},j}) - m_i(P_{\text{rated},i} - P_i) + m_j(P_{\text{rated},j} - P_j) \\ &= m_i P_i - m_j P_j\end{aligned} \tag{15.12}$$

将 $\delta_{\text{cf},i}$ 和 $\delta_{\text{cf},j}$ 从式（15.5）中替换到式（15.12），有

$$P_i(\Gamma_{\text{conv},i} + \Gamma_{\text{coup},i} + \Gamma_{\text{line},i}) - P_j(\Gamma_{\text{conv},j} + \Gamma_{\text{coup},j} + \Gamma_{\text{line},j}) = m_i P_i - m_j P_j \tag{15.13}$$

因此，所提供的有功功率之比等于

$$\frac{P_j}{P_i} = \frac{-m_i + \Gamma_{\text{conv},i} + \Gamma_{\text{coup},i} + \Gamma_{\text{line},i}}{-m_j + \Gamma_{\text{conv},j} + \Gamma_{\text{coup},j} + \Gamma_{\text{line},j}} \tag{15.14}$$

由式（15.14）可知，每个分布式电源的输出有功功率与 Γ 的输出成反比。Γ_{conv}、Γ_{coup} 和 Γ_{line} 的三个组成部分依赖于分布式电源和负载之间的三个电感。由于 Γ 在其分母上有一个电压二次的参数，所以可以知道

$$\Gamma_{\text{conv},i} \ll \Gamma_{\text{line},i} \ll \Gamma_{\text{coup},i} \ll m_i \tag{15.15}$$

因此，式（15.14）可以进一步简化为

$$\frac{P_j}{P_i} \approx \frac{m_i}{m_j} \tag{15.16}$$

类似地，可以得出微电网中分布式电源提供的无功功率的比例为

$$\frac{Q_j}{Q_i} \approx \frac{n_i}{n_j} \tag{15.17}$$

因此，基于以上假设，从式（15.9），式（15.16）和式（15.11），式（15.17），可以得出微电网中两路设备的输出有功功率比和额定有功功率比相同。

另一方面，在微栅极并联运行时，我们希望式（15.2）对于所有的栅极，其耦合电感（即 $\delta_{\text{cf}} - \delta_{\text{T}}$）之间的电压角差为常数。这种电压角差值较小[49]，因此它位于正弦 $P-\delta$ 特性式（15.2）的线段上。同样，我们希望式（15.2）中通过耦合电感（即 $|V_{\text{cf}}| - |V_{\text{T}}|$）的电压降在式（15.2）中为常数。这个电压降最好较小，并且在 1% ~2%[50] 的范围内。为了实现这些假设，耦合电感被设计成

与分布式电源的额定功率比成反比。

$$\frac{L_{\text{coup},i}}{L_{\text{coup},j}}=\frac{P_{\text{rated},j}}{P_{\text{rated},i}}=\frac{Q_{\text{rated},j}}{Q_{\text{rated},i}} \tag{15.18}$$

从式（15.1）~式（15.18）可以得出结论，为了在微电网中实现准确的分布式电源间的功率共享，需要满足

$$\begin{aligned}\frac{P_j}{P_i}&\approx\frac{m_i}{m_j}=\frac{L_{\text{coup},i}}{L_{\text{coup},j}}=\frac{P_{\text{rated},j}}{P_{\text{rated},i}}\\ \frac{Q_j}{Q_i}&\approx\frac{n_i}{n_j}=\frac{L_{\text{coup},i}}{L_{\text{coup},j}}=\frac{Q_{\text{rated},j}}{Q_{\text{rated},i}}\end{aligned} \tag{15.19}$$

15.4.3　内环控制

如前所述，外环控制通过从式（15.2）或式（15.7）中调整每个分布式电源的适当应用来调节其输出功率。内环控制将计算并应用适当的开关信号在分布式电源变换器中，以便在交流滤波电容器 C_{f} 上完美地产生期望的电压 $V_{\text{cf,ref}}$。

为此，考虑 VSC 的等效电路，如图 15.3b 所示。在图中，uaV_{dc} 表示变换器输出电压，其中 u 为开关函数。对于两电平（双极性）开关，u 取 ±1 的值，随后用于打开/关闭 IGBT。

把分布式电源变换器和它的输出滤波器看作是一个控制器即将被开发的系统，给出描述系统动态特性的微分方程为

$$\begin{aligned}u_iaV_{\text{dc}}&=R_{\text{f}}i_{\text{f},i}+L_{\text{f}}\frac{\mathrm{d}i_{\text{f},i}}{\mathrm{d}t}+v_{\text{cf},i}\\ i_{\text{f},i}&=C_{\text{f}}\frac{\mathrm{d}v_{\text{cf},i}}{\mathrm{d}t}+i_{\text{T},i}\end{aligned} \tag{15.20}$$

利用基于状态反馈的闭环最优线性鲁棒控制器生成 u，假设系统每个阶段的状态向量 $x(t)$ 定义为

$$x_i(t)=[v_{\text{cf},i}(t)\quad i_{\text{f},i}(t)]^{\text{T}} \tag{15.21}$$

式中，$V_{\text{cf}}(t)$是交流滤波电容器的瞬时电压；$i_{\text{f}}(t)$ 是通过滤波器电感 L_{f} 的电流；T 是转置算子。然后，该系统的等效电路可以用状态空间方程表示如下：

$$\dot{x}_i(t)=Ax_i(t)+B_1u_{\text{c},i}(t)+B_2i_{\text{T},i}(t) \tag{15.22}$$

其中

$$A=\begin{bmatrix}0 & \dfrac{1}{C_{\text{f}}}\\ -\dfrac{1}{L_{\text{f}}} & -\dfrac{R_{\text{f}}}{L_{\text{f}}}\end{bmatrix},\ B_1=\begin{bmatrix}0\\ \dfrac{aV_{\text{dc}}}{L_{\text{f}}}\end{bmatrix},\ B_2=\begin{bmatrix}-\dfrac{1}{C_{\text{f}}}\\ 0\end{bmatrix} \tag{15.23}$$

在式（15.22）中，$u_{\text{c}}(t)$ 是开关函数 u 和 i_{T} 的连续时间写法，表示网络负

荷变化对系统的影响；因此，假设它是控制器的扰动。

在控制系统中，必须知道在稳态条件下各控制参数的期望值。然而，在式（15.21）中，很难确定 i_{f} 的参考值，我们希望 i_{f} 只包含低频分量，因此，其高频组件 $\widetilde{i}_{\mathrm{f}}$ 可用于控制系统，而不用 i_{f} 作为控制参数。基于这样的假设 $\widetilde{i}_{\mathrm{f}}$ 可以描述和扩大在拉普拉斯域[51]

$$\widetilde{i}_{\mathrm{f}}(s)=\frac{s}{s+\alpha}i_{\mathrm{f}}(s)=\left(1-\frac{\alpha}{s+\alpha}\right)i_{\mathrm{f}}(s)=i_{\mathrm{f}}(s)-\hat{i}_{\mathrm{f}}(s) \tag{15.24}$$

式中，α 是这个高通滤波器的截止频率；$\hat{i}_{\mathrm{f}}$ 是 i_{f} 的低频分量。

$$\hat{i}_{\mathrm{f}}(s)=\frac{\alpha}{s+\alpha}i_{\mathrm{f}}(s) \tag{15.25}$$

式（15.25）可以表示为

$$\frac{\mathrm{d}\hat{i}_{\mathrm{f}}(t)}{\mathrm{d}t}=\alpha[i_{\mathrm{f}}(t)-\hat{i}_{\mathrm{f}}(t)] \tag{15.26}$$

现在为这个系统定义一个新的状态向量，它包含 $\hat{i}_{\mathrm{f}}$，作为[51]

$$x'_i(t)=[v_{\mathrm{cf},i}(t)\quad i_{\mathrm{f},i}(t)\quad \hat{i}_{\mathrm{f},i}(t)]^{\mathrm{T}} \tag{15.27}$$

在这种情况下，系统可以用新的状态空间方程来表示

$$\dot{x}'_i(t)=A'x_i(t)+B'_1u_{\mathrm{c},i}(t)+B'_2i_{\mathrm{T},i}(t) \tag{15.28}$$

其中

$$A'=\begin{bmatrix}0 & \dfrac{1}{C_{\mathrm{f}}} & 0\\ -\dfrac{1}{L_{\mathrm{f}}} & -\dfrac{R_{\mathrm{f}}}{L_{\mathrm{f}}} & 0\\ 0 & \alpha & -\alpha\end{bmatrix},\quad B'_1=\begin{bmatrix}B_1\\0\end{bmatrix},\quad B'_2=\begin{bmatrix}B_2\\0\end{bmatrix} \tag{15.29}$$

式（15.28）可在离散时间域中表示为[52]

$$x'_i(k+1)=Fx'_i(k)+G_1u_{\mathrm{c},i}(k)+G_2i_{\mathrm{T},i}(k) \tag{15.30}$$

式中

$$F=\mathrm{e}^{A'T_{\mathrm{s}}},\quad G_1=\int_0^{T_{\mathrm{s}}}\mathrm{e}^{A't}B'_1\mathrm{d}t,\quad G_2=\int_0^{T_{\mathrm{s}}}\mathrm{e}^{A't}B'_2\mathrm{d}t \tag{15.31}$$

式中，T_{s} 是采样时间。从式（15.30）可以计算出 $u_{\mathrm{c}}(k)$，使用一个合适的状态反馈控制律

$$u_{\mathrm{c},i}(k)=-K[x'_i(k)-x'_{\mathrm{ref},i}(k)] \tag{15.32}$$

式中，K 是一个增益矩阵。$X'_{\mathrm{ref}}(k)$ 是式（15.27）在离散时间模式所需的状态向量。

值得注意的是，每个分布式电源所需 $v_{\mathrm{cf}}(t)$ 的引用值将由外环控制决定。

这个值从式（15.2）所示微电网在并网模式下运行时和式（15.7）所示微电网在自主模式下运行时计算。如前所述，所需的参考值$\widetilde{i}_{\mathrm{f}}(t)$为所有分布式电源总是设置为零，以减少通过$L_{\mathrm{f}}$低频电流的高频成分。因此，$i_{\mathrm{f}}(t)$必须只包含低频分量（即$i_{\mathrm{f}}(t)=\widetilde{i}_{\mathrm{f}}(t)$）。现在，参考向量$X'_{\mathrm{ref}}$可以定义为

$$X'_{\mathrm{ref},i}=[V_{\mathrm{cf,ref},i}\quad \hat{I}_{\mathrm{f}}\quad \hat{I}_{\mathrm{f}}]^{\mathrm{T}}=[V_{\mathrm{cf},i}\angle\delta_{\mathrm{cf},i}\quad \hat{I}_{\mathrm{f}}\quad \hat{I}_{\mathrm{f}}]^{\mathrm{T}} \tag{15.33}$$

由于稳态下的系统行为是活跃的，并且假定对$u_{\mathrm{c}}(k)$可以完全控制，所以可以设计一个无限时间线性二次调节器（LQR）[52]来定义这个问题中的K。此控制器比比例积分器（PI）的控制稳定，并且可以防止两个自主微电网互连时并行 DER 之间的不稳定性。

在离散 LQR 问题中，目标函数J被选择为

$$J_i(k)=\sum_{k=0}^{\infty}\{[x'_i(k)-x'_{\mathrm{ref},i}(k)]^{\mathrm{T}}Q_i(k)[x'_i(k)-x'_{\mathrm{ref},i}(k)]+u_i(k)^{\mathrm{T}}R_i(k)u_i(k)\} \tag{15.34}$$

式中，R是控制成本矩阵；Q是状态加权矩阵，反映了x中各控制参数的重要性；$J(\infty)$是系统在无限时间（稳态条件）下的目标函数。然后最小化方程式(15.34)，通过求解稳态 Riccati 方程得到最优控制律$u(k)$，同时满足式(15.30)[52]中的系统约束。LQR 方法保证了系统的期望结果，而系统负荷和源参数的变化在可接受的范围内。

式（15.32）为每个 DER 变换器的总跟踪误差。通过在很小的带宽（如$h=+10^{-4}$）中限制这个误差，可以最小化跟踪误差。现在，从式（15.32）开始，每一个分布式电源的开关函数u（即开关 IGBT 对）都是通过基于误差级别的迟滞控制生成的。

$$\begin{gathered}
\text{若 } u_{\mathrm{c},i}(k)>+h,\text{ 则 } u_i=+1\\
\text{若 } -h\leqslant u_{\mathrm{c},i}(k)\leqslant +h,\text{ 则 } u_i=\text{之前的 } u_i\\
\text{若 } u_{\mathrm{c},i}(k)<-h,\text{ 则 } u_i=-1
\end{gathered} \tag{15.35}$$

在本章参考文献［24］中给出了关于所讨论的变换器控制的更多细节。

为了实现对输出电压的良好跟踪，对每个分布式电源采用状态反馈控制。因此，控制器表达式为

$$u_i aV_{\mathrm{dc}}=v_{\mathrm{cf,ref},i}-K(X_i-X_{\mathrm{ref},i})=v_{\mathrm{cf,ref},i}-k_1(v_{\mathrm{cf},i}-v_{\mathrm{cf,ref},i})-k_2(\widetilde{i}_{\mathrm{f},i}-0) \tag{15.36}$$

式中，$K=[k_1\quad k_2\quad k_2]$是式（15.32）的增益矩阵。

把式（15.36）代入式（15.20），然后用拉普拉斯域表示，有

$$\begin{aligned}
&V_{\mathrm{cf},i}(s)[L_{\mathrm{f}}C_{\mathrm{f}}s^2+R_{\mathrm{f}}C_{\mathrm{f}}s+1]+I_{\mathrm{T},i}(s)[L_{\mathrm{f}}s+R_{\mathrm{f}}]\\
&=V_{\mathrm{cf,ref},i}(s)[k_1+1]-k_1V_{\mathrm{cf},i}(s)-\frac{k_2 s}{s+\alpha}I_{\mathrm{f},i}(s)
\end{aligned} \tag{15.37}$$

式（15.37）给出了分布式电源变换器和滤波器的戴维南等效电路的参数，包括所开发的状态反馈控制。

$$V_{\mathrm{cf},i}(s)=G_1(s)V_{\mathrm{cf,ref},i}(s)+G_2(s)I_{\mathrm{T},i}(s) \tag{15.38}$$

其中，$G_1(s)$和$G_2(s)$定义如下：

$$G_1(s)=\frac{(k_1+1)s+\alpha(k_1+1)}{L_\mathrm{f}C_\mathrm{f}s^3+C_\mathrm{f}(R_\mathrm{f}+k_2+\alpha L_\mathrm{f})s^2+(k_1+1+\alpha R_\mathrm{f}C_\mathrm{f})s+\alpha(k_1+1)}$$
$$G_2(s)=\frac{L_\mathrm{f}S^2+(R_\mathrm{f}+\alpha L_\mathrm{f}-k_2)S+\alpha R_\mathrm{f}}{L_\mathrm{f}C_\mathrm{f}s^3+C_\mathrm{f}(R_\mathrm{f}+k_2+\alpha L_\mathrm{f})s^2+(k_1+1+\alpha R_\mathrm{f}C_\mathrm{f})s+\alpha(k_1+1)} \tag{15.39}$$

并且$G_1(s)V_{\mathrm{cf,ref}}(s)=V_{\mathrm{Th}}$和$G_2(s)=-Z_{\mathrm{Th}}$。

从频域分析的角度研究了变换器和滤波器系统的状态反馈控制与开环控制的性能比较。为此，得到了$G_1(s)$和$G_2(s)$的伯德图，分别如图15.6a和b所示。从图15.6a可以看出，在频率范围内（即50Hz），$G_1(s)$具有零相移的单位增益（即$V_{\mathrm{Th}}\approx V_{\mathrm{cf}}$），这有助于将式（15.1）简化为15.4.1节中的式（15.2）。另一方面，从图15.6b中可以看出，在感兴趣的频率范围内，在开环条件下，$G_2(s)$的幅度相对较高。高幅值将网络负荷转换为分布式电源变换器控制。通过适当设计状态反馈增益可以有效地降低这个量。值得注意的是，$G_2(s)$在50Hz左右是相对感性的，这验证了15.4.1节的式（15.1）中Z_{Th}是纯感性的假设。

15.4.4 DSTATCOM控制

如节15.3.2所述，微电网中的电压调节是通过安装在配电变压器二次侧的DSTATCOM实现的，DSTATCOM将其公共耦合点电压调节到期望的值。本研究中使用的DSTATCOM在其变换器输出端有一个*LCL*滤波器，通过与网络交换无功功率来实现电压调节。DSTATCOM的电压控制策略是基于公共耦合点电压的直接控制。该方法利用公共耦合点电压有效值$V_{\mathrm{T-DSTAT}}$与其期望值$V_{\mathrm{T-DSTAT,desired}}$的差值，在DSTATCOM中通过交流滤波电容器产生所需的电压幅值为

$$|V_{\mathrm{cf-DSTAT}}|=V_{\mathrm{cf-DSTAT,ref}}+\left(K_\mathrm{P}+\frac{K_\mathrm{I}}{S}\right)(V_{\mathrm{T-DSTAT,desired}}-V_{\mathrm{T-DSTAT}}) \tag{15.40}$$

式中，$V_{\mathrm{cf-DSTAT,ref}}$是该电压的参考值；$K_\mathrm{P}$和$K_\mathrm{I}$是PI控制器参数；下标DSTAT为DSTATCOM。

分布式电源通过直流电源稳定其直流电容电压V_{dc}，但DSTATCOM中不存在直流电源。当交流系统不与直流电容交换任何功率时，DSTATCOM中的V_{dc}可以保持与它的参考值$V_{\mathrm{cf,ref}}$相等[53]。如果交流系统补充DSTATCOM变换器的损失，

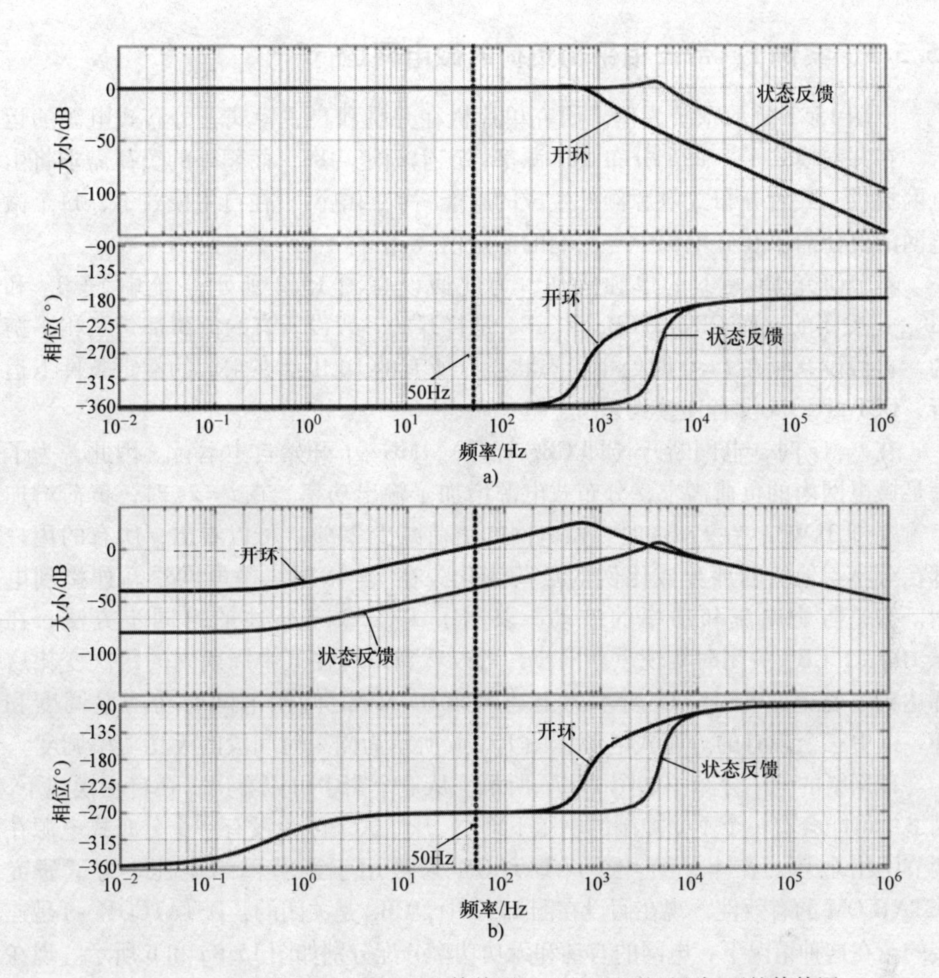

图 15.6　a) $G_1(s)$开环和闭环的伯德图　b) $G_2(s)$开环和闭环的伯德图

则可以保证这一点。为此，交流滤波器电容器 δ_{cf} 的电压角必须随着直流电容器电压的变化而变化。

$$\delta_{cf-DSTAT,ref}=\left(K''_P+\frac{K''_I}{s}\right)(V_{dc-DSTAT,ref}-V_{dc-DSTAT})\tag{15.41}$$

15.5　验证和仿真研究

为了验证在相互连通的自主微电网系统中提出的主控制级别，以下几个案例研究使用了 PSCAD/EMTDC 软件[44,54]。网络、分布式电源变换器和下垂控制参数的技术数据见附录 B。

15.5.1 案例1：带三相平衡负荷的微电网运行

以图15.2所示系统为例，研究单片机在并网和自主模式下分布式电源的运行。在并网模式下，每个分布式电源都将产生额定功率，而额外的负荷需求将由电网提供，或者分布式电源额外生成的电能将流回电网。在自主模式下，每个微电网的负荷需求在微电网中与它们的额定值成正比。

本节研究MG-1的单独操作，为此假设在图15.2所示系统中，CB_G 和 CB_{M1} 是关闭的，而 CB_{M2}、CB_{S1} 和 CB_{S2} 是打开的。假设所有的负荷都是三相平衡的，再假设系统在 $t=0$ 时处于稳态状态，所有的DER都在它们的额定条件下运行，DSTATCOM没有连接到系统。

在 $t=1s$ 时，电网断开（即 CB_G 打开），MG-1开始自主运行。因此，为了满足微电网内的负荷需求，分布式电源增加了输出功率。在 $t=2s$ 时，负荷增加25%（即3kW），在 $t=3s$ 时，微电网的负荷减少25%。可以看出，所有的用户都在分享与他们的评分成比例的负荷变化。在 $t=4s$ 时，微电网重新连接到电网。为了防止电流和功率的波动，采用了15.3.3节所述的再同步方法。在 $t=10.1s$，CB_G 关闭时实现重新同步，可以看到系统在五个周期内的每次变化后都达到了稳态。图15.7a所示为上述网络0~1s之间的电网有功功率调度和MG-1中三个现有的分布式电源，图15.7b所示为同一时间段的无功功率调度。

该网络的电压分布图如图15.7c所示。从这个图中可以看出，在自主模式下，网络中可能会有一个不受控制的电压下降/上升，这是因为没有一个分布式电源在调节网络电压。在本研究中，DSTATCOM未被用于调节网络电压。为了研究DSTATCOM的有效性，现在假设在图15.2中，CB_{S1} 是关闭的，DSTATCOM-1是连接的。在这种情况下，电网的有功和无功功率分配分别如图15.8a和b所示。现在网络的电压得到了极大的改善，更接近1pu的期望值，如图15.8c所示。图15.7a和图15.8a中有功功率的差异是由于电压的变化。

DSTATCOM在安装之后，DSTATCOM直流电容器的电压分布如图15.8d所示，在自主模式下，其电压降为1%，可以忽略。DSTATCOM的输出有功和无功功率如图15.8e所示。图15.8结果中的振荡是由于DSTATCOM的动态特性。还需要注意的是，重新同步机制与前面的情况类似，这里不再赘述。

15.5.2 案例2：微电网运行不平衡、谐波负荷

图15.8所示的仿真结果代表了三相平衡负荷下微电网的运行情况。然而，网络总是提供单相负荷和非线性负荷，为了研究这些负荷对微电网操作的影响，假设在图15.2的系统中，在 $t=0s$ CB_G 时，关闭 CB_{M1} 和 CB_{S1}，系统处于稳态状态；在 $t=0.5s$ 时，打开 CB_G 断开电网，此时微电网将自动工作。需要注意的

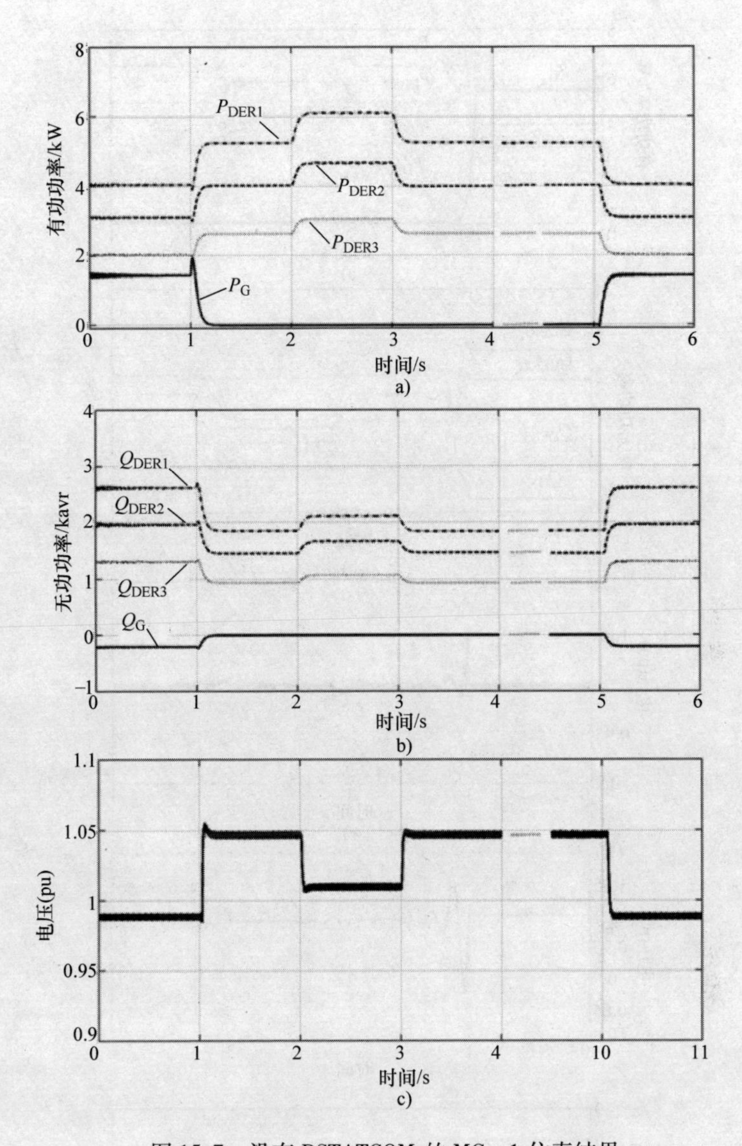

图 15.7　没有 DSTATCOM 的 MG－1 仿真结果

a）电网和分布式电源的有功功率调度　b）电网和分布式电源的无功功率调度

c）网络电压监测配电变压器的二次侧

是，配电网变压器仍然与低压侧相连。

在 $t=1.5$s 时，一个新的单相 2kW 负荷连接到 A 相。稍后，在 $t=2.5$s 时，另一个单相 2kW 负荷连接到 C 相。图 15.9a 所示为上述网络中 0～3.5s 之间电网和微电网中的三个分布式电源的有功功率调度。从图中可以看出，根据期望的功率分配比例，在不同的设备之间保持有源发电的总量。

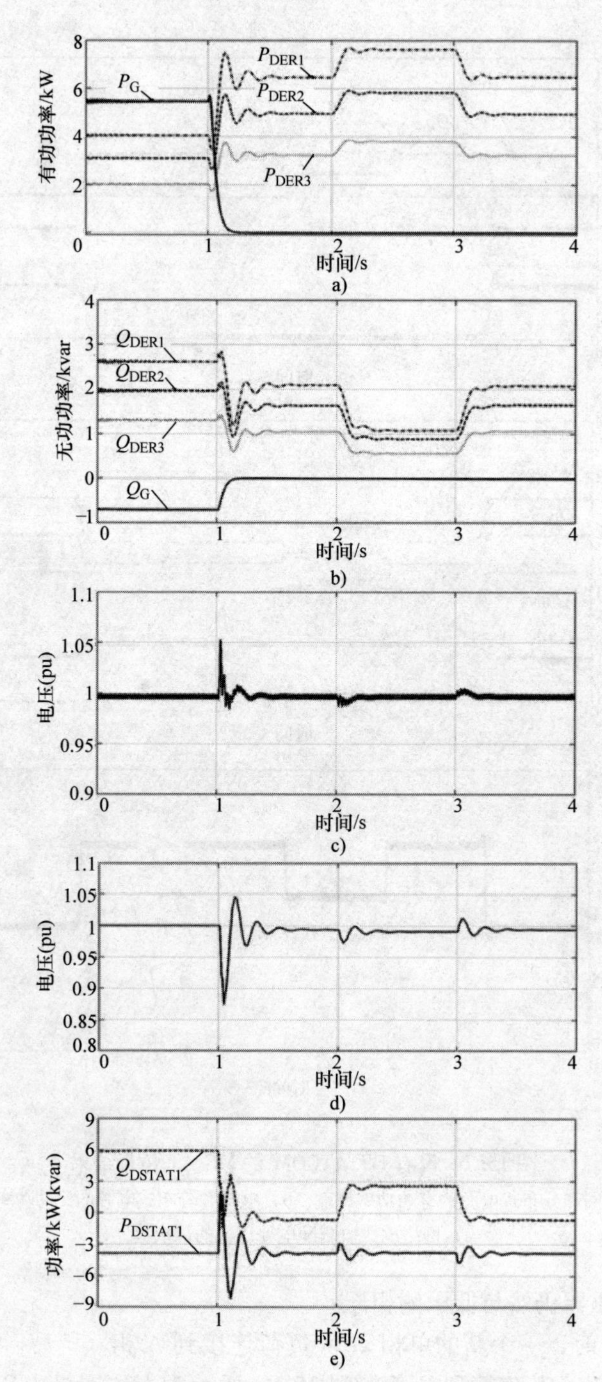

图 15.8　连接 DSTATCOM 的 MG－1 仿真结果

a）电网和分布式电源的有功功率调度　b）电网和分布式电源的无功功率调度　c）网络电压监测配电变压器的二次侧　d）DSTATCOM 输出有功和无功功率注入　e）DSTATCOM 直流电容的电压状况

图 15.9b 所示为其中一个三极体（如 DER_1）每相的有功功率输出。从图中可以看出，对于 $t<1.5s$，DER_1 的三个阶段都有等量的有功功率生成。然而，当单相负荷连接到 A 相时，即在 $t=1.5$ s 时，分布式电源各相的有功功率输出都会增加，A 相的增长略高，这个细微的差异将在本章参考文献［54］中进一步讨论。同理，当另一个单相负荷连接到 C 相时，即在 $t=2.5s$ 时，分布式电源所有相的输出有功功率都增加了，而 C 相的输出功率增加更多。类似的结果在微电网的所有数据中都可以观察到，从图中可以看出，单相负荷的电力需求在这三个阶段之间是共享的。图 15.9c 所示为所研究的案例中，所有分布式电源 A 相中的有功输出，从图中可以看出，对于网络的负荷变化，发电中各相的贡献水平也是基于它们之间的期望分配比。

值得注意的是，由于有可能通过配电变压器的绕组将电力从微电网的一个相循环到另两个相，因此，各组的所有相位都会导致网络中的单相（或不平衡）负荷变化。图 15.9d 所示为所研究案例中配电网变压器提供的有功功率，从图中可以看出，当微电网在负荷平衡自主模式下工作时（即 $0.5<t<1.5s$），配电变压器输出功率为零。然而，可以看出 $1.5<t<2.5s$ 时有一个负的有功功率流进配电变压器 B 相和 C 相，循环并返回至连接单相负荷的 A 相。同样的，$2.5<t<3.5s$ 时有一个负的有功功率流进入配电变压器 B 相，循环并返回至连接单相负荷的 A 相和 C 相。分布式电源样品（如 DER_1）的三相瞬时电流输出如图 15.9e 所示，表明分布式电源在其输出中产生了不平衡电流。

现在考虑图 15.2 中的微电网带谐波负荷。假设系统在 $t=0s$ 和 $t=0.5s$ 时处于稳态状态，电网断开（即 CB_G 被打开），微电网以自主模式运行。在 $t=1.5s$ 时，一个新的三相谐波 3kW 负荷连接到网络上。当 $t=2.5s$ 时，其需求增加到 6kW。如图 15.10a 所示的快速傅里叶变换（FFT）谱，谐波负荷的总谐波失真（THD）为 25.5%。图 15.10b 所示为上述网络中 0 ~ 3.5s 之间的电网有功功率调度以及微电网中现有的三个分布式电源。单相有功输出如图 15.10c 所示，A、B、C 各相的有功功率输出如图 15.10d 所示。从这些图中可以看出，当负载来自三相网络时，其需求在每个分布式电源的三相网络中平均分配。然而，根据期望的功率分配比，用户可以分配额外的需求。样机（如 DER_1）的三相瞬时电流输出如图 15.10e 所示，图中显示的是由于网络谐波负载的要求而导致的三相瞬时电流输出畸变。

15.5.3　案例 3：相互连接的自主微电网系统

假设在图 15.2 所示系统中，当 $t=0$ 时，断路器 CB_G、CBM_1、CBM_2、CBS_1、CBS_2 处于稳态状态。现在假设由于中电压栅极发生故障，自愈过程后，CB_G 是导通的，CB_{M1} 和 CB_{M2} 在 $t=1$ 处是关断的。如前所述，在自愈过程中，保

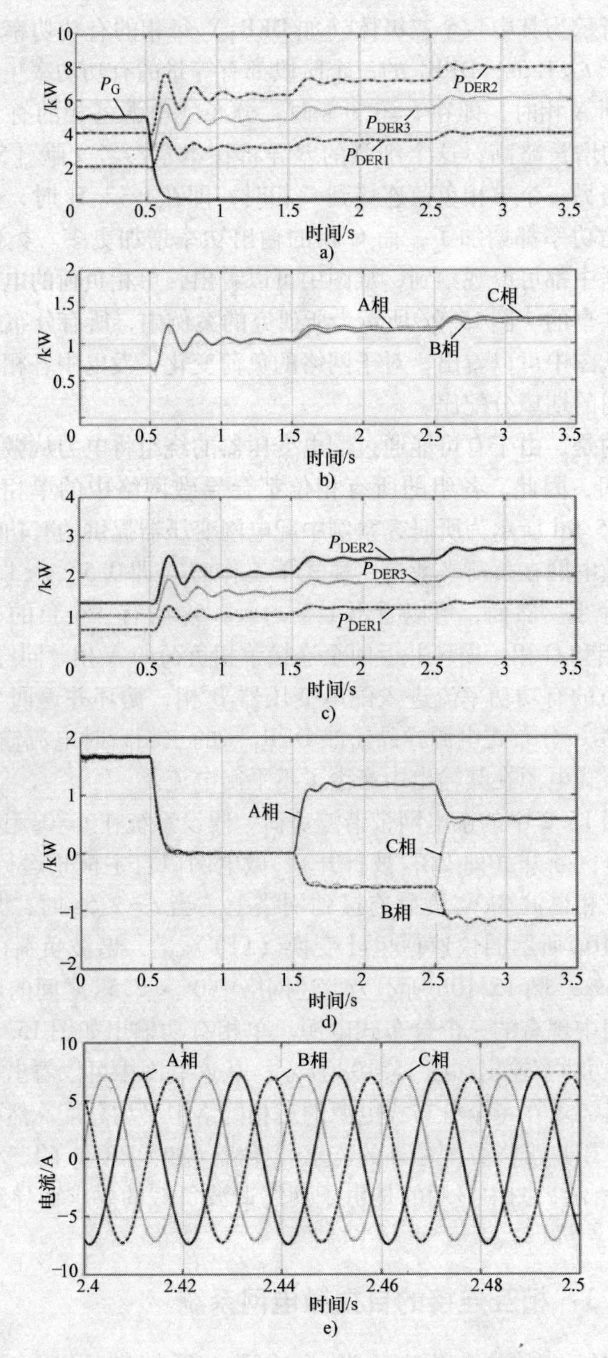

图 15.9　不平衡负荷下微电网运行的仿真结果

a）电网和三个分布式电源的有功功率调度　b）DER_1 的有功功率输出

c）A 相各分布式电源的有功功率输出　d）配电变压器提供的有功功率　e）DER_1 的三相瞬时电流输出

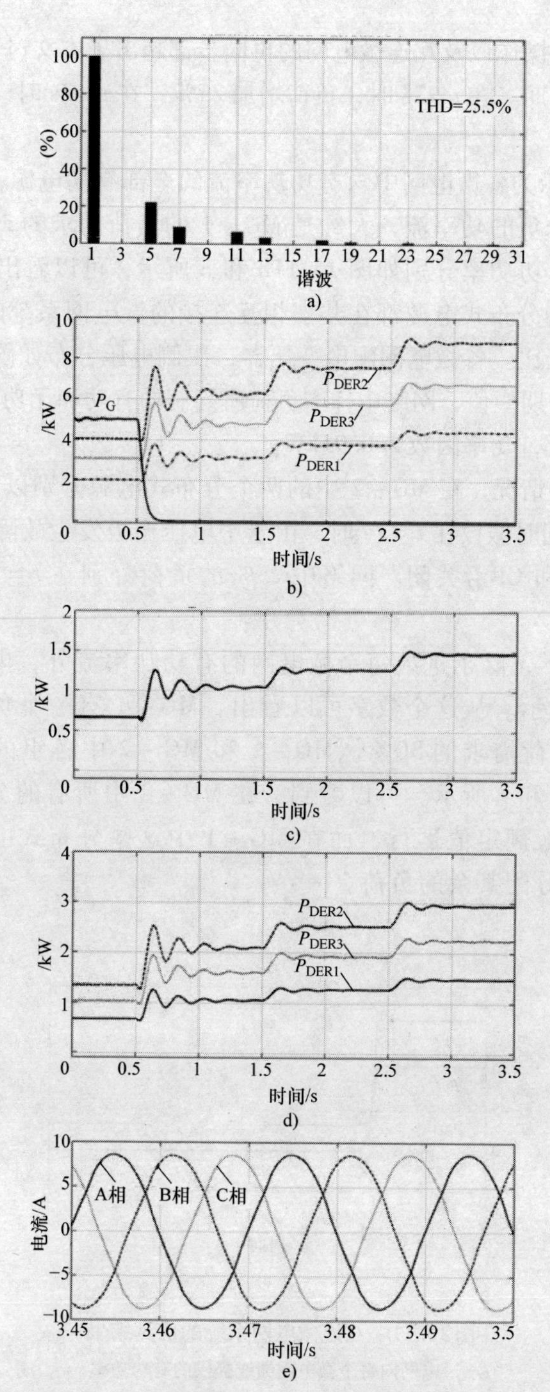

图 15.10　谐波负荷下微电网运行的仿真结果

a）谐波负荷电流的 FFT 频谱　b）电网和三个分布式电源的有功功率调度　c）单相 DER_1 的有功功率输出　d）A 相各分布式电源的有功功率输出　e）DER_1 的三相瞬时电流输出

护装置和断路器的操作以及互连微电网的再同步都超出了本文讨论的范围，本研究不考虑这一过渡期。在 $t=2s$ 时，负荷增加 25%，在 $t=3s$ 时，在 MG-1 中的负荷减少 25%。

图 15.11a 所示为各微电网中含有功功率流的全部有功电源，从图中可以看出，MG-2 有一个负的功率流，大约是 MG-1 的负荷需求的 20%。MG-1 和 MG-2中各组的有功功率分别如图 15.11b 和 c 所示，可以看出，在 MG-1 和 MG-2 中，所有的分布式电源都在共享相互连接的微电网系统的负荷需求，并与它们的评级成正比。各微电网配电变压器二次侧电压分布如图 15.11d 和 e 所示，调节为 1pu 的期望值，网络中样本负荷所绘制的有功和无功功率如图 15.11f 所示，需要 2.7kW，功率因数为 0.95kW。

现在假设一种情况，在 MG-2 中的两个分布式电源分别以最大容量（即 4 和 8kW）运行，同时假设在 $t=1s$ 时，由于中电压栅极发生故障，自愈过程后，CBG 打开，CB_{M1} 和 CB_{M2} 关闭。网络中 25% 的负荷分别在 $t=2s$ 和 3s 时增加和减少。

在这种情况下，除了进入每个微电网的有功功率流外，电网的总有功功率如图 15.12a 所示。从这个数字可以看出，MG-1 有一个负的功率流，大约是 MG-2 的负荷需求的 30%。MG-1 和 MG-2 中各组的有功功率输出分别如图 15.12b 和 c 所示。可以看到，在 MG-2 中所有的分布式电源都一直在以它们的最大额定值运行，而在 MG-1 中这些分布式电源则以它们的额定值成比例地分配其余的负荷。

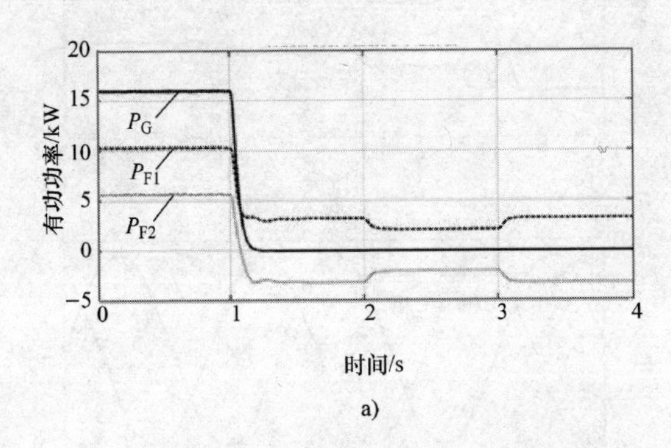

图 15.11 互连微电网系统的仿真结果

a）电网向每个微电网馈线提供的有功功率

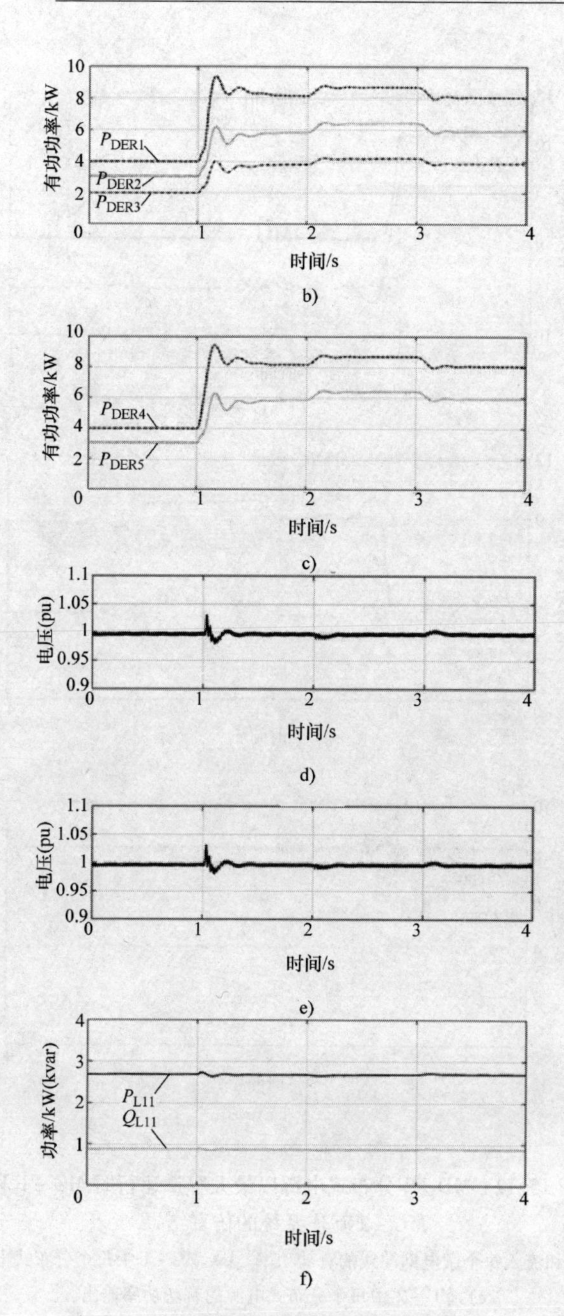

图 15.11　互连微电网系统的仿真结果（续）

b）MG－1 中每个分布式电源的有功功率输出　c）MG－2 中每个分布式电源的有功功率输出

d）变压器二次侧的 MG－1 电压监测曲线　e）变压器二次侧的 MG－2 电压监测曲线

f）样本负荷的有功和无功功率需求

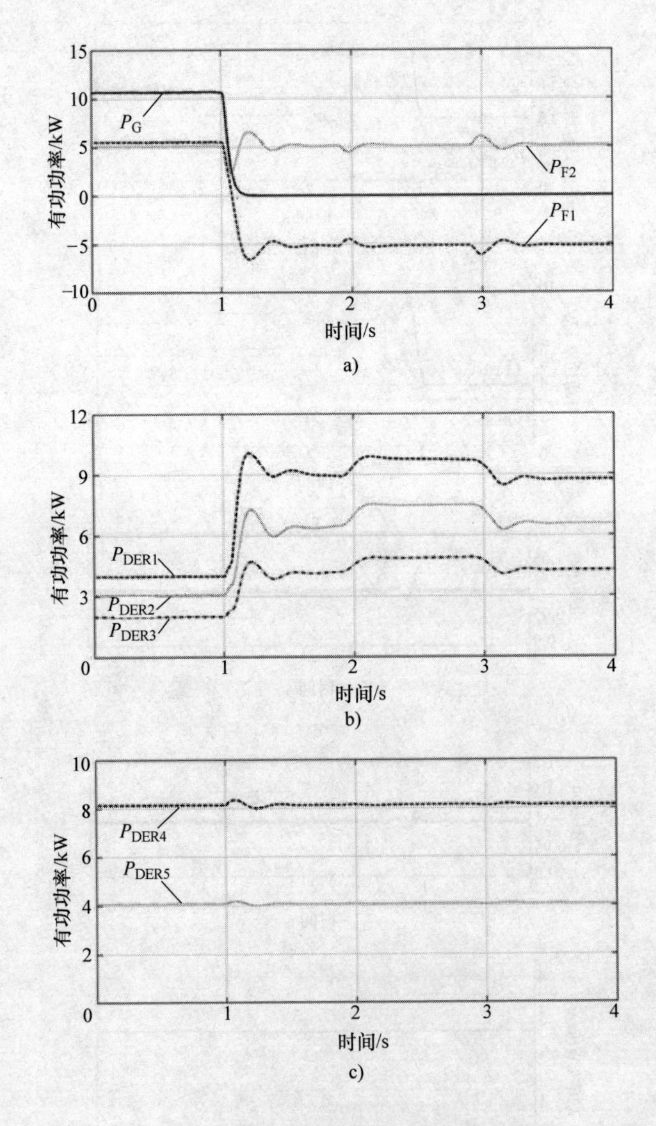

图 15.12　MD－2 分布式电源以最大容量运行时 MG－1 和 MG－2 互连系统的仿真结果

a）电网的有功功率和流入每个微电网馈线的有功功率　b）MG－1 中每个分布式电源的有功功率输出　c）MG－2 中每个分布式电源的有功功率输出

15.6　结论

为了减少在自动操作过程中微电网的负荷，如果在一个微电网中有一个自愈网络和一个额外的发电容量，则它们可以相互连接。本章讨论了互连相邻自主微电网系统中分布式电源变换器的主控制级别，描述了一种网络和微电网的层次控制系统。自愈和供应恢复算法、保护装置及其协调和通信的概念属于三级控制级别，并不是本章的重点。本章重点讨论了主控制层，该控制层保证了互连微电网系统中所有设备之间适当的功率共享。开发了控制算法来管理微电网中并网和自主运行模式下变换器的并行操作，同时在每个微电网中安装 DSTATCOM 来调节网络电压。利用所开发的内环和外环控制技术，可以在瞬态和稳态条件下获得可接受的动态性能。所提出的方法可以抑制网络中任何我们不希望出现的电压、功率和频率变化。根据所描述的主控制级别，一旦其他微电网出现发电不足的情况，具有额外发电能力的分布式电源可以在其他微电网中成功地分担部分负荷。

附录 A

如 15.3.1 节所述，本章所考虑的开发人员都是详细建模的，这些模型的技术数据总结如下。

A.1　燃料电池

在实验验证的基础上，典型的质子交换膜燃料电池（Proton Exchange Membrane Fuel Cell，PEMFC）具有输出 $V-I$ 特性

$$V(i)=371.3-12.38\log(i)-0.2195i-0.2242e^{0.025i} \tag{A.1}$$

在本章参考文献［55］的阐述和使用。

A.2　光伏电池

在本章参考文献［55］中，采用简化的光伏电池等效电路，输出电压为输出电流的函数，输出电流为负荷电流、环境温度和辐射水平的函数。在这个模型中，光伏电池的输出电压是通过以下计算得到的

$$V_{PV}=\frac{AkT_c}{e}\ln\left(\frac{I_{ph}+I_o-I_c}{I_o}\right)-R_sI_c \tag{A.2}$$

式中，A 是曲线拟合常数；e 是电子电荷（1.602×10^{-19}C）；k 是玻尔兹曼常数（1.38×10^{-23}J/°K）；I_c 是光伏电池的输出电流；I_{ph}是光电流（1A）；I_o 是二极管反向饱和电流（0.2mA）；R_s 是光伏电池系列电阻（1mΩ）；V_{PV}是光伏电池输出电压；T_c 是光伏电池参考温度（25℃）。

采用最大功率点跟踪（MPPT）方法，根据负荷或环境条件的变化，实现光伏电池的最大功率。MPPT 算法在本章参考文献［55］中给出。

A.3 电池

假设电池是一个能量恒定的电压源，并将其建模为一个具有串联内部电阻[55]的恒定直流电压源。

附录 B

提供图 15.2 所示微电网的技术数据，见表 B.1 和表 B.2。

表 B.1 考虑的网络的技术数据

高压馈线	11kV L－L RMS，50Hz
低压馈线	$R=0.2\Omega$，$L=10\text{mH}$，410V L－L RMS，50Hz，$R=0.02\Omega$，$L=1\text{mH}$
变压器	30kVA，11kV/410V，三相，△/Y 接地，$Z_1=5\%$
阻抗加载	7 个三相 RL 负荷，每个 $P=3\text{kW}$，$PF=0.95$
感应电动机	2 个三相，每相 $P=1.5\text{kW}$，$PF=0.8$
分布式电源 VSC 和滤波器	$R_f=0.1\Omega$，$L_f=0.4\text{mH}$，$C_f=50\mu\text{F}$，$V_{dc}=150\text{V}$，$a=3.33$，$h=10^{-4}$
DSTATCOM VSC 和滤波器	$R_f=0.1\Omega$，$L_f=4\text{mH}$，$C_f=25\mu\text{F}$，$V_{dc}=1\text{kV}$，$a=1$，$h=10^{-4}$

表 B.2 分布式电源和下垂控制系数的技术数据

分布式电源类型	分布式电源评级/kW	L_{coup}/mH	m/(rad/kW)	n/(V/kvar)
燃料电池（DER_1，4）	4	5.61	1.5708	4.5
光伏电池（DER_2，5）	3	7.48	2.0944	6.0
电池（DER_3）	2	11.22	3.1416	9.0

参考文献

1. Kroposki B, Pink C, DeBlasio R, Thomas H, Simões M, Sen PK (2010) Benefits of power electronic interfaces for distributed energy systems. IEEE Trans Energy Convers 25(3):901–908
2. Senjyu T, Nakaji T, Uezato K, Funabashi T (2005) A hybrid power system using alternative energy facilities in isolated island. IEEE Trans Energy Convers 20(2):406–414
3. Hatziargyriou N, Asano H, Iravani R, Marnay C (2007) Microgrids. IEEE Power and Energy Magazine 5(4):78–94
4. Huang W, Lu M, Zhang L (2011) Survey on microgrid control strategies. Energy Procedia 12:206–212

5. Kroposki B, Lasseter R, Ise T, Morozumi S, Papatlianassiou S, Hatziargyriou N (2008) Making microgrids work. IEEE Power Energy Magazine 6(3):40–53
6. Katiraei F, Iravani R, Hatziargyriou N, Dimeas A (2008) Microgrids management. IEEE Power Energy Magazine 6(3):54–65
7. Lasseter RH (2002) Microgrids. IEEE Power Eng Soc Winter Meet 1:305–308
8. Barnes M, Kondoh J, Asano H, Oyarzabal J, Ventakaramanan G, Lasseter R, Hatziargyriou N, Green T (2007) Real–world micro grids–an overview. In: IEEE international conference on systems engineering, pp 1–8
9. Lopes JAP, Moreira CL, Madureira AG (2006) Defining control strategies for microgrids islanded operation. IEEE Trans Power Syst 21(2):916–924
10. Chandorkar MC, Divan DM, Adapa R (1993) Control of parallel connected inverters in standalone AC supply systems. IEEE Trans Ind Appl 29(1):136–143
11. Majumder R, Ghosh A, Ledwich G, Zare F (2009) Angle droop versus frequency droop in a voltage source converter based autonomous microgrid. In: IEEE power engineering society general meeting, pp 1–8
12. Majumder R, Shahnia F, Ghosh A, Ledwich G, Wishart M, Zare F (2009) Operation and control of a microgrid containing inertial and non–inertial micro sources. In: IEEE region 10 conference (TENCON), pp 1–6
13. Rowe CN, Summers TJ, Betz RE, Cornforth DJ, Moore TG (2013) Arctan power–frequency droop for improved microgrid stability. IEEE Trans Power Electron 28(8):3747–3759
14. Rokrok E, Golshan MEH (2010) Adaptive voltage droop scheme for voltage source converters in an islanded multibus microgrid. IET Gener Transm Distrib 4(5):562–578
15. Bevrani H, Shokoohi S (2013) An intelligent droop control for simultaneous voltage and frequency regulation in islanded microgrids. In: Accepted in IEEE transactions on smart grid, vol 99, pp 1–9
16. Sanjari MJ, Gharehpetian GB (2013) Small signal stability based fuzzy potential function proposal for secondary frequency and voltage control of islanded microgrid. Electric Power Compon Syst 41(5):485–499
17. Johnson B, Davoudi A, Chapman P, Sauer P (2011) A unified dynamic characterization framework for microgrid systems. Electric Power Compon Syst 40(1):93–111
18. Dou CX, Liu DL, Jia XB, Zhao F (2011) Management and control for smart microgrid based on hybrid control theory. Electric Power Compon Syst 39(8):813–832
19. Majumder R (2013) Some aspects of stability in microgrids. In: Accepted in IEEE Transactions on power systems, vol 99
20. Majumder R, Chaudhuri B, Ghosh A, Majumder R, Ledwich G, Zare F (2010) Improvement of stability and load sharing in an autonomous microgrid using supplementary droop control loop. IEEE Trans Power Syst 25(2):796–808
21. Nian H, Zeng R (2011) Improved control strategy for stand-alone distributed generation system under unbalanced and non-linear loads. IET Renew Power Gener 5(5):323–331
22. Katiraei F, Iravani MR (2006) Power management strategies for a microgrid with multiple distributed generation units. IEEE Trans Power Syst 21(4):1821–1831
23. Yazdani A, Iravani R (2006) A unified dynamic model and control for the voltage-sourced converter under unbalanced grid conditions. IEEE Trans Power Delivery 21(3):1620–1629
24. Ghosh A, Ledwich G (2002) Power quality enhancement using custom power devices. Kluwer Academic Publishers, Dordrecht
25. Teodorescu R, Liserre M, Rodriguez P (2011) Grid converters for photovoltaic and wind power systems. Wiley, New Jersey
26. Blaabjerg F, Teodorescu R, Liserre M, Timbus AV (2006) Overview of control and grid synchronization for distributed power generation systems. IEEE Trans Ind Electron 53(5):1398–1409
27. Rocabert J, Azevedo G, Candela I, Teoderescu R, Rodriguez P, Etxebarria-Otadui I (2010) Microgrid connection management based on an intelligent connection agent. In: IEEE 36th annual conference on industrial electronics (IECON), pp 3028–3033

28. Majumder R, Ghosh A, Ledwich G, Zare F (2008) Control of parallel converters for load sharing with seamless transfer between grid connected and islanded modes. In: IEEE power engineering society general meeting, pp 1–7
29. Vandoorn TL, Meersman B, De Kooning JDM, Vandevelde L Transition from islanded to grid–connected mode of microgrids with voltage-based droop control. In: Accepted in IEEE transactions on power systems, vol 99, p 1
30. Hong YY, Hsiao MC, Chang YR, Lee YD, Huang HC, Multiscenario underfrequency load shedding in a microgrid consisting of intermittent renewables. In: Accepted in IEEE transactions on power delivery, vol 99, p 1
31. Seethalekshmi K, Singh SN, Srivastava SC (2011) A synchrophasor assisted frequency and voltage stability based load shedding scheme for self–healing of power system. IEEE Trans Smart Grid 2(2):221–230
32. Lasseter RH (2011) Smart distribution: coupled microgrids. In: Proceedings of the IEEE vol 99, no 6, pp 1074–1082
33. Shahnia F, Chandrasena RPS, Rajakaruna S, Ghosh A (2013) Autonomous operation of multiple interconnected microgrids with self-healing capability. In: IEEE power engineering society general meeting, pp 1–5
34. Moslehi K, Kumar R (2010) A reliability perspective of the smart grid. IEEE Trans Smart Grid 1(1):57–64
35. Fang X, Misra S, Xue G, Yang D (2012) Smart grid—the new and improved power grid: a survey. IEEE Commun Surv Tutorials 14(4):944–980
36. Liu H, Chen X, Yu K, Hou Y (2012) The control and analysis of self-healing urban power grid. IEEE Trans Smart Grid 3(3):1119–1129
37. Kezunovic M (2011) Smart fault location for smart grids. IEEE Trans Smart Grid 2(1):11–22
38. Moslehi K, Kumar ABR, Hirsch P (2006) Feasibility of a self-healing grid—part II: benefit models and analysis. In: IEEE power engineering society general meeting, pp 1–8
39. Zidan A, El–Saadany EF (2012) A cooperative multiagent framework for self-healing mechanisms in distribution systems. In: IEEE transactions on smart grid, vol 3, no. 3, pp 1525–1539, Sept 2012
40. Arefifar SA, Mohamed YAI, EL–Fouly THM (2012) Supply-adequacy-based optimal construction of microgrids in smart distribution systems. In: IEEE transactions on smart grid, vol 3, no 3, pp 1491–1502, Sept 2012
41. Košt'álová A, Carvalho PMS (2011) Towards self-healing in distribution networks operation: Bipartite graph modeling for automated switching. In: Electric power systems research, vol 81, Issue 1, pp 51–56, Jan 2011
42. Yinger RJ (2012) Self-healing circuits at Southern California Edison. In: IEEE transmission and distribution conference and exposition, pp 1–3, May 2012
43. Spitsa V, Ran X, Salcedo R, Martinez JF, Uosef RE, de Leon F, Czarkowski D, Zabar Z (2012) On the transient behavior of large-scale distribution networks during automatic feeder reconfiguration. IEEE Trans Smart Grid 3(2):887–896
44. Shahnia F, Chandrasena RPS, Rajakaruna S, Ghosh A (2013) Primary control level of parallel DER converters in system of multiple interconnected autonomous microgrid with in self-healing networks. In: IET generation transmission and distribution, under review
45. Justo JJ, Mwasilu F, Lee J, Jung JW (2013) AC-microgrids versus DC-microgrids with distributed energy resources: a review. Renew Sustain Energy Rev 24:387–405
46. Guerrero JM, Vasquez JC, Matas J, de Vicuna LG, Castilla M (2011) Hierarchical control of droop-controlled ac and dc microgrids—a general approach toward standardization. IEEE Trans Ind Electron 58(1):158–172
47. Katiraei F, Iravani R, Hatziargyriou N, Dimeas A (2008) Microgrids management. IEEE Power Energy Magazine 6(3):54–65
48. Vasquez JC, Mastromauro RA, Guerrero JM, Liserre M (2009) Voltage support provided by a droop-controlled multifunctional inverter. IEEE Trans Ind Electron 56(11):4510–4519
49. Lasseter RH, Piagi P (2006) Control and design of microgrid components. Final project report, Power Systems Engineering Research Center, University of Wisconsin–Madison

50. Salamah AM, Finney SJ, Williams BW (2008) Autonomous controller for improved dynamic performance of AC grid, parallel-connected, single-phase inverters. IET Gener Transm Distrib 2(2):209–218
51. Ghosh A, Ledwich G (2010) High bandwidth voltage and current control design for voltage source converters. In: 20th Australasian University power engineering conference (AUPEC), pp 1–6
52. Tewari A (2002) Modern control design with Matlab and Simulink. Wiley, New York
53. Ghosh A, Ledwich G (2003) Load compensating DSTATCOM in weak AC systems. IEEE Trans Power Delivery 18(4):1302–1309
54. Chandrasena RPS, Shahnia F, Rajakaruna S, Ghosh A (2013) Control, operation and power sharing among parallel converter-interfaced DERs in a microgrid in the presence of unbalanced and harmonic loads. In: 23rd Australasian University power engineering conference (AUPEC), pp 1–6, Sep/Oct 2013
55. Shahnia F, Majumder R, Ghosh A, Ledwich G, Zare F (2010) Operation and control of a hybrid microgrid containing unbalanced and nonlinear loads. Electric Power Syst Res 80(8):954–965

第16章 基于智能体的智能电网的保护和安全

Md·石哈努尔·拉赫曼（Md. Shihanur. Rahman）和H·R·波塔（H. R. Pota）

摘要：智能电网的愿景是提供一个现代的、有弹性的、安全的电力网络，通过对信息和通信技术（Information and Communication Technology，ICT）的有效利用，拥有一个高度可靠、高效的运行环境。通常来说，集成有分布式电源（DER），如风能、光伏、储能等的智能电网的控制和运行很大程度上依赖于一个复杂网络，该网络由计算机、软件和通信平台叠加在它的物理输电网结构上，促进了智能决策支持系统应用的调度。近年来，多智能体系统（Multi - Agent System，MAS）由于其分布式的特点在广域电力系统应用方面得到了深入研究，特别是在智能电网的保护和安全方面受到广泛关注。本章将提出一种为实现智能电网继电保护协调控制的多智能体系统框架，其由大量嵌入保护继电器的自主智能体组成。每个智能体有自己的控制线程，使它具有使用临界清除时间（Critical Clearing Time，CCT）信息操作断路器（Circuit Breaker，CB）的能力，同时能够通过高速通信网络相互通信。除了物理故障，由于智能电网高度依赖通信平台，所以它极易遭受来自其信息和通信线路上的网络威胁。了解某一智能电网通信结构的攻击者能够轻易地通过更改信息危害到电网中的器械和部件，从而可能会动摇整个系统导致大范围的停电。为了减轻遭受这类网络攻击的风险，本章节将讨论一些具有创新性针对性的测量技术。

关键词：电力系统；智能电网；多智能体系统；继电保护；网络安全和稳定

16.1 引言

智能电网是一个复杂的电力网络，能够将实时监控、先进的传感和叠加在物理输电网的通信平台有效地整合在一起。通过估计和控制使信息和能量从发电源到终端客户动态流动，为低损耗、高质量和能源供应安全的发电和能源分配提供一个经济高效、可靠且可持续的电力系统环境。智能电网在整合各种分布式电源，如风能和太阳能或者两者皆有的过程中发挥着重要作用，它能在并网或孤岛模式下为网络中的所有关键性负荷供电。而多智能体系统方法的使用则大大提高了供电的安全和可靠性，避免了由于系统自主运行模式下引发的频繁的级联故障。为了智能电网安全稳定地运行，物理和网络的影响对保护和安全性十分重要。最近的研究表明，多智能体系统技术通过结合自顶向下和自底向上的通信平台中的智能自主决策和控制架构，提供了一种更灵活的方式来提升智能电网的弹性和效率[1]。

根据 Rusell 和 Norvig 所提[2] “智能体的概念是作为一种分析系统的工具，而不是一种将世界划分为智能体和非智能体的绝对描述”，所以从已存在系统中区分出智能体系统是十分重要的。自主智能体和多智能体技术不同于现有系统和系统工程的方法，因为它们展现了一种动态适应性和灵活性的分布式特点。事实上，这种差异中的潜在优势促使电力工程师探索多智能体系统在电力工程问题中的应用。从电力工程的角度来看，现有的部分系统可以被归类为智能体，智能体可以认为是嵌入式电力系统组件。例如，一个保护继电器可以被视为一个存在于电力系统环境中的智能体，能对环境中如由于故障或发电机负荷变化引起的电压或电流变化做出反应，并且也能表现出一定程度的自主权。类似的观点同样适用于检测和减轻影响智能电网安全的网络威胁的软件智能体系统。

本章将讨论通过一种基于智能体的方法解决智能电网中的实物保护和网络安全问题。由于智能电网的大规模、复杂性和广泛的互连性，它们容易受到多种类型干扰的影响，比如三相故障和发电机负荷突然变化，这可能会带来机组失步问题和大面积停电的风险。暂态稳定评估问题已经通过几种方法得到了解决，包括基于智能体技术的一些应用，如基于智能体的汽轮机阀控制[3-5]、基于多智能体的利用强化学习（Reinforcement Learning，RL）的实时广域电力系统稳定器[6]、基于智能体技术的不稳定性预测和控制[7]、基于多智能体的分散协调控制[8]等。目前为止，通过使用多智能体的概念动态评估高风能渗透率的临界清除时间来提高暂态稳定性的方法尚未有人研究。因此，本章提出一种多智能体系统架构的智能电网协调保护结构，其中嵌入有相互协调和通信的保护继电器的自主智能体，通过 CCT 信息对系统保护装置实时协调。通过使用连续的 CCT 信息，它可以精确地在临界清除时间之前检测和隔离故障，并且再次接通断路器，恢复正常运行，提高系统的可伸缩性和性能，从而确保了暂态稳定性的提高。

除了物理故障或扰动，智能电网作为一个关键的网络物理系统（Cyber Physical System，CPS），也容易受到各种对其数据管理系统和通信层的网络威胁。网络攻击能通过操纵或破坏动态数据和篡改信息影响智能电网的动态状态、设备及组件，从而导致其控制中心做出预期控制操作相关联的错误决定，引起电网大面积停电。本章将讨论在基于智能体的智能电网基础设施平台上的一些创新计数测量技术，这些技术合并用于检测和缓解一些可能会导致系统异常物理行为的网络攻击。

16.2 智能电网的保护和安全要求

在智能电网中，保护系统通常需要满足在特定的状况下运行。因此，如果运行状态发生改变，则保护继电器的不正确操作可能会导致一系列断路器跳闸，这可能会导致级联故障从而引发智能电网大面积停电[9]。为了确保智能电网的安全可靠运行，保护继电器的协调需要一些基本的保护要求。由于智能电网是网络物理系统的主要基础设施，所以为了其安全和弹性运行，安全性要求也是十分必要的。一般来说，智能电网的网络安全要求包括三个主要的安全属性，即保密性用于防止未经授权的用户获得私人信息，完整性用于防止未经授权的用户修改信息，可用性保证当有需求时资源能被调用[10]。

16.2.1 微电网保护需求

以下为保护基于智能体的智能电网最重要的几点要求：

1）可靠性：智能电网的保护系统拥有只在需求时运行，在正常运行状态下关闭的能力。

2）敏感性：保护系统能够检测电力网络中一个很小的扰动或变化。这对于保证高阻抗故障的检测或减少来自小型、分散的发电机的故障至关重要[11]。

3）快速性：保护系统能够在故障发生后极短的时间内运行，但必须在临界清除时间前闭合断路器，这对于保持系统的稳定性，减少设备损坏进而改善电能质量是十分重要的。

4）选择性：当电网中发生故障时，保护系统能够在最短的时间内通过切断最少的系统设备来隔离故障。

16.2.2 微电网安全需求

本节将讨论智能电网的网络安全要求，这是保护电网的主要安全属性[10]。

1）保密性：由于电力系统信息为个人智能家电提供了一种使用模式，所以保密性十分重要，价格信息、控制命令和软件的保密并不是最重要的，因为系统的安全性不依赖于公共信息和软件的保密，而只依赖于保密密钥[12]。

2）完整性：信息、控制命令和软件的完整性至关重要。它可能通过改变价格信息从而导致客户的用电错误账单信息。通过破坏来自电源管理单元的信息造成控制中心做出错误决策指令而引发大电网的重大损失。由于被盗的软件能够控制任何设备和电网组件，所以软件的完整性也十分重要[10]。

3）有效性：电力系统信息的有效性是一个关键因素，因为拒绝服务（Denial of Service，DoS）攻击会发送虚假或延迟信息到服务器或网络，分布式拒绝服务

(Distributed DoS, DDoS) 攻击可以通过利用分布式攻击源，如智能电表和电器等来实现[10]。

16.3　微电网系统模型

智能电网是由四个主要单元组成的大规模互联、分布式的复杂系统。四个主要单元如下：①发电：从煤炭、水坝、风、核反应、太阳辐射等获取电力，可以是同步发电机、异步发电机或光伏发电；②传输：长距离通过高压输电线输送电力；③配电：输送的能量通过中低压配电系统分配给用户；④消费：用户设备侧的能耗等级。一个节点的典型物理智能电网架构如图 16.1 所示，每个节点可以由一台带有必要的支持控制设备的发电机和一个负荷或一台带有保护继电器的发电机组成。系统的每个节点都能够进行独立控制动作。

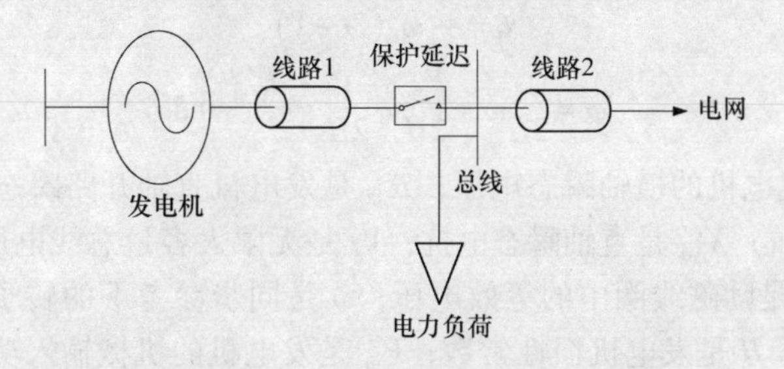

图 16.1　微电网的典型节点

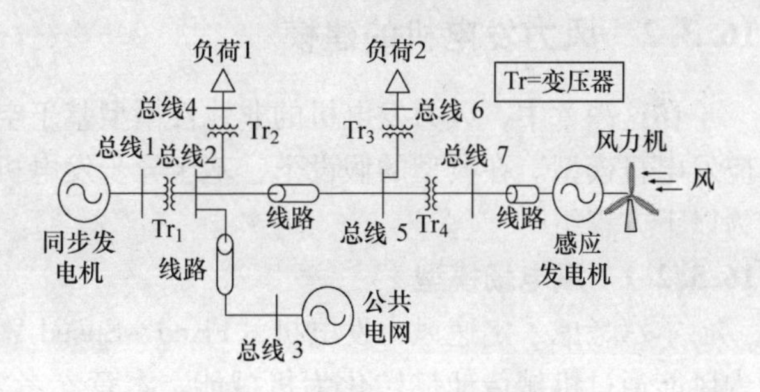

图 16.2　微电网系统的单线框图

本章考虑一个如图 16.2 所示有部分修改的智能微电网系统[13]。这个系统包含两个 DGs，额定容量为 7.3MW - 6.9kV 的传统同步发电机，并使用 6.9/66kV，8MVA 变压器将其连接到总线 1 和由 10 台每台 500kW 风力发电机组成的感应发生器风电场模型。5MW 的风力机通过使用阻抗 $z = 0.0374 + j0.3741$pu 的传输线和 12.5/66kV、10MVA 变压器连接到总线 7。两个电气负荷，即负荷 1 和负荷 2，分别连接到总线 4 和总线 6。电力通过 6/12.5kV、5MVA 变压器传输给 3.94MW、0.95Mvar 的负荷 1，通过 66/12.5kV、4MVA 变压器传输给 2.82MW、0.6Mvar 的负荷 2。总线 2 和总线 5 通过阻抗 $z = 0.0416 + j0.0663$pu 的传输线 TL_1 相互连接。66kV、

1000MVA 公用电网作为无限大容量总线，通过阻抗 $z=0.02+\mathrm{j}0.032$ pu 的传输线连接到总线 3。同步发电机的模型化和基于风电场的异步发电机将在下面的章节中讨论。

16.3.1 同步发电机的建模

在电力系统中，同步发电机发电是最重要的一个组件，发出的电能通过输配电系统交付给客户端。在标准的假设下，传统的同步发电机的三阶非线性动态模型可以表示为以下一组微分方程[14,15]：

发电机电气动力方程为

$$\dot{E}'_{\mathrm{q}}=-\frac{1}{T'_{\mathrm{d0}}}E'_{\mathrm{q}}+\frac{1}{T_{\mathrm{d0}}}\left(\frac{x_{\mathrm{d}}-x'_{\mathrm{d}}}{X'_{\mathrm{d}}}\right)V_{\mathrm{s}}\cos\delta+\frac{1}{T_{\mathrm{d0}}}E_{\mathrm{f}} \tag{16.1}$$

发电机机械动力方程为

$$\dot{\delta}=-\omega_{\mathrm{s}}(\omega-1) \tag{16.2}$$

$$\dot{\omega}=\frac{D}{2H}\omega+\frac{P_{\mathrm{m}}}{2H}-\frac{1}{2H}\frac{V_{\mathrm{s}}E'_{\mathrm{q}}}{x'_{\mathrm{d}}}\sin\delta \tag{16.3}$$

式中，E'_{q} 是发电机的横轴瞬态电压；T'_{d0} 是发电机直轴开路瞬态时间常数；X_{d} 是纵轴同步电抗；X'_{d} 是直轴瞬态电抗；V_{s} 是无限大容量总线电压；δ 是发电机的功率角；E_{f} 是励磁线圈中的等效电压；ω 是同步参考下的转子速度；D 是发电机阻尼常数；H 是发电机惯性常数；P_{m} 是发电机的机械输入功率，假定其为常数。

16.3.2 风力发电机的建模

在这一章中，风力发电机的非线性模型基于空气动力学的静态模型和二阶感应发电机模型。在典型的假设下，基于异步发电机的风电场的数学模型可以表示为以下方程组[16,17]。

16.3.2.1 风电场模型

本章考虑了定速风力发电机（Fixed - Speed Wind Turbine，FSWT）模型，其中风能通过机械传动链转化为机械能。本章参考文献［17］中提到风速和从风中提取的机械功率为

$$P_{\mathrm{wt}i}=\frac{\rho_i}{2}A_{\mathrm{wt}i}c_{\mathrm{p}i}(\lambda_i,\theta_i)V_{\mathrm{w}i}^3 \tag{16.4}$$

式中，$c_{\mathrm{p}i}$由以下关系式近似可得：

$$c_{\mathrm{p}i}=(0.44-0.0167\theta_i)\sin\left[\frac{\pi(\lambda_i-3)}{15-0.3\theta_i}\right]-0.00184(\lambda_i-3)\theta_i \tag{16.5}$$

式中，$i=1$，…，n，n 是风力发电机的数量；$P_{\mathrm{wt}i}$是风力发电机中提取的功率，

其取决于风速 V_{wi}(m/s)、空气密度 ρ_i (kg/m^3) 和扫掠面积 A_{wti} (m^2); c_{pi}是性能/功率系数，其取决于叶片的螺旋角 θ_i、叶尖速度和风速间比率，表示涡轮叶尖风速比 $\lambda_i = \frac{\omega_{mi} R_i}{V_{wi}}$; R_i 是风力发电机半径，单位为 m; ω_{mi}是风力发电机转速，单位为 rad/s。

16.3.2.2　异步发电机模型

本章中使用的异步发电机的动力学方程在结构上类似于同步发电机，可以写成

$$\dot{\delta} = -(\omega_s - \omega_r) - \frac{r_r X_m}{\omega_s X_r X_s} \frac{V_\alpha \sin\delta}{\lambda_{dr}} \tag{16.6}$$

$$J\left(\frac{2}{P}\right)\dot{\omega} = \left(\frac{3}{2}\right)\left(\frac{P}{2}\right)\frac{X_m}{X_r}\left(-\lambda_{dr}\frac{V_\alpha \sin\delta}{\omega_s X'_s}\right) - T_L \tag{16.7}$$

式中，δ 是 d 轴和异步发电机 A 相峰值之间的功率角; ω_s 是同步转速; ω_r 是电气转子的角速度; r_r 是转子绕组电阻; X_m 是磁化电抗; X_r 是转子绕组的漏抗; X'_s 是定子绕组的漏抗; V_α 是无限大电网电压; λ_{dr}是 d 轴的旋转磁通; J 是惯性系数; P 是感应电机的磁极; T_L 是负荷转矩。

16.4　多智能体系统

多智能体系统框架是一个分布式耦合网络，它由多个智能软件智能体组成，在特定环境中协同工作，通过在特定领域中解决特定问题来实现特定的目标。智能体的智能包括一些有条理、功能化、程序化或算法的搜索、发现和处理方法[18]。根据 Wooldridge[19]，一个智能体仅仅是“一种在某些环境下提出并且能够自主应对环境中变化的软件实体”，每个智能体是可观察且可变的。环境可能是一个物理系统，例如电力系统通过传感器使用相量测量单元（Phasor Measurement Unit，PMU）是可观测的，或者可能是计算环境，例如通过信息传递的数据或计算资源。智能体可通过执行器采取控制行动来改变环境，执行器可以是物理的，如打开再重新闭合一个断路器来重新配置一个电力网络，或者将诊断信息存储在一个数据库[20]，以便他人访问。

多智能体系统的关键组件是通信原理，根据 Wooldridge 的定义，智能体必须有通信能力，因此必须能够相互通信，智能体封装了一个特定任务或一组功能，类似于面向对象编程[20]。如果任何智能体需要与邻近的智能体合作和谈判，则将使用拥有自主控制动作附加功能的标准智能体通信语言（Agent Communication Language，ACL）[21]进行信息传送。多智能体技术提供一个理想的方法，通过将完全不同的系统“包装”成“智能系统”以实现系统集成，通常形成一个如图

16.3 所示带有规则和知识的多智能体系统，使其能在环境中做出反应且内部功能和推理实现自动化。

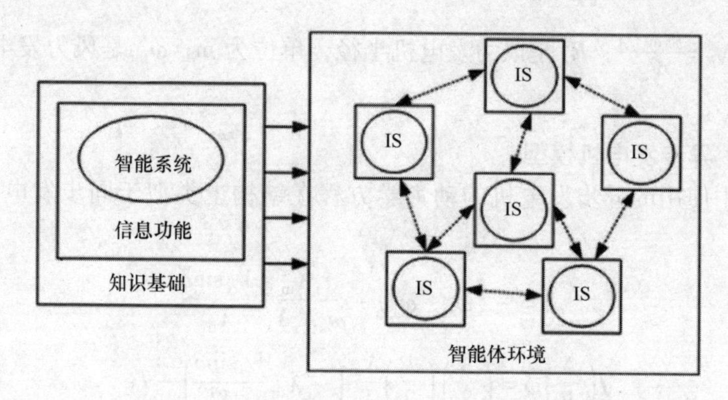

图 16.3 多智能体系统中的智能系统

通过给一个智能体自主权，可以克服与工具间间歇性通信相关的问题[22]。智能自主智能体有两个基本条件，一个是知识库，即每个智能体都必须了解其他智能体和整个环境；另一个是消息功能，即每个智能体用它们的通信能力在彼此之间交换消息或信息来实现它们的共同目标。多智能体系统在电力工程研究领域有着广泛和显著的应用，如战略电力基础设施防御系统、故障分析和诊断、电力系统保护、二次电压控制、能量管理系统、广域控制、电力系统恢复和重新配置、变压器状态监测系统、能源资源调度、电力市场分析等。

16.4.1 智能体的特点

多智能体系统的智能体有如下几个重要特征：

1）自主：智能体至少部分独立和自主，因此它们有能力基于环境观测来安排行动[23]。

2）分散：没有指定的控制智能体或系统，从而有效地减少到单个系统[24]。

3）反应：反应环境中任何变化的能力和基于其感知采取行动。

4）社会能力：能够通过简单的传递智能体通信语言信息交流来实现相互作用、交涉和合作。

5）主动行为：采取行动表现出其目标导向行为的能力[20]，通过它可以根据系统中的变化动态地改变其行为。

16.4.2 多智能体系统的工程优势

从工程的角度来看，多智能体系统通过以分散的方式提供一种解决方案从而在各种工程问题上有许多优势。多智能体系统适用于大范围的电力系统应用，这些应用要求具有灵活性、可扩展性和适应性，可以根据其分布特点快速改变环境，模块化且易于实现。多智能体系统的优势是在本章中讨论如下：

1）协议：多智能体系统提供了基础设施，指定与所有其他智能体的通信和交互协议。

2）分散：多智能体系统在其结构上分散化来自主解决环境中的复杂问题。

3）合作：多智能体系统包含自主和分布式智能体，可能是自利的和合作的。

4）灵活性：多智能体系统有能力对动态情况做出正确反应，并支持变量情况下复制[20]。

5）可扩展性：多智能体系统有能力轻松地给系统添加一个新特性，通过测试环境中任何变化来增加或升级现有功能。

16.4.3　多智能体系统与智能电网的交互

智能电网在本地运行并通过异构智能体分布，其范围从简单的设备到智能实体[26]。一些元启发式技术，如遗传算法（Genetic Algorithm，GA）、粒子群优化（Particle Swarm Optimization，PSO）、模拟退火（Simulated Annealing，SA）和禁忌搜索（Tabu Search，TS）被广泛应用于电力工程研究。事实上，这些技术的主要缺点是这些方法大多数是集中的，它们主要使用高速通信能力依靠中央计算设备来处理大量数据。如果中央计算设备失效，则这些方法可能无法解决问题。因为多智能体系统技术是以分散的方式处理问题的分布式智能应用程序，所以其具有高灵活性和可扩展性。本章参考文献［27］提到，由于多智能体系统技术的分布式特性和动态适应性，它将是解决与电力系统中计算、通信和数据集成相关问题的最佳方案。基于智能体的分层框架在本章参考文献［28］中用于智能电网基础设施。受这项工作启发，本章将提出一种分散分层结构的基于多智能体的智能电网架构。

一个基于多智能体的智能电网架构图如 16.4 所示，其中各节点智能体如下：通过节点（Through Node，TN）智能体终端能耗设备，ZIP 节点智能体 ZIP（Z 为阻抗 I 为电流 P 为恒功率）负荷，合计为楼层总线 TN，动态节点（DN）智能体相关的设备，如发电机和电动机相关设备，根节点（RN）智能体为动态节点提供一个参考值，超级节点（SN）智能体用于与所有 RNs 通信。TN 智能体将其开关状态、评级和有功功率信息发送到其 ZIP 节点智能体。ZIP 节点智能体聚合数据发送给它的 DN 智能体，DN 智能体将收集这些数据，并用它来模拟由系统动态方程给出的系统模型。RN 智能体给集群 DN 智能体提供参考值。RN 智能体还可以发送建议定价和甩负荷给 TN 智能体。每个子系统在此体系结构中通过 RN 智能体通信，并可以导出功率，接受外部功率注入。

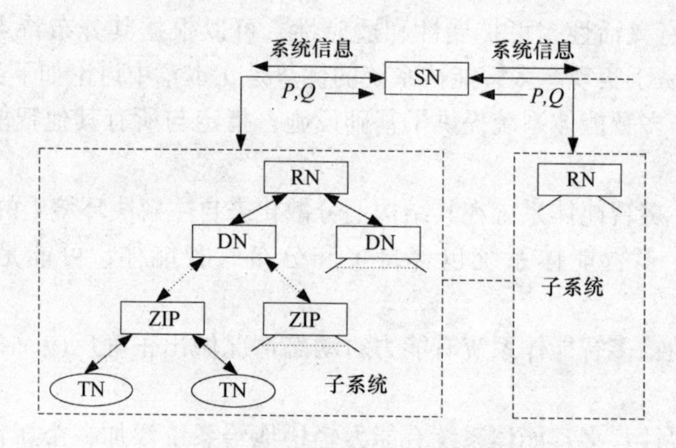

图 16.4　多智能体系统控制架构

当多智能体系统环境中的智能自主软件智能体嵌入或与主要电力系统组件集成时，例如保护装置，它们在继电器中有自己的线程控制用于经历电力系统扰动后的协调保护，这些扰动发生在保护继电器智能体中使用的光纤链路或广域网络上的高速通信网络。研究人员仍在研究将多智能体系统技术发展为一种新颖的保护机制的方法，这种保护机制在任意智能体发生故障时具有容错率和自愈性。

16.5　智能微电网保护的多智能体架构

一般来说，多智能体系统的特点是一组运行和相互协作解决问题的单个智能体的集合，这些智能体工作在动态和不可预测的领域，如电力系统，其本质是非线性的，且经历各种瞬态情况。由于智能电网是一个互连、分布式和复杂的网络，因此它非常适合分散多智能体技术。智能电网的基本运行要求是它的同步发电机要保持同步，因此在遭受如三相故障或突然发电机负荷变化等大扰动后仍能保持同步的能力称为暂态稳定。如果电网中断路器（CB）的运行时间比 CCT 长，则智能电网将变得不稳定。因此，保护装置间更好的协调控制对于操作相应的 CCT 信息在经历故障后恢复稳定是十分必要的。最近在不同国家的停电表明了研究电力系统暂态稳定的迫切需要，因此在故障检测的过程中，隔离和重合闸对评估来说是不可或缺的。

本章讨论了基于多智能体的保护计划，其中每个自主智能体被认为是嵌入在每个智能电网的保护继电器。基于多智能体系统的保护方案如图 16.5 所示，其中智能体能够通过由 Matlab 和 Java 组合开发的算法来协调保护继电器。在这个框架中，智能体可以持续从电力系统网络拓扑中监测当前系统状态。智能电网发生故障时，使用该算法，多智能体系统能够通过测量故障电流精确检测故障的位置，从而获得实际系统状况下的 CCT 值。基于智能体的角度，它们通过内部智能体通信来相互交流和合作，自主决定协调保护继电器在 CCT 之前切断断路器隔离故障，并能在故障清除后再次接通，从而通过使发电机保持同步来提高系统的暂态稳定性。

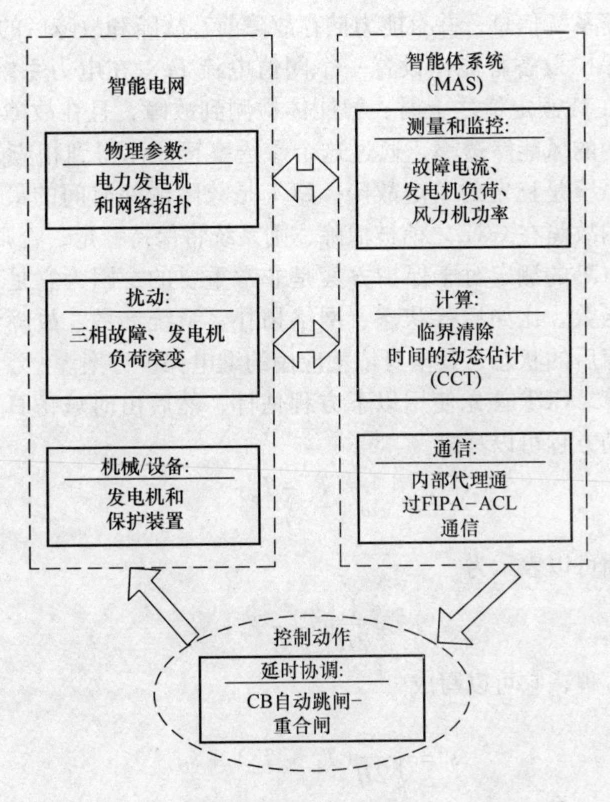

图 16.5　基于多智能体系统的保护系统架构

传统的保护系统只基于某些对电力系统信息的假设，比如考虑某个临界故障清除时间的固定发电机，以一种固定和预定的方式响应故障或异常事件。事实上，集成到电网中的发电变化或高风功率可能会对 CCT 的动态评估产生不利影响，而 CCT 是评估系统暂态稳定的关键因素之一。然而，当系统状况改变时，多智能体系统可以动态地适应在线测量功能，并有充分的灵活性来以自主的方式重新配置自身，即由于图 16.2 所示智能微电网系统的风能渗透率不断提高，它们能够在每次运行条件发生变化时动态确定新的稳定极限，并且灵活地获取相应的新的 CCT 来协调保护继电器的运行。这意味着多智能体系统为暂态稳定性的评估有充分的灵活性以适应系统的稳定裕度。

16.5.1 基于多智能体系统的保护方案

在研发的基于多智能体的保护方案中，所有的智能体都可以在每个集成步骤同时工作来更新系统信息，并有能力储存故障前、故障和故障后的值。为了检测故障，为每个保护设备智能体设置一个阈值电流 I_{th}。在电力系统发生故障时，当故障电流 I_f 在其额定值之上时，智能体检测到故障，且在故障之初，智能体动态检查电网中的风能渗透率，通过这个渗透率智能体得到相应的 CCT 值，对于一个故障前系统是稳定的给定故障，CCT 是故障清除时间的最大值。如果发生在智能电网的故障在 CCT 之前被清除，则系统将保持稳定，否则将失去稳定。

事实上，CCT 的测定对于保护方案是非常重要的，因为它是一个故障前系统状况的复杂函数，比如运行状态、网络拓扑、系统参数、故障结构，如其类型、位置和故障后的状态，其本身依赖应用的继电保护方案。

CCT 的计算。CCT 首先使用以下方程估计，然后由时域仿真方法决定。异步发电机的摆动方程可以写成

$$\dot{\omega}=\frac{T_L-T_e}{J} \tag{16.8}$$

在速度方面可以表示为

$$\dot{s}=\frac{1}{2H}[T_L-T_e] \tag{16.9}$$

整合上述方程，它可以写成

$$s=\int_0^t \frac{1}{2H}(T_L-T_e)+s_0 \tag{16.10}$$

求解这个方程后，机器的 CCT 可以写作

$$t_{cr}=\frac{1}{T_m}2H(s_{cr}-s_0) \tag{16.11}$$

式中，s_{cr}是临界转差率，是由给定系统的转矩速度曲线和机械转矩 T_m 曲线间的交集决定的[29]。从式（16.11）中可知，转矩－转差率曲线可用于确定发电机变得不稳定，即不稳定转差率或临界转差率之外的异步发电机的转差率 s_{cr}。其相应的速度被称为不稳定转速或临界转速，其相应的时间被称为 CCT，即 t_{cr}。为了更好地理解，现在考虑图 16.6，显示了叠加在发电机输入机械转矩 T_m 上的转矩和转差率曲线。在稳态条件下，假设运行点位于点①，发电机运行在稳态恒定转差率 s_0。从图 16.6 可以看出，对于一个特定的环境下，如三相短路故障，发电机运行在除点②外的任意点，点②上的输入机械转矩大于发电机内部的电磁转矩。因此，发电机可能加速到一个危险的速度，这一点被认为是不稳定的运行区域，这也代表了异步发电机的稳定极限，所以转差率在这一点上称为不稳定转

差率或临界转差率 s_{cr}。

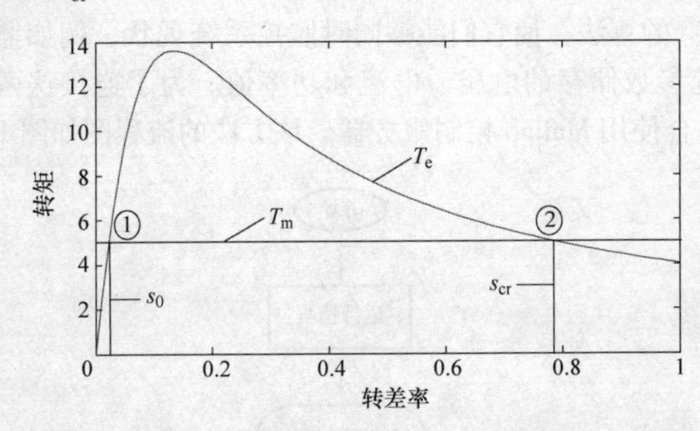

图 16.6　异步发电机转矩 - 转差率曲线

另一方面，智能体可以基于风能渗透率 P_{WG} 持续监测异步发电机并通过同步检查风能渗透率动态确定其新的稳定极限，从而获得新的风力发电值 P'_{WG} 对应的 CCT 值。智能体使用以下的简单逻辑动态地感知风功率渗透率：

$$P_{WG} = P^0_{WG}（额定运行）$$

$$P_{WG} > 或 < P^0_{WG}（P^0_{WG} \pm \% 渗透率等级改变）$$

$$P'_{WG} = P_{WG}（新的渗透率等级）$$

$$其他，P_{WG} = P^0_{WG}（额定渗透率等级）$$

式中，P_{WG} 是初始的从风力发电机中提取的风力发电值。根据获得的实际的 CCT 信息，智能体在多智能体平台相互通信、合作和协商协调保护设备，使其在相应的 CCT 到达之前开通断路器，并在故障清除时立即重合闸断路器。对于断路器操作，每个智能体都为断路器，$i = 1, 2, 3, \cdots, n$ 使用一个简单的控制逻辑信号 $c_i(t)$，其中 n 是安装在智能电网的断路器的数量。打开和重合闸的断路器的控制逻辑信号可以表示为

$$c_i(t) = \begin{cases} 0, \text{CB 在 } t \text{ 时刻打开} \\ 1, \text{CB 在 } t \text{ 时刻闭合} \end{cases}$$

最初这个控制逻辑信号设置为 1，表示当系统没有发生故障时正常运行。一旦发生故障，智能体得到 CCT 信息，将启动控制信号 $c_i(t) = 0$ 在任意时刻 t 切断对应的断路器来移除故障线路。当故障清除时，重置 $c_i(t) = 1$ 重合闸断路器再次连接线路。智能体通过适当的协调保护装置使用这种方法，相互合作来提高智能电网的暂态稳定。

16.5.2　智能电网的保护策略

在目前应用中，智能体主要负责智能电网输电线路的保护。在成熟的基于多

智能体的智能电网保护计划中，智能体使用一种结合了 Matlab 和 Java 智能体开发框架（JADE）的算法，使它们能够同时监控系统现状，例如监测当前风能渗透率并测量系统参数储存的电压、电流和功率值。为了连接这两个平台，通过 Matlab S 函数整合使用 Matlab 控制服务器。该方法的流程图如图 16.7 所示。

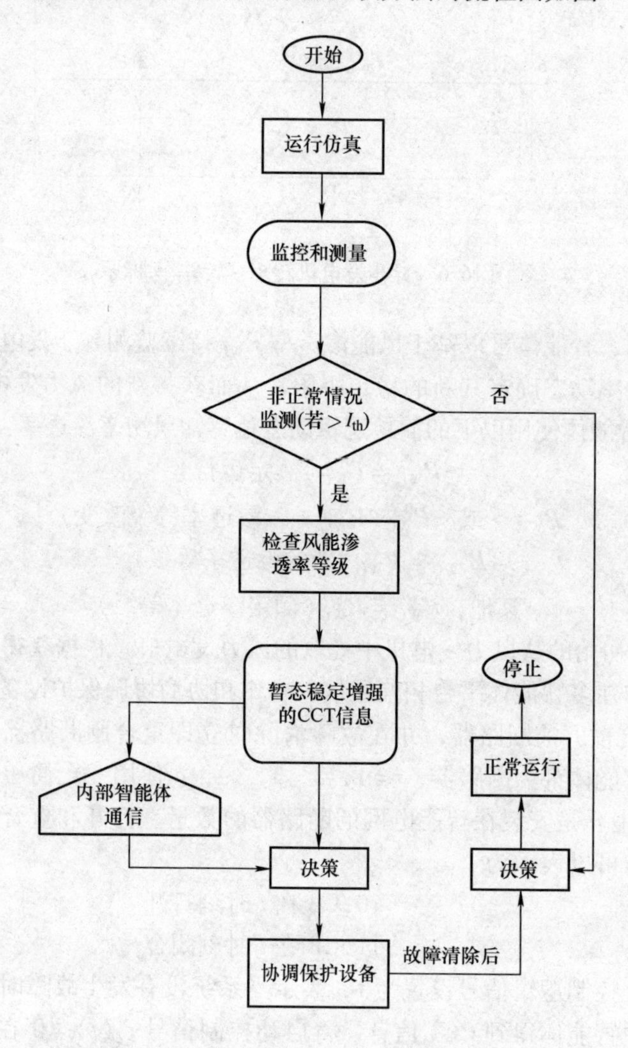

图 16.7　基于微电网保护算法的多智能体系统流程图

当像三相短路故障这种扰动发生在智能电网系统中时，智能体通过测量故障电流（如果大于 I_{th}）检测到故障，反之如果没有干扰，则它们将做出正常运行的决策。当检测到故障后，根据 16.5.1 节中逻辑检查风能渗透率，并基于当前的风能渗透率计算相应的 CCT 值。同时保护设备智能体之间进行内部智能体通信，并结合相应的 CCT 信息决定闭合对用的断路器，并从剩余的系统中孤立故障部分。另一方面，当故障清除时，智能体将决定尽快再次接通断路器恢复正常的运行。同时，智能体通过持续的监控系统和其相应的控制动作仍然可以在各自的环境中执行它们各自的任务。

本章提到的多智能体系统框架为通用系统条件下保护装置的实时协调提供了可伸缩性和开发能力，因为它们可以根据对当前系统状态的了解自主控制断路器。可以使用当前风力发电功率对应的 CCT 计算值在每个积分步骤更新测量的系统信息，因此系统依赖于在任何时刻在线 CCT 信息的连续流，提高了保护装置的在线实时协调能力，保证了基于智能体的智能电网的安全和可靠运行。

16.6　说明性的案例和结果

为了评估在风能渗透率逐步提高影响下的基于多智能体系统的智能电网保护系统的性能，图 16.2 所示测试系统可用于在不同风能渗透率下进行仿真。在下面几节中将讨论关于个别自主智能体的功能，它们通过使用相应的 CCT 信息检测和隔离故障来负责保护继电器的协调。

16.6.1　故障的检测和隔离

本节已经描述了智能体的功能，它们根据相应的 CCT 信息通过对断路器的操作进行精确的故障检测和隔离来协调保护继电器。根据从风力发电机中提取的给定风功率，即 5MW，$t=2$s 时在图 16.2 中智能微电网线路 TL_1 上发生三相短路故障。当故障电流超过预定阈值时，智能体通过相互通信和协作来协调保护继电器，进行断路器操作来检测和隔离故障。这种故障通过闭合相应的断路器移除线路 TL_1 来清除，故障电流如图 16.8 所示，其 10s 内在带有阈值限制的断路器中的流动如图 16.9 所示。

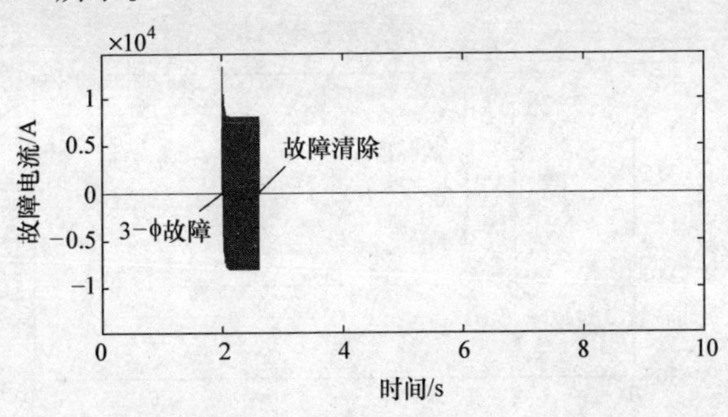

图 16.8　故障电流

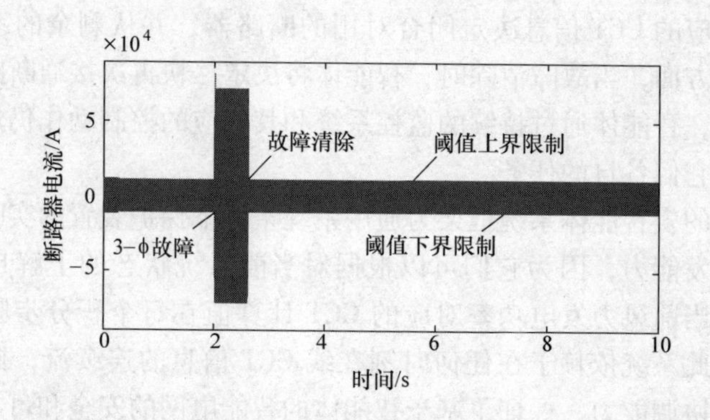

图 16.9　电流断路器故障

从图 16.9 看到断路器智能体在故障电流超过其额定值即上下限阈值时可以感知故障电流，从而精确地检测到故障。同时智能体使用暂态仿真动态评估 CCT 值跳闸断路器来使系统其余部分与故障隔离，然后在故障清除后快速重合闸断路器重新连接到线路 TL_1。同步发电机的转子角和异步发电机的转子转速分别如图 16.10 和图 16.11 所示。

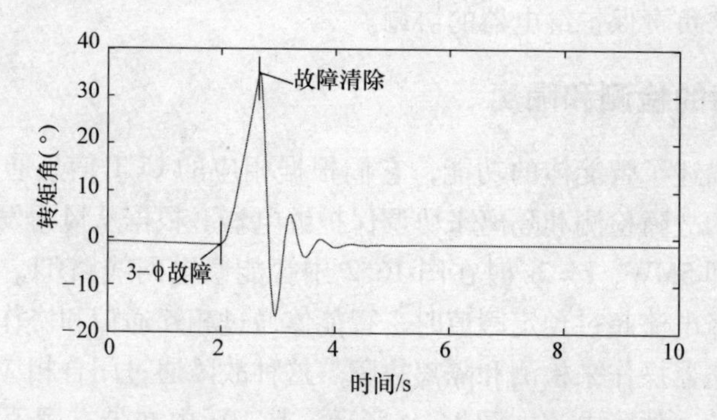

图 16.10　同步发电机转角 TL_1 线路故障

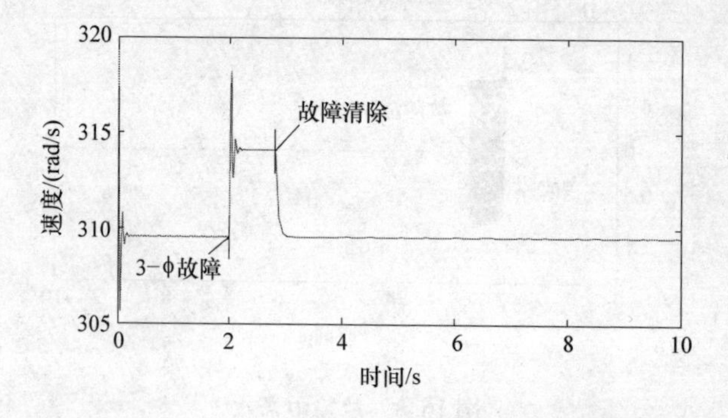

图 16.11　同步发电机转速 TL_1 线路故障

从这些图中可以看出，通过基于智能体的保护继电器协调在 CCT 之前脱扣线路 TL_1，从系统剩余部分中清除故障后，同步发电机转子角和异步发电机转子速度是暂态稳定的。这意味着智能体通过相互的通信和协作，并根据相应的 CCT 信息成功地协调对应的断路器运行以提高系统的暂态稳定性。

16.6.2　智能电网中增加风力发电的影响

伴有大量高风能渗透率的智能电网的稳定和安全运行是最近的关注焦点，尤其是其暂态稳定性问题。本节将通过在 $t=2s$ 时在线路 TL_1 应用三相短路故障来评估日益增长的风能渗透率对暂态稳定的影响。为动态评估风能渗透率对图 16.2 所示智能微电网的暂态稳定性的影响，风能注入容量以定间隔 5% 渗透率，即 0.25MW，从 5.0 MW 增加到 6.25 MW。表 16.1 总结了增加风能渗透率对系统 CCT 的影响。

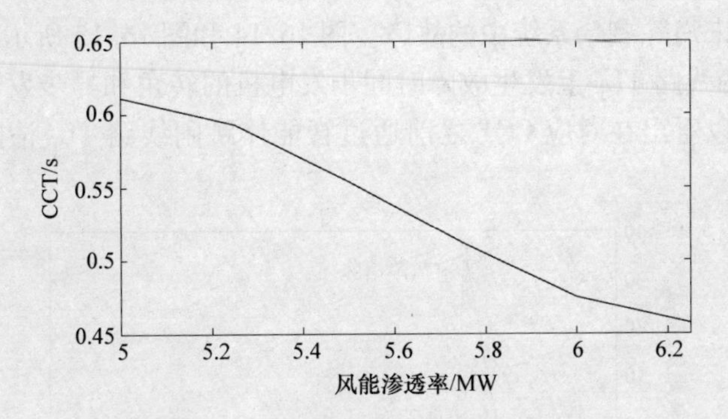

图 16.12　风能渗透率与 CCT 的关系

表 16.1　增加风能渗透率对 CCT 的影响

故障	位置	CCT/s					
		5MW	5.25MW	5.50MW	5.75MW	6MW	6.25MW
1	TL_1	0.611	0.593	0.554	0.512	0.475	0.457

计算的 CCT 和风能渗透率之间的关系如图 16.12 所示，从图中可以看出，增加的风能渗透率使暂态稳定裕度恶化。另一方面，运行在不同风能渗透率下的异步发电机的转矩 - 转差率曲线如图 16.13 所示，从图中可以看出临界转差率随风能渗透率的增加而减少，即 CCT 随风能渗透率增加而减少。因此，需要在每次系统运行条件发生变化时确定一个新的稳定极限或边界，智能体可以通过使用 16.5.1 节开发的逻辑很好地动态实现此决策指令。

在本节中，在风能渗透率为 5.5MW 下的同步发电机的角稳定性和异步发电机的转子转速只是用于理解所提出的增加风能渗透率方法的有效性。风能渗透率

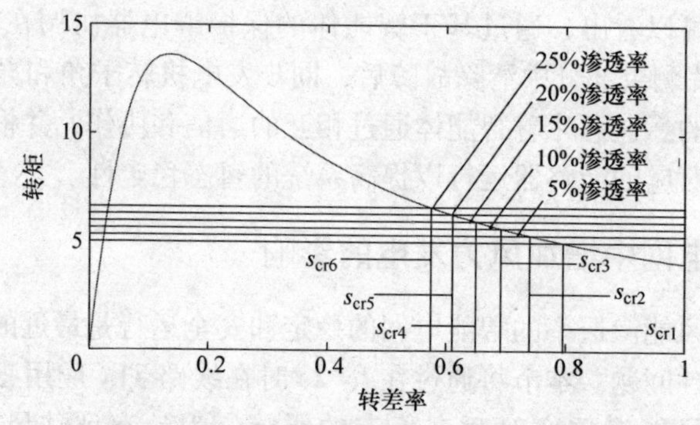

图 16.13　不同风能渗透率下的转矩 - 转差率曲线

从 5.0MW 增加到 5.5MW，在这种渗透率下，智能体使用 16.5.1 节中演示的逻辑方法动态地适应这种变化，从而获得相应的新的 CCT 为 0.554s。使用新的 CCT 信息协调保护继电器打开相应的开关断路器，通过跳闸线路 TL_1 重合闸断路器再重新连接来消除剩余系统中的故障。图 16.14 和图 16.15 所示为在风能渗透率为 5.5MW 的线路 TL_1 上发生故障时同步发电机的转角和异步发电机的转子速度，从图中可以看出在对应 CCT 之前通过智能体跳闸线路 TL_1 清除故障后它们达到暂态稳定。

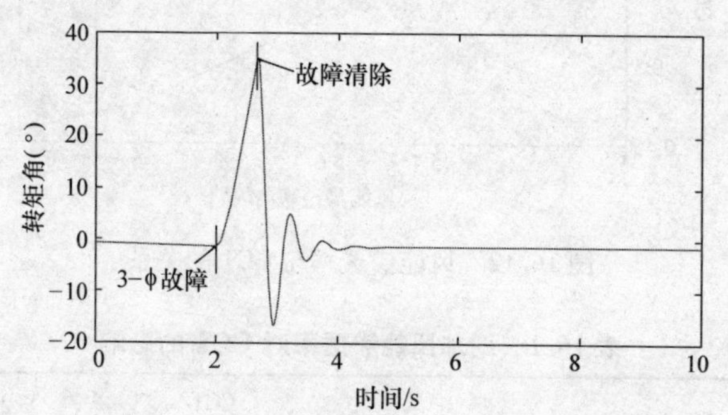

图 16.14　5.5MW 风能渗透率的同步发电机转角

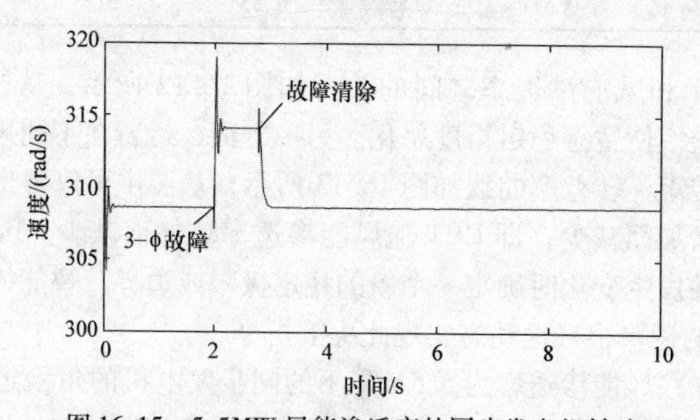

图 16.15　5.5MW 风能渗透率的同步发电机转速

从上面的分析可以解释随着电网中风能渗透率逐渐增加，系统的 CCT 减少，即系统的稳定裕度降低。然而，智能体可以成功地适应这种情况，并通过相应的 CCT 信息妥善协调对应的断路器动作用以提高系统的暂态稳定性。

16.7 智能电网安全的多智能体架构

网络物理系统（CPS）是下一代网络系统[28]，它的特点是系统的智能计算、网络功能和物理过程紧密地相互作用。基于多智能体的智能电网展示下一代 CPS 基础设施运行状况的重要方面。CPS 需要在相关的观测和控制信息实时通过网络安全转移时[30]有能力感知和操作本地的物理进程。最近 CPS 已被美国总统科学技术顾问委员会（PCAST）确定为首要研究课题[31]。系统地划分各种类型的网络攻击是一种有效的工具，为研究相关的通过不同的计数器测量技术缓解攻击的安全解决方案打下坚实的基础[28]。本章主要关注不同类型的网络攻击对基于智能体的智能电网的关键基础设施的影响，并将提出一些创新的防范技术应对攻击。

智能电网这种新兴技术可以被看作是一个将大量自主节点作为智能体的互连，有能力减少能量损失并提高系统的可靠性。在智能电网架构中，网络和智能信息和通信功能被嵌入到系统组件的方方面面，从发电、传输、分配到家用电器。通信框架叠加在物理结构之上，确保自主并搭建一个互连的电网拓扑结构。信息和通信功能无处不在的嵌入于典型的基于智能体的智能电网架构中，如图 16.3 所示，在这样一个系统中将使它广泛地受到安全威胁，这也将是安全操作系统的一个极具挑战性的任务[10]。美国政府问责局发布的智能电网安全调查报告引发重点关注了当前智能电网网络基础设备安全措施充分性的担忧[32]。本章的目的是提供一种思路，通过以下几个步骤开发一种用于智能电网网络安全评估的架构：①系统地识别出现在智能电网上的不同类型的网络攻击和威胁；②分析发生在智能电网基础设备上的可能对网络和物理设备造成危害的网络攻击的潜在影响；③研究使用攻击弹性计数器测量技术来降低网络威胁的风险以确保智能电网的安全运行。一个典型的智能电网网络物理系统基础设施如图 16.16 所示。

16.7.1 攻击对智能电网动态状态的影响

例如完整性和可用性（DoS/DDoS 或重复）等类型的网络攻击会对基于智能体的智能电网的动态状态，如相角、频率和电压的腐败造成严重的影响，从时间标记值获得来自电源管理单元基于智能体的智能电网动态特性造成了严重影响。完整性攻击可以改变系统动态状态的本值，即动态节点智能体的输入值与输出值不同，这将导致设备运行不稳定，从而给客户造成服务损失。另一方面，它也可

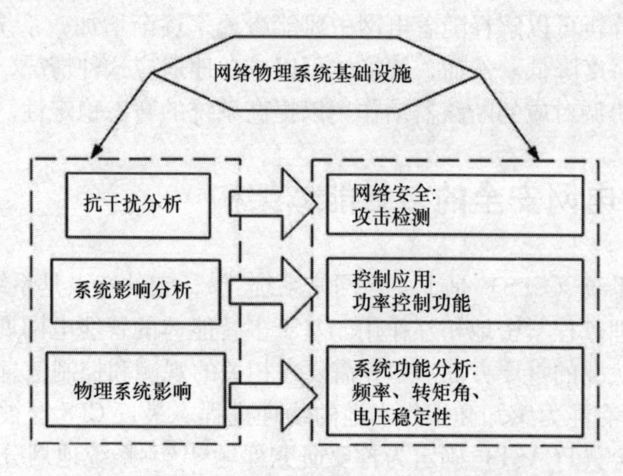

图 16.16　基于 CPS 的典型智能电网基础设施

以改变负荷线程，并且可以损坏可以根据需要不进行调整的监督控制和数据采集（Supervisory Control and Data Acquisition，SCADA）系统，这可能会导致次优的系统操作、负荷信息，并作出错误的触发决定，对电网造成破坏，这可能影响电力市场经济以及客户的使用。可用性攻击可以提供一个时间延迟，延迟或延迟动态状态可以作为当前状态，这可能会导致系统运行不稳定，从而导致服务损失和财务损失。

16.7.2　攻击对智能电网部件的影响

除了影响智能电网动态特性，网络攻击也可能对其物理电网组件造成一定影响。作为一个分布式的关键基础设施，智能电网包括以下四个主要部分组成[10]，即发电、传输、分布及消耗。本节将介绍有关不同类型的物理电网控制器，可视为发电、输电和配电的智能体，其使用的是它们之间很容易受到各种类型网络攻击的通信基础设施。生成控制回路用于通过本地，即自动电压调节器（Automatic Voltage Regulator，AVR）和调速控制（Governor Control，GC），以及远程广域，即自动发电控制（Automatic Generation Control，AGC）控制方案控制输出功率和终端电压。传输系统通常用于电力流动的高压操作及其组件控制器，包括交换和像支持无功功率补偿的设备。配电系统通常负责向最终用户或客户供电。随着新兴的智能电网基础设施，额外的控制回路能够在最终用户的负荷水平直接控制，并可以部署先进计量装置（Advanced Metering Infrastructure，AMI）提供实时计量[32]。对于上述控制器可能的网络漏洞见表 16.2。

表 16.2　网络攻击对智能电网物理部件的影响

主要部分	物理电网控制组件	网络易受攻击性
发电	AVR、GC 和 AGC 利用 MODBUS 协议通过以太网链路与工厂控制中心的计算机进行换向	影响和后果 破坏数字控制逻辑或设置来中断正常操作，直接影响系统频率、稳定性和经济运行
传输	状态估计和 VAR 估计 通过相量测量单元（PMU）和协调的 FACTS 设备使用广域通信可以与其他设备通信来确定操作设定点	影响和后果 关键信息交换的丢失导致正常操作中断和不正确的操作数据导致不必要的 VAR 补偿并且可能使其不稳定的操作条件
配电	负荷削减和 AMI 采用使用 IP 支持通信协议 IEC 61850 的现代继电器，并部署智能计量	影响和后果 继电器控制逻辑的改变可能导致不定期的跳闸，从而导致负荷段无效，调节仪表数据会导致经济损失

16.7.3　攻击对智能电网设备的影响

基于智能体的智能电网变得越来越依赖于信息通信技术的控制和监视功能，信息通信技术的这一普遍存在的嵌入会导致其易遭受各种网络攻击[28]，这将引入许多电力系统应用，这些应用将在很大程度上依赖于网络体系架构来实现通信和控制机制[33]。一个典型的基于智能体的智能电网基础设施，像先进计量基础设施某些应用程序（AMI），配电管理系统（Distribution Management System，DMS），能量管理系统（Energy Management System，EMS），广域测量、保护和控制（Wide Area Measure，Protection and Control，WAMPAC）以及电力市场也容易受到各种类型的网络威胁。表 16.3 描述了上述智能电网应用各种网络攻击的影响。更详细的智能电网设备的网络攻击影响分析可以在本章参考文献［33］中找到。

表 16.3　网络攻击对智能电网应用的影响

	微电网应用	网络易受攻击
AMI	智能电表提供了客户和公共事业之间的双向通信，用于控制用户消费、实时定价，还支持分布式可再生能源	保密性攻击可能导致最终用户账单错误，并可能破坏隐私数据，完整性攻击可能会影响仪表的操作和控制以及定价和状态信息的通信
DMS	DMS 集成了预测、状态估计、故障管理、电压/VAR 控制、恢复、消耗和负荷分配等应用	完整性和可用性攻击可以发送可能影响控制和通信资源的错误数据或命令

（续）

	微电网应用	网络易受攻击
EMS	EMS提供用于控制和监控的实时通信，以及AGC应用、FACTS和状态估计	完整性和可用性攻击可能会影响控制操作
WAMPAC	WAMPAC整合了提供实时电网状态测量的PMU	可用性和完整性攻击可能会阻塞通信网络，并可能导致错误的状态测量
电力市场	基于商品的能源市场在能源供求之间提供平衡	保密性、完整性和可用性攻击可能导致各方提交能源投标数据

16.7.4 攻击对智能电网保护方案的影响

使用全球定位系统（Global Positioning System，GPS）技术和改进的通信技术更容易实现同步测量，使得传输线的智能电网保护更快且变得更为分散[34]。由于基于智能体的保护方案在很大程度上取决于通信基础设施和信息通信技术的功能，因此，该方案很容易受到各种类型的黑客攻击，像极光攻击、完整性攻击、可用性攻击，其可能通过篡改保护设备代理使用的状态或控制信号来引起断路器无意或延时脱扣。因为它们使用来自宽带通道远程位置传达信息，所以这些攻击可能在PMU和基于保护中继代理之间的通信链路上发生。

极光攻击可能涉及一个断路器的无意开启和关闭，导致在不同步条件下可能会损坏连接到电力电网的旋转设备。这意味着一个极光攻击的目的是有意打开断路器并关闭，使其不同步，以致损坏所连接的发电机和电动机[35]。如果攻击者知道准确的电力系统信息，例如已安装的断路器数量、断路器的位置、所述通信链路中保护继电器的任何信息（假设通信链路是不加密的），则它们可以损坏通信信道，从而通过操纵保护智能体设备使用的信号或信息来控制保护继电器的动作。

完整性攻击可能导致改变其基于智能体的保护继电器使用与其他继电器通信的信息，例如跳闸信号信息，因此，其他的基于智能体的继电器可能有机会获得错误的跳闸信息，这会导致错误的保护装置操作，从而可能导致用户失去服务，智能电网中的断路器级联跳闸还会导致大面积停电。另一方面，DoS / DDoS攻击可能导致断路器的延迟跳闸，因为它给发送到其他继电器的原始信号增加了一个时间延迟信号。这种类型的网络攻击可能导致保护继电器延迟运行，从而导致智能电网的不稳定状态。

16.8　一些有效的网络攻击缓解技术

传统密码学的机制是一种减轻机密攻击、完整攻击和重放攻击风险的有效工具[31]。对于 DoS 和 DDoS 攻击，网络流量分析是一种有效的工具和流行的检测机制[36]。传统基于安全机制的密码学通常取决于密码、PIN 或令牌。事实上，有时这种安全解决方案无法识别或确定密码、PIN 或令牌是否来自真正的用户[28]。在这种情况下，可以使用非传统安全措施，如生物密码学机制，它更安全，免于泄露，并且可以预先储存在服务器的数据库中。在最糟糕的情况下，即如果现在的技术被盗用，则可以重新发送密码、PIN 或令牌[37]。对于基于智能体的保护继电器的安全性，这些设备可通过使用断路器重合闸监控（重合闸延时）、备用保护继电器的重合闸监控、频率变化率或广域同步相量测量进行保护[35]。一个创新型面向物理过程的防范技术措施和异常状态观测器可以作为一个潜在的解决方案来应对系统动态状态下的网络攻击，以减轻风险。

除上述方法外，缓解网络攻击风险的一些可能的防范技术措施还有评估网络漏洞的风险建模方法、提供攻击弹性控制的风险缓解算法、智能电力系统控制和特定领域异常检测以及协调的入侵检测。提供网络风险建模和缓解的攻击防御、计划和可靠性研究、远程认证的 AMI 安全；动态信任分布的信任管理、网络攻击属性、数据集和验证等[32]。

16.9　结论

本章提出了一种智能的不受物理和网络攻击影响的基于多智能体的框架。对于智能电网保护，多智能体系统提供了一个有利的架构，其中智能体动态适应系统状态的变化，即通过扰动分析和理解，控制打开和重合闸开关断路器选择合适的控制动作协调系统的保护设备以保证智能电网的暂态稳定性，最终实现动态适应逐步增加的风能渗透率。已开发的多智能体系统满足智能电网保护的要求，初步仿真结果可以看出利用电网保护继电器实现 MAS 是智能电网保护的一种有效解决方案，有助于提高电力系统的暂态稳定性。

另一方面，由于基于多智能体的智能电网是一个网络物理系统，故其安全性是一个不可忽略的问题，多智能体系统通过建立结构化框架，对安全问题进行了有效的研究。本章也阐述了几种可能的有助于缓解之前提到的各种类型网络威胁的创新型对抗措施技术。事实上，现在仍需要更详尽的研究来设计一种对减轻网络漏洞风险有指导作用的网络攻击分类。

参考文献

1. Rahman MS, Hossain MJ, Pota HR (2012) Agent based power system transient stability enhancement. In: IEEE international conference on power system technology (POWERCON)
2. Russell S, Norvig P (1995) Artificial intelligence: a modern approach. Prentice-Hill, Englewood Cliffs
3. Mohamed M, Karady GG, Yousuf AM et al (2007) New strategy agents to improve power system transient stability. World Acad Sci Eng Technol 3:678–683
4. Karady GG, Daoud A, Mohamed M (2002) On-line transient stability enhancement using multi-agent technique. In: IEEE PES winter meeting, pp 893–899
5. Karady GG, Mohamed M (2002) Improving transient stability using fast valving based on tracking rotor-angle and active power. In: IEEE PES summer meeting, pp 1576–1581
6. Hadidi R, Jeyasurya B (2011) A real-time multi-agent wide-area stabilizing control framework for power system transient stability enhancement. In: IEEE PES general meeting, pp 1–8
7. Abood AA, Abdalla AN, Avakian SK et al (2008) The application of multi-agent technology on transient stability assessment of Iraqi super grid network. Am J Appl Sci 5(11):1494–1498
8. Dou C, Mao C, Bo Z, Zhang X (2010) A multi-agent model based decentralized coordinated control for large power system transient stability improvement. In: 45th international universities power engineering conference (UPEC)
9. Giovanni R, Hopkinson K, Denis V, Thorp JS et al (2006) A primary and backup cooperative protection system based on wide area agents. IEEE Trans Power Delivery 21(3):1222–1230
10. Mo Y, Kim TH, Brancik K, Dickinson D, Lee H, Perrig A, Sinopoli B et al (2012) Cyber-physical security of a smart grid infrastructure. Proc IEEE 100(1):195–209
11. Panda S, Padhay NP, Patel RN et al (2007) Genetically optimized tcsc controller for transient stability improvement. Int J Inf Eng 1:19–25
12. Kerckhoffs A et al (1883) La cryptographie militairie. J Sci Militaires 9:5–38
13. Ahshan R, Iqbal MT, Mann George KI, Quaicoe JE et al (2013) Modelling and analysis of a micro-grid system powered by renewable energy sources. Open Renew Energy J 6:7–22
14. Kundur P (1994) Power system stability and control. McGraw-Hill, USA
15. Mahmud MA, Hossain MJ, Pota HR (2011) Nonlinear observer design for interconnected power systems. In: Australian control conference (AUCC), pp 161–166
16. Hossain MJ, Pota HR, Mahmud MA (2011) Decentralized STATCOM/ESS control for wind generators. In: Keyhani A, Marwali M (eds) Smart power grids. Springer, Berlin Heidelberg, pp 401–437
17. Ackermann T (2005) Wind power in power systems. Wiley, England
18. Multi-agent system. http://en.wikipedia.org/wiki/Multi-agent_system
19. Wooldridge M, Weiss G (1999) Intelligent agents. In: Wooldridge M, Weiss G (eds) Multi-agent systems. MIT press, Cambridge, pp 3–51
20. McArthur SDJ, Davidson EM, Catterson MV, Dimeas AL, Hatziargyriou ND, Ponci F, Funabashi T et al (2007) Multi-agent systems for power engineering applications-part I: concepts, approached, and technical challenges. IEEE Trans Power Syst 22(4):1743–1752
21. Panasetsky DA, Voropai NI (2009) A multi-agent approach to coordination of different emergency control devices against voltage collapse. In: IEEE power tech conference
22. McArthur SDJ, Davidson EM, Hossack JA, McDonald JR (2004) Automating power system fault diagnosis through multi-agent system technology. In: 37th Hawaii international conference on system science
23. Wooldridge M (2002) An introduction to multiagent systems. Wiley, New York
24. Panait L, Luke S et al (2005) Cooperative multi-agent learning: the state of the art. Auton Agent Multi-Agent Syst 11(3):387–434
25. Foner LN (1997) Entertaining agents: a sociological case study. In: 1st international conference on autonomous agents
26. Costea C, Horgos M (2008) An agent-based approach to power system control. In: 11th

international conference on optimization of electrical and electronic equipment, pp 179–184
27. Zhang Z, McCalley JD, Vishwanathan V, Honavar V (2004) Multi-agent system solutions for distributed computing communications and data integration needs in power industry. In: IEEE PES general meeting, pp 45–49
28. Hu J, Pota HR, Gu S (2013) Taxonomy of attacks for agent-based smart grids. IEEE Trans Parallel Distrib Syst. doi:10.1109/TPDS.2013.301 [Available online: 5 December 2013]
29. Cardenas A, Amin S, Sastry S (2008) Secure control: towards survival cyber-physical systems. In: 28th international conference on distributed computing systems workshops (ICDCS), pp 495–500
30. President's Council of Advisers on Science and Technology (2007) Leadership under challenge: information technology R&D in a competitive world. An assessment of the federal networking and information technology R&D program
31. Sridhar S, Hahn A, Govindarasu M et al (2012) Cyber-physical system security for the electric power grid. Proc IEEE 100(1):210–224
32. Govindarasu M, Hahn A, Sauer P (2012) Cyber-physical systems security for smart grid. The future grid to enable sustainable energy systems. PSERC publication
33. Phadke AG, Thorp JS (2008) Synchronized phasor measurements and their applications. Power electronics and power systems. Springer, Virginia, USA
34. Salmon D, Zeller M, Guzman A, Mynam V, Donolo M (2009) Mitigating the aurora vulnerability with existing technology. In: 36th annual western protection relay conference
35. Simpson MG (2010) Plant systematics: an overview. Plant systematics, 2nd edn. Academic press
36. Hansman S, Hunt R et al (2005) A taxonomy of network and computer attacks. Comput Secur 24(1):31–43
37. Akhmatov V, Knudsen H, Bruntt M, Nielsen A, Pedersen JK, Poulsen NK (2000) A dynamic stability limit of grid-connected induction generator. In: International conference on power and energy systems, pp 235–244

第 17 章　智能电网状态估计预防错误数据入侵的漏洞

阿德南·安瓦尔（Adnan Anwar）和
阿布敦·纳泽·马哈茂德（Abdun Naser Mahmood）

摘要：近年来，信息安全已成为能源领域一个值得关注的问题。2010 年发现“蠕虫病毒”[1]以后，能源控制中心开始重视实时数据的完整性、隐私性和保密性。相关的新方法和框架正被开发用于保护国家能源领域的关键基础设施。在近期的文献中可以看出在能量管理系统（EMS）中关键的实时操作工具（如状态估计）都容易受到网络攻击。本章将讨论“错误数据入侵”的网络攻击，还将用一个案例研究来解释数据完整性攻击的特征和意义。

关键词：状态估计；错误数据入侵；智能电网；网络安全；数据完整性攻击

17.1　引言

电力系统状态估计广泛地应用在电力系统控制中心监控电力系统运行的过程中。为了确保电力系统的稳定性和可靠性，电网运行人员会监视和控制从状态估计处理器中得到的系统状态。通常，状态估计器会提供所有可测量和不可测量的估计数据。这种先进的工具也可以过滤掉测量误差和噪声，并封锁错误数据。随着电力系统研究和工程技术的发展，现代状态估计程序的计算性能和精度都有了很大提高。然而，对能源基础设施的网络攻击对现有状态估计方案的准确性和有效性提出了更大的挑战。

在最近的“工控系统网络应急响应小组”的报告中提到，2012 财政年度年中发生了 198 起网络攻击事件，其中 41% 发生在能源领域。如图 17.1[2] 所示，在 2013 财政年度的上半年，所有领域的基础设施中一共发生了 200 起事故，其中最多的是能源领域，共发生了 111 件网络攻击事件（占 53%）。

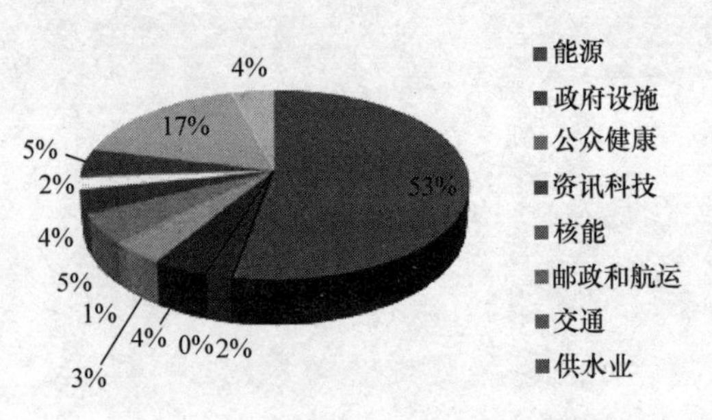

图 17.1　不同部门的网络攻击事件

过去的几年中，分布式电源和储存设备的广泛使用改变了电网的潮流[3]。可再生能源具有间歇性，并且大部分时间它们不能参与调度，因此，用户需求和响应成为了智能电网中的一个重要环节。面对这些挑战，配备了智能仪表的先进计量装置（AMI）发挥了重要作用。很明显，使用智能仪表和先进的通信网络可以帮助电网运营商更容易地实现监督控制与数据采集与（SCADA）。然而，基于物理互联的智能电网的通信系统更容易受到通信网络的网络攻击影响。这些类型的网络犯罪可能会对物理电网产生毁灭性影响，包括运行失败和电网关键机组失步。此外，发生在智能电网上的网络攻击还可能引起大规模停电。

在智能电网环境下，能源系统控制部门需要先进的通信手段连接电网的不同部分，这增加了现有商业化技术的使用，同时也出现了网络安全问题。状态估计器是能量管理系统的关键选择工具，也很容易受到网络的攻击。由于对所有状态估计程序的网络攻击都是预先设计好的，因此，不良数据探测器可能无法识别任何入侵者造成的可能威胁。因此，状态估计程序可能会给系统运行人员提供错误的信息。基于这种错误的估计，运行人员可能会误操作，从而使电力系统的稳定运行出现重大问题，因此采取先进的入侵监测算法以避免此种情况发生。

本章的结构如下：17.2 节将简要概述传统状态估计，这一节还将讨论包括不良数据检测技术的解决问题的方案；17.3 和 17.4 节将分别讨论配电系统和智能电网的状态估计；17.5 节将通过一个案例研究说明智能电网状态估计漏洞；17.6 节将讨论关于错误数据入侵状态估计。最后本章还将给出简单的评论，希望能够成为智能电网基础设施网络安全领域的参考。

17.2　电力系统状态估计

状态估计是一种最传统的电力系统可靠性监测和能量管理系统控制的分析工具。本章参考文献［4］较早提出了基于电力系统静止状态估计的革命性问题，然后在这个问题上进行了大量的研究工作。虽然传统的状态估计在电力传输级有很悠久的历史，但是这个强大的电网分析工具需要更多地关注低压配电级的应用［5］，尤其是当电网有更多的基础通信设施（例如高级计量仪表和电源管理单元和分布式能源）。正如前面提到的，智能电网状态估计的演变和这个评估工具在数据完整性攻击方面的漏洞将在下面章节中讨论，本节将简要概述传统状态估计的重要性和与它相关的不同方法和技术。本章还会讨论不良数据识别和检测不良数据的完善的程序。

基本上，状态估计是通过分析传感器得到的测量值和等效的计算值来确定系统状态近似值的解决方案。在电力系统的理论和应用中，“状态估计”是指利用电力网络的不同节点的测量数据和描述电力系统网络物理模型特征的法则来计算系统状态的算法程序。状态估计的目的是估计不能测量的变量，提高系统整体的效率和检测错误测量数据。

一般来说，电力系统状态是指每条母线上电压幅值和相角构成的复数。如果状态向量是 $\boldsymbol{x}$，那么 n 条母线系统的状态向量为

$$\boldsymbol{x} = [\delta_1 \ \delta_2 \cdots {}_n V_1 V_2 \cdots V_n]^{\mathrm{T}} \tag{17.1}$$

式中，δ_i是第 i 条母线的相角；V_i是第 i 条母线的电压值。需要注意的是，状态向量的维数是（$2n-1$）×1，其中参考母线上的相角可以看作是已知的，通常设定为0 弧度。尽管实际中通常使用母线电压幅值和相角，但在某些情况下，电流的幅值相角和潮流也可以作为状态变量。在状态估计的第一个阶段，系统从配备了传感器的远程终端单元（RTU）获得测量数据。这些测量数据包括电压幅值，流入母线的和流经系统不同部分的有功功率和无功功率。然而，测量数据可能有噪声或损坏，这样一来直接使用这些数据就会使风险增大。如果系统的状态已知，则可以使用电路定理（如基尔霍夫的电流法和电压法）计算电力网络的潮流模式。然而，由于系统状态不能直接测量，所以状态估计方法得以发展和完善，在状态估计的第二阶段，可以使用状态变量的函数来计算测量数据的估计值。最后，所有的状态估计方法都归结为计算状态变量的测量值和计算值。其中一个普遍采用的方法是加权最小二乘法（Weighted Lcast Square，WLS）。该方法在估计系统状态后，使用错误数据检测程序，鉴别损坏的数据。下面将简单介绍状态估计的所有步骤。

17.2.1 测量数据的系统模型

假设 n 条母线的测量值向量为 z，其中 $z \in R^{M \times 1}$，$M >$（$2n-1$）×1，因此 z 为

$$\boldsymbol{z} = \begin{bmatrix} z_1 \\ z_2 \\ \vdots \\ z_m \end{bmatrix}$$

假定测量向量和精确测量的函数值有一些误差，因而 $\boldsymbol{z}$ 可以写成

$$z = \begin{bmatrix} z_1 \\ z_2 \\ \vdots \\ z_m \end{bmatrix} = \begin{bmatrix} h_1(x_1, x_2, \cdots, x_m) \\ h_2(x_1, x_2, \cdots, x_m) \\ \vdots \\ h_m(x_1, x_2, \cdots, x_m) \end{bmatrix} + \begin{bmatrix} e_1 \\ e_2 \\ \vdots \\ e_m \end{bmatrix} = h(x) + e \tag{17.2}$$

式中，$\boldsymbol{h}(x) = \begin{bmatrix} h_1(x_1, x_2, \cdots, x_m) \\ h_2(x_1, x_2, \cdots, x_m) \\ \vdots \\ h_m(x_1, x_2, \cdots, x_m) \end{bmatrix}, \boldsymbol{e} = \begin{bmatrix} e_1 \\ e_2 \\ \vdots \\ e_m \end{bmatrix}, \boldsymbol{x} \begin{bmatrix} x_1 \\ x_2 \\ \vdots \\ x_m \end{bmatrix}$

式中，$\boldsymbol{h}(x)$是状态变量的计算函数值；$\boldsymbol{x}$ 是状态变量的向量；$\boldsymbol{e}$ 是测量误差向量。

通常情况下，$\boldsymbol{e}$ 是测量误差独立的零均值高斯噪声均。因而，$\boldsymbol{E}(\boldsymbol{e}_i)=0$，其

中，$i=1, 2, \cdots, m$。而 $\boldsymbol{E}(\boldsymbol{e}_i\boldsymbol{e}_j)=0$ 和 $\mathrm{Cov}(\boldsymbol{e})=E(ee^{\mathrm{T}})=R=\mathrm{diag}(\sigma_1^2,\sigma_2^2,\cdots,\sigma_m^2)$。

17.2.2　测量函数的计算

$h(x)$是计算函数的向量。一般来说，在交流潮流计算中，$\boldsymbol{h}(\cdot)$是一组状态变量的非线性函数，在直流潮流计算中则是一组线性函数。

对于 π 型网络，可以通过以下各式计算测量函数值[6]：

1）母线 i 的有功和无功为

$$P_i = v_i \sum_{j \in n_i} v_j(G_{ij}\cos\delta_{ij} + B_{ij}\sin\delta_{ij}) \tag{17.3}$$

$$Q_i = v_i \sum_{j \in n_j} v_j(G_{ij}\sin\delta_{ij} - B_{ij}\cos\delta_{ij}) \tag{17.4}$$

2）从母线 i 流到母线 j 的有功和无功功率为

$$P_{ij} = v_i^2(g_{si} + g_{ij}) - v_i v_j(g_{ij}\cos\delta_{ij} + b_{ij}\sin\delta_{ij}) \tag{17.5}$$

$$Q_{ij} = -v_i^2(b_{si} + b_{ij}) - v_i v_j(g_{ij}\cos\delta_{ij} - b_{ij}\sin\delta_{ij}) \tag{17.6}$$

3）线路电流幅值为

$$I_{ij} = \sqrt{\frac{P_{ij}^2 + Q_{ij}^2}{V_i}} \tag{17.7}$$

其中，符号表示其通常意义。

为了计算 $\boldsymbol{h}(x)$的值，在网络模型制定的基础上其他任意函数都可以用。例如，本章参考文献［7］中提出的一种多相潮流的模型。

17.2.3　状态估计：公式和方法

如前面所讨论的，状态估计取决于以下方程：

$$z = \boldsymbol{h}(x) + \boldsymbol{e} \tag{17.8}$$

因而，状态估计可以近似为误差最小化问题，实际上就是以下描述的凸优化问题：

$$x' = \arg\min \sum_{i=1}^{m} W(z_i - \boldsymbol{h}_i(\boldsymbol{x}))^2 \tag{17.9}$$

式中，W 是一个权阵列，可以表示为 $W=R^{-1}$。为了求解 x'可以采用迭代法，还有一些常用的技术，例如高斯 - 牛顿法和牛顿 - 拉夫逊迭代法[8]。进化算法，即以群体智能为基础的方法（粒子群优化法）也可以用来解决这个关键问题[9]。

17.2.4　错误数据监测

一般情况下，假设测得的数据含有误差，然而，有时测量数据是错误的，它会影响状态估计并产生前后矛盾的结果。因此，想要获得成功的状态估计，错误数据检测就至关重要。检测和识别错误数据有不同的方法。比如广泛使用的最大归一化残差（Largest Normalized Residual，LNR）方法[10]，一旦系统状态 x' 被估计，其残差可以计算如下：

$$\boldsymbol{r} = z - \boldsymbol{h}(x') \tag{17.10}$$

如果残差值小于预先设定的阈值，则至少有一个错误数据，可以描述为：当 $\|r\| \ll \tau$ 时，存在错误数据。

本章参考文献［8］中也介绍了一些其他的技术，如“$\boldsymbol{J}$（x'）性能指标”、“假设检验”、“休眠和精确测量”、“鉴别测验”等。

17.3 配电网状态估计

输电系统的状态估计可以很好地实时监测和控制复杂的电力网络，但输电系统状态估计的传统方法和技术不适用于低压配电网络。在传统的状态估计技术中，电力系统被认为是近似平衡的[6,8]。虽然正序电网模型的假设在高压输电系统中是成立的，但是在低压配电系统中却并非如此[11]。实际上，输电线路会移相，配电网的负荷也不平衡。此外，三相、两相、单相线路和变压器都采用三角形和星形联结。因而，本章参考文献［12］提出了比正序电网模型更能精确地模拟配电网的完整多相模型。考虑到 a－b－c 三相建模，本章参考文献［11，13，14］提出了状态估计一些早期的研究方法，这些问题都清楚地在文中有所体现。除了多相性和不移相导体，配电网还有以下特征[15,16]：

1）馈线大部分是自然放射状的；

2）配电网负荷在一个很小的地理区域内；

3）高 R/X 阻抗比；

4）存在分布式发电和非传统发电；

5）测量单元的低冗余。

由于放射状低压配电馈线的特点，其分布式的状态估计与传统的不一样。另外，实时操作工具的分析过程由于以下特征也有所不同[17]：

1）测量装置的限制；

2）伪测量负荷数据是从历史的负荷测量数据中得到的，这个数据缺乏精确度；

3）使用大量的电流测量装置。

这些问题在智能电网中会更为突出，下一节将对此进行讨论。

17.4　智能电网状态估计

智能电网状态估计需要面对未来以可再生能源为基础的可持续自愈的智能电网的新要求和挑战。各种不同的新问题将会对智能电网有明显的影响。本章参考文献［5］中已确定了三个主要的方面，这里只做简要的讨论。

（1）先进测量技术的发展　一般来说，电力系统的测量数据是从 SCADA 网络获得的。传统远程终端设备的使用也是此目的。远程终端设备是微处理器控制的电子设备，负责通过传感器测量数据并将遥测数据传送到分布式管理系统中做进一步处理。这些测量是不同步的，而且测量频率较低，以至于不能了解系统的运行特性，尤其是很难捕获系统的动态情况[5]。近年来，电源管理单元正被广泛使用，以实现对智能电网更好的实时监控。相比传统的测量设备，电源管理单元具备以下优势：

1）频率更高地采集数据，每秒 20～60 次[17]；

2）测量数据通过全球定位系统（GPS）实现同步；

3）当前测量值对于安装了电源管理单元的节点都适用。

（2）新的监管和定价问题　在智能电网的概念中，会产生新的监管问题。在以消费者为中心的电力市场，终端用户也能够生产电能并卖给分布式电网运营商（Distribution Network Operator，DNO）。这就导致了动态定价和新的监管问题。因此，分布式电网运营商必须对整个分布式电网有清晰的认识，特别要注意分配到公用配电网的潮流。为了获得精确的潮流分布，智能电网的状态估计至关重要。

（3）需求响应和分布式电源　为了满足日益增长的负荷需求，热电联产、分布式发电和储能正成为电网内不可或缺的部分。这些设备将使电网从传统的被动运行方式转变成双向潮流的主动运行方式[18]。为了获得潮流分布，配电网需要先进的建模和分析能力，即先进的状态估计工具。

由于需要快速准确的状态分析算法，世界范围内的专家学者对此开展了很多研究工作[19-24]。本章参考文献［19］的作者提出一种基于多级通信和计算架构的智能电网的多极状态估计框架。在最底层，使用一种局部状态估计（Local State Estimate，LSE）处理配变电站及其下游馈线。计算得到的状态变量值通过基础通信设施传送到更高一级的输电系统级（Transmission System Operator，TSO）。这一级并不只是计算原始数据，而是从 LSE 得到并对比原始数据，再将得到的数据更新、降噪、修改。在最后阶段，区域状态估计（Regional State Estimate，RSE）将同步净化 TSO 级得到的数据。本章参考文献［19］也通过数值模拟解释和评价了多级架构的工作过程。

以信号处理为基础的方法也可以用来解决这个关键的实时操作问题。其中一个方法是基于置信度传播方法的分布式状态估计[20]。分布式状态估计的一个主要问题是测量设备。在本章参考文献［20］中提出通过以置信度传播为基础的方法来解决实时分布状态估计中稀疏测量的问题。与电力系统研究院所提出的分析工具 openDSS 相比，这种方法的优点是它可以处理以可再生能源为基础的分布式电源。

在本章参考文献［21］中，针对分布式状态估计，作者提出了一种电源管理单元和智能仪表部署方法。作者建议最好采用传统仪表测量和由 AMI（由智能表计通信网络、主站系统和用户网络组成）和电源管理单元测量相结合的方法，其优点是不需要改变当前的能量管理配置。据此，系统首先进行传统的状态估计，然后使用电源管理单元去更新和修改预处理的数据。

考虑可再生能源，本章参考文献［25］提出了一种基于进化算法的状态估计。这个方法要考虑不同的实际问题，包括不平衡潮流、无功功率补偿装置、电压调节器、分接头切换变压器等。

17.5 智能电网状态估计的缺陷：案例研究

近期的文献表明，智能电网状态估计的重大发展是精度和效率。然而正如本章参考文献［26］所述，这种运行工具很容易受到网络的攻击，因为状态估计高度依赖于测量数据，而任何入侵者都能给系统输入错误数据，并且系统无法检测到它。图 17.2 所示为状态估计受到攻击的情况，这种恶意修改测量数据被称作错误数据攻击[26]或数据完整性攻击[27]。在下面的小节中将会举例说明错误数据攻击过程的步骤。

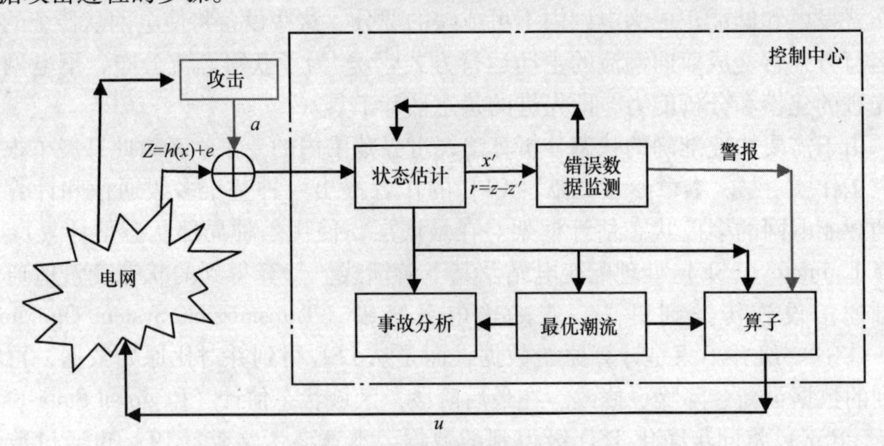

图 17.2　受到攻击时状态估计

从计算复杂性方面考虑，电力系统简化为直流模型比交流模型更有优势。此时，系统只需要去解决一组近似于直流的线性方程，而不用处理非线性的方程，其中电压认为是已知的并等效为标幺值 1。由于近似直流不需要任何的迭代，因此这种方法速度更快且可以减少状态估计过程的计算负担。

对于一个直流状态估计，该问题可以被定义为

$$\boldsymbol{z}=\boldsymbol{H}x+\boldsymbol{e} \tag{17.11}$$

式中，$\boldsymbol{z}$ 是测量数据的状态向量 $\boldsymbol{z}\in R^N$；$\boldsymbol{H}$ 是雅可比矩阵；$\boldsymbol{e}$ 是误差项。当测量误差为零均值且服从标准正态分布时，其解可表示为[26]

$$x'=(H^{\mathrm{T}}WH)^{-1}H^{\mathrm{T}}Wz \tag{17.12}$$

式中，W 是对角矩阵

$W=\begin{bmatrix}\sigma_1^{-2} & & \\ & \ddots & \\ & & \sigma_m^{-2}\end{bmatrix}$，其中 σ_i^{-2} 是第 i 个测量值的方差。

为了避免错误数据的测量，测量残差 $\boldsymbol{z}-\boldsymbol{H}x$ 应该小于极限值 $\boldsymbol{\tau}$。一般，当 $\|\boldsymbol{z}-\boldsymbol{H}x\|>\tau$ 时至少有一个错误数据，否则没有错误数据。但是，这种假设不是一直有效，在这里举一个例子来说明错误数据如何攻击状态估计，这个理论来源于本章参考文献［26］。

在这个例子中，图 17.3 所示为一个有三条母线的系统，其中三个测量装置连接到线路 1－2，1－3 和 3－2 来测量功率。测量功率的标幺值为 $P_{12}=0.62\text{pu}$，$P_{13}=0.06\text{pu}$，$P_{32}=0.37\text{pu}$，$\sigma=0.01$）。其中 θ_1 和 θ_2 是状态变量，$\theta_3=0$ 是参考角度。这样即可求解直流状态估计问题，此时电压标幺值为 1pu。

直流潮流方程如下：

$$h_1(x)=P_{12}=\frac{\theta_1-\theta_2}{X_{12}}=\frac{\theta_1-\theta_2}{0.2}=5(\theta_1-\theta_2) \tag{17.13}$$

$$h_2(x)=P_{13}=\frac{\theta_1-\theta_3}{X_{13}}=\frac{\theta_1-\theta_3}{0.4}=2.5\theta_1 \tag{17.14}$$

$$h_3(x)=P_{32}=\frac{\theta_3-\theta_2}{X_{32}}=\frac{\theta_3-\theta_2}{0.25}=-4\theta_2 \tag{17.15}$$

所以 H 矩阵为

$$H=\begin{bmatrix}5 & -5\\ 2.5 & 0\\ 0 & -4\end{bmatrix}$$

在式（7.12）中状态参数值变为

$$\theta_1=0.0286$$
$$\theta_2=-0.0943$$

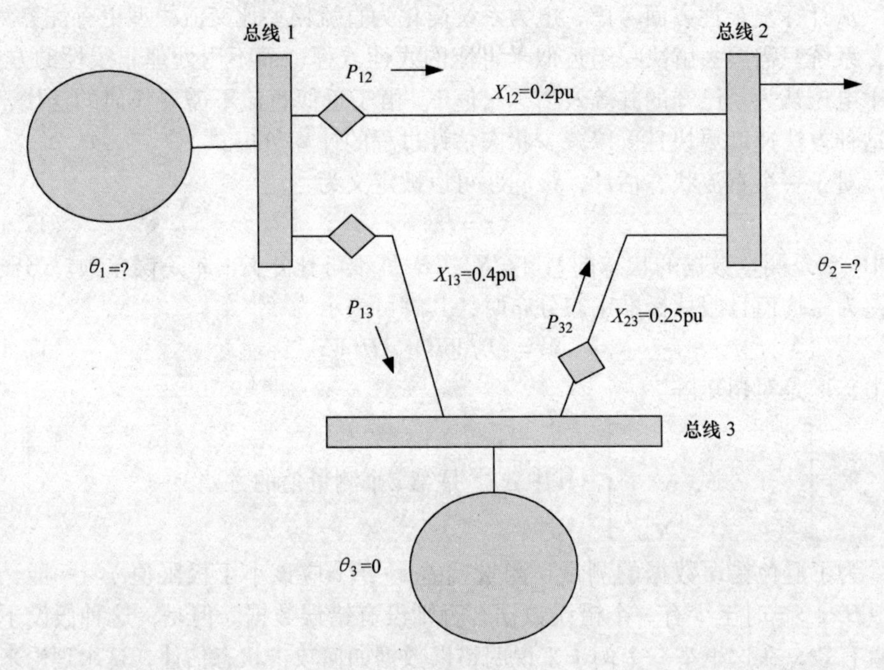

图 17.3　三母线测试系统

因而

$$\theta=[0.0286\ -0.0943]^{\mathrm{T}}$$

此时，残差矩阵 $\boldsymbol{r}$ 变为

$$\boldsymbol{r}=(z-Hx')=\begin{bmatrix}0.62\\0.06\\0.37\end{bmatrix}-\begin{bmatrix}5&-5\\2.5&0\\0&-4\end{bmatrix}\begin{bmatrix}0.0286\\-0.0943\end{bmatrix}=\begin{bmatrix}0.62\\0.06\\0.37\end{bmatrix}-\begin{bmatrix}0.614\\0.0714\\0.3771\end{bmatrix}=\begin{bmatrix}0.0057\\-0.0114\\-0.0071\end{bmatrix}$$

所以均方差为$\|\boldsymbol{z}-\boldsymbol{H}x'\|^2=0.00021429$。

这个值很接近于0，所以可以说这个状态变量的假设很好。

现在假设有错误数据攻击，且测量数据遭到了恶意篡改，因此 z 变为了 z_{a}，$z_{\mathrm{a}}=z+a$，a 是攻击状态向量。其中，$a=(a_1,a_2,\cdots,a_m)^{\mathrm{T}}$，$m$ 是 z 的秩。预期是测量状态变量会随着测量向量的改变而改变。考虑到这个影响，新的状态变量变为 x'_{false}，其中 c 是长度为 n 的非零向量。根据本章参考文献［26］，原来案例的残差（$\|\boldsymbol{z}-\boldsymbol{H}x'\|$）和修改后案例的残差（$\|z_{\mathrm{a}}-\boldsymbol{H}x'_{\text{false}}\|$）在 $a=Hc$ 的条件下相等，即 a 是 H 的列向量的线性组合。该阶段可考虑以下四种情况：

情况 1　这种情况是没有恶意修改实测数据。假设残差没有超过阈值，并且没有故障告警。在这种情况下，测得的数据 $P_{\text{Base}-12}=0.62\text{pu}$，$P_{\text{Base}-13}=0.06\text{pu}$，$P_{\text{Base}-32}=0.37\text{pu}$。

情况 2　在这种情况下，测量数据被任意修改。这个错误的测量数据是 $P_{\text{False1}-12}=0.63\text{pu}$，$P_{\text{False1}-13}=0.05\text{pu}$，$P_{\text{False1}-32}=0.35\text{pu}$。

情况 3　在这种情况下，根据本章参考文献［26］中定义的攻击标准修改测量数据，c 为 n 维非零的任意向量

$$c=(c_1,\cdots,c_n)^{\mathrm{T}}=[0.005\quad 0.001]^{\mathrm{T}}$$

于是，攻击向量 a 为

$$a=Hc=\begin{bmatrix}5 & -5\\ 2.5 & 0\\ 0 & -4\end{bmatrix}\begin{bmatrix}0.005\\ 0.001\end{bmatrix}=\begin{bmatrix}0.02\\ 0.0125\\ -0.004\end{bmatrix}$$

所以损坏的测量数据为 $z_{\mathrm{a}}=z+a$，其中 $P_{\text{False2}-12}=0.64\text{pu}$，$P_{\text{False2}-13}=0.0725\text{pu}$，$P_{\text{False2}-32}=0.366\text{pu}$。

情况 4　此时的攻击方程与前面的情况相似，但是 c 的值不一样，$c=(c_1,\cdots,c_n)^{\mathrm{T}}=[0.01\quad 0.04]^{\mathrm{T}}$。

因此

$$a=Hc\begin{bmatrix}5 & -5\\ 2.5 & 0\\ 0 & -4\end{bmatrix}\begin{bmatrix}0.01\\ 0.04\end{bmatrix}=\begin{bmatrix}-0.15\\ 0.0250\\ -0.16\end{bmatrix}$$

所以，错误的测量变为了 $z_{\mathrm{a}}=z+a$，因而 $P_{\text{False2}-12}=0.47\text{pu}$，$P_{\text{False2}-13}=0.085\text{pu}$，$P_{\text{False2}-32}=0.21\text{pu}$。

现在讨论前面的方案里得到的结果，基本情况已经在前面的章节中讨论过了。据此，在基本情况中得到的状态变量为 $\theta=[0.0286\ -0.0943]^{\mathrm{T}}$，利用这些值，均方差变成了 $\|z-\boldsymbol{H}x'\|=0.00021429$。首先考虑这个误差值在正常范围内（这意味着它小于阈值），然后将会评估在状态估计错误数据监测过程中情况 2，3，4 的其他错误的测量数据是如何处理的。

现在，第二种情况是考虑损坏的测量数据

$$z_{\mathrm{a}}=\begin{bmatrix}0.63\\ 0.05\\ 0.35\end{bmatrix}$$

此时，θ 值变为 $\theta_{\text{scenario 2}}=[0.0313\ -0.0919]^{\mathrm{T}}$。

从而，残差矩阵 r 变为

$$r_{\text{scenario 2}}=(z-Hx')=\begin{bmatrix}0.63\\ 0.05\\ 0.35\end{bmatrix}-\begin{bmatrix}5 & -5\\ 2.5 & 0\\ 0 & -4\end{bmatrix}\begin{bmatrix}0.0313\\ -0.0919\end{bmatrix}=\begin{bmatrix}0.0141\\ -0.0282\\ -0.0176\end{bmatrix}$$

使用这些值，均方差变为 $\|z-\boldsymbol{H}x'\|^2=0.0013$。其值要大于基础均方差，而其结果就是错误数据的侵入攻击可能被发现，并在错误数据检测中被检测出来。

因此，入侵者未能成功策划攻击。

在讨论的这个阶段，情况 3 和 4 假设如情况 2 一样测量数据被破坏，但是攻击向量按照本章参考文献［26］中的方法建立。使用这些损坏的数据进行状态估计，可以得到如下的状态变量：

$$\theta_{\text{scenario3}} = [0.0336 \; -0.0933]^{\mathrm{T}}$$

$$\theta_{\text{scenario4}} = [0.0386 \; -0.0543]^{\mathrm{T}}$$

残差为

$$r_{\text{scenario 3}} = (z - Hx') = \begin{bmatrix} 0.6400 \\ 0.0725 \\ 0.3660 \end{bmatrix} - \begin{bmatrix} 5 & -5 \\ 2.5 & 0 \\ 0 & -4 \end{bmatrix} \begin{bmatrix} 0.0336 \\ -0.0933 \end{bmatrix} = \begin{bmatrix} 0.0057 \\ -0.0114 \\ -0.0071 \end{bmatrix}$$

$$r_{\text{scenario 4}} = (z - Hx') = \begin{bmatrix} 0.4700 \\ 0.0850 \\ 0.2100 \end{bmatrix} - \begin{bmatrix} 5 & -5 \\ 2.5 & 0 \\ 0 & -4 \end{bmatrix} \begin{bmatrix} 0.00386 \\ -0.0543 \end{bmatrix} = \begin{bmatrix} 0.0057 \\ -0.0114 \\ -0.0071 \end{bmatrix}$$

因此，这两种情况下的均方差为$\|z - \boldsymbol{H}'x\|^2 = 0.00021429$。

在情况 3 和 4 中，当受到入侵者的攻击时，三个测量设备的测量数据各不相同，因而这个系统在这两种情况下获得了两组不一样的状态变量。但有意思的是，这两种情况计算出来的残差值和均方差相同，都等于基本情况中的数值，因此预期误差小于阈值，它会通过错误数据监测系统，显然攻击已经成功，这个结果在表 17.1 中进行了总结。

表 17.1　不同攻击情况对比

情况	错误数据入侵攻击	状态变量 θ_1	状态变量 θ_2	均方差	错误数据监测
情况 1	否	0.0286	−0.0943	0.00021429	未检测出
情况 2	是	0.0313	−0.0919	0.0013	检测出
情况 3	是	0.0336	−0.0933	0.00021429	未检测出
情况 4	是	0.0386	−0.0543	0.00021429	未检测出

从表 17.1 中可以看到在情况 1、3 和 4 中没有出现错误数据。虽然在情况 1 中没有错误数据攻击，但它的测量数据仍在情况 3 和 4 中使用，然而错误数据监测技术未能检测到这一结果。有意思的是，上述讨论中均方差为 0.00021429，但是状态变量却发生了很大的变化，因而系统操作员可能会做出错误的决定。

17.6　智能电网状态估计漏洞综述

本章参考文献［26］中首次提出了新一类的错误数据攻击。在该文献中，作者表明直流状态估计非常容易遭受恶意修改测量数据的攻击。在定理和证明中，该文献针对直流状态估计提出了一些启发式的方法，包括随机攻击和有针对性的攻击。其所提出的方法有两个局限性：

1）攻击者在攻击之前需要有系统的配置信息；

2）所提出的方法仅适用于直流状态估计。

本章参考文献［28］中提出了一种检测错误数据侵入的方法，作者集中测量一组传感器的数据，以此来捕获攻击直流状态估计的错误数据。此文献中采用了本章参考文献［26］中提出的攻击模型，但没有考虑拓扑变化与攻击情况的关系。

本章参考文献［29］中讨论了错误数据入侵对能源市场的影响，其表明一个成功的攻击可能会引起一场金融危机。在该研究中，构造一个凸优化的问题来寻找有利的攻击。该文献只是基于金融观点来讨论错误数据入侵攻击问题，并没有给出减缓问题的入侵检测或者预防技术。

在本章参考文献［30］中提出了一种防止错误数据攻击的保护策略。在这项研究中，作者提出了一种有效的方法可以轻易地识别和保护关键的测量数据，也给出了安装电源管理单元的布局策略。该文献主要从系统运行人员的角度考虑如何利用有限的资源去阻止错误数据的攻击。然而，该文献没有使用精确的非线性交流状态估计去定义和保护电网的攻击。

一般来说，错误数据监测技术依赖状态估计过程中的残差。然而，事实证明这种错误数据监测方法很容易受到错误数据入侵攻击[26]。为了监测错误数据，本章参考文献［31］中提出了一种广义似然比检测（Generalized Likelihood Ratio Test，GLRT）法。本章参考文献［31］也从攻击者的角度考虑了错误数据入侵攻击，这些攻击者了解系统调度机构的均方差和 GLRT。本章参考文献［31］将研究思路限定为直流状态估计。

本章参考文献［32］分析了考虑非线性模型的网络攻击对状态估计的影响。比较了两个广泛使用错误数据监测的技术。得出结论，如果攻击者有一个更准确的系统模型，则错误数据侵入攻击不被系统发现的概率更大。

本章参考文献［33］提出了错误数据入侵攻击的另一种防御策略，其监测系统有两个阶段。在第一阶段，该系统使用一个线性未知参数求解器；在第二阶段，系统提出了一种 CUSUM 算法用来检测入侵并保持较低的监测错误率。

本章参考文献［34］讨论了错误数据入侵下的交流状态估计的漏洞。该文献的工作将错误数据的状态估计模型从本章参考文献［26］的直流模型扩展到交流模型。文中，作者提出了一种基于图论的方法来确定容易受到网络攻击的关键测量部件。

从上述文献分析可知：

（1）从攻击者的角度看：

1）在创建攻击的过程中，要考虑详细的系统模型；

2）存在不同的技术去检测错误数据，但要注意的是攻击向量可以屏蔽大部分的错误数据监测；

3）在有限的系统和资源内引入攻击。

（2）从系统操作员的角度来看：

1）系统运行人员应该知晓可能的攻击场景；

2）建立战略保护和防御模型。

本章参考文献［35］简要地说明了针对智能电网的不同类型的网络攻击。

17.7 结论

状态估计的作用对系统运行至关重要。最近，智能电网状态估计很容易受到错误数据入侵攻击，本章在输电级和配电级分别对状态估计进行了讨论。本章还阐述了智能电网状态估计的演变和要求，并利用一个案例解释了错误数据入侵攻击。希望公共事业、工业和学术界应该更关注应对这种类型攻击的保护策略。

参考文献

1. McMillan R (2010) Siemens: Stuxnet worm hit industrial systems. COMPUTERWorld. 14 Sept 2010
2. The Industrial Control Systems Cyber Emergency Response Team (ICS-CERT) (2013) Incident response activity (April-June 2013). http://ics-cert.us-rt.gov/sites/default/files/ICS-CERT_Monitor_April-June2013.pdf. Accessed 30 Aug 2013
3. Anwar A, Pota HR (2012) Optimum allocation and sizing of DG unit for efficiency enhancement of distribution system. In: 2012 IEEE international Power Engineering and Optimization Conference (PEOCO), Melaka, Malaysia, pp 165, 170, 6–7 June 2012
4. Schweppe FC, Wildes J (1970) Power system static-state estimation, part I: exact model. IEEE Trans Power Apparatus Syst PAS-89(1):120, 125 (Jan 1970)
5. Huang Y-F, Werner S, Huang J, Kashyap N, Gupta V (2012) State estimation in electric power grids: meeting new challenges presented by the requirements of the future grid. IEEE Signal Process Mag 29(5):33, 43 (Sept 2012)
6. Abur A, Expósito AG (2004) Power system state estimation: theory and implementation. CRC Press.
7. Sakis Meliopoulos AP, Zhang F (1996) Multiphase power flow and state estimation for power distribution systems. IEEE Trans Power Syst 11(2):939, 946 (May 1996)
8. Monticelli A (2000) Electric power system state estimation. In: Proceedings of the IEEE, vol 88, no 2, pp 262, 282 (Feb 2000)
9. Naka S, Genji T, Yura T, Fukuyama Y (2003) A hybrid particle swarm optimization for distribution state estimation. IEEE Trans Power Syst 18(1):60, 68 (Feb 2003)
10. Handschin E, Schweppe FC, Kohlas J, Fiechter A (1975) Bad data analysis for power system state estimation. IEEE Trans Power Apparatus Syst 94(2):329, 337 (Mar 1975)
11. Lu CN, Teng JH, Liu W-HE (1995) Distribution system state estimation. IEEE Trans Power Syst 10(1), 229, 240 (Feb 1995)
12. Kersting WH (2011) The whys of distribution system analysis. IEEE Ind Appl Mag 17(5):59, 65 (Sept–Oct 2011)
13. Baran ME, Kelley AW (1994) State estimation for real-time monitoring of distribution systems. IEEE Trans Power Syst 9(3):1601, 1609 (Aug 1994)
14. Lin W-M, Teng J-H (1996) State estimation for distribution systems with zero-injection constraints. IEEE Trans Power Syst 11(1):518, 524 (Feb 1996)

15. Haughton DA, Heydt GT (2013) A linear state estimation formulation for smart distribution systems. IEEE Trans Power Syst 28(2):1187, 1195 (May 2013)
16. Anwar A, Pota HR (2012) Optimum capacity allocation of DG units based on unbalanced three-phase optimal power flow. In: IEEE power and energy society general meeting, pp 1, 8, 22–26 July 2012
17. Novosel D, Vu K (2006) Benefits of PMU technology for various applications. In: 7-th CIGRE symposium on power system management, Cavtat, Croatia, pp 1–13, 5–8 Nov 2006
18. Anwar A, Pota HR (2011) Loss reduction of power distribution network using optimum size and location of distributed generation. In: 21st Australasian Universities Power Engineering Conference (AUPEC), pp 1, 6, 25–28 Sept 2011
19. Gomez-Exposito A, Abur A, de la Villa Jaen A, Gomez-Quiles C (2011) A multilevel state estimation paradigm for smart grids. In: Proceedings of the IEEE, vol 99, no 6, pp 952, 976 (June 2011)
20. Hu Y, Kuh A, Tao Y, Kavcic A (2011) A belief propagation based power distribution system state estimator. IEEE Comput Intell Mag 6(3):36, 46 (Aug 2011)
21. Liu J, Tang J, Ponci F, Monti A, Muscas C, Pegoraro PA (2012) Trade-Offs in PMU deployment for state estimation in active distribution grids. IEEE Trans Smart Grid 3(2):915, 924 (June 2012)
22. Park S, Lee E, Yu W, Lee H, Shin J (2013) State estimation for supervisory monitoring of substations. IEEE Trans Smart Grid 4(1):406, 410 (March 2013)
23. Xie L, Choi D-H, Kar S, Poor HV (2012) Fully distributed state estimation for wide-area monitoring systems. IEEE Trans Smart Grid 3(3):1154, 1169 (Sept 2012)
24. Zonouz S, Rogers KM, Berthier R, Bobba RB, Sanders WH, Overbye TJ (2012) SCPSE: Security-oriented cyber-physical state estimation for power grid critical infrastructures. IEEE Trans Smart Grid 3(4):1790, 1799 (Dec 2012)
25. Niknam T, Firouzi BB (2009) A practical algorithm for distribution state estimation including renewable energy sources. Renew Energy 34(11):2309–2316 (Nov 2009)
26. Liu Y, Reiter MK, Ning P (2009) False data injection attacks against state estimation in electric power grids. In: Proceedings of the 16th ACM conference on computer and communications security, 2009
27. Xie L, Mo Y, Sinopoli B (2011) Integrity data attacks in power market operations. IEEE Trans Smart Grid 2(4):659, 666 (Dec 2011)
28. Bobba RB, Rogers KM, Wang Q, Khurana H (2010) Detecting false data injection attacks on DC state estimation. In: Proceedings of the first workshop on secure control systems
29. Xie L, Mo Y, Sinopoli B (2010) False data injection attacks in electricity markets. In: 2010 First IEEE international conference on smart grid communications (SmartGridComm), pp 226, 231, 4–6 Oct 2010
30. Kim TT, Poor HV (2011) Strategic protection against data injection attacks on power grids. IEEE Trans Smart Grid 2(2):326, 333 (June 2011)
31. Kosut O, Jia L, Thomas RJ, Tong L (2010) On malicious data attacks on power system state estimation. In: 45th international universities power engineering conference (UPEC), pp 1, 6, 31 Aug 2010–Sept 3 2010
32. Teixeira A, Amin S, Sandberg H, Johansson KH, Sastry SS (2010) Cyber security analysis of state estimators in electric power systems. In: 49th IEEE conference on decision and control (CDC), pp 5991, 5998, 15–17 Dec 2010
33. Huang Y, Li H, Campbell KA, Han Z (2011) Defending false data injection attack on smart grid network using adaptive CUSUM test. In: 45th annual conference on information sciences and systems (CISS), pp 1, 6, 23–25 Mar 2011
34. Hug G, Giampapa JA (2012) Vulnerability assessment of AC state estimation with respect to false data injection cyber-attacks. IEEE Trans Smart Grid 3(3):1362, 1370 (Sept 2012)
35. Anwar A, Mahmood AN (2014) Cyber security of smart grid infrastructure. In: The state of the art in intrusion prevention and detection, CRC Press, USA (Jan 2014)
36. Teixeira A, Amin S, Sandberg H, Johansson KH, Sastry SS (2010) Cyber security analysis of state estimators in electric power systems. In: 49th IEEE conference on decision and control (CDC), pp 5991, 5998, 15–17 Dec 2010

第18章 可再生集成电网的网络中心性分析障碍和模型

A·B·M·纳西鲁扎曼（A. B. M. Nasiruzzaman），
M·N·阿克特（M. N. Akter）和H·R·波塔（H. R. Pota）

摘要 可再生能源的引入改变了输电网的电能流向，从而形成了一种电力传输系统的双向流动模型。变化的电网需要更新及改进技术来分析电网的脆弱性。本章将提出一种识别智能体和大功率输电网络环境关键节点的方法，以及一种基于双向功率流的新模型，并分析三种基于复杂网络框架的电力系统模型。且对这些方法在智能电网环境中的适用性进行评价。本章还将讨论从分析中提取关键节点的结果，并测试四种基于拓扑和电特性的冲击测量方法。最后通过秩相似分析研究双向模型的有效性。

关键字 亲密中心；前向单向图；后向单向图；双向图；路径长度；连接丢失；负荷丢失；秩相似

18.1 引言

世界各地的公用事业公司正在整合智能和新技术，使现有的电力传输电网更加智能化[1]。智能电网的范围包括各种各样的发电方式，主要分布在靠近消费者的地方。从管理能源使用的角度来看，客户与能源管理系统的接触是智能电网中最有利可图的部分。在当地使用后，过量发电可以远距离传输，以满足目标地区的能源短缺。

这就引入了一个从客户端到电网的新概念。双向功率流改变了现有电网的全功率流模式[2]。分析方法、技术策略、控制系统和保护装置等都需要改变，计量和保护设备将经历反方向的流动，可以通过改变仪器本身或采用新的测量技术来保证早期使用设备的正常运行[3]。

近年来，有几次大规模的停电是从很小的扰动开始的。1996年8月，美国和墨西哥的北美西部电网发生了级联中断[4]，超过400万人遭受了这场劫难，大多数受影响的地区基本都停电4天左右。2003年8月，又一次大规模的停电事故影响了大约5500万人[5]，美国东北部和中西部的几个州以及加拿大的一些省份都受到了影响。

在世界各地的停电事件发生之后，智能电网开始发展。从频繁发生的大规模停电事件可以看出，现有的动态安全评估和监测系统并没有很好地发挥作用[7]。基于复杂网络框架的分析方法的动机来自于对发展电力系统级联事件风险评估的新方法、替代方法和改进方法的必要性。

在社会网络研究中普遍采用程度中心性、中间中心性和亲密度中心的度量方法来寻找具有最大影响的人[8]。根据程度中心性，有最多链接数的人便是最中心的人。中间中心性是衡量一个人作为中介的重要性，在其他两个人之间的交流路径中，大多数时间被认为是中心之间的中心。如果他或她是最接近在利益网中所有人相关的其他人，则这个人被认为是亲密的中心。

网络的连接受到阻碍，因为有较高程度的节点被从系统中取出。去除一个节点会带来很多链接，这会降低网络的性能。中间节点是重要的，因为它具有控制其他节点间通信的能力。与所有其他节点距离最小的节点是亲密中心，这个节点是最独立的节点，因为它可以与其他节点通信，而不需要中间节点。

近年来，有各种研究人员分析了电网拓扑结构，并利用复杂的网络框架来研究其强度和弱点。通过对美国电网的纯拓扑分析，发现了电网的强度[9]，这意味着系统内的各个节点都可以很容易地到达，这将使得与智能电网的通信变得简单而有效。电网拓扑结构的规整度是电网的一个弱点，因为它使系统非常容易受到攻击[10]。这种有针对性的攻击可以触发连锁故障，导致停电。

在初步的拓扑分析结果发表后，从系统的角度对电网进行了研究。由于纯拓扑方法的结果具有很大的误导性[11]，因此一些研究人员对电力系统的拓扑结构和电气特性进行了综合分析，从而发现了合理的改进结果[12,13]。

基于拓扑结果，发现电网对随机故障具有鲁棒性，但容易受到目标攻击的影响[10]。对电网的关键节点及关键状态进行分析，如果发现关键组件可以起动级联效应，则可以采取特殊的预防措施，以防止大规模的停电。

网络效率是一种从电网中包含或去除节点或线路后对性能变化的拓扑度量，在本章参考文献［14］中对其进行了分析，利用加权线间的方法从初步冲击中找出导致大规模停电的关键线路[15]。在本章参考文献［16］中，采用基于复杂网络理论的定性模拟方法识别了电力系统的脆弱区域，输电线路电抗被纳入计算一个新的脆弱性指数以识别关键线[17]。

探索电力系统可靠性与微世界效应之间的联系[18]。采用基于最大流量的中心方法来找出关键线，从而消除在源和负荷节点之间最短路径上流动的假设的缺点[19]。该方法收敛速度慢，但在结合规划问题时很有用。采用直流潮流模型对保护设备的隐藏故障及电网的结构脆弱性进行建模[20]。电学参数也广泛应用于提高电力系统的中心指标[21]。

在本章参考文献［22］中提出的一种扩展的拓扑方法提及了传统的拓扑度及电网的操作行为，如实际的功率流分配和线路流量限制。功率转移分布因子用于模拟级联事件，试图识别相关的线路[23]。

所有这些分析都是针对电力流动是从产生节点到负荷节点的电网进行的。但是由于将分布式发电包含在一起，电力流动模式将会发生变化，因此必须提出新的方法来考虑双向功率流。通信是智能电网的一个重要因素，识别系统中的节点将非常有用，这对于通信非常重要。

本章将提出一种基于复杂网络理论的智能电网关键部件识别方法。该方法是在稳定状态下，考虑到各电源线间的功率流分布，对密闭中心度进行修正。这是研究人员在智能电网环境中，捕获能量流后进行前期工作的合理延伸。秩相似度分析结果验证了所提指标的实用性，但在网络上有细微的变化。使用众所周知的影响指标，如路径长度、连接丢失和负荷丢失来确定对移除关键组件的影响。

本章其余部分安排如下：18.2 节为复杂网络框架下的智能电网分析提供了一个模型，并且提出一种基于双向功率流的新模型，还将讨论在电网中寻找关键节点的方法；关键节点识别过程见 18.3 节；18.4 节将讨论去除关键节点对各种拓扑和电气措施的影响；18.5 节中观察到当网络略有变化时，不同模型的关键节点秩的影响；18.6 节提出结论部分及未来的研究方向。

18.2 系统模型和方法

在复杂网络框架下电网分析的第一步是将系统建模为有向图[7]。图上的节点代表了发电站、变电站、负荷等，链路的边缘表示连接各种发电站、变电站和负荷点的传输线。在此模型中，只考虑传输系统，整个配电系统便是配电变电站终端的集中负荷。

在额定条件下，对给定的测试系统进行功率流分析，采用牛顿－拉夫森迭代法解答同时非线性代数功率流方程[24]。在模型中，通过功率在直线上流动的方向作为边缘的方向。从这一点开始，这张图将为前向单向流动图，可以定义它为：

定义 18.1（前向单向图）　一个电力系统的前向单向图模型可以从系统的正常运行状态得到。它可以用 $\Gamma=(\zeta,E,\Omega)$ 表示，由一个集合 ζ 组成，它的弦称为顶点或节点，是一组有序的顶点对的集合，称为边或线和集合 Ω，其元素是边集元素的权值。在集合 E 和集合 Ω 之间存在着一一对应的关系，边集 E 的元素 $e=(x,y)$ 是直接从 x 到 y 中导出的，其中 y 叫作边缘的头部，x 叫作边缘的尾部。在这种模型中，传输线路阻抗被认为是节点间边缘的权值。集合 E 和集合 Ω 之间存在一一对应关系。

为了考虑智能电网中的双向流还建立了一种逆向的单向图，并给出了一个形式化定义如下：

定义 18.2（后向单向图）　一个电力系统的后向单向图模型可以从系统的反向操作状态得到。它可以表示为 $G=(V,E,W)$，集合 V 中元素被称为顶点或节点，集合 E 下一组有序的顶点被称为边缘或线条，集合 W 中元素是边缘集合的权重。集合 E 和集合 W 之间存在着一一对应的关系，边缘集合 E 的元素 $e=(x,y)$ 直接从 x 指向 y，其中 y 叫作边缘的头部，x 叫作边缘的尾部。在这种模型中，传输线路阻抗被认为是节点间边缘的权值。集合 E 和集合 W 之间存在一一对应关系。

从定义上可以看出，后向单向流动图中边缘的方向与标称单向流动图完全相反。现在，将前向和后向单向图的组合看作是双向图，用于对未来智能电网的功率流模式进行建模。双向图可定义为：

定义 18.3（双向图）　一个电力系统的双向图模型可以从标称单向和后向单向图模型的叠加得到。它可以用 $G=(V,E,W)$ 表示，其中集合 V 中的元素表示为顶点或节点，集合 E 表示一个有序的顶点对的集合，被称为边缘或线路集合。集合 W 表示边缘集元素的权值。集合 E 和集合 W 之间存在着一一对应的关系。边缘集合 E 的元素 $e=(x,y)$ 直接从 x 指向 y，其中 y 叫作边缘的头部，x 叫作边缘的尾部。在这种模型中，传输线路阻抗被认为是节点间边缘的权值。集合 E 和集合 W 之间存在一一对应关系。

为了说明电力系统中的单向和双向图模型，本章使用了一个简单的 14 总线系统示例[25]。图 18.1 所示系统为 14 条总线，20 个连接，图 18.2 和图 18.3 所示分别为图 18.1 的前后单向图模型。我们可以将系统建模为一个包含 14 个节点/顶点的图，这些节点/顶点对应于原始系统的松散度、电压控制和负荷总线。传输线可以由连接各个节点的 20 个链路/边缘来表示。系统数据见表 18.1。

假设 k 表示从总线 s 到总线 t 结束的最短路径中间总线，P_{st} 代表总线 s 和总线 t 之间的最短电气路径间的最大功率流动，$P_{st}(k)$ 是总线 s 和 t 之间总线 k 的最短电气路径的最大流入功率和流出功率，然后它们的分数用 $r_{st}(k)$ 表示为

$$r_{\mathrm{st}}(k)=\frac{P_{\mathrm{st}}(k)}{P_{\mathrm{st}}} \tag{18.1}$$

在此，$r_{\mathrm{st}}(k)$ 代表总线 s 和总线 t 之间需要总线 k 在其间沿最短电气路径传输能量的程度指数。如果用式（18.1）的二重和来表示源总线 s 的所有中间总线 k 和所有终总线 t，则

$$C_{\mathrm{C}}^{E}(s)=\sum_{k=1}^{n}\sum_{t=1}^{n}\frac{P_{\mathrm{st}}(k)}{P_{\mathrm{st}}}, s\neq t\neq k\in V \tag{18.2}$$

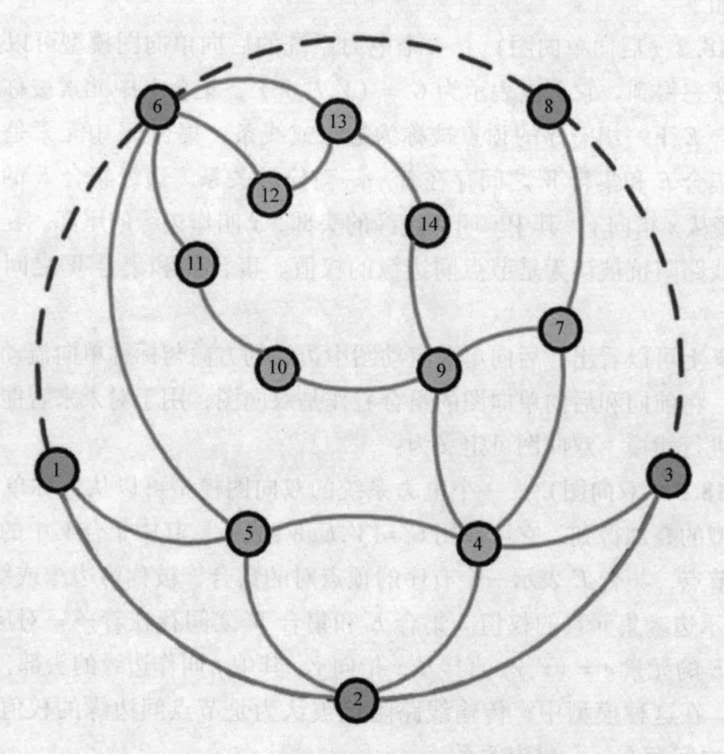

图 18.1　IEEE 14 总线测试系统拓扑

得到了电网内总线 s 的中心度量。式（18.2）所示措施增加了源自总线 s 及终止在所有其他总线的实际功率。如果分子与分母项的差值较低，则该值取高值。这一事实表明，在最短路径中损失的能量非常少，因为很少有电力损失，这样的总线可能会对其他总线产生更直接的影响。

表 18.2 列出了 IEEE 30 总线测试系统中来自标称、后向单向和双向模型的前十个关键节点[24,25]。

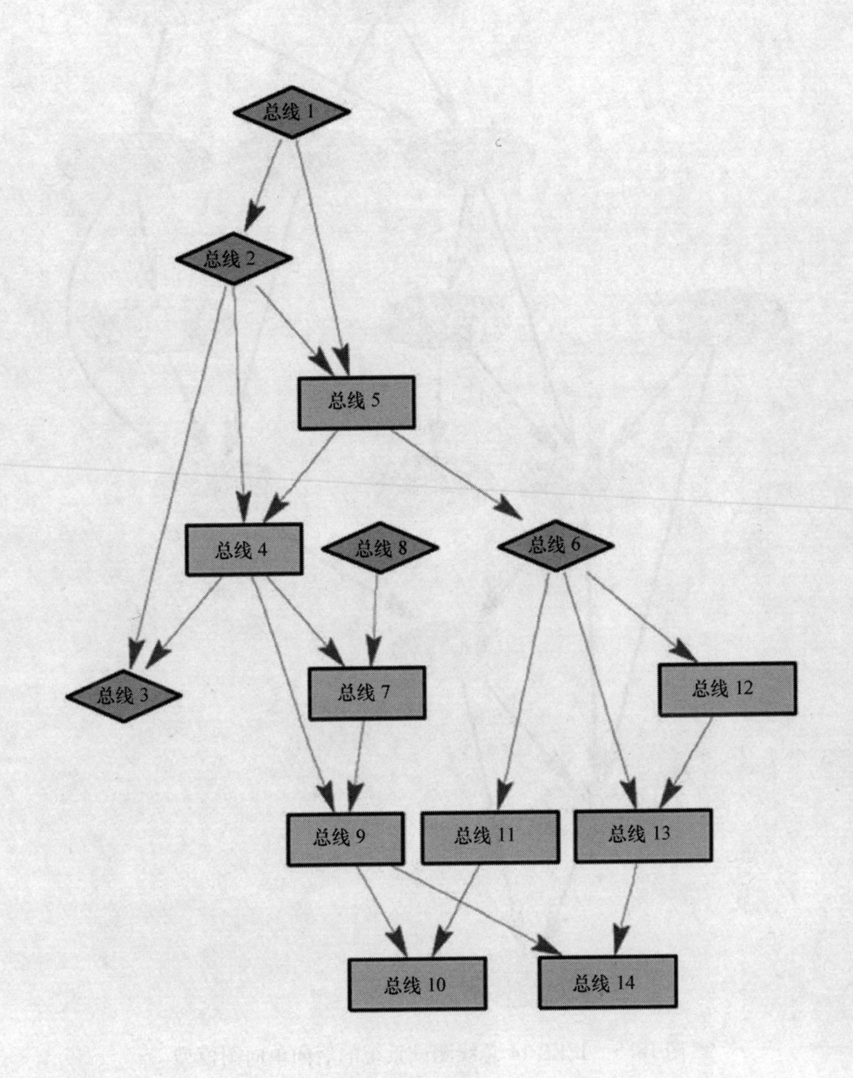

图 18.2　IEEE 14 总线测试系统的前向单向图模型

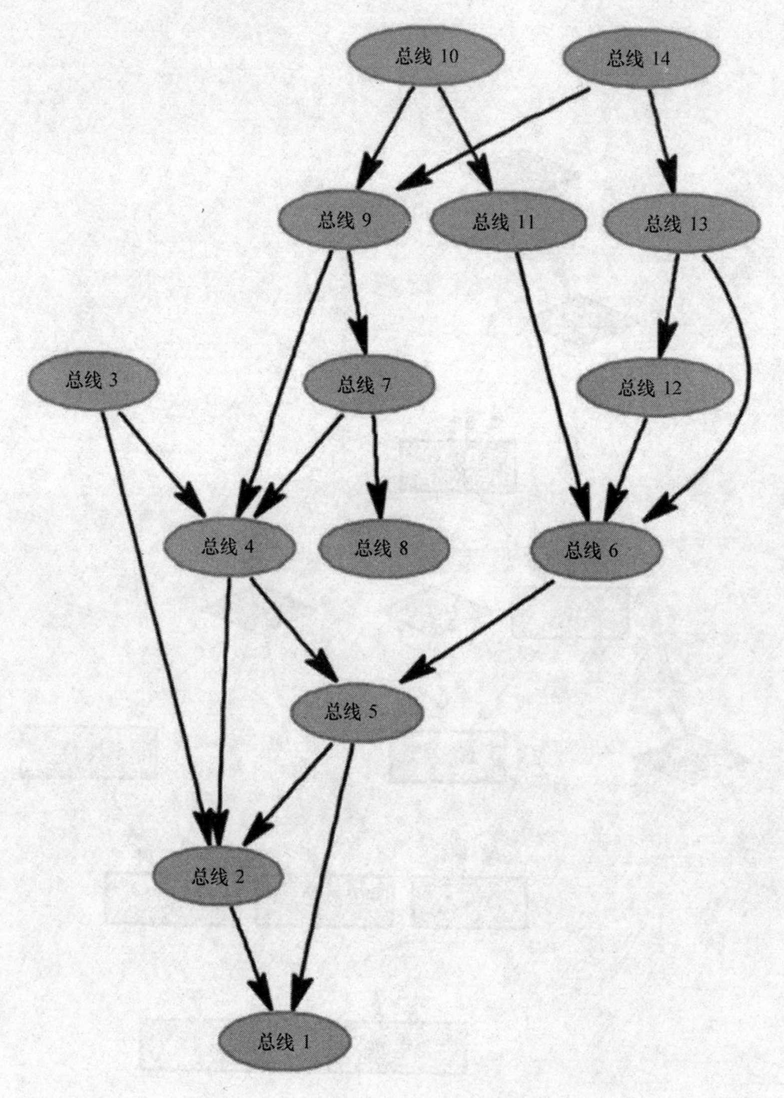

图 18.3　IEEE 14 总线测试系统的后向单向图模型

表 18.1　图 18.1 中的网络系统数据

分支号	起始端	终止端	起始端功率 P_{inj}	终止端功率 P_{inj}	损耗 P/MW
1	1	2	156.88	−152.59	4.30
2	1	5	75.51	−72.75	2.76
3	2	3	73.24	−70.91	2.32
4	2	4	56.13	−54.45	1.68

（续）

分支号	起始端	终止端	起始端功率 P_{inj}	终止端功率 P_{inj}	损耗 P/MW
5	2	5	41.52	-40.61	0.90
6	3	4	-23.29	23.66	0.37
7	4	5	-61.16	61.67	0.51
8	4	7	28.07	-28.07	0.00
9	4	9	16.08	-16.08	0.00
10	5	6	44.09	-44.09	0.00
11	6	11	7.35	-7.30	0.06
12	6	12	7.79	-7.71	0.07
13	6	13	17.75	-17.54	0.21
14	7	8	0.00	0.00	0.00
15	7	9	28.07	-28.07	0.00
16	9	10	5.23	-5.21	0.01
17	9	14	9.43	-9.31	0.12
18	10	11	-3.79	3.80	0.01
19	12	13	1.61	-1.61	0.01
20	13	14	5.64	-5.59	0.05

表 18.2　IEEE 30 总线测试系统单向和双向潮流模型的前十个节点

单向前向	单向后向	双向正向
1	24	1
3	19	3
2	26	2
4	18	4
6	23	6
13	21	24
12	25	19
9	29	13
14	30	12
28	17	14

18.3 各种总线成对依赖程度

在本章参考文献［26］中给出了对各种总线成对依赖的概念，这里提到是为保持本章的流程。

18.3.1 最短路径

最短路径的概念是供那些用复杂网络框架来分析网络脆弱性电力系统的研究人员使用的[17]。为了评估电网脆弱性，研究人员采用动态电力系统模型，引入了网络流的概念[20]。网络流在两个节点 s 与 t 之间的最短路径流动。如果在两个总线之间有两个或更多的路径，那么比重小的路径被认为是这两个总线之间的最短路径。

在传统的建模方法中，复杂网络研究人员只考虑物理连接。节点之间的线路权值反映了网络的拓扑结构。如果节点 s 与 t 之间存在连接，则对应的线路权值为 1，否则在传统方法中为 0[20]。在电力系统中，输电线路的主要参数是阻抗，且对总线之间线路的功率流具有显著的影响，而在此模型中并没有考虑。

一些研究人员已经考虑了线路的电抗[15]，忽略了传输系统中非常小的线路电阻。但是，为了推广该模型的传输和分配系统，应对阻抗（即要对电抗和电阻）进行综合考虑[17]。

本章使用了阻抗的绝对度量 $|Z|$ 作为线路的权值。

如果想在总线 1 和 4 之间找到最短的电气路径，则可以在表 18.3 中给出多条路径。可以清楚看到，1 和 4 之间的最短路径是 1－3－4，其权值是 0.72pu。

寻找网络的最短路径集合是图论问题，且几种算法都会有效。

表 18.3　图 18.1 中总线 1 和 4 中各种可能的连接

连接	重量（pu）
1－2－4	1.21
1－2－3－4	2.01
1－2－5－4	1.04
1－3－4	0.72
1－3－2－4	1.50
1－3－2－5－4	1.33

18.3.2 总线依赖矩阵

在复杂网络理论的背景下，当电力系统中的成对总线通过输电线连接时，没有任何其他总线在中间（中介体之间），它们是相邻的。与总线 k 相邻的另一总线 t，在总线 s 与总线 t 之间通过总线 k 创造了一条传输路径，连接一对总线的最短电路称为测地线。

P_{st}是总线 s 和总线 t 之间的最短电气路径的最大功率流动，$P_{st}(k)$是在总线 k 的总线 s 和总线 t 之间的最短电气路径的最大流入功率和流出功率，然后它们的分数用 $r_{st}(k)$表示为

$$r_{st}(k)=\frac{P_{st}(k)}{P_{st}} \tag{18.3}$$

在此，$r_{st}(k)$是总线 s 和总线 t 之间需要总线 k 在其间沿最短电气路径传输能量的程度指数。

网络中节点的成对依赖关系定义在本章参考文献［27］中。在电力电网中，本章参考文献［27］中成对依赖关系的概念在这里被使用。总线的成对依赖程度可以看作总线 s 必须依赖另一总线 k，才能沿着最短的电路或测地线向网络中所有其他可到达的总线 t 传输电力的程度。对于一个有 n 种总线的电网，总线 s 对总线 k 在网络上的任何其他总线传输电力的依赖关系可以表示为

$$d_{sk}=\sum_{t=1s\neq t\neq k\in V}^{n} r_{st}(k)=\sum_{t=1s\neq t\neq k\in V}^{n}\frac{P_{st}(k)}{P_{st}} \tag{18.4}$$

整个系统总线的成对依赖关系可以计算出来，结果可以在矩阵 $\boldsymbol{D}$ 中总结如下：

$$\boldsymbol{D}=\begin{bmatrix} d_{11} & d_{12} & \cdots & d_{1n} \\ d_{21} & d_{22} & \cdots & d_{2n} \\ \vdots & \vdots & \ddots & \vdots \\ d_{n1} & d_{n2} & \cdots & d_{nn} \end{bmatrix} \tag{18.5}$$

$\boldsymbol{D}$ 的每个元素都是一个程指标，由行号指定的总线必须依赖于由列号指定的另一条总线，以将其功率沿最短的电气路径或测地线传输到网络中所有其他可到达的总线上。因此，该矩阵将总线的重要性信息捕获到网络中其他总线的中间位置，所以可以称矩阵 $\boldsymbol{D}$ 为总线依赖矩阵。

18.3.3　从系统数据中查找总线依赖矩阵的步骤

从系统数据中查找总线依赖矩阵的过程如下：

1）将系统建模为图形；

2）用约翰逊算法求图的最短路径集[28]；

3）在系统求解负荷流问题的各种线路中发现流量；

4）找出在总线 s 和 t 之间最短电气路径中流动的最大功率 P_{st}为最短路径集合；

5）找出 $P_{st}(k)$ 在总线 s 和 t 之间总线 k 的最短电气路径的最大流入和流出；

6）评估总线依赖矩阵 $\boldsymbol{D}$，从 P_{st} 到 $P_{st}(k)$。

18.3.4 关于总线依赖矩阵的观察

关于总线依赖矩阵的几个观察结果如下：

1）（s，t）矩阵的元素代表了总线 s 对总线 t 的依赖；

2）总线依赖矩阵的对角元素为零；

3）这个矩阵非对称；

4）矩阵行的和可以作为电子密合中心度量；

5）矩阵列的和是电介中心度度量。

18.4 影响的措施

首先，以中心度量的降序对标称网络进行求解，将节点从系统中逐个移除。为了测量从系统中去除关键节点的影响，已经采用了各种措施。本章考虑了四项措施，它们的前两个措施，即路径长度和连接丢失都是纯拓扑的。最后两项措施是由于关键节点的去除和超负荷线的数量而导致的负荷损失百分比。

18.4.1 路径长度

研究人员将路径长度作为衡量网络连接度的指标，它是网络中任意两个节点之间最短路径的平均长度[29]。如果一个节点从一个系统中去除，则通常会增加其他节点之间的距离。因此，网络特征路径长度的增加被认为是对系统中去除关键节点的影响分析的一种度量方法。

采用一个简单的 IEEE 30 总线测试系统模拟节点去除路径长度的结果，如图 18.4所示。由此可见，如果从标称单向图模型中去除高中心性的节点，则路径长度会略有增加。在使用后向单向流动模型的情况下，可以发现路径长度增加和减小的两种结果，在双向流动模型中发现其影响最大。

18.4.2 连接丢失

当一些节点从系统中移除时，这是一种纯粹的影响电网相遇的拓扑测量方法。在这个测量中，计算了由于从系统中去除节点的影响，传输或分布节点可以访问多少个生成器，从而丢失了多少连接。节点连接的生成器数量越少，冗余度越低，节点的脆弱性就越大，见式（18.6），最初在本章参考文献［30］中提出。

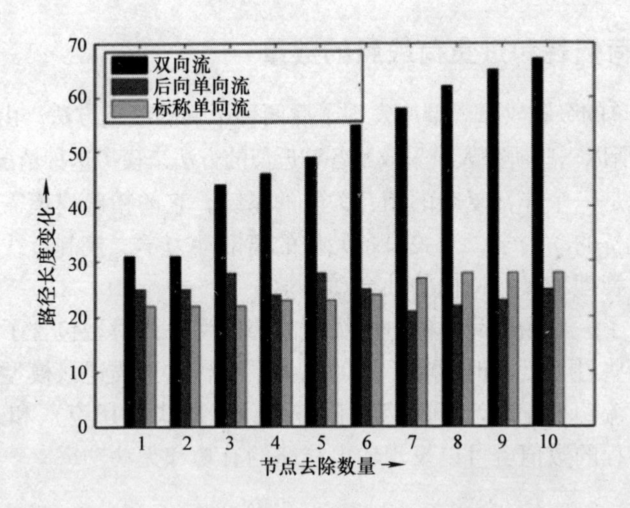

图18.4　使用三种方法去除关键节点，IEEE 30总线测试系统路径长度的变化

$$C = 1 - < \frac{N_g^i}{N_g} > i \tag{18.6}$$

式中，平均是在每个中间节点上完成的；N_g 是发电机的总数量；N_g^i 是节点 i 的发电机数目。图18.5所示为三种不同模型对连接丢失的影响。

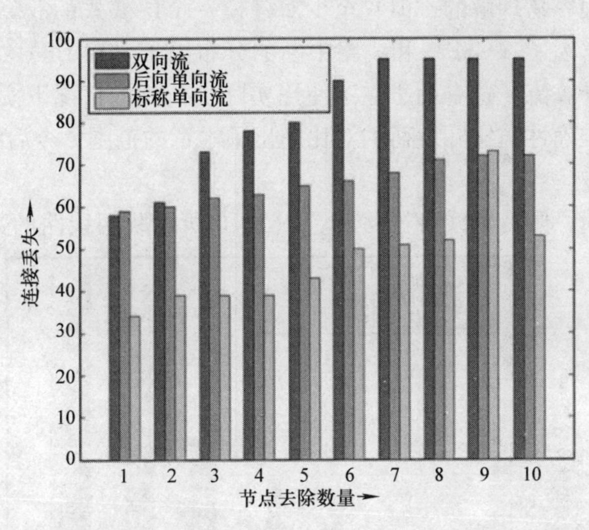

图18.5　从三个不同角度去除关键节点的功能，IEEE 30总线测试系统的连接丢失

研究发现，在三种情况下，连接在很大程度上都丢失了，但在双向流模型的情况下，这种影响是最大的。最初的标称和双向方法具有相似的影响，但在仅去除三个节点后的双向流模型中，其影响更为显著。

18.4.3 负荷损耗和过负荷线路的数量

从一个简单的级联故障模型中发现了后两种影响的度量方法。由于不可能精确地模拟停电，所以一些研究人员采取了各种近似的方法来模拟这种情况[11,31-33]。

电力系统是一个非常复杂的相互关联的系统，它的精确建模需要涉及系统内旋转机械和设备的动力学，开关设备元件的离散动力学，控制直线流动的非线性代数方程以及管理和操作机构的社会动力学。

本章提出了一个相当简单的电网级联故障模型，该模型包含了重要的电气特性，忽略了那些过于复杂但影响不大的电力系统，这里描述该模型的细节。

首先用交流功率流来计算网络的稳态条件。从式（18.7）和式（18.8）中给出的线流方程的数值解可以发现输电线路的有功和无功功率。

$$P_i = \sum_{j=1}^{n} |V_i||V_j||Y_{ij}|\cos(\theta_{ij} - \delta_i + \delta_j) \tag{18.7}$$

$$Q_i = -\sum_{j=1}^{n} |V_i||V_j||Y_{ij}|\sin(\theta_{ij} - \delta_i + \delta_j) \tag{18.8}$$

其中，符号具有其在电力系统文献中常见的含义。

在分析过程中，发电机和负荷动态不包括在内。虽然，不使用生成器和负荷的动态限制是很容易理解的，但它至少对建模一个层叠式的故障机制是有用的。此外，产生位移因子（GSF）和线路中断的分布因子（LODF）[34]用于在扩张后的线路中重新计算流。这有助于在不使用实际负荷流的情况下实现快速的结果。结果的速度和准确性与实际负荷的对比超出了本章的范围，今后将在另一篇研究文章中讨论。

如果过负荷，则传输线将被移除，图 18.6 所示跳闸线路的数量作为一种影

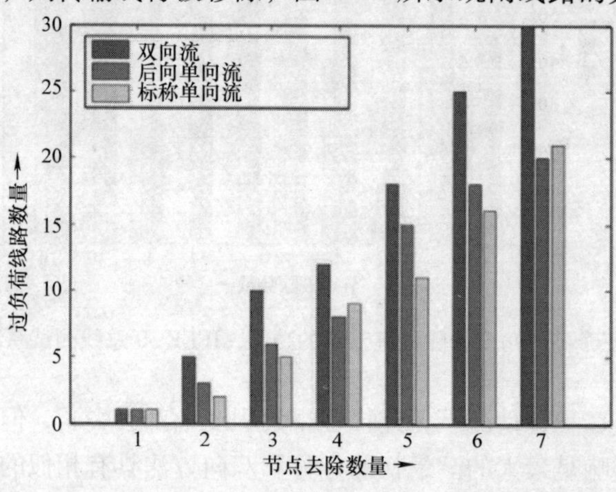

图 18.6 基于双向潮流算法的过负荷线路数量急剧增加

响的量度。显然，在标称上和后向的单向流动方法中，重负荷线路的数量几乎相同。双向流模型有最大的影响，并且有大量的线路被重负荷，只删除了七个节点。

此外，每条线路都使用延时过的继电器，如果有大量过负荷，则会快速运行，如果有一点过负荷，则会缓慢运行。另一件添加到模型的事情是增加发电机，当系统分离成子电网时，发电机允许向上或向下倾斜，以重新平衡。

因此，如果一个部件故障扰乱了供需平衡，则应通过发电机设置点调整实现这种平衡。但是如果没有足够的提升能力，那么最终的选择是将可能的系统负荷降到最低。在连续去除节点期间丢失的总负荷可用来衡量其影响。

图 18.7 所示为负荷丢失占系统总负荷的百分比。多达六个节点去除的负荷丢失几乎是相等的，并且对两个单向模型都没有增加太多。在去除五个节点后，系统需要卸载超过 50% 的负荷，以确保剩余系统的安全可靠运行。

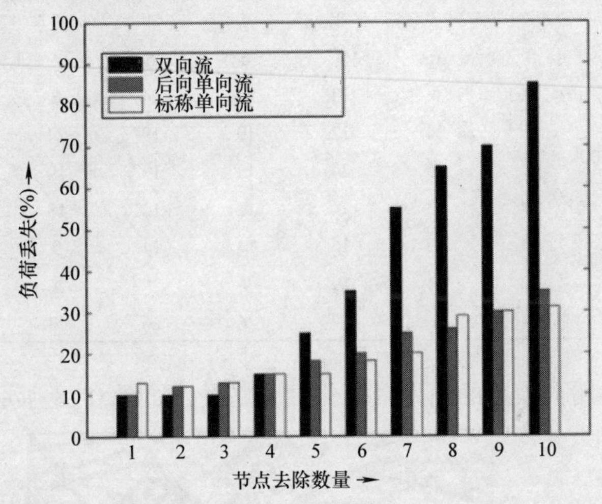

图 18.7　IEEE 30 总线系统中重要节点功能丧失对负荷丢失的三种不同影响

这就引入了一个从客户端到电网的新概念。双向功率流改变了现有电网的整个功率流模式[18]。分析方法、技术策略、控制系统和保护装置等都需要改变。计量和保护设备将经历对立面的潮流。可以通过改变仪器本身或采用新的测量技术来保证早期使用设备的正常运行[27]。

18.5　关键节点的秩相似性

从 18.4 节的结果可以看出，从双向流模型中发现的节点比标称和后向单向模型有更大的影响。为了分析系统变化对关键节点等级的影响，进行了秩相似度分析。在模型和关键节点中发现了一个结构上的变化，比如功率流方向的变化。

这种网络上的变化对应的是低压电网通过传输系统，在其他领域满足能源需求的一种情况。

表 18.4 比较了 IEEE 30 总线测试系统前十个关键节点的变化，且分析了双向功率流模型。表 18.4 的上一行对应于系统的拓扑状态。第一列给出了双向模型的前十个关键节点。其余的列显示了在关键节点上的变化，用于改变拓扑。例如，第三列表示当功率流的标称方向通过线路 29 - 27 改变时的前十个关键节点。显然，改变的拓扑结构不影响节点的临界性。

表 18.4　不同拓扑条件下 IEEE30 总线双向潮流模型的前十个关键节点

标称情况	线路 24 - 25	线路 29 - 27	线路 6 - 2	线路 17 - 10	线路 4 - 3	线路 10 - 6	线路 18 - 15	线路 30 - 29	线路 15 - 14
1	1	1	1	1	1	1	1	1	1
3	3	3	2	3	2	2	3	3	3
2	2	2	3	2	4	4	2	2	2
4	4	4	6	4	6	6	4	4	4
6	24	24	4	13	24	24	6	6	6
24	13	6	24	12	19	19	24	24	24
19	6	19	19	24	13	13	19	19	19
13	12	29	13	6	12	12	18	13	9
12	19	13	12	16	14	14	9	12	26
14	14	12	14	19	9	9	26	14	13
9	9	14	9	17	26	26	23	9	18

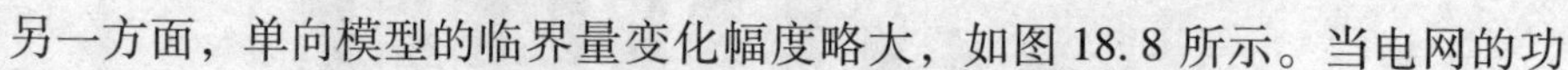

另一方面，单向模型的临界量变化幅度略大，如图 18.8 所示。当电网的功

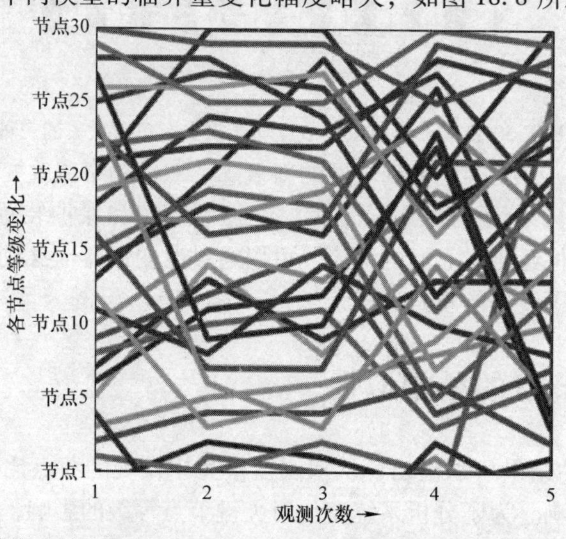

图 18.8　IEEE 30 总线测试系统单向模型中节点等级随网络稍加修改的变化（见文后彩色插页）

率流模型为单向时，标称单向方法是有效的。但是，为了模拟未来的智能电网，双向模型在等级相似性方面展示了较好的结果，如图 18.9 所示。

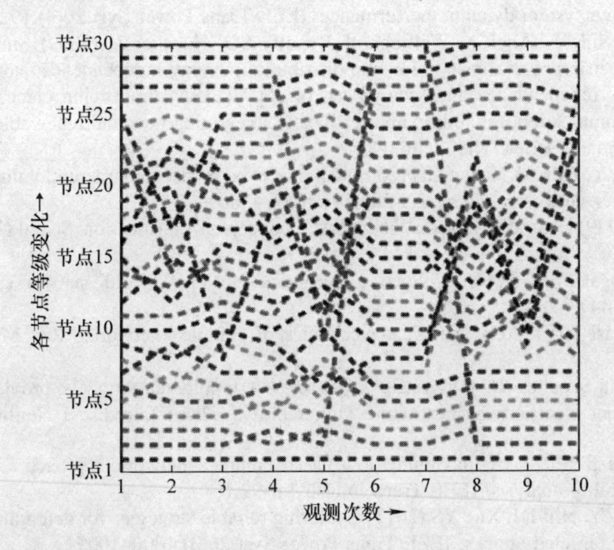

图 18.9　双向潮流模型中节点的秩相似性优于单向模型（见文后彩色插页）

18.6　结论

基于对智能电网环境中关键组成部分的研究，本章采用蒙特卡洛模拟技术从各种标准测试系统分析了复杂网络理论的前景。双向流图是由前向和后向单向流动图的叠加构成的。双向流图可获得未来智能电网的真实功率流场景。电力中心测度是利用电力系统的密闭中心度测量来寻找关键部件的。另外，本章还分析了四种不同的影响措施，量化了从电网中去除关键节点的效果。从不同的测量结果可以看出，在智能电网环境中，双向功率流模型比单向功率流模型更有效。秩相似分析表明，在智能电网环境中，由于通过传输网络的后向能量流，双向模型的关键节点在系统拓扑变化的情况下不会发生太大的变化。

参 考 文 献

1. Farhangi H (2010) The path of the smart grid. IEEE Power Energ Mag 8(1):18–28
2. Glover JD, Sarma MS, Overbye T (2011) Power system analysis and design. Fifth edition, Cengage Learning
3. Sood VK, Fischer D, Eklund JM, Brown T (2009) Developing a communication infrastructure for the smart grid. In: 2009 IEEE electrical power energy conference (EPEC), pp 1–7
4. Kosterev DN, Taylor CW, Mittelstadt WA (1999) Model validation for the august 10, 1996 WSCC system outage. IEEE Trans Power Syst 14(3):967–979

5. Andersson G, Donalek P, Farmer R, Hatziargyriou N, Kamwa I, Kundur P, Martins N, Paserba J, Pourbeik P, Sanchez-Gasca J, Schulz R, Stankovic A, Taylor C, Vittal V (2005) Causes of the 2003 major grid blackouts in North America and Europe, and recommended means to improve system dynamic performance. IEEE Trans Power Syst 20(4):1922–1928
6. Kaplan SM, Sissine F, Abel A, Wellinghoff J, Kelly SG, Hoecker JJ (2009) Smart grid: modernizing electric power transmission and distribution; energy independence, storage and security; energy independence and security act of 2007 (EISA); improving electrical grid efficiency, communication, reliability, and resiliency; integrating new and renewable energy sources. Government series, TheCapitol.Net
7. Chen G, Dong ZY, Hill DJ, Zhang GH (2009) An improved model for structural vulnerability analysis of power networks. Physica A 388(19):4259–4266
8. Freeman LC (1979) Centrality in social networks: I. conceptual clarification. Social Networks 1:215–239
9. Watts DJ, Strogatz SH (1998) Collective dynamics of 'small-world' networks. Nature 393(6684):440–442
10. Reka A, Barabási AL (2002) Statistical mechanics of complex networks. Rev Mod Phys 74:47–97
11. Hines P, Cotilla-Sanchez E, Blumsack S (2010) Do topological models provide good information about electricity infrastructure vulnerability? Chaos Interdisc J Nonlinear Sci 20(3):033122
12. Dwivedi A, Yu X (2011) A maximum flow based complex network approach for power system vulnerability analysis. IEEE Trans Industr Inf 99:1
13. Chen G, Dong ZY, Hill DJ, Xue YS (2011) Exploring reliable strategies for defending power systems against targeted attacks. IEEE Trans Power Syst 26(3):1000–1009
14. Sun k (2005) Complex networks theory: a new method of research in power grid. In: 2005 IEEE/PES transmission and distribution conference and exhibition: Asia and Pacific, pp 1–6
15. Chen X, Sun K, Cao Y, Wang S (2007) Identification of vulnerable lines in power grid based on complex network theory. In: 2007 IEEE power engineering society general meeting, pp 1–6
16. Zhao H, Zhang C, Ren H (2008) Power transmission network vulnerable region identifying based on complex network theory. In: Third international conference on electric utility deregulation and restructuring and power technologies, 2008. DRPT, pp 1082–1085
17. Dwivedi A, Yu X, Sokolowski P (2009) Identifying vulnerable lines in a power network using complex network theory. In: IEEE international symposiumon industrial electronics, 2009. ISIE, pp 18–23
18. Xu S, Zhou H, Li C, Yang X (2009) Vulnerability assessment of power grid based on complex network theory. In: Asia-Pacific power and energy engineering conference, 2009. APPEEC, pp 1–4
19. Dwivedi A, Yu X, Sokolowski P (2010) Analyzing power network vulnerability with maximum flow based centrality approach. In: 2010 8th IEEE international conference on industrial informatics (INDIN), pp 336–341
20. Chen G, Dong ZY, Hill DJ, Zhang GH, Hua KQ (2010) Attack structural vulnerability of power grids: a hybrid approach based on complex networks. Physica A 389(3):595–603
21. Wang Z, Scaglione A, Thomas RJ (2010) Electrical centrality measures for electric power grid vulnerability analysis. In: 2010 49th IEEE conference on decision and control (CDC), pp 5792–5797
22. Bompard E, Napoli R, Xue F (2010) Extended topological approach for the assessment of structural vulnerability in transmission networks. IET Gener Transm Distrib 4(6):716–724
23. Bompard E, Di W, Xue F (2011) Structural vulnerability of power systems: a topological approach. Electr Power Syst Res 81(7):1334–1340
24. Saadat H (2002) Power systems analysis. McGraw-Hill series in electrical and computer engineering, 2nd edn. McGraw-Hill Custom Publishing, 712 p, July 15 2002, ISBN-10:0072848693, ISBN-13:978-0072848694
25. IEEE power system test case archieve (2013) http://www.ee.washington.edu/research/pstca.

Accessed 11 Nov 2013
26. Nasiruzzaman ABM, Pota HR (2013) Bus dependency matrix of electrical power systems. Int J Electr Power Energ Syst (Article in Press), http://dx.doi.org/10.1016/j.ijepes.2013.10.031
27. Freeman LC (1980) The gatekeeper, pair-dependency and structural centrality. Qual Quant 14(4):585–592
28. Johnson DB (1977) Efficient algorithms for shortest paths in sparse networks. J ACM 24:1–13
29. Albert R, Jeong H, Barabasi AL (2000) Error and attack tolerance of complex networks. Nature 406(6794):378–382
30. Albert R, Albert I, Nakarado GL (2004) Structural vulnerability of the North American power grid. Phys Rev E 69:025103
31. Carreras BA, Newman DE, Dobson I, Poole AB (2004) Evidence for self-organized criticality in a time series of electric power system blackouts. IEEE Trans Circuits Syst I (Reg Papers) 51(9):1733–1740
32. Dobson I, Carreras BA, Lynch VE, Newman DE (2007) Complex systems analysis of series of blackouts: cascading failure, critical points, and self-organization. Chaos 17(2):026103
33. Mei S, He F, Zhang X, Wu S, Wang G (2009) An improved OPA model and blackout risk assessment. IEEE Trans Power Syst 24(2):814–823
34. Wood AJ, Wollenberg BF (2006) Power generation operation and control, Wiley, New York

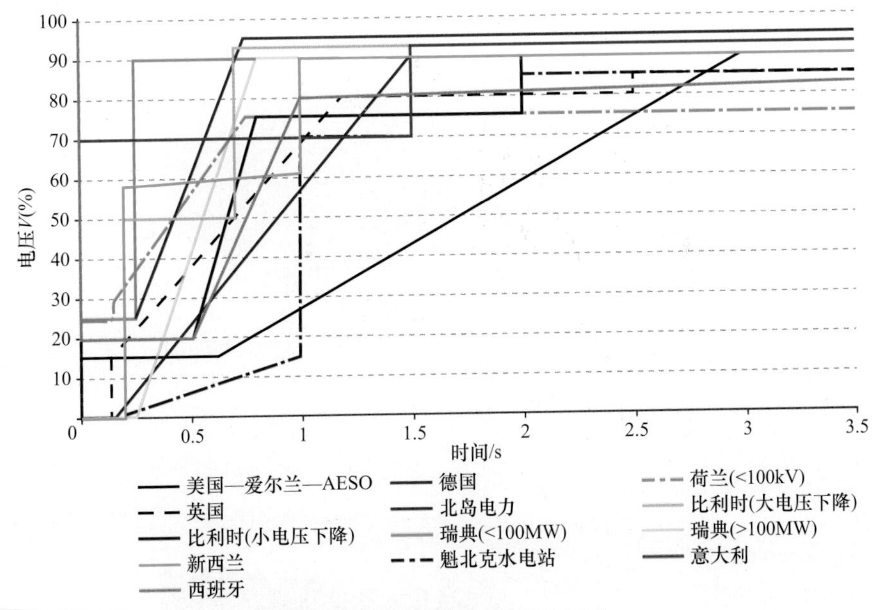

图 3.7　实践中的国际 FRT 标准

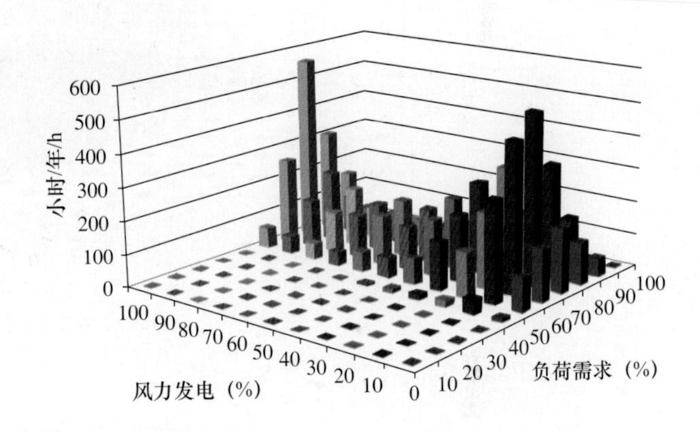

高峰需求百分比 → / 发电能力百分比 ↓	40	50	60	70	80	90	100
0	10	103	158	192	127	53	2
10	43	303	451	515	339	156	11
20	20	136	226	336	175	73	15
30	16	147	201	276	138	45	6
40	11	79	170	212	113	41	4
50	7	63	130	161	84	33	7
60	0	60	147	172	85	41	4
70	1	40	132	143	95	33	4
80	0	48	123	176	90	42	8
90	2	54	144	212	110	48	6
100	0	63	257	559	305	152	16

图 6.1　负荷需求 / 风力发电重合小时数

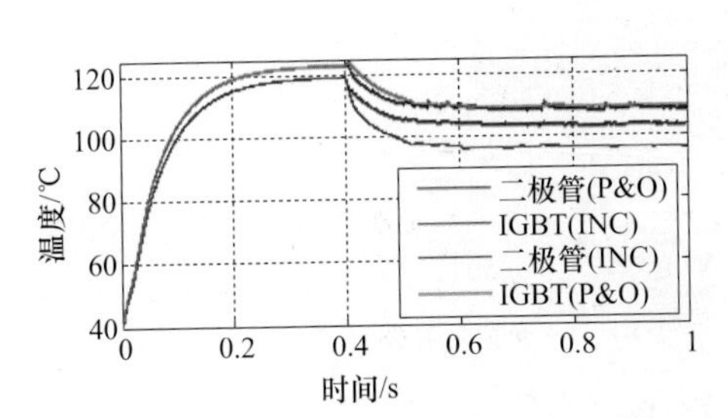

图 5.22　二极管和 IGBT 结温的比较

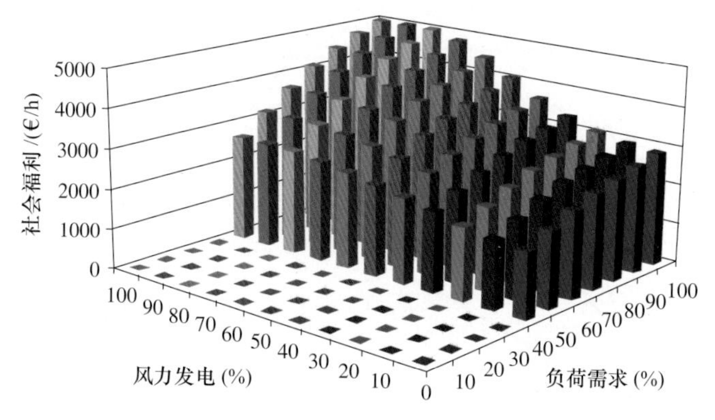

图 6.6　社会福利

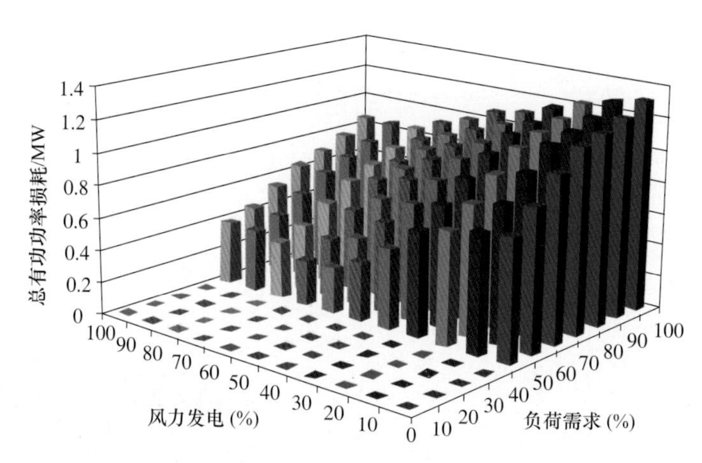

图 6.7　总有功功率损耗

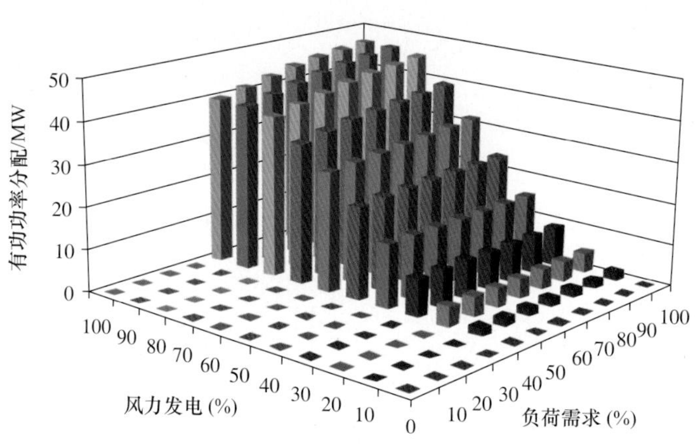

图 6.8　有功功率分配

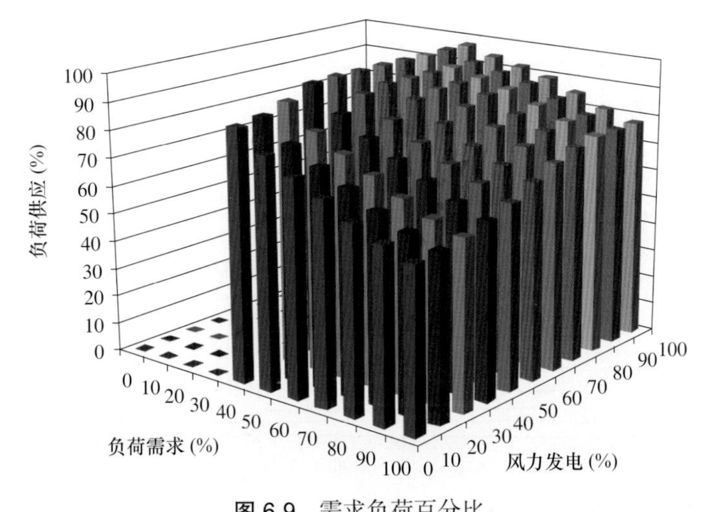

图 6.9　需求负荷百分比

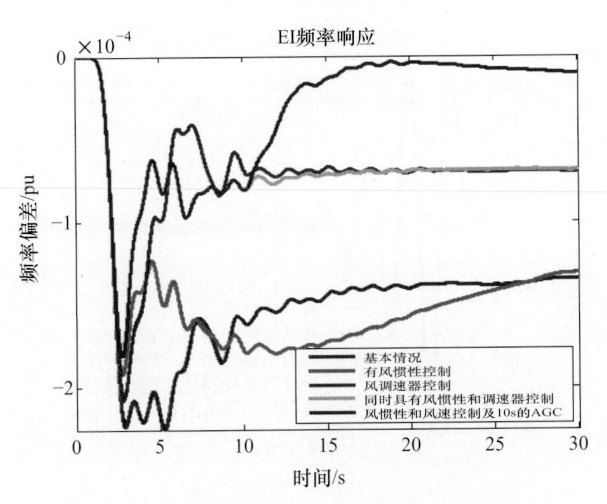

图 8.5　在不同控制下发生跳闸后的 EI 频率响应

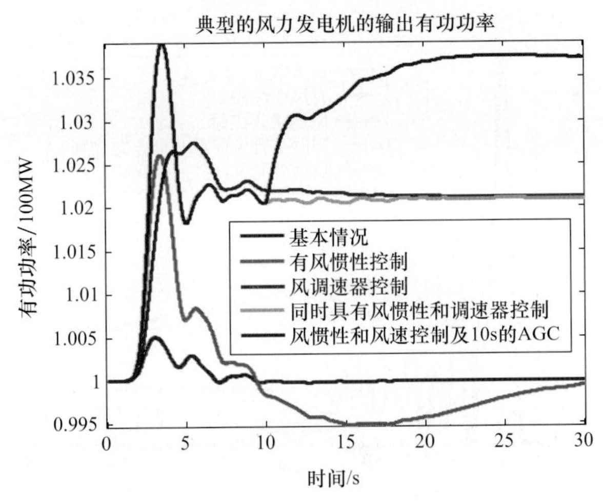

图 8.6　典型的风力发电机组在不同控制下产生跳闸事件后的有功功率输出

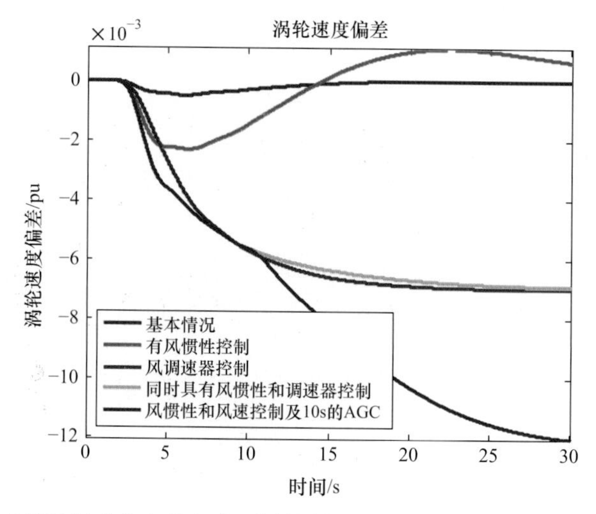

图 8.7　典型的风力发电机组在不同控制下产生跳闸事件后的涡轮转速偏差

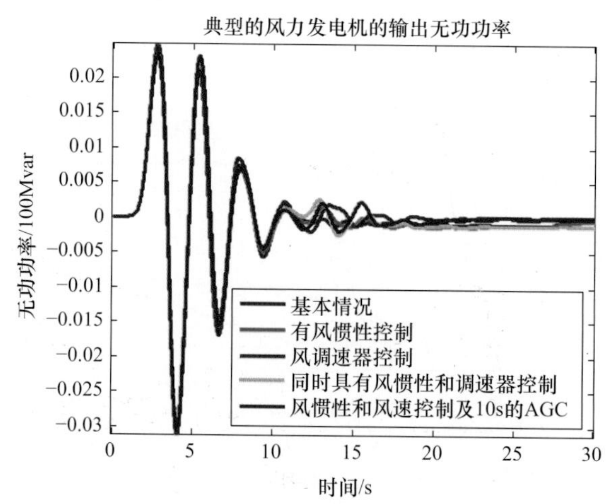

图 8.8　典型的风力发电机组在不同控制下产生跳闸事件后的无功功率输出

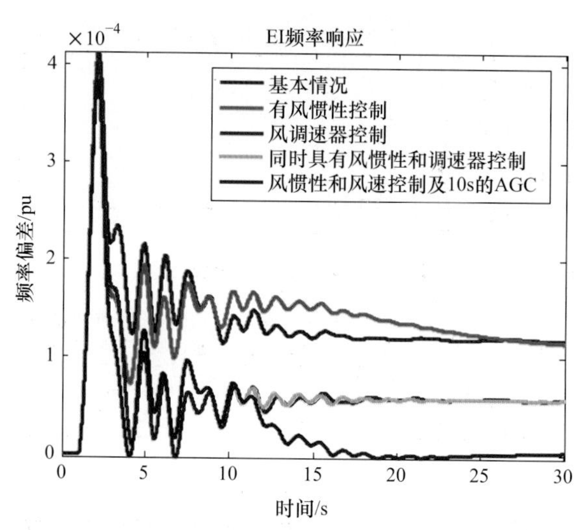

图 8.9　在不同控制下减负荷后的 EI 频率响应

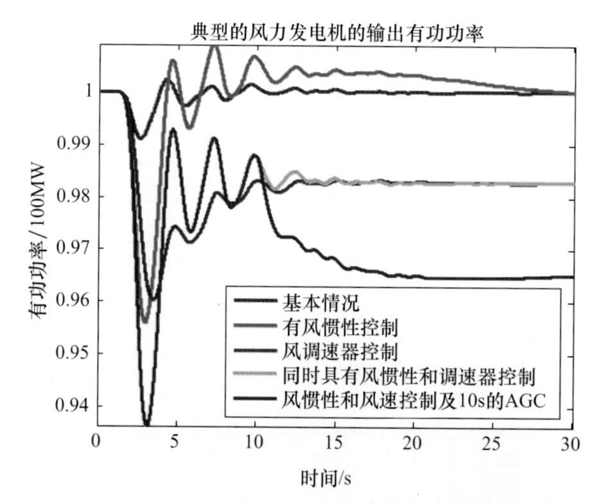

图 8.10　典型的风力发电机组在不同控制下减负荷后的有功功率输出

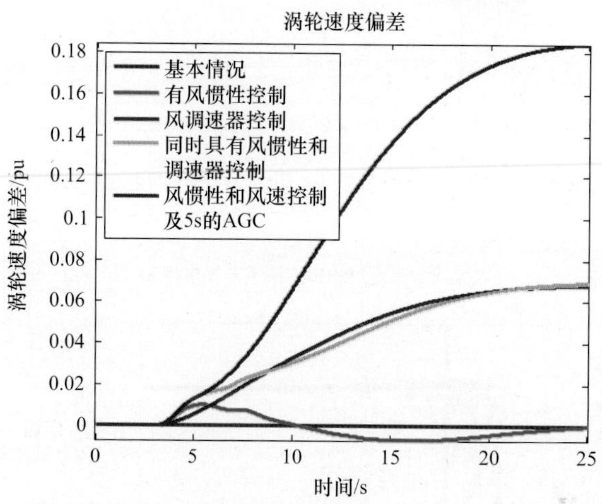

图 8.11　典型的风力发电机组在不同控制下减负荷后的涡轮转速偏差

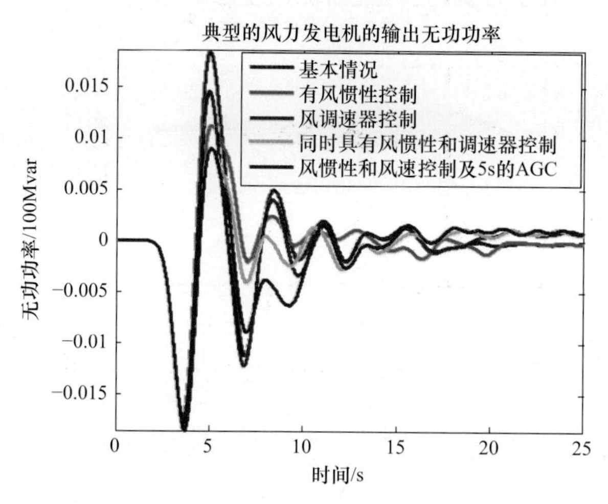

图 8.12　典型的风力发电机组在不同控制下减负荷后的无功功率输出

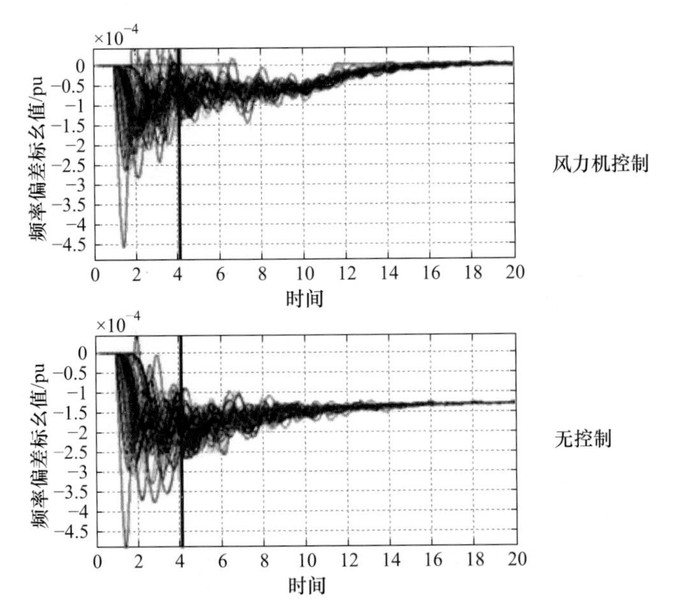

图 8.13 用于频率调节的 EI 风力发电机控制的动画显示

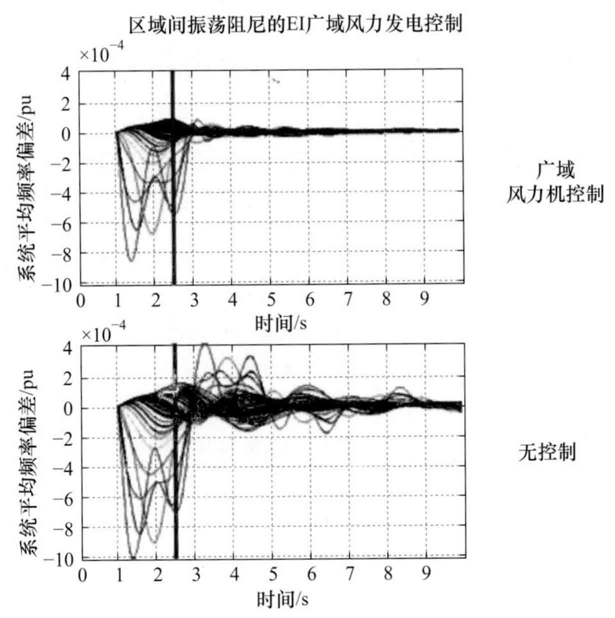

图 8.22 用于区域间振荡阻尼的 EI 广域风力发电机控制的动画显示

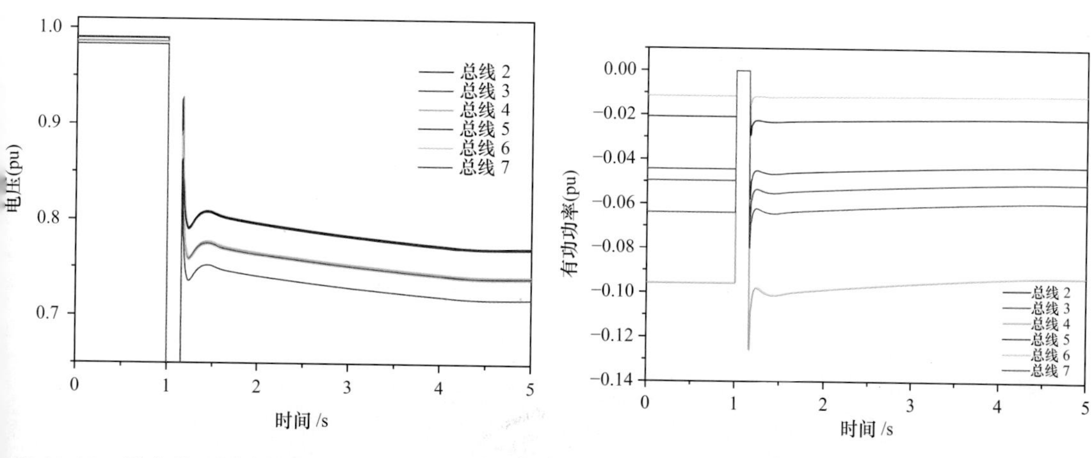

图 10.10　没有静止同步补偿器的系统在不同总线负荷上的电压

图 10.11　没有静止同步补偿器的系统在不同总线上负荷消耗的有功功率

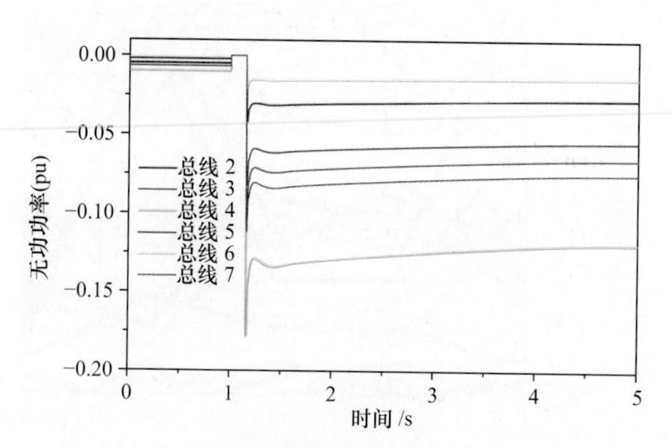

图 10.12　没有静止同步补偿器系统在不同总线上负荷消耗的无功功率

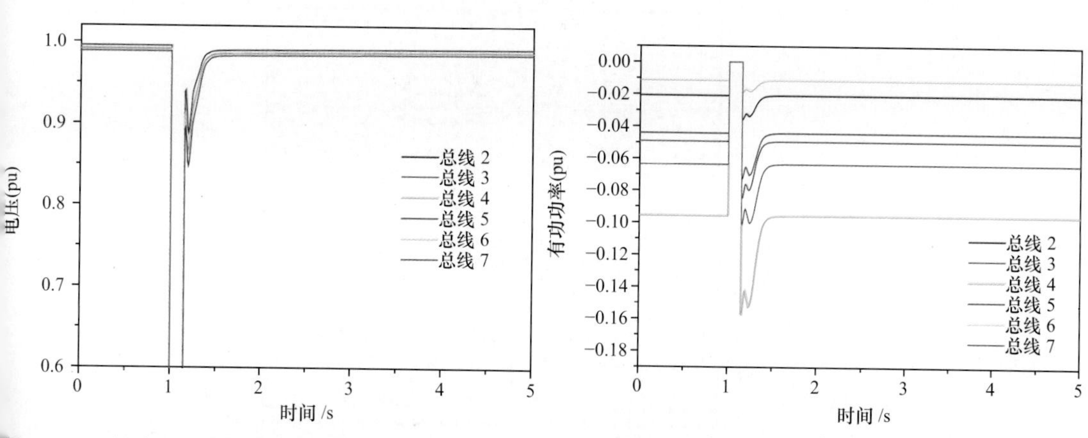

图 10.17　没有基于鲁棒性静止同步补偿器系统在不同负荷总线上的电压

图 10.18　没有基于鲁棒性静止同步补偿器系统在不同总线上负荷消耗的有功功率

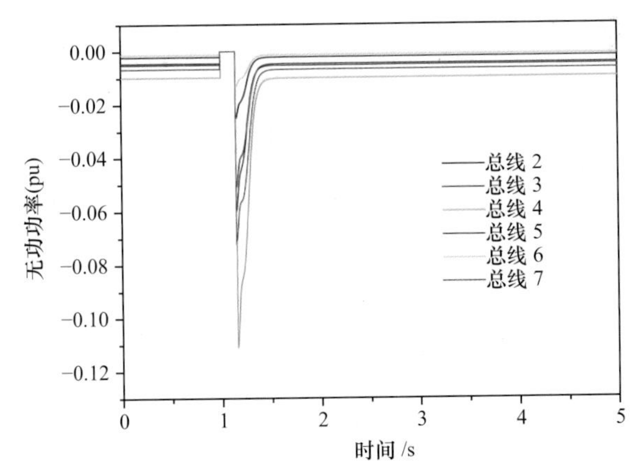

图 10.19　基于鲁棒性静止同步补偿器系统在不同总线上负荷消耗的无功功率

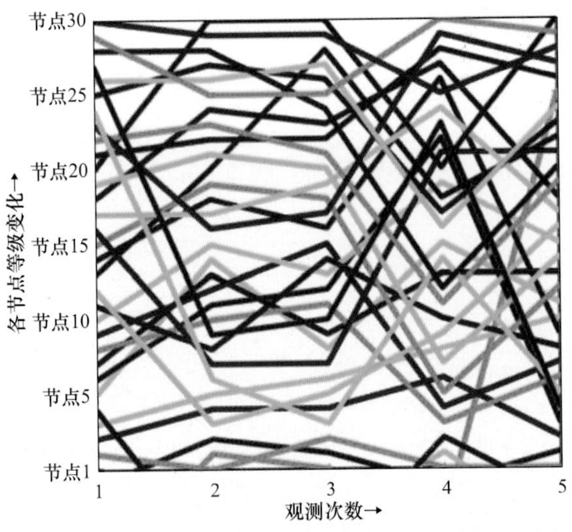

图 18.8　IEEE 30 总线测试系统单向模型中节点等级随网络稍加修改的变化

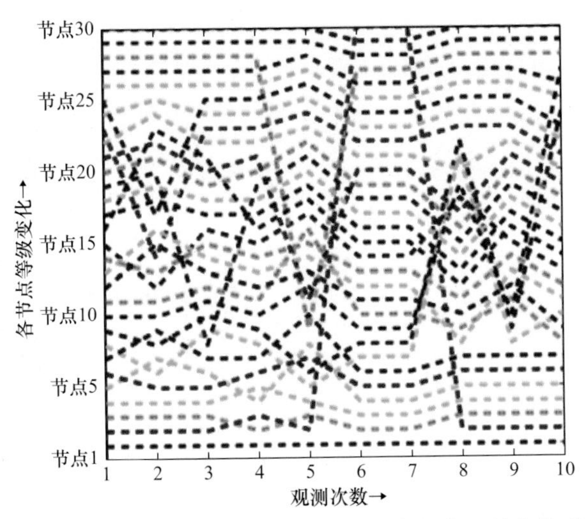

图 18.9　双向潮流模型中节点的秩相似性优于单向模型